Deine Hilfe fürs Mathe-Abi

abiturma | ZEIT SCHÜLERCAMPUS

Abitur 2018
Mathematik

Originale Prüfungsaufgaben
mit ausführlichen Lösungen

Gymnasium Bayern (ohne CAS)

abiturma | ZEIT SCHÜLERCAMPUS

ISBN 978-3-946673-01-9

Laupheimer Str. 10
70327 Stuttgart

info@abiturma.de
www.abiturma.de

Über abiturma

Dein Intensivkurs fürs Mathe-Abi

In unseren fünftägigen Intensivkursen bereiten wir dich zielgerichtet auf die bevorstehende Mathe-Abiturprüfung vor. Unsere bundeslandspezifischen Kurse finden an zentral gelegenen Orten in 69 Städten jeweils im Herbst und im Frühjahr statt und kosten 149 Euro.

Exzellente Kursleiter*innen

Die mehrfach ausgezeichneten Kurse werden von hervorragenden Mathematik-Student*innen durchgeführt. Diese werden in Kooperation mit der Uni Tübingen didaktisch geschult und verfügen über langjährige Erfahrung in Mathe-Nachhilfe und der Vorbereitung auf die Abiturprüfung.

300-seitiges Kursbuch inklusive

In unserem Kursbuch übernehmen wir für dich die systematische Aufarbeitung des gesamten Abiturstoffs. Dort findest du wichtige Formeln, Merksätze und alle für dein Abitur relevanten Aufgabentypen. Wir geben für jeden Aufgabentyp ein genaues Lösungsverfahren an und studieren diese nacheinander im Kurs ein.

Zufriedenheitsgarantie

Egal, mit welchem Leistungsstand du zu uns kommt, bei uns bist du richtig! Durch die Einteilung in homogene Leistungsgruppen stellen wir sicher, dass für jeden Einzelnen und jede Einzelne der bestmögliche Lernerfolg erzielt wird. Und falls du nicht zufrieden sein solltest, kannst du von unserer Zufriedenheitsgarantie profitieren: Jede Teilnehmerin und jeder Teilnehmer kann bis zum Ende des zweiten Kurstags kostenfrei stornieren. Zudem erhältst du die Kursgebühr voll erstattet, falls du aufgrund der Matheprüfung dein Abi nicht bestehst.

Alle Infos und Anmeldung auf **abiturma.de**

Hallo!

Mit diesem Buch möchten wir Dich bei der Vorbereitung auf Dein Mathe-Abi unterstützen. Du findest hier die originalen Prüfungsaufgaben des bayerischen Abiturs (Version ohne CAS) mit selbst erstellten detaillierten Musterlösungen. Zudem gibt es ein von uns entwickeltes Probe-Abi; so ähnlich könnte eine bayerische Abiturprüfung aussehen.

Unserer Erfahrung nach bereiten sich die meisten Schülerinnen und Schüler auf die Themengebiete Analysis, Geometrie und Stochastik jeweils getrennt vor. Daher haben wir das Buch nach Themengebieten und nicht nach Jahrgängen sortiert.

Auf **abiturma.de/abituraufgaben** findest Du zu jeder Abi-Aufgabe Videos. Dort rechnen wir alle Mathe-Abi-Aufgaben ausführlich und verständlich vor.

In vielen Städten Bayerns bieten wir in den Schulferien 5-tägige Mathe-Abi-Intensivkurse an. Informationen und Anmeldung unter **abiturma.de**.

Wir wünschen Dir im Mathe-Abi und – viel wichtiger! – auf Deinem zukünftigen Lebensweg alles Gute!

Dein abiturma-Team

Aaron, Alex, Christiane, Cora, David, Eileen, Elke, Felix, Martin, Michael, Rebecca und Tobias

Inhaltsverzeichnis

Hinweise zum Mathe-Abi in Bayern **13**

Analysis **15**

2017 15
2016 23
2015 33
2014 43
Probe-Abi 51

Stochastik **59**

2017 59
2016 65
2015 71
2014 79
Probe-Abi 85

Geometrie **91**

2017 91
2016 97
2015 103
2014 109
Probe-Abi 115

Lösungen **121**

Hinweise zum Mathe-Abi in Bayern

Das vorliegende Buch bezieht sich nur auf das „normale" Abitur ohne CAS.

Das bayerische Abitur in Mathematik hat zwei Prüfungsteile A und B. Du kannst Dich zwischen zwei Optionen entscheiden:

- **Option 1: Teil A ohne Hilfsmittel, Teil B mit Hilfsmittel.**

  Für Teil A hast Du 90 Minuten und für Teil B 180 Minuten Bearbeitungszeit. Insgesamt stehen Dir also **270** Minuten Zeit zur Verfügung. Zwischen den Prüfungsteilen gibt es eine Pause von 15 Minuten.

- **Option 2: Beide Teile A und B mit Hilfsmittel.**

  Hier hast du insgesamt **240** Minuten Bearbeitungszeit. Du bekommst gleich zu Beginn die Aufgaben der Prüfungsteile A und B ausgehändigt und es gibt keine Pause. Da Du nun auch in Teil A Hilfsmittel zur Verwendung hast, stehen Dir 30 Minuten weniger zur Verfügung als bei Option 1.

Mit Hilfsmitteln bedeutet, dass Du die offizielle Merkhilfe, ein zugelassenes Stochastisches Tafelwerk und einen Taschenrechner verwenden darfst.

Insgesamt sind in der Prüfung **120 Bewertungseinheiten** (BE) zu erreichen. Im Teil A sind 40 BE (20 für Analysis und je 10 für Stochastik und Geometrie) zu erreichen. Im Teil B sind es 80 BE (40 für Analysis und je 20 für Stochastik und Geometrie). Dein Mathe-Abi wird dann nach folgender Tabelle bewertet:

BE	Punkte	Note
120 bis 115	15	1+
114 bis 109	14	1
108 bis 103	13	1-
102 bis 97	12	2+
96 bis 91	11	2
90 bis 85	10	2-
84 bis 79	9	3+
78 bis 73	8	3

BE	Punkte	Note
72 bis 67	7	3-
66 bis 61	6	4+
60 bis 55	5	4
54 bis 49	4	4-
48 bis 41	3	5+
40 bis 33	2	5
32 bis 25	1	5-
24 bis 0	0	6

Das Kultusministerium stellt für die Bereiche Analysis, Stochastik und Geometrie je zwei Aufgabengruppen zur Verfügung. Der Prüfungsausschuss Deiner Schule wählt die Aufgabengruppen aus, die Du im Abitur bearbeiten sollst. Im vorliegenden Buch haben wir immer beide Aufgabengruppen abgebildet. Ein Jahrgang des vorliegenden Buches entspricht damit dem doppelten Umfang einer Abitur-Prüfung.

Analysis 2017

Analysis, 2017, Teil A, Aufgabengruppe 1

Aufgabe 1

Gegeben ist die Funktion $g : x \mapsto 2 \cdot \sqrt{4 + x} - 1$ mit maximaler Definitionsmenge $\mathcal{D}_g$. Der Graph von g wird mit G_g bezeichnet.

a) Geben Sie $\mathcal{D}_g$ und die Koordinaten des Schnittpunkts von G_g mit der y-Achse an. *(2 BE)*

b) Beschreiben Sie, wie G_g schrittweise aus dem Graphen der in $\mathbb{R}_0^+$ definierten Funktion $w : x \mapsto \sqrt{x}$ hervorgeht, und geben Sie die Wertemenge von g an. *(4 BE)*

Aufgabe 2

Eine Funktion f ist durch $f(x) = 2 \cdot e^{\frac{1}{2}x} - 1$ mit $x \in \mathbb{R}$ gegeben.

a) Ermitteln Sie die Nullstelle der Funktion f. *(2 BE)*

b) Die Tangente an den Graphen von f im Punkt $S(0|1)$ begrenzt mit den beiden Koordinatenachsen ein Dreieck. Weisen Sie nach, dass dieses Dreieck gleichschenklig ist. *(3 BE)*

Aufgabe 3

Geben Sie jeweils den Term einer Funktion an, die über ihrer maximalen Definitionsmenge die angegebenen Eigenschaften besitzt.

a) Der Graph der Funktion f ist achsensymmetrisch zur y-Achse und die Gerade mit der Gleichung $x = 2$ ist eine senkrechte Asymptote. *(2 BE)*

b) Die Funktion g ist nicht konstant und es gilt $\int\limits_0^2 g(x)\,dx = 0$. *(2 BE)*

Aufgabe 4

An einer Messstation wurde über einen Zeitraum von 10 Stunden die Anzahl der Pollen in einem Kubikmeter Luft ermittelt. Dabei kann die Anzahl der Pollen in einem Kubikmeter Luft zum Zeitpunkt t (in Stunden nach Beginn der Messung) durch die Gleichung $n(t) = 3t^2 - 60t + 500$ beschrieben werden.

a) Bestimmen Sie die mittlere Änderungsrate der Anzahl der Pollen in einem Kubikmeter Luft während der ersten beiden Stunden der Messung. *(3 BE)*

b) Ermitteln Sie den Zeitpunkt nach Beginn der Messung, zu dem die momentane Änderungsrate der Anzahl der Pollen in einem Kubikmeter Luft $-30\,\frac{1}{\text{h}}$ beträgt. *(2 BE)*

Analysis, 2017, Teil A, Aufgabengruppe 2

Aufgabe 1

Gegeben ist die Funktion f mit $f(x) = \dfrac{(3+x)^2}{x-1}$ und maximalem Definitionsbereich $\mathcal{D}$. Der Graph von f wird mit G_f bezeichnet.

a) Geben Sie $\mathcal{D}$ und die Koordinaten der Schnittpunkte von G_f mit den Koordinatenachsen an. *(3 BE)*

b) Zeigen Sie, dass $f(x)$ zum Term $x + 7 + \dfrac{16}{x-1}$ äquivalent ist, und geben Sie die Bedeutung der Geraden g mit der Gleichung $y = x + 7$ für G_f an. *(3 BE)*

Aufgabe 2

Eine Funktion f ist durch $f(x) = 2 \cdot e^{\frac{1}{2}x} - 1$ mit $x \in \mathbb{R}$ gegeben.

a) Ermitteln Sie die Nullstelle der Funktion f. *(2 BE)*

b) Die Tangente an den Graphen von f im Punkt $S(0|1)$ begrenzt mit den beiden Koordinatenachsen ein Dreieck. Weisen Sie nach, dass dieses Dreieck gleichschenklig ist. *(3 BE)*

Aufgabe 3

Die Abbildung zeigt den Graphen der in $\mathbb{R}$ definierten Funktion

$$g : x \mapsto p + q \cdot \sin\left(\frac{\pi}{r}x\right) \quad \text{mit} \quad p,q,r \in \mathbb{N}.$$

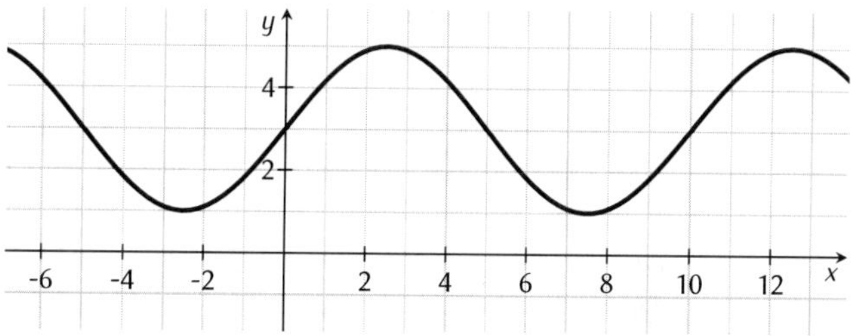

a) Geben Sie p, q und r an. *(3 BE)*

b) Der Graph der Funktion h geht aus dem Graphen der Funktion g durch Verschiebung um zwei Einheiten in positive x-Richtung hervor. Geben Sie einen möglichen Funktionsterm von h an. *(1 BE)*

Aufgabe 4

An einer Messstation wurde über einen Zeitraum von 10 Stunden die Anzahl der Pollen in einem Kubikmeter Luft ermittelt. Dabei kann die Anzahl der Pollen in einem Kubikmeter Luft zum Zeitpunkt t (in Stunden nach Beginn der Messung) durch die Gleichung $n(t) = 3t^2 - 60t + 500$ beschrieben werden.

a) Bestimmen Sie die mittlere Änderungsrate der Anzahl der Pollen in einem Kubikmeter Luft während der ersten beiden Stunden der Messung. *(3 BE)*

b) Ermitteln Sie den Zeitpunkt nach Beginn der Messung, zu dem die momentane Änderungsrate der Anzahl der Pollen in einem Kubikmeter Luft $-30\,\frac{1}{\mathrm{h}}$ beträgt. *(2 BE)*

Lösung ab Seite 129

Analysis, 2017, Teil B, Aufgabengruppe 1

Aufgabe 1

Gegeben ist die in $\mathbb{R}^+$ definierte Funktion $h : x \mapsto 3x \cdot (-1 + \ln x)$. Abbildung 1 zeigt den Graphen G_h von h im Bereich $0{,}75 \leq x \leq 4$.

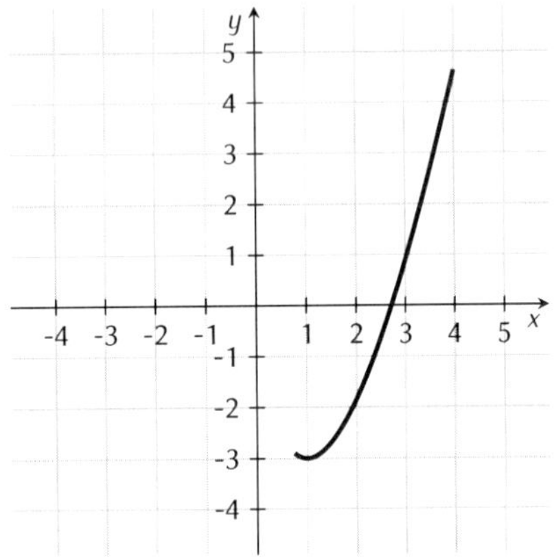

Abb. 1

a) Bestimmen Sie die Gleichung der Tangente an G_h im Punkt $(e|0)$ und berechnen Sie die Größe des Winkels, unter dem diese Tangente die x-Achse schneidet.
[zur Kontrolle: $h'(x) = 3 \cdot \ln x$] *(4 BE)*

b) Untersuchen Sie das Monotonieverhalten von G_h. Geben Sie den Grenzwert von h für $x \to +\infty$ an und begründen Sie, dass $[-3; +\infty[$ die Wertemenge von h ist. *(4 BE)*

c) Geben Sie für die Funktion h und deren Ableitungsfunktion h' jeweils das Verhalten für $x \to 0$ an und zeichnen Sie G_h im Bereich $0 < x < 0{,}75$ in Abbildung 1 ein. *(3 BE)*

Die Funktion $h^* : x \mapsto h(x)$ mit Definitionsmenge $[1; +\infty[$ unterscheidet sich von der Funktion h nur hinsichtlich der Definitionsmenge. Im Gegensatz zu h ist die Funktion h^* umkehrbar.

d) Geben Sie die Definitionsmenge und die Wertemenge der Umkehrfunktion von h^* an. Berechnen Sie die Koordinaten des Schnittpunkts S des Graphen von h^* und der Geraden mit der Gleichung $y = x$.
$\left[\text{Teilergebnis: } x\text{-Koordinate des Schnittpunkts: } e^{\frac{4}{3}}\right]$ *(4 BE)*

e) Zeichnen Sie den Graphen der Umkehrfunktion von h^* unter Verwendung der bisherigen Ergebnisse, insbesondere der Lage von Punkt S, in Abbildung 1 ein. *(3 BE)*

f) Schraffieren Sie in Abbildung 1 ein Flächenstück, dessen Inhalt A_0 dem Wert des Integrals

$$\int_{e}^{x_S} (x - h^*(x))\,dx$$

entspricht, wobei x_S die x-Koordinate von Punkt S ist. Der Graph von h^*, der Graph der Umkehrfunktion von h^* sowie die beiden Koordinatenachsen schließen im ersten Quadranten ein Flächenstück mit Inhalt A ein. Geben Sie unter Verwendung von A_0 einen Term zur Berechnung von A an. *(4 BE)*

Aufgabe 2

Abbildung 2 zeigt den Graphen einer in $[0; 16]$ definierten Funktion $V : t \mapsto V(t)$. Sie beschreibt modellhaft das sich durch Zu- und Abfluss ändernde Volumen von Wasser in einem Becken in Abhängigkeit von der Zeit. Dabei bezeichnen t die seit Beobachtungsbeginn vergangene Zeit in Stunden und $V(t)$ das Volumen in Kubikmetern.

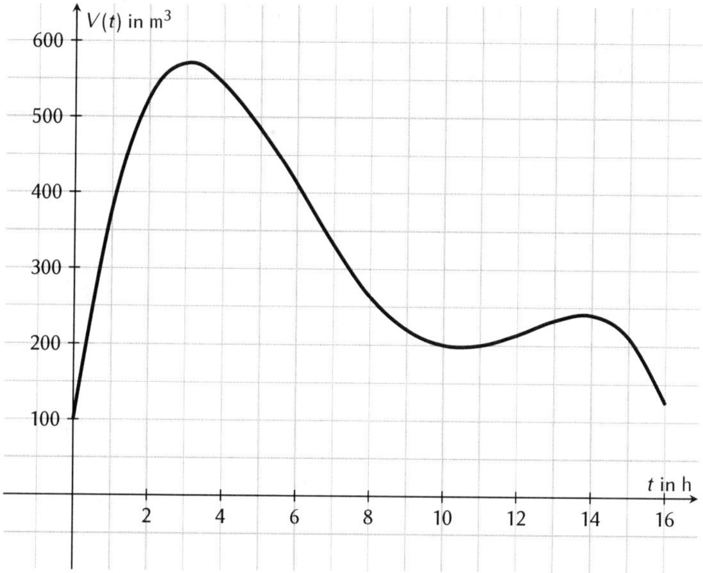

Abb. 2

a) Geben Sie mithilfe von Abbildung 2 jeweils näherungsweise das Volumen des Wassers fünf Stunden nach Beobachtungsbeginn sowie den Zeitraum an, in dem das Volumen mindestens 450 m³ beträgt. *(2 BE)*

b) Bestimmen Sie anhand des Graphen der Funktion V näherungsweise die momentane Änderungsrate des Wasservolumens zwei Stunden nach Beobachtungsbeginn. *(3 BE)*

c) Erläutern Sie, was es im Sachzusammenhang bedeutet, wenn für ein $t \in [0; 10]$ die Beziehung $V(t+6) = V(t) - 350$ gilt. Entscheiden Sie mithilfe von Abbildung 2, ob für $t = 5$ diese Beziehung gilt, und begründen Sie Ihre Entscheidung. *(3 BE)*

In einem anderen Becken ändert sich das Volumen des darin enthaltenen Wassers ebenfalls durch Zu- und Abfluss. Die momentane Änderungsrate des Volumens wird für $0 \leq t \leq 12$ modellhaft durch die in $\mathbb{R}$ definierte Funktion

$$g : t \mapsto 0{,}4 \cdot (2t^3 - 39t^2 + 180t)$$

beschrieben. Dabei ist t die seit Beobachtungsbeginn vergangene Zeit in Stunden und $g(t)$ die momentane Änderungsrate des Volumens in m^3/h.

d) Begründen Sie, dass die Funktionswerte von g für $0 < t < 7{,}5$ positiv und für $7{,}5 < t < 12$ negativ sind. *(4 BE)*

e) Erläutern Sie die Bedeutung des Werts des Integrals

$$\int_a^b g(t)\,\mathrm{d}t$$

für $0 \leq a < b \leq 12$ im Sachzusammenhang. Berechnen Sie das Volumen des Wassers, das sich 7,5 Stunden nach Beobachtungsbeginn im Becken befindet, wenn zu Beobachtungsbeginn $150\,\text{m}^3$ Wasser im Becken waren. Begründen Sie, dass es sich hierbei um das maximale Wasservolumen im Beobachtungszeitraum handelt. *(6 BE)*

Analysis, 2017, Teil B, Aufgabengruppe 2

Aufgabe 1

Gegeben ist die Funktion f mit $f(x) = 2e^{-x} \cdot (2e^{-x} - 1)$ und $x \in \mathbb{R}$. Abbildung 1 zeigt den Graphen G_f von f sowie die einzige Nullstelle $x = \ln 2$ von f.

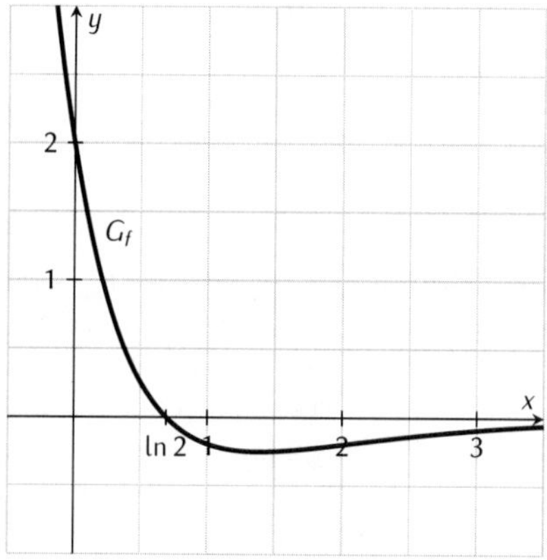

Abb. 1

a) Zeigen Sie, dass für den Term der Ableitungsfunktion f' von f gilt:

$$f'(x) = 2e^{-x} \cdot (1 - 4e^{-x}).$$

(3 BE)

b) Bestimmen Sie rechnerisch Lage und Art des Extrempunkts von G_f.
[Teilergebnis: x-Koordinate des Extrempunktes: $\ln 4$] *(4 BE)*

Zusätzlich ist die Funktion F mit $F(x) = 2e^{-x} - 2e^{-2x}$ und $x \in \mathbb{R}$ gegeben.

c) Zeigen Sie, dass F eine Stammfunktion von f ist, und begründen Sie anhand des Terms von F, dass $\lim\limits_{x \to +\infty} F(x) = 0$ gilt. *(3 BE)*

d) Der Graph von F verläuft durch den Punkt $(\ln 2|0{,}5)$. Begründen Sie ohne weitere Rechnung, dass F keine größeren Werte als 0,5 annehmen kann und bei $x = \ln 4$ eine Wendestelle besitzt. Berechnen Sie die y-Koordinate des zugehörigen Wendepunkts. *(5 BE)*

e) Zeichnen Sie den Graphen von F unter Berücksichtigung der bisherigen Ergebnisse sowie des Funktionswerts $F(0)$ im Bereich $-0{,}3 \leq x \leq 3{,}5$ in Abbildung 1 ein. *(4 BE)*

f) Der Graph von f schließt mit den Koordinatenachsen ein Flächenstück ein, das durch das Dreieck mit den Eckpunkten $O(0|0)$, $P(\ln 2|0)$ und $Q(0|2)$ angenähert werden kann. Berechnen Sie, um wie viel Prozent der Flächeninhalt des Dreiecks OPQ vom Inhalt des Flächenstücks abweicht. *(4 BE)*

Lösung ab Seite 138

Betrachtet wird nun die Integralfunktion F_0 mit $F_0(x) = \int_0^x f(t)\,dt$ und $x \in \mathbb{R}$.

g) Begründen Sie, dass F_0 mit der betrachteten Stammfunktion F von f übereinstimmt. Interpretieren Sie geometrisch den Wert $F_0(2) \approx 0{,}234$ mithilfe von in Abbildung 1 geeignet zu markierenden Flächenstücken. *(4 BE)*

h) Geben Sie den Term einer in $\mathbb{R}$ definierten Funktion an, die eine Stammfunktion, aber keine Integralfunktion von f ist. *(2 BE)*

Aufgabe 2

Zur Modellierung einer Zerfallsreihe wird vereinfachend davon ausgegangen, dass sich in einem Gefäß zu Beginn eines Beobachtungszeitraums ausschließlich der radioaktive Stoff Bi 211 befindet. Jeder Atomkern dieses Stoffs Bi 211 wandelt sich irgendwann in einen Kern des radioaktiven Stoffs Tl 207 um und dieser wiederum irgendwann in einen Kern des Stoffs Pb 207. Abbildung 2 zeigt diese Zerfallsreihe schematisch.

Abb. 2

Der zeitliche Verlauf des Bi 211-Anteils, des Tl 207-Anteils und des Pb 207-Anteils der Kerne im Gefäß lässt sich durch die in $\mathbb{R}$ definierten Funktionen B, F bzw. P beschreiben, deren Terme der folgenden Tabelle zu entnehmen sind. Dabei ist F die in Aufgabe 1 betrachtete Funktion.

Bi 211	Tl 207	Pb 207
$B(x) = e^{-2x}$	$F(x)$	$P(x) = 1 - B(x) - F(x)$

Für jede der drei Funktionen bezeichnet $x \geq 0$ die seit Beobachtungsbeginn vergangene Zeit in der Einheit 6 Minuten. Beispielsweise bedeutet $P(1) \approx 0{,}400$, dass sechs Minuten nach Beginn der Beobachtung etwa 40,0 % aller Kerne im Gefäß Pb 207-Kerne sind.

a) Bestimmen Sie jeweils auf zehntel Prozent genau die Anteile der drei Kernsorten zwölf Minuten nach Beobachtungsbeginn. *(4 BE)*

b) Ermitteln Sie unter Verwendung von Ergebnissen aus Aufgabe 1 den Zeitpunkt auf Sekunden genau, zu dem der Anteil von Tl 207-Kernen im Gefäß am größten ist. *(2 BE)*

c) Begründen Sie rechnerisch, dass zu keinem Zeitpunkt die Anteile der drei Kernsorten gleich groß sind. *(3 BE)*

d) Weisen Sie mithilfe des Terms der Funktion P nach, dass $\lim\limits_{x \to +\infty} P(x) = 1$ gilt, und interpretieren Sie diesen Grenzwert im Sachzusammenhang. *(2 BE)*

Analysis 2016

Analysis, 2016, Teil A, Aufgabengruppe 1

Aufgabe 1
Gegeben ist die Funktion $f : x \mapsto \sqrt{1 - \ln x}$ mit maximaler Definitionsmenge $\mathcal{D}$.

a) Bestimmen Sie $\mathcal{D}$. *(2 BE)*

b) Bestimmen Sie den Wert $x \in \mathcal{D}$ mit $f(x) = 2$. *(2 BE)*

Aufgabe 2
Zeigen Sie, dass der Graph der in $\mathbb{R}$ definierten Funktion $g : x \mapsto x^2 \cdot \sin x$ punktsymmetrisch bezüglich des Koordinatenursprungs ist, und geben Sie den Wert des Integrals $\int\limits_{-\pi}^{\pi} x^2 \cdot \sin x \, dx$ an. *(3 BE)*

Aufgabe 3
Skizzieren Sie im Bereich $-1 \leq x \leq 4$ den Graphen einer in $\mathbb{R}$ definierten Funktion f mit den folgenden Eigenschaften:

- f ist nur an der Stelle $x = 3$ nicht differenzierbar.
- $f(0) = 2$ und für die Ableitung f' von f gilt: $f'(0) = -1$.
- Der Graph von f ist im Bereich $-1 < x < 3$ linksgekrümmt.

(3 BE)

Aufgabe 4
Gegeben ist eine in $\mathbb{R}$ definierte ganzrationale Funktion f dritten Grades, deren Graph G_f an der Stelle $x = 1$ einen Hochpunkt und an der Stelle $x = 4$ einen Tiefpunkt besitzt.

a) Begründen Sie, dass der Graph der Ableitungsfunktion f' von f eine Parabel ist, welche die x-Achse in den Punkten $(1|0)$ und $(4|0)$ schneidet und nach oben geöffnet ist. *(3 BE)*

b) Begründen Sie, dass 2,5 die x-Koordinate des Wendepunkts von G_f ist. *(2 BE)*

Aufgabe 5

Die Abbildung zeigt den Graphen der in $\mathbb{R}$ definierten Funktion f.

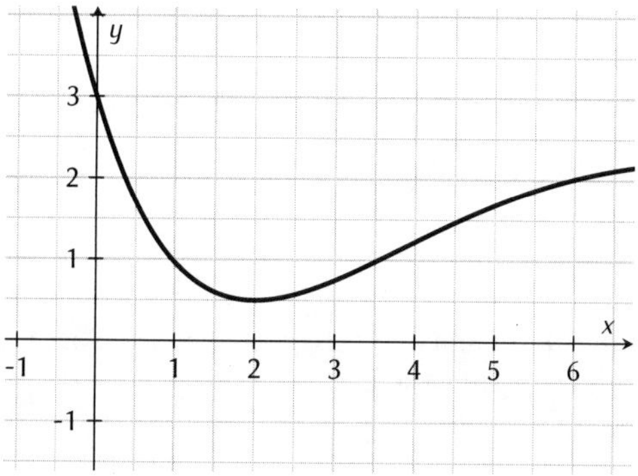

a) Bestimmen Sie mithilfe der Abbildung einen Näherungswert für
$\int_3^5 f(x)\,\mathrm{d}x$. *(2 BE)*

Die Funktion F ist die in $\mathbb{R}$ definierte Stammfunktion von f mit $F(3) = 0$.

b) Geben Sie mithilfe der Abbildung einen Näherungswert für die Ableitung von F an der Stelle $x = 2$ an. *(1 BE)*

c) Zeigen Sie, dass $F(b) = \int_3^b f(x)\,\mathrm{d}x$ mit $b \in \mathbb{R}$ gilt. *(2 BE)*

Analysis, 2016, Teil A, Aufgabengruppe 2

Aufgabe 1

Gegeben ist die Funktion $f : x \mapsto \frac{\ln x}{x^2}$ mit maximalem Definitionsbereich $\mathcal{D}$.

a) Geben Sie $\mathcal{D}$ sowie die Nullstelle von f an und bestimmen Sie $\lim\limits_{x \to 0} f(x)$. *(3 BE)*

b) Ermitteln Sie die x-Koordinate des Punkts, in dem der Graph von f eine waagrechte Tangente hat. *(4 BE)*

Aufgabe 2

Geben Sie jeweils den Term und den Definitionsbereich einer Funktion an, die die angegebene(n) Eigenschaft(en) besitzt.

a) Der Punkt $(2|0)$ ist ein Wendepunkt des Graphen von g. *(2 BE)*

b) Der Graph der Funktion h ist streng monoton fallend und rechtsgekrümmt. *(2 BE)*

Aufgabe 3

Abbildung 1 zeigt den Graphen der in $\mathbb{R}$ definierten Funktion f.

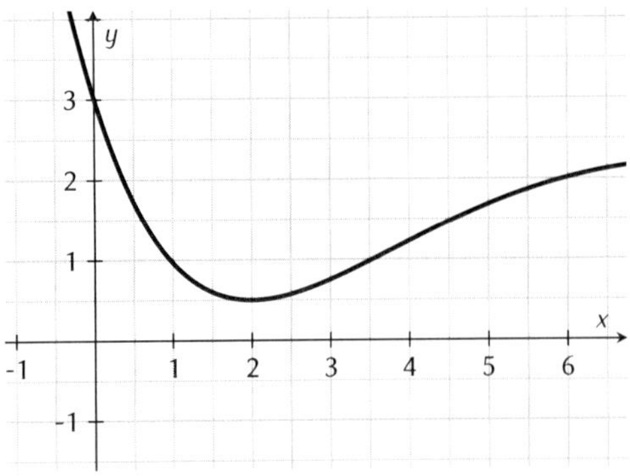

Abb. 1

a) Bestimmen Sie mithilfe von Abbildung 1 einen Näherungswert für $\int\limits_3^5 f(x)\,\mathrm{d}x$. *(2 BE)*

Die Funktion F ist die in $\mathbb{R}$ definierte Stammfunktion von f mit $F(3) = 0$.

b) Geben Sie mithilfe von Abbildung 1 einen Näherungswert für die Ableitung von F an der Stelle $x = 2$ an. *(1 BE)*

c) Zeigen Sie, dass $F(b) = \int\limits_3^b f(x)\,\mathrm{d}x$ mit $b \in \mathbb{R}$ gilt. *(2 BE)*

27

Aufgabe 4

Abbildung 2 zeigt den Graphen G_k einer in $\mathbb{R}$ definierten Funktion k. Skizzieren Sie in Abbildung 2 den Graphen der zugehörigen Ableitungsfunktion k'. Berücksichtigen Sie dabei insbesondere einen Näherungswert für die Steigung des Graphen G_k an dessen Wendepunkt $(0|-3)$ sowie die Nullstelle von k'.

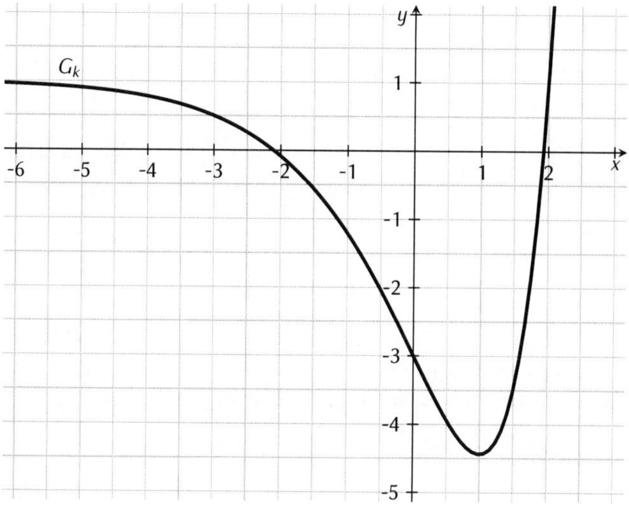

Abb. 2

(4 BE)

Analysis, 2016, Teil B, Aufgabengruppe 1

Aufgabe 1

Gegeben ist die in $\mathbb{R}$ definierte Funktion $f : x \mapsto e^{\frac{1}{2}x} + e^{-\frac{1}{2}x}$. Der Graph von f wird mit G_f bezeichnet.

a) Bestimmen Sie die Koordinaten des Schnittpunkts von G_f mit der y-Achse und begründen Sie, dass G_f oberhalb der x-Achse verläuft. *(2 BE)*

b) Ermitteln Sie das Symmetrieverhalten von G_f sowie das Verhalten von f für $x \to -\infty$ und für $x \to +\infty$. *(3 BE)*

c) Zeigen Sie, dass für die zweite Ableitung f'' von f die Beziehung $f''(x) = \frac{1}{4} \cdot f(x)$ für $x \in \mathbb{R}$ gilt. Weisen Sie nach, dass G_f linksgekrümmt ist.
$\left[\text{zur Kontrolle: } f'(x) = \frac{1}{2} \cdot \left(e^{\frac{1}{2}x} - e^{-\frac{1}{2}x}\right)\right]$ *(4 BE)*

d) Bestimmen Sie Lage und Art des Extrempunkts von G_f. *(3 BE)*

e) Berechnen Sie die Steigung der Tangente g an G_f im Punkt $P(2|f(2))$ auf eine Dezimale genau. Zeichnen Sie den Punkt P und die Gerade g in ein Koordinatensystem ein (Platzbedarf im Hinblick auf das Folgende: $-4 \leq x \leq 4, -1 \leq y \leq 9$). *(3 BE)*

f) Berechnen Sie $f(4)$, im Hinblick auf eine der folgenden Aufgaben auf zwei Dezimalen genau, und zeichnen Sie unter Berücksichtigung der bisherigen Ergebnisse G_f im Bereich $-4 \leq x \leq 4$ in das Koordinatensystem aus Aufgabe 1e ein. *(4 BE)*

g) Zeigen Sie durch Rechnung, dass für $x \in \mathbb{R}$ die Beziehung $\frac{1}{4} \cdot [f(x)]^2 - [f'(x)]^2 = 1$ gilt. *(3 BE)*

Die als Kurvenlänge $L_{a;b}$ bezeichnete Länge des Funktionsgraphen von f zwischen den Punkten $(a|f(a))$ und $(b|f(b))$ mit $a < b$ lässt sich mithilfe der Formel

$$L_{a;b} = \int_a^b \sqrt{1 + [f'(x)]^2}\, dx \text{ berechnen.}$$

h) Bestimmen Sie mithilfe der Beziehung aus Aufgabe 1g die Kurvenlänge $L_{0;b}$ des Graphen von f zwischen den Punkten $(0|f(0))$ und $(b|f(b))$ mit $b > 0$.
$\left[\text{Ergebnis: } L_{0;b} = e^{\frac{1}{2}b} - e^{-\frac{1}{2}b}\right]$ *(4 BE)*

Aufgabe 2

Die Enden eines Seils werden an zwei vertikalen Masten, die 8,00 m voneinander entfernt sind, in gleicher Höhe über dem Erdboden befestigt. Der Graph G_f aus Aufgabe 1 beschreibt im Bereich $-4 \leq x \leq 4$ modellhaft den Verlauf des Seils, wobei die Fußpunkte F_1 und F_2 der Masten durch die Punkte $(-4|0)$ bzw. $(4|0)$ dargestellt werden (vgl. Abbildung). Eine Längeneinheit im Koordinatensystem entspricht einem Meter in der Realität.

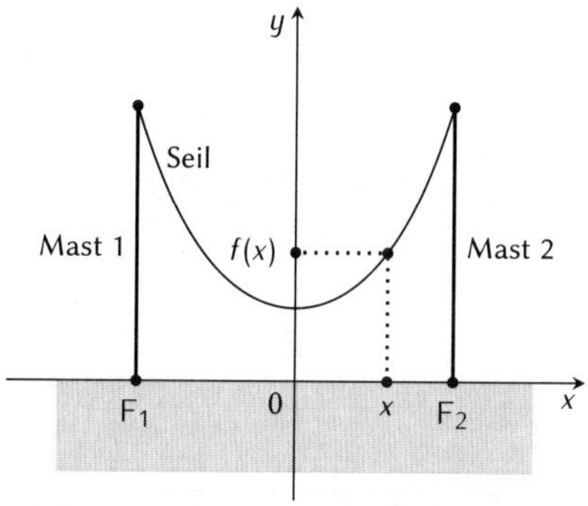

a) Der Höhenunterschied zwischen den Aufhängepunkten und dem tiefsten Punkt des Seils wird als Durchhang bezeichnet. Berechnen Sie auf der Grundlage des Modells den Durchhang des Seils auf Zentimeter genau. *(2 BE)*

b) Berechnen Sie auf der Grundlage des Modells die Größe des Winkels, den das Seil mit Mast 2 im Aufhängepunkt einschließt, sowie mithilfe der Kurvenlänge aus Aufgabe 1h die Länge des zwischen den Masten hängenden Seils auf Zentimeter genau. *(5 BE)*

Der Graph von f soll durch eine Parabel näherungsweise dargestellt werden. Dazu wird die in $\mathbb{R}$ definierte quadratische Funktion q betrachtet, deren Graph den Scheitelpunkt $(0|2)$ hat und durch den Punkt $(4|f(4))$ verläuft.

c) Ermitteln Sie den Term $q(x)$ der Funktion q, ohne dabei zu runden. *(4 BE)*

d) Für jedes $x \in]0;4[$ wird der Abstand der vertikal übereinander liegenden Punkte $(x|q(x))$ und $(x|f(x))$ der Graphen von q bzw. f betrachtet, wobei in diesem Bereich $q(x) > f(x)$ gilt. Der größte dieser Abstände ist ein Maß dafür, wie gut die Parabel den Graphen G_f im Bereich $0 < x < 4$ annähert. Beschreiben Sie die wesentlichen Schritte, mithilfe derer man diesen größten Abstand rechnerisch bestimmen kann. *(3 BE)*

Analysis, 2016, Teil B, Aufgabengruppe 2

Im Rahmen eines W-Seminars modellieren Schülerinnen und Schüler einen Tunnelquerschnitt, der senkrecht zum Tunnelverlauf liegt. Dazu beschreiben sie den Querschnitt der Tunnelwand durch den Graphen einer Funktion in einem Koordinatensystem. Der Querschnitt des Tunnelbodens liegt dabei auf der x-Achse, sein Mittelpunkt M im Ursprung des Koordinatensystems; eine Längeneinheit im Koordinatensystem entspricht einem Meter in der Realität. Für den Tunnelquerschnitt sollen folgende Bedingungen gelten:

(I) Breite des Tunnelbodens: $b = 10\,\text{m}$

(II) Höhe des Tunnels an der höchsten Stelle: $h = 5\,\text{m}$

(III) Der Tunnel ist auf einer Breite von mindestens 6 m mindestens 4 m hoch.

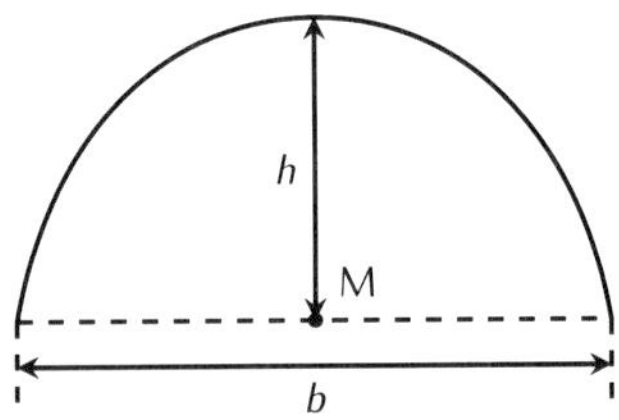

Aufgabe 1

Eine erste Modellierung des Querschnitts der Tunnelwand verwendet die Funktion $p : x \mapsto -0{,}2x^2 + 5$ mit Definitionsbereich $\mathcal{D}_p = [-5; 5]$.

a) Zeigen Sie, dass die Bedingungen (I) und (II) in diesem Modell erfüllt sind. Berechnen Sie die Größe des spitzen Winkels, unter dem bei dieser Modellierung die linke Tunnelwand auf den Tunnelboden trifft. *(6 BE)*

Die Schülerinnen und Schüler untersuchen nun den Abstand $d(x)$ der Graphenpunkte $P_x(x|p(x))$ vom Ursprung des Koordinatensystems.

b) Zeigen Sie, dass $d(x) = \sqrt{0{,}04x^4 - x^2 + 25}$ gilt. *(3 BE)*

c) Es gibt Punkte des Querschnitts der Tunnelwand, deren Abstand zu M minimal ist. Bestimmen Sie die x-Koordinaten der Punkte P_x, für die $d(x)$ minimal ist, und geben Sie davon ausgehend diesen minimalen Abstand an. *(5 BE)*

Aufgabe 2

Eine zweite Modellierung des Querschnitts der Tunnelwand verwendet eine Kosinusfunktion vom Typ $k : x \mapsto 5 \cdot \cos(c \cdot x)$ mit $c \in \mathbb{R}$ und Definitionsbereich $\mathcal{D}_k = [-5; 5]$, bei der offensichtlich Bedingung (II) erfüllt ist.

a) Bestimmen Sie c so, dass auch Bedingung (I) erfüllt ist, und berechnen Sie damit den Inhalt der Querschnittsfläche des Tunnels.
$\left[\text{zur Kontrolle: } c = \frac{\pi}{10}, \text{ Inhalt der Querschnittsfläche: } \frac{100}{\pi}\,\text{m}^2\right]$ *(5 BE)*

b) Zeigen Sie, dass Bedingung (III) weder bei einer Modellierung mit p aus Aufgabe 1 noch bei einer Modellierung mit k erfüllt ist. *(2 BE)*

Aufgabe 3

Eine dritte Modellierung des Querschnitts der Tunnelwand, bei der ebenfalls die Bedingungen (I) und (II) erfüllt sind, verwendet die Funktion $f : x \mapsto \sqrt{25 - x^2}$ mit Definitionsbereich $\mathcal{D}_f = [-5; 5]$.

a) Begründen Sie, dass in diesem Modell jeder Punkt des Querschnitts der Tunnelwand von der Bodenmitte M den Abstand 5 m hat.
Zeichnen Sie den Graphen von f in ein Koordinatensystem ein (Platzbedarf im Hinblick auf spätere Aufgaben: $-5 \leq x \leq 9$, $-1 \leq y \leq 13$) und begründen Sie, dass bei dieser Modellierung auch Bedingung (III) erfüllt ist. *(5 BE)*

Betrachtet wird nun die Integralfunktion $F : x \mapsto \int_0^x f(t)\,dt$ mit Definitionsbereich $\mathcal{D}_F = [-5; 5]$.

b) Zeigen Sie mithilfe einer geometrischen Überlegung, dass $F(5) = \frac{25}{4}\pi$ gilt.
Einer der Graphen A, B und C ist der Graph von F. Entscheiden Sie, welcher dies ist, und begründen Sie Ihre Entscheidung, indem Sie erklären, warum die beiden anderen Graphen nicht infrage kommen.

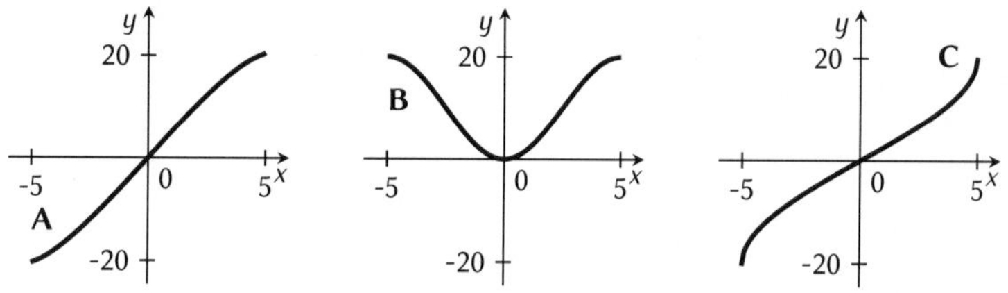

(5 BE)

c) Berechnen Sie, um wie viel Prozent der Inhalt der Querschnittsfläche des Tunnels bei einer Modellierung mit f von dem in Aufgabe 2a berechneten Wert abweicht. *(2 BE)*

Der Tunnel soll durch einen Berg führen. Im betrachteten Querschnitt wird das Profil des Berghangs über dem Tunnel durch eine Gerade g mit der Gleichung $y = -\frac{4}{3}x + 12$ modelliert.

d) Zeigen Sie, dass die Tangente t an den Graphen von f im Punkt $R(4|f(4))$ parallel zu g verläuft. Zeichnen Sie g und t in das Koordinatensystem aus Aufgabe 3a ein. *(4 BE)*

e) Der Punkt R aus Aufgabe 3d entspricht demjenigen Punkt der Tunnelwand, der im betrachteten Querschnitt vom Hangprofil den kleinsten Abstand e in Metern hat. Beschreiben Sie die wesentlichen Schritte eines Verfahrens zur rechnerischen Ermittlung von e. *(3 BE)*

Analysis 2015

Analysis, 2015, Teil A, Aufgabengruppe 1

Aufgabe 1

Gegeben ist die Funktion $f: x \mapsto (x^3-8)\cdot(2+\ln x)$ mit maximalem Definitionsbereich $\mathcal{D}$.

a) Geben Sie $\mathcal{D}$ an. *(1 BE)*

b) Bestimmen Sie die Nullstellen von f. *(2 BE)*

Aufgabe 2

Gegeben sind die in $\mathbb{R}$ definierten Funktionen f, g und h mit
$f(x) = x^2 - x + 1$, $g(x) = x^3 - x + 1$ und $h(x) = x^4 + x^2 + 1$.

a) Abbildung 1 zeigt den Graphen einer der drei Funktionen. Geben Sie an, um welche Funktion es sich handelt. Begründen Sie, dass der Graph die anderen beiden Funktionen nicht darstellt. *(3 BE)*

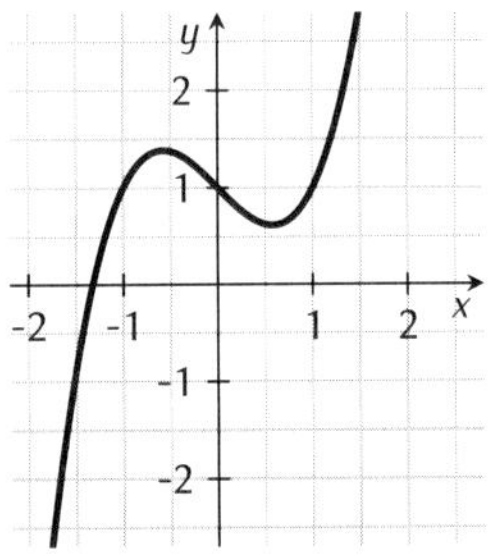

Abb. 1

b) Die erste Ableitungsfunktion von h ist h'.

Bestimmen Sie den Wert von $\int_0^1 h'(x)\,dx$. *(2 BE)*

Aufgabe 3

a) Geben Sie einen positiven Wert für den Parameter a an, sodass die in $\mathbb{R}$ definierte Funktion $f: x \mapsto \sin(ax)$ eine Nullstelle in $x = \frac{\pi}{6}$ hat. *(1 BE)*

b) Ermitteln Sie den Wert des Parameters b, sodass die Funktion $g: x \mapsto \sqrt{x^2 - b}$ den maximalen Definitionsbereich $\mathbb{R} \setminus \,]-2; 2[$ besitzt. *(2 BE)*

c) Erläutern Sie, dass die in $\mathbb{R}$ definierte Funktion $h: x \mapsto 4 - e^x$ den Wertebereich $]-\infty; 4[$ besitzt. *(2 BE)*

Aufgabe 4

Abbildung 2 zeigt den Graphen einer in $\mathbb{R}$ definierten differenzierbaren Funktion $g : x \mapsto g(x)$. Mithilfe des Newton-Verfahrens soll ein Näherungswert für die Nullstelle a von g ermittelt werden. Begründen Sie, dass weder die x-Koordinate des Hochpunkts H noch die x-Koordinate des Tiefpunkts T als Startwert des Newton-Verfahrens gewählt werden kann. *(2 BE)*

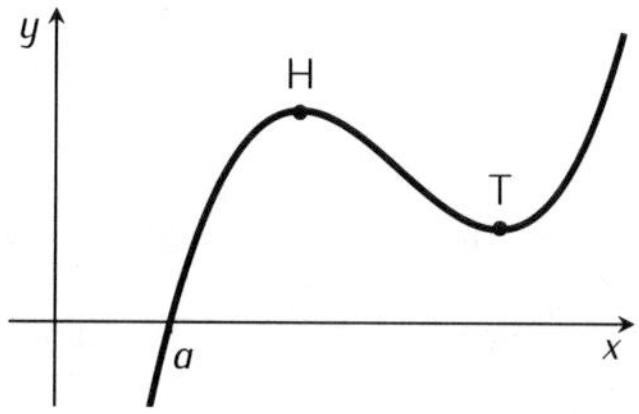

Abb. 2

Aufgabe 5

Gegeben ist die Funktion f mit $f(x) = x^3 - 6x^2 + 11x - 6$ und $x \in \mathbb{R}$.

a) Weisen Sie nach, dass der Wendepunkt des Graphen von f auf der Geraden mit der Gleichung $y = x - 2$ liegt. *(3 BE)*

b) Der Graph von f wird verschoben. Der Punkt $(2|0)$ des Graphen der Funktion f besitzt nach der Verschiebung die Koordinaten $(3|2)$. Der verschobene Graph gehört zu einer Funktion h. Geben Sie eine Gleichung von h an. *(2 BE)*

Analysis, 2015, Teil A, Aufgabengruppe 2

Aufgabe 1

Gegeben ist die Funktion $g : x \mapsto \ln(2x + 3)$ mit maximaler Definitionsmenge $\mathcal{D}$ und Wertemenge $\mathcal{W}$. Der Graph von g wird mit G_g bezeichnet.

a) Geben Sie $\mathcal{D}$ und $\mathcal{W}$ an. *(2 BE)*

b) Ermitteln Sie die Gleichung der Tangente an G_g im Schnittpunkt von G_g mit der x-Achse. *(4 BE)*

Aufgabe 2

Gegeben ist die Funktion f mit $f(x) = x^3 - 6x^2 + 11x - 6$ und $x \in \mathbb{R}$.

a) Weisen Sie nach, dass der Wendepunkt des Graphen von f auf der Geraden mit der Gleichung $y = x - 2$ liegt. *(3 BE)*

b) Der Graph von f wird verschoben. Der Punkt $(2|0)$ des Graphen der Funktion f besitzt nach der Verschiebung die Koordinaten $(3|2)$. Der verschobene Graph gehört zu einer Funktion h. Geben Sie eine Gleichung von h an. *(2 BE)*

Aufgabe 3

Geben Sie jeweils den Term einer Funktion an, die die angegebene(n) Eigenschaft(en) besitzt.

a) Die Funktion g hat die maximale Definitionsmenge $]-\infty; 5]$. *(2 BE)*

b) Die Funktion k hat in $x = 2$ eine Nullstelle und in $x = -3$ eine Polstelle ohne Vorzeichenwechsel. Der Graph von k hat die Gerade mit der Gleichung $y = 1$ als Asymptote. *(3 BE)*

Aufgabe 4

Gegeben ist die Schar der in $\mathbb{R}$ definierten Funktionen $f_a : x \mapsto xe^{ax}$ mit $a \in \mathbb{R} \setminus \{0\}$. Ermitteln Sie, für welchen Wert von a die erste Ableitung von f_a an der Stelle $x = 2$ den Wert 0 besitzt. *(4 BE)*

Analysis, 2015, Teil B, Aufgabengruppe 1

Aufgabe 1

Gegeben ist die Funktion f mit $f(x) = \frac{1}{x+1} - \frac{1}{x+3}$ und Definitionsbereich $\mathcal{D}_f = \mathbb{R} \setminus \{-3; -1\}$. Der Graph von f wird mit G_f bezeichnet.

a) Zeigen Sie, dass $f(x)$ zu jedem der drei folgenden Terme äquivalent ist:
$\frac{2}{(x+1)(x+3)}$; $\frac{2}{x^2+4x+3}$; $\frac{1}{0{,}5 \cdot (x+2)^2 - 0{,}5}$ *(4 BE)*

b) Begründen Sie, dass die x-Achse horizontale Asymptote von G_f ist, und geben Sie die Gleichungen der vertikalen Asymptoten von G_f an. Bestimmen Sie die Koordinaten des Schnittpunkts von G_f mit der y-Achse. *(3 BE)*

Abbildung 1 zeigt den Graphen der in $\mathbb{R}$ definierten Funktion $p: x \mapsto 0{,}5 \cdot (x+2)^2 - 0{,}5$, die die Nullstellen $x = -3$ und $x = -1$ hat.
Für $x \in \mathcal{D}_f$ gilt $f(x) = \frac{1}{p(x)}$.

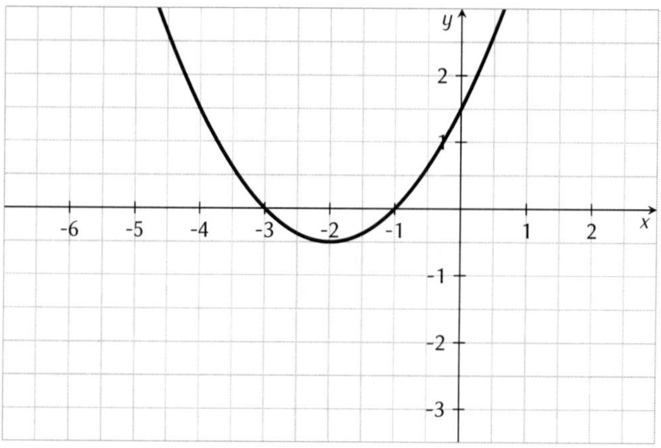

Abb. 1

c) Gemäß der Quotientenregel gilt für die Ableitungen f' und p' die Beziehung $f'(x) = -\frac{p'(x)}{(p(x))^2}$ für $x \in \mathcal{D}_f$.
Zeigen Sie unter Verwendung dieser Beziehung und ohne Berechnung von $f'(x)$ und $p'(x)$, dass $x = -2$ einzige Nullstelle von f' ist und dass G_f in $]-3; -2[$ streng monoton steigend sowie in $]-2; -1[$ streng monoton fallend ist. Geben Sie Lage und Art des Extrempunkts von G_f an. *(5 BE)*

d) Berechnen Sie $f(-5)$ und $f(-1{,}5)$ und skizzieren Sie G_f unter Berücksichtigung der bisherigen Ergebnisse in Abbildung 1. *(4 BE)*

Aufgabe 2

Gegeben ist die Funktion $h : x \mapsto \dfrac{3}{e^{x+1} - 1}$ mit Definitionsbereich $\mathcal{D}_h = \,]-1; +\infty[$.
Abbildung 2 zeigt den Graphen G_h von h.

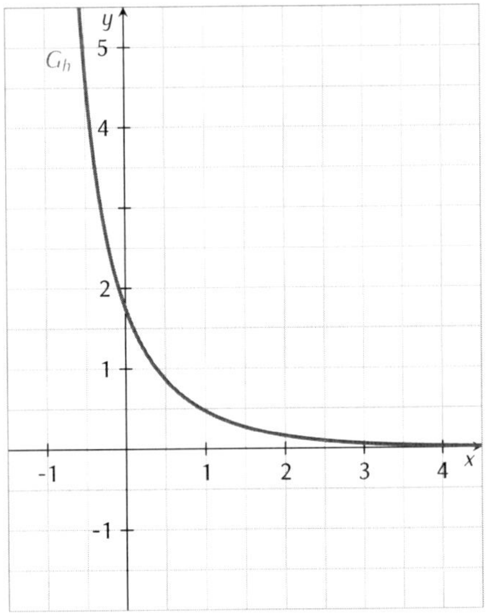

Abb. 2

a) Begründen Sie anhand des Funktionsterms, dass $\lim\limits_{x \to +\infty} h(x) = 0$ gilt.
Zeigen Sie rechnerisch für $x \in \mathcal{D}_h$, dass für die Ableitung h' von h gilt:
$h'(x) < 0$. *(4 BE)*

Gegeben ist ferner die in $\mathcal{D}_h$ definierte Integralfunktion $H_0 : x \mapsto \int\limits_0^x h(t)\,dt$.

b) Begründen Sie ohne weitere Rechnung, dass folgende Aussagen wahr sind:

α) Der Graph von H_0 ist streng monoton steigend.

β) Der Graph von H_0 ist rechtsgekrümmt.

(4 BE)

c) Geben Sie die Nullstelle von H_0 an und bestimmen Sie näherungsweise mithilfe von Abbildung 2 die Funktionswerte $H_0(-0{,}5)$ sowie $H_0(3)$. Skizzieren Sie in Abbildung 2 den Graphen von H_0 im Bereich $-0{,}5 \leq x \leq 3$. *(6 BE)*

Aufgabe 3
In einem Labor wird ein Verfahren zur Reinigung von mit Schadstoffen kontaminiertem Wasser getestet. Die Funktion h aus Aufgabe 2 beschreibt für $x \geq 0$ modellhaft die zeitliche Entwicklung des momentanen Schadstoffabbaus in einer bestimmten Wassermenge. Dabei bezeichnet $h(x)$ die momentane Schadstoffabbaurate in Gramm pro Minute und x die seit Beginn des Reinigungsvorgangs vergangene Zeit in Minuten.

a) Bestimmen Sie auf der Grundlage des Modells den Zeitpunkt x, zu dem die momentane Schadstoffabbaurate auf 0,01 Gramm pro Minute zurückgegangen ist. *(3 BE)*

Die in $\mathbb{R} \setminus \{-3; -1\}$ definierte Funktion $k : x \mapsto 3 \cdot \left(\frac{1}{x+1} - \frac{1}{x+3} \right) - 0{,}2$ stellt im Bereich $-0{,}5 \leq x \leq 2$ eine gute Näherung für die Funktion h dar.

b) Beschreiben Sie, wie der Graph der Funktion k aus dem Graphen der Funktion f aus Aufgabe 1 hervorgeht. *(2 BE)*

c) Berechnen Sie einen Näherungswert für $\int_0^1 h(x)\,dx$, indem Sie den Zusammenhang $\int_0^1 h(x)\,dx \approx \int_0^1 k(x)\,dx$ verwenden. Geben Sie die Bedeutung dieses Werts im Sachzusammenhang an. *(5 BE)*

Lösung ab Seite 182

Analysis, 2015, Teil B, Aufgabengruppe 2

Aufgabe 1

Der Graph G_f einer in $\mathbb{R}$ definierten Funktion $f : x \mapsto ax^4 + bx^3$ mit $a,b \in \mathbb{R}$ besitzt im Punkt O(0|0) einen Wendepunkt mit waagrechter Tangente.

a) W(1|-1) ist ein weiterer Wendepunkt von G_f. Bestimmen Sie mithilfe dieser Information die Werte von a und b.
[Ergebnis: $a = 1$, $b = -2$] *(4 BE)*

b) Bestimmen Sie Lage und Art des Extrempunkts von G_f. *(4 BE)*

Die Gerade g schneidet G_f in den Punkten W und (2|0).

c) Zeichnen Sie unter Berücksichtigung der bisherigen Ergebnisse G_f sowie die Gerade g in ein Koordinatensystem ein. Geben Sie die Gleichung der Geraden g an. *(4 BE)*

d) G_f und die x-Achse schließen im IV. Quadranten ein Flächenstück ein, das durch die Gerade g in zwei Teilflächen zerlegt wird. Berechnen Sie das Verhältnis der Flächeninhalte dieser beiden Teilflächen. *(6 BE)*

Aufgabe 2

Gegeben ist die Schar der in $\mathbb{R}$ definierten Funktionen $f_n : x \mapsto x^4 - 2x^n$ mit $n \in \mathbb{N}$ sowie die in $\mathbb{R}$ definierte Funktion $f_0 : x \mapsto x^4 - 2$.

a) Die Abbildungen 1 bis 4 zeigen die Graphen der Funktionen f_0, f_1, f_2 bzw. f_4. Ordnen Sie jeder dieser Funktionen den passenden Graphen zu und begründen Sie drei Ihrer Zuordnungen durch Aussagen zur Symmetrie, zu den Schnittpunkten mit den Koordinatenachsen oder dem Verhalten an den Grenzen des Definitionsbereichs des jeweiligen Graphen.

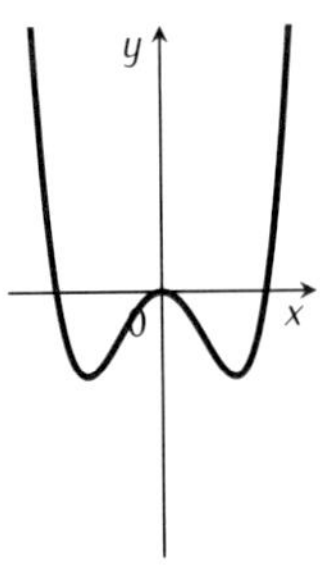

Abb. 1

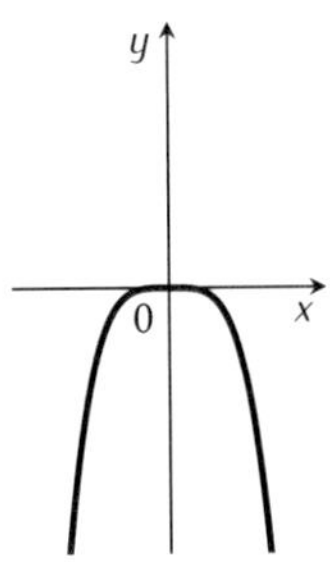

Abb. 2

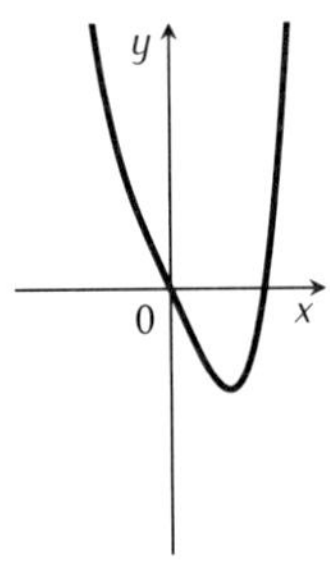

Abb. 3

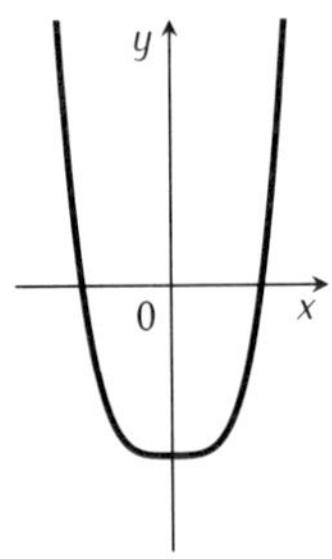

Abb. 4

(4 BE)

b) Betrachtet werden nun die Funktionen f_n mit $n > 4$. Geben Sie in Abhängigkeit von n das Verhalten dieser Funktionen für $x \to +\infty$ und für $x \to -\infty$ an. *(3 BE)*

Aufgabe 3

In der Lungenfunktionsdiagnostik spielt der Begriff der Atemstromstärke eine wichtige Rolle.

Im Folgenden wird die Atemstromstärke als die momentane Änderungsrate des Luftvolumens in der Lunge betrachtet, d. h. insbesondere, dass der Wert der Atemstromstärke beim Einatmen positiv ist. Für eine ruhende Testperson mit normalem Atemrhythmus wird die Atemstromstärke in Abhängigkeit von der Zeit modellhaft durch die Funktion $g : t \mapsto -\frac{\pi}{8} \sin\left(\frac{\pi}{2}t\right)$ mit Definitionsmenge $\mathbb{R}_0^+$ beschrieben. Dabei ist t die seit Beobachtungsbeginn vergangene Zeit in Sekunden und $g(t)$ die Atemstromstärke in Litern pro Sekunde. Abbildung 5 zeigt den durch die Funktion g beschriebenen zeitlichen Verlauf der Atemstromstärke.

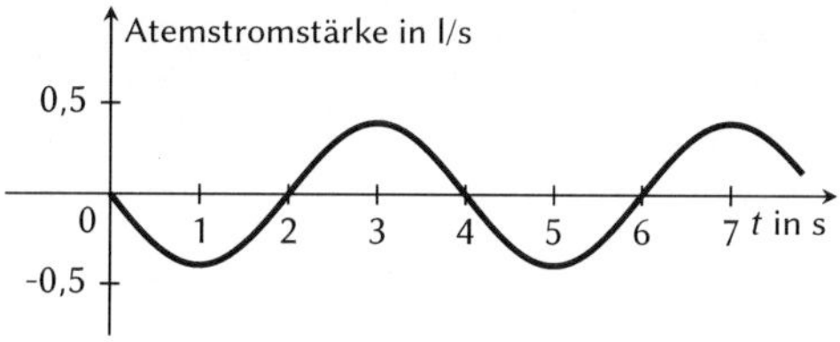

Abb. 5

a) Berechnen Sie $g(1{,}5)$ und interpretieren Sie das Vorzeichen dieses Werts im Sachzusammenhang. *(2 BE)*

b) Beim Atmen ändert sich das Luftvolumen in der Lunge. Geben Sie auf der Grundlage des Modells einen Zeitpunkt an, zu dem das Luftvolumen in der Lunge der Testperson minimal ist, und machen Sie Ihre Antwort mithilfe von Abbildung 5 plausibel. *(2 BE)*

c) Berechnen Sie

$$\int_2^4 g(t)\,dt$$

und deuten Sie den Wert des Integrals im Sachzusammenhang.
[Teilergebnis: Wert des Integrals: 0,5] *(4 BE)*

d) Zu Beginn eines Ausatemvorgangs befinden sich 3,5 Liter Luft in der Lunge der Testperson. Skizzieren Sie auf der Grundlage des Modells unter Berücksichtigung des Ergebnisses aus Aufgabe 3 c in einem Koordinatensystem für $0 \leq t \leq 8$ den Graphen einer Funktion, die den zeitlichen Verlauf des Luftvolumens in der Lunge der Testperson beschreibt. *(3 BE)*

Die Testperson benötigt für einen vollständigen Atemzyklus 4 Sekunden. Die Anzahl der Atemzyklen pro Minute wird als Atemfrequenz bezeichnet.

e) Geben Sie zunächst die Atemfrequenz der Testperson an.
Die Atemstromstärke eines jüngeren Menschen, dessen Atemfrequenz um 20 % höher ist als die der bisher betrachteten Testperson, soll durch eine Sinusfunktion der Form $h : t \mapsto a \cdot \sin(b \cdot t)$ mit $t \geq 0$ und $b > 0$ beschrieben werden. Ermitteln Sie den Wert von b. *(4 BE)*

Analysis 2014

Lösung ab Seite 187

Analysis, 2014, Teil A, Aufgabengruppe 1

Aufgabe 1

Gegeben ist die Funktion $f : x \mapsto \frac{x}{\ln x}$ mit Definitionsmenge $\mathbb{R}^+ \setminus \{1\}$. Bestimmen Sie Lage und Art des Extrempunkts des Graphen von f. *(5 BE)*

Aufgabe 2

Gegeben ist die in $\mathbb{R}$ definierte Funktion f mit $f(x) = e^x \cdot (2x + x^2)$.

a) Bestimmen Sie die Nullstellen der Funktion f. *(2 BE)*

b) Zeigen Sie, dass die in $\mathbb{R}$ definierte Funktion F mit $F(x) = x^2 \cdot e^x$ eine Stammfunktion von f ist. Geben Sie eine Gleichung einer weiteren Stammfunktion G von f an, für die $G(1) = 2e$ gilt. *(3 BE)*

Aufgabe 3

Gegeben sind die in $\mathbb{R}$ definierten Funktionen $g_{a,c} : x \mapsto \sin(ax) + c$ mit $a,c \in \mathbb{R}_0^+$.

a) Geben Sie für jede der beiden folgenden Eigenschaften einen möglichen Wert für a und einen möglichen Wert für c so an, dass die zugehörige Funktion $g_{a,c}$ diese Eigenschaft besitzt.

α) Die Funktion $g_{a,c}$ hat die Wertemenge $[0; 2]$.

β) Die Funktion $g_{a,c}$ hat im Intervall $[0; \pi]$ genau drei Nullstellen.

(3 BE)

b) Ermitteln Sie in Abhängigkeit von a, welche Werte die Ableitung von $g_{a,c}$ annehmen kann. *(2 BE)*

Aufgabe 4

Die Abbildung zeigt den Graphen einer Funktion f.

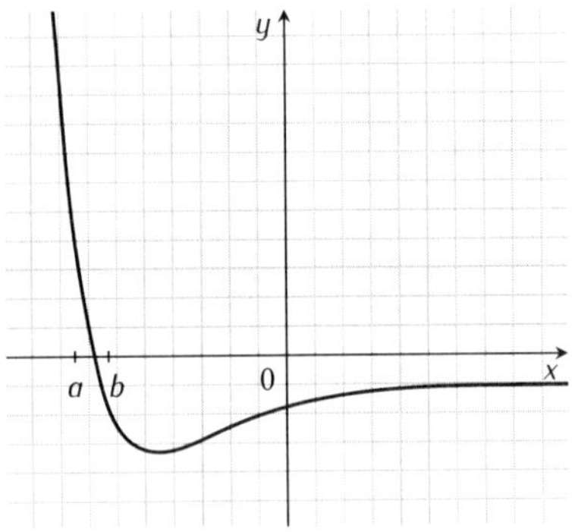

a) Beschreiben Sie für $a \leq x \leq b$ den Verlauf des Graphen einer Stammfunktion von f. *(2 BE)*

b) Skizzieren Sie in der Abbildung den Graphen einer Stammfunktion von f im gesamten dargestellten Bereich. *(3 BE)*

Analysis, 2014, Teil A, Aufgabengruppe 2

Aufgabe 1

Geben Sie jeweils den Term einer in $\mathbb{R}$ definierten periodischen Funktion an, die die angegebene Eigenschaft hat.

a) Der Graph der Funktion g geht aus dem Graphen der in $\mathbb{R}$ definierten Funktion $x \mapsto \sin x$ durch Spiegelung an der y-Achse hervor. *(1 BE)*

b) Die Funktion h hat den Wertebereich $[1; 3]$. *(1 BE)*

c) Die Funktion k besitzt die Periode π. *(1 BE)*

Aufgabe 2

Gegeben ist die in $\mathbb{R}$ definierte Funktion f mit $f(x) = e^x \cdot \left(2x + x^2\right)$.

a) Bestimmen Sie die Nullstellen der Funktion f. *(2 BE)*

b) Zeigen Sie, dass die in $\mathbb{R}$ definierte Funktion F mit $F(x) = x^2 \cdot e^x$ eine Stammfunktion von f ist. Geben Sie eine Gleichung einer weiteren Stammfunktion G von f an, für die $G(1) = 2e$ gilt. *(3 BE)*

Aufgabe 3

Der Graph einer in $\mathbb{R}$ definierten Funktion $g : x \mapsto g(x)$ besitzt für $-5 \leq x \leq 5$ zwei Wendepunkte. Entscheiden Sie, welcher der Graphen I, II und III zur zweiten Ableitungsfunktion g'' von g gehört. Begründen Sie Ihre Entscheidung.

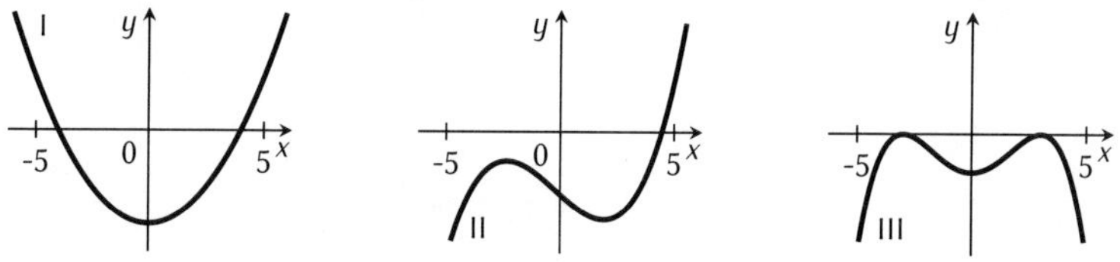

(2 BE)

Lösung ab Seite 191

Aufgabe 4
In einem Koordinatensystem (vgl. Abbildung 1) werden alle Rechtecke betrachtet, die folgende Bedingungen erfüllen:

- Zwei Seiten liegen auf den Koordinatenachsen.
- Ein Eckpunkt liegt auf dem Graphen G_f der Funktion $f: x \mapsto -\ln x$ mit $0 < x < 1$.

Abbildung 1 zeigt ein solches Rechteck.

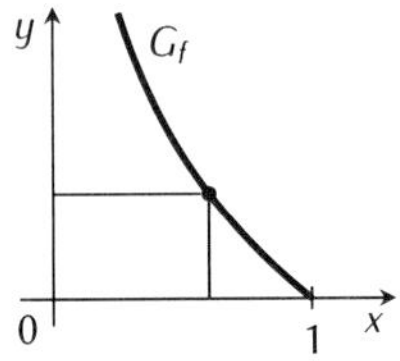

Abb. 1

Unter den betrachteten Rechtecken gibt es eines mit größtem Flächeninhalt. Berechnen Sie die Seitenlängen dieses Rechtecks. *(5 BE)*

Aufgabe 5
Abbildung 2 zeigt den Graphen einer Funktion f.

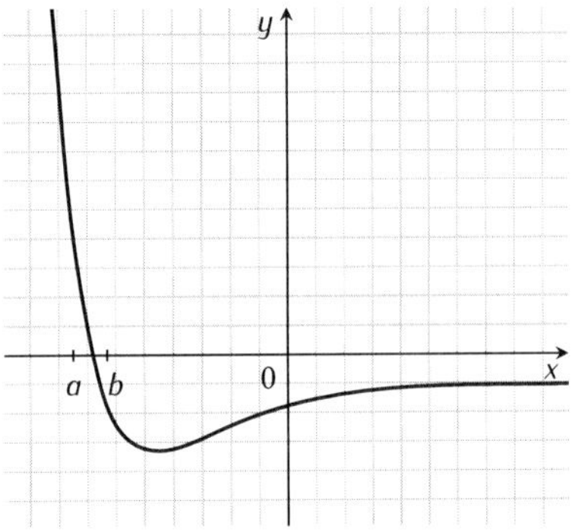

Abb. 2

a) Beschreiben Sie für $a \leq x \leq b$ den Verlauf des Graphen einer Stammfunktion von f. *(2 BE)*

b) Skizzieren Sie in Abbildung 2 den Graphen einer Stammfunktion von f im gesamten dargestellten Bereich. *(3 BE)*

Analysis, 2014, Teil B, Aufgabengruppe 1

Gegeben ist die Funktion $f : x \mapsto 2 - \sqrt{12 - 2x}$ mit maximaler Definitionsmenge $\mathcal{D}_f =]-\infty; 6]$. Der Graph von f wird mit G_f bezeichnet.

Aufgabe 1

a) Berechnen Sie die Koordinaten der Schnittpunkte von G_f mit den Koordinatenachsen. Bestimmen Sie das Verhalten von f für $x \to -\infty$ und geben Sie $f(6)$ an. *(5 BE)*

b) Bestimmen Sie den Term der Ableitungsfunktion f' von f und geben Sie die maximale Definitionsmenge von f' an.
Bestimmen Sie $\lim\limits_{x \to 6} f'(x)$ und beschreiben Sie, welche Eigenschaft von G_f aus diesem Ergebnis folgt.
$\left[\text{zur Kontrolle: } f'(x) = \dfrac{1}{\sqrt{12 - 2x}}\right]$ *(5 BE)*

c) Geben Sie das Monotonieverhalten von G_f und die Wertemenge von f an. *(2 BE)*

d) Geben Sie $f(-2)$ an und zeichnen Sie G_f unter Berücksichtigung der bisherigen Ergebnisse in ein Koordinatensystem ein (Platzbedarf im Hinblick auf die folgenden Aufgaben: $-3 \leq y \leq 7$). *(3 BE)*

e) Die Funktion f ist in $\mathcal{D}_f$ umkehrbar. Geben Sie die Definitionsmenge der Umkehrfunktion f^{-1} von f an und zeigen Sie, dass $f^{-1}(x) = -\frac{1}{2}x^2 + 2x + 4$ gilt. *(4 BE)*

Der Graph der in $\mathbb{R}$ definierten Funktion $h : x \mapsto -\frac{1}{2}x^2 + 2x + 4$ ist die Parabel G_h. Der Graph der in Aufgabe 1e betrachteten Umkehrfunktion f^{-1} ist ein Teil dieser Parabel.

Aufgabe 2

a) Berechnen Sie die Koordinaten der Schnittpunkte von G_h mit der durch die Gleichung $y = x$ gegebenen Winkelhalbierenden w des I. und III. Quadranten.
[Teilergebnis: x-Koordinaten der Schnittpunkte: -2 und 4] *(3 BE)*

b) Zeichnen Sie die Parabel G_h – unter Berücksichtigung des Scheitels – im Bereich $2 \leq x \leq 4$ in Ihre Zeichnung aus Aufgabe 1d ein. Spiegelt man diesen Teil von G_h an der Winkelhalbierenden w, so entsteht eine herzförmige Figur; ergänzen Sie Ihre Zeichnung dementsprechend. *(4 BE)*

Aufgabe 3

Durch die in Aufgabe 2 entstandene herzförmige Figur soll das abgebildete Blatt modellhaft beschrieben werden. Eine Längeneinheit im Koordinatensystem aus Aufgabe 1d soll dabei 1 cm in der Wirklichkeit entsprechen.

a) Berechnen Sie den Inhalt des von G_h und der Winkelhalbierenden w eingeschlossenen Flächenstücks. Bestimmen Sie unter Verwendung dieses Werts den Flächeninhalt des Blatts auf der Grundlage des Modells. *(5 BE)*

b) Ermitteln Sie die Gleichung der Tangente an G_h im Punkt $(-2|h(-2))$. Berechnen Sie den Wert, den das Modell für die Größe des Winkels liefert, den die Blattränder an der Blattspitze einschließen. *(6 BE)*

c) Der Verlauf des oberen Blattrands wird in der Nähe der Blattspitze durch das bisher verwendete Modell nicht genau genug dargestellt. Daher soll der obere Blattrand im Modell für $-2 \leq x \leq 0$ nicht mehr durch G_h, sondern durch den Graphen G_k einer in $\mathbb{R}$ definierten ganzrationalen Funktion k dritten Grades beschrieben werden. Für die Funktion k werden die folgenden Bedingungen gewählt (k' und h' sind die Ableitungsfunktionen von k bzw. h):

I $\quad k(0) = h(0)$

II $\quad k'(0) = h'(0)$

III $\quad k(-2) = h(-2)$

IV $\quad k'(-2) = 1{,}5$

Begründen Sie im Sachzusammenhang, dass die Wahl der Bedingungen I, II und III sinnvoll ist. Machen Sie plausibel, dass die Bedingung IV dazu führt, dass die Form des Blatts in der Nähe der Blattspitze im Vergleich zum ursprünglichen Modell genauer dargestellt wird. *(3 BE)*

Analysis, 2014, Teil B, Aufgabengruppe 2

Gegeben ist die Funktion f mit $f(x) = \dfrac{20x}{x^2 - 25}$ und maximalem Definitionsbereich $\mathcal{D}_f$.
Die Abbildung zeigt einen Teil des Graphen G_f von f.

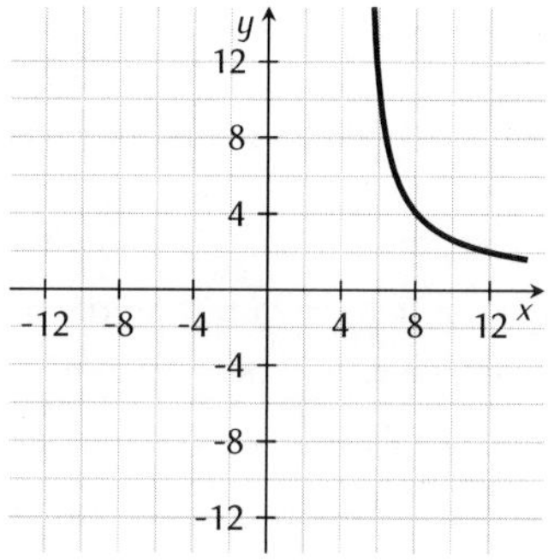

Aufgabe 1

a) Zeigen Sie, dass $\mathcal{D}_f = \mathbb{R} \setminus \{-5; 5\}$ gilt und dass G_f symmetrisch bezüglich des Koordinatenursprungs ist. Geben Sie die Nullstelle von f sowie die Gleichungen der drei Asymptoten von G_f an. *(5 BE)*

b) Weisen Sie nach, dass die Steigung von G_f in jedem Punkt des Graphen negativ ist. Berechnen Sie die Größe des Winkels, unter dem G_f die x-Achse schneidet. *(4 BE)*

c) Skizzieren Sie in der Abbildung den darin fehlenden Teil von G_f unter Berücksichtigung der bisherigen Ergebnisse. *(3 BE)*

d) Die Funktion $f^* : x \mapsto f(x)$ mit Definitionsbereich $]5; +\infty[$ unterscheidet sich von der Funktion f nur hinsichtlich des Definitionsbereichs. Begründen Sie, dass die Funktion f nicht umkehrbar ist, die Funktion f^* dagegen schon. Zeichnen Sie den Graphen der Umkehrfunktion von f^* in die Abbildung ein. *(4 BE)*

e) Der Graph von f, die x-Achse sowie die Geraden mit den Gleichungen $x = 10$ und $x = s$ mit $s > 10$ schließen ein Flächenstück mit dem Inhalt $A(s)$ ein. Bestimmen Sie $A(s)$.
$\left[\text{Ergebnis: } A(s) = 10 \cdot \ln \dfrac{s^2 - 25}{75}\right]$ *(5 BE)*

f) Ermitteln Sie s so, dass das Flächenstück aus Aufgabe 1e den Inhalt 100 besitzt. *(3 BE)*

g) Bestimmen Sie das Verhalten von $A(s)$ für $s \to +\infty$. *(2 BE)*

Aufgabe 2

Ein Motorboot fährt mit konstanter Motorleistung auf einem Fluss eine Strecke der Länge 10 km zuerst flussabwärts und unmittelbar anschließend flussaufwärts zum Ausgangspunkt zurück. Mit der Eigengeschwindigkeit des Motorboots wird der Betrag der Geschwindigkeit bezeichnet, mit der sich das Boot bei dieser Motorleistung auf einem stehenden Gewässer bewegen würde.

Im Folgenden soll modellhaft davon ausgegangen werden, dass die Eigengeschwindigkeit des Boots während der Fahrt konstant ist und das Wasser im Fluss mit der konstanten Geschwindigkeit 5 km/h fließt. Die für das Wendemanöver erforderliche Zeit wird vernachlässigt.

Die Gesamtfahrtzeit in Stunden, die das Boot für Hinfahrt und Rückfahrt insgesamt benötigt, wird im Modell für $x > 5$ durch den Term $t(x) = \frac{10}{x+5} + \frac{10}{x-5}$ angegeben. Dabei ist x die Eigengeschwindigkeit des Boots in km/h.

a) Bestimmen Sie auf der Grundlage des Modells für eine Fahrt mit einer Eigengeschwindigkeit von 10 km/h und für eine Fahrt mit einer Eigengeschwindigkeit von 20 km/h jeweils die Gesamtfahrtzeit in Minuten. *(2 BE)*

b) Begründen Sie, dass der erste Summand des Terms $t(x)$ die für die Hinfahrt, der zweite Summand die für die Rückfahrt erforderliche Zeit in Stunden angibt. *(3 BE)*

c) Begründen Sie im Sachzusammenhang, dass $t(x)$ für $0 < x < 5$ nicht als Gesamtfahrtzeit interpretiert werden kann. *(2 BE)*

d) Zeigen Sie, dass die Terme $f(x)$ und $t(x)$ äquivalent sind. *(2 BE)*

e) Beschreiben Sie, wie man mithilfe der Abbildung für eine Fahrt mit einer Gesamtfahrtzeit zwischen zwei und vierzehn Stunden die zugehörige Eigengeschwindigkeit des Boots näherungsweise ermitteln kann. Berechnen Sie auf der Grundlage des Modells die Eigengeschwindigkeit des Boots für eine Fahrt mit einer Gesamtfahrtzeit von vier Stunden. *(5 BE)*

Analysis Probe-Abi

Analysis, Probe-Abi, Teil A, Aufgabengruppe 1

Aufgabe 1

Gegeben ist die Funktion $f : x \mapsto \frac{\ln x - 1}{x}$ mit maximalem Definitionsbereich $\mathcal{D}$. Ihr Graph heißt G_f.

a) Bestimmen Sie $\mathcal{D}$. *(1 BE)*

b) Bestimmen Sie die Nullstellen von f sowie Art und Lage der Extrempunkte von G_f. *(4 BE)*

Aufgabe 2

Gegeben ist die auf $\mathcal{D} = \mathbb{R} \setminus \{-1; -2\}$ definierte Funktionen f mit $f(x) = \frac{x - 1}{(x + 1)(x + 2)}$.

a) Bestimmen Sie die Gleichungen der Asymptoten des Graphen von f. *(2 BE)*

b) Der Graph von f wird verschoben. Der Schnittpunkt des Graphen von f mit der x-Achse besitzt nach der Verschiebung die Koordinaten $(3|5)$. Der verschobene Graph gehört zu einer Funktion h. Geben Sie eine Funktionsgleichung der Funktion h an. *(3 BE)*

Aufgabe 3

Geben Sie jeweils die Gleichung einer Funktion an, welche die genannten Eigenschaften besitzt:

a) Die Funktion g ist periodisch und hat die Wertemenge $\mathcal{W} = [-2; 6]$. *(2 BE)*

b) Die gebrochenrationale Funktion h hat in $x = -5$ eine doppelte Nullstelle und in $x = 2$ eine Polstelle ohne Vorzeichenwechsel. Der Graph von h hat die Gerade mit der Gleichung $y = 0$ als waagrechte Asymptote. *(3 BE)*

Aufgabe 4

Gegeben ist die Schar der in $\mathbb{R}$ definierten Funktionen $f_a : x \mapsto x^2 + ax + a^2$ mit $a \in \mathbb{R}$. Der Graph der Funktion f_a heißt C_a.

a) Jeder Graph C_a hat genau einen Tiefpunkt. Bestimmen Sie die Gleichung einer Funktion g, sodass die Tiefpunkte aller C_a auf dem Graphen der Funktion g liegen. *(3 BE)*

b) Bestimmen Sie den Wert des Parameters a so, dass die Tangente an den Graphen der Funktion f_a an der Stelle $x = 5$ die Steigung 12 hat. *(2 BE)*

Analysis, Probe-Abi, Teil A, Aufgabengruppe 2

Aufgabe 1

Gegeben ist die Funktion

$$f : x \mapsto \frac{e^x}{e^x - 1}$$

mit maximaler Definitionsmenge $\mathcal{D}$. Der Graph von f wird mit G_f bezeichnet.

a) Geben Sie D und $\lim\limits_{x\to-\infty} f(x)$ sowie $\lim\limits_{x\to+\infty} f(x)$ an. *(2 BE)*

b) Untersuchen Sie, ob G_f Punkte mit waagrechter Tangente besitzt. *(3 BE)*

Aufgabe 2

Gegeben ist die auf ganz $\mathbb{R}$ definierte Funktion $g : x \mapsto (x^3 - 1) \cdot (x - 1)$. Der Graph von g wird mit G_g bezeichnet

a) Charakterisieren Sie die einzige Nullstelle von g. *(1 BE)*

b) Ermitteln Sie das Krümmungsverhalten von G_g und die Koordinaten seiner Wendepunkte. *(3 BE)*

c) Begründen Sie, dass G_g mit Ausnahme des Extrempunktes vollständig oberhalb der x-Achse verläuft. *(1 BE)*

Aufgabe 3

Gegeben ist die auf ganz $\mathbb{R}$ definierte Funktion $h : x \mapsto x \cdot \sin(\pi x)$.

a) Ermitteln Sie alle Nullstellen von h. *(2 BE)*

b) Zeigen Sie, dass

$$H : x \mapsto -\frac{1}{\pi} \cdot x \cdot \cos(\pi x) + \frac{1}{\pi^2} \cdot \sin(\pi x)$$

eine Stammfunktion von h ist und berechnen Sie den Wert des Integrals $\int\limits_{-1}^{1} h(x)\,dx$. *(4 BE)*

Aufgabe 4

Die Abbildung zeigt den Graphen G_k einer auf ganz $\mathbb{R}$ definierten Funktion k mit

$$k(x) = a \cdot \sin(b \cdot x) + c$$

und $a, b, c \in \mathbb{R}$.

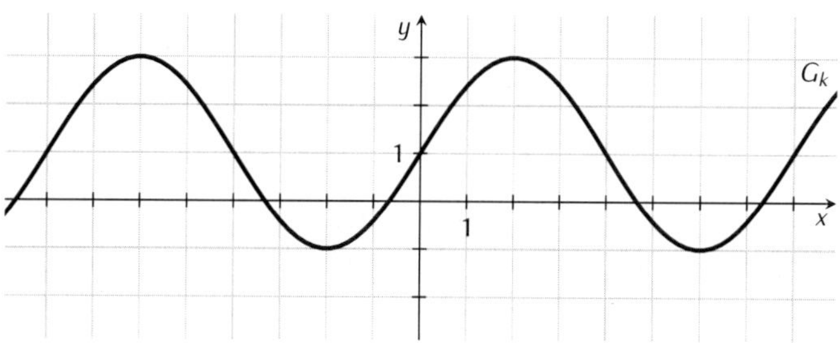

a) Ermitteln Sie einen Funktionsterm von k. *(2 BE)*

b) Skizzieren Sie in diese Abbildung den Graphen der zugehörigen Ableitungsfunktion k'. *(2 BE)*

Analysis, Probe-Abi, Teil B, Aufgabengruppe 1

In gewissen Wüstenregionen existieren Flüsse, die nur einige Wochen nach Beginn der Regenzeit Wasser führen. Die Durchflussgeschwindigkeit des Wassers wird für diesen Zeitraum beschrieben durch die Funktion

$$f : t \mapsto 1{,}8 \cdot e^{\frac{-t}{10}} \cdot \left(1 - e^{\frac{-t}{10}}\right).$$

Dabei ist $f(t)$ die Durchflussgeschwindigkeit in Millionen m^3 pro Tag zum Zeitpunkt t und t die Zeit in Tagen. Die Regenzeit beginnt zum Zeitpunkt $t = 0$.

a) Bestimmen Sie die Extrem- und Wendepunkte des Graphen von f und zeichnen Sie den Graphen in ein geeignetes Koordinatensystem. *(12 BE)*

b) Bestimmen Sie den Verlauf des Graphen für $t \to +\infty$ und erläutern Sie den Verlauf des Graphen im Sachzusammenhang. *(5 BE)*

c) Durch die engste Stelle des Flusses können höchstens 0,5 Millionen Kubikmeter pro Tag fließen. Überprüfen Sie, ob der Fluss an dieser Stelle irgendwann nach Beginn der Regenzeit über die Ufer tritt. *(3 BE)*

d) Berechnen Sie das Integral

$$\int_4^{18} f(t)\,\mathrm{d}t$$

unter Verwendung einer Stammfunktion und erläutern Sie das Ergebnis im Sachzusammenhang. *(7 BE)*

Die Durchflussgeschwindigkeit soll nun für die ersten 7 Tage nach Beginn der Regenzeit durch eine quadratische Funktion genähert werden. Dazu werden der Punkt $A(0|0)$ und der Punkt $S(6|0{,}45)$ als Scheitelpunkt der Näherungsparabel verwendet.

e) Bestimmen Sie die Gleichung der Näherungsfunktion. *(7 BE)*

f) Es gilt ohne Nachweis

$$\int_0^7 f(t)\,\mathrm{d}t \approx 2{,}28.$$

Beurteilen Sie hiermit die Güte der Näherungsfunktion. *(6 BE)*

Analysis, Probe-Abi, Teil B, Aufgabengruppe 2

Aufgabe 1

Der Graph G_f einer auf $\mathbb{R}$ definierten ganzrationalen Funktion dritten Grades f besitzt im Ursprung des Koordinatensystems eine Tangente mit der Gleichung $y = 2{,}25x$.

a) Desweiteren ist A(4|1) ein Wendepunkt von G_f. Bestimmen Sie die Funktionsgleichung der Funktion f und anschließend die Schnittpunkte des Graphen G_f mit den Koordinatenachsen.
[Zur Kontrolle: $f(x) = 0{,}0625x^3 - 0{,}75x^2 + 2{,}25x$] *(5 BE)*

b) Die Abbildung zeigt einen Teil des Graphen G_f.

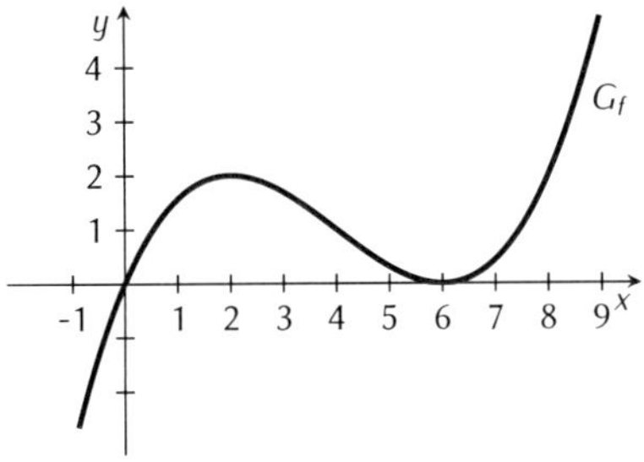

Entscheiden Sie, ob folgende Aussagen richtig oder falsch sind. Begründen Sie dabei Ihre Entscheidung.

(I) Der Graph der Ableitungsfunktion hat an der Stelle $x = 4$ eine Nullstelle.

(II) Die Graphen aller Stammfunktion von f haben einen Sattelpunkt.

(III) Die Graphen aller Stammfunktionen haben bei $x = 2$ eine Nullstelle.

(IV) Der Graph der Ableitungsfunktion ist im Bereich $-\infty < x < 4$ monoton fallend.

(4 BE)

c) Bestimmen Sie die Funktionsgleichung der Funktion g, deren Graph man erhält, wenn man den Graphen der Funktion f an der x-Achse spiegelt. Zeichnen Sie den Graphen G_g dieser Funktion im Intervall $[0; 6]$ in das Koordinatensystem ein. *(2 BE)*

Die Graphen G_f und G_g beschreiben im Intervall $[0; 6]$ den Umriss eines Sees auf einer Karte. Eine Längeneinheit entspricht dabei einhundert Metern. Die y-Achse zeigt nach Norden.

d) Bestimmen Sie die längste Strecke, die zurückgelegt werden muss, wenn man den See in Nord-Süd-Richtung durchqueren möchte. *(4 BE)*

Der See wird durch eine Bojenlinie in zwei Teilstücke zerlegt. Der westliche Teil des Sees dient als Naturschutzgebiet diversen Vögeln als Brutstätte und Refugium. Der östliche Teil der Fläche darf von Schwimmern genutzt werden. Die Bojenlinie wird zwischen den Punkten P(1|$g(1)$) und H(2|2) gespannt und in gleichmäßigen Abständen von drei Bojen unterteilt.

e) Bestimmen Sie die Länge der Leine und die Koordinaten der Bojen. Unter welchem Winkel trifft die Leine im Punkt H auf das Seeufer? *(4 BE)*

57

f) Bestimmen Sie den Anteil der Seefläche, der den Schwimmern zur Verfügung steht. *(6 BE)*

Die Station der Badeaufsicht befindet sich 50 Meter vom Ufer entfernt und ist auf kürzestem Weg durch einen kleinen abgesperrten Weg mit dem Aufsichtsturm im Punkt A(4|1), dem Rettungsweg, verbunden.

g) Zeichnen Sie sowohl den Aufsichtsturm als auch den Rettungsweg in die Zeichnung ein. *(2 BE)*

h) Bestimmen Sie die Gleichung der Funktion, auf welcher der Rettungsweg liegt und berechnen Sie den Punkt, an dem sich die Wasserrettungsstation befindet. *(6 BE)*

Aufgabe 2

Die städtische Verwaltung hat zum 1. Januar festgelegt, dass der See im Stadtwald für die Mitglieder des örtlichen Angelvereins „Angelhelden" zum Forellenfischen freigegeben werden soll. Derzeit angeln die Mitglieder noch in den künstlichen Forellenteichen des Nachbarvereins. Die Bedingungen der Stadt für die Angelfreigabe lauten folgendermaßen: Der Verein muss dem Nachbarverein nicht weniger als 300 Forellen abkaufen, die in den See entlassen werden sollen.
Der Nachbarverein hat im letzten Jahr (Beobachtungsbeginn im Januar ist $t = 0$) seine Forellenbestände zu Beginn jeden Monats erfasst und die Zahlen in folgender Tabelle festgehalten.

Jan	Feb	Mär	Apr	Mai	Jun	Jul	Aug	Sep	Okt	Nov	Dez
100	110	120	135	150	165	180	200	225	245	270	300

Der Verein wird die 300 Forellen erst verkaufen, wenn die gleiche Anzahl Fische in den eigenen Forellenteichen zurückbehalten werden kann. Der Vorsitzende der „Angelhelden" vermutet aufgrund der Tabelle, dass sich die Anzahl der Fische in den Forellenteichen des Nachbarvereins durch eine Funktion B der Form

$$B(t) = ae^{bt}$$

beschreiben lässt, wobei t die Zeit in Monaten seit Beginn der Zählungen und $B(t)$ die Anzahl Forellen angibt.

a) Bestimmen Sie mit den Werten vom letzten Januar und letzten Mai die Werte für a und b in diesem Modell. Runden Sie dabei auf zwei Nachkommastellen.
$\left[\text{Zur Kontrolle: } B(t) = 100e^{0,1t}\right]$ *(2 BE)*

b) In welchem Monat erlaubt der Fischbestand erstmals den Verkauf der geforderten 300 Forellen, wenn das Modell akzeptiert ist und die Vorjahresdaten zur Kalkulation verwendet werden? *(4 BE)*

c) Warum ist das Modell nicht geeignet, um langfristig die Anzahl der Forellen in den Teichen anzugeben? *(1 BE)*

Stochastik 2017

Stochastik, 2017, Teil A, Aufgabengruppe 1

Aufgabe 1

Ein Glücksrad hat drei Sektoren, einen blauen, einen gelben und einen roten. Diese sind unterschiedlich groß. Die Wahrscheinlichkeit dafür, dass beim einmaligen Drehen der blaue Sektor getroffen wird, beträgt p.

a) Interpretieren Sie den Term $(1 - p)^7$ im Sachzusammenhang. *(2 BE)*

b) Das Glücksrad wird zehnmal gedreht. Geben Sie einen Term an, mit dem die Wahrscheinlichkeit dafür berechnet werden kann, dass der blaue Sektor genau zweimal getroffen wird. *(1 BE)*

c) Die Wahrscheinlichkeit dafür, dass beim einmaligen Drehen der gelbe Sektor getroffen wird, beträgt 50 %. Felix hat 100 Drehungen des Glücksrads beobachtet und festgestellt, dass bei diesen der Anteil der Drehungen, bei denen der gelbe Sektor getroffen wurde, deutlich geringer als 50 % war. Er folgert: „Der Anteil der Drehungen, bei denen der gelbe Sektor getroffen wird, muss also bei den nächsten 100 Drehungen deutlich größer als 50 % sein." Beurteilen Sie die Aussage von Felix. *(2 BE)*

d) Das Glücksrad wird viermal gedreht und die Abfolge der Farben als Ergebnis notiert. Bestimmen Sie die Anzahl der möglichen Ergebnisse, in denen die Farbe Blau nicht vorkommt. *(2 BE)*

Aufgabe 2

In der Abbildung ist die Wahrscheinlichkeitsverteilung einer Zufallsgröße X mit der Wertemenge $\{0; 1; 2; 3; 4\}$ und dem Erwartungswert 2 dargestellt. Weisen Sie nach, dass es sich dabei nicht um eine Binomialverteilung handeln kann.

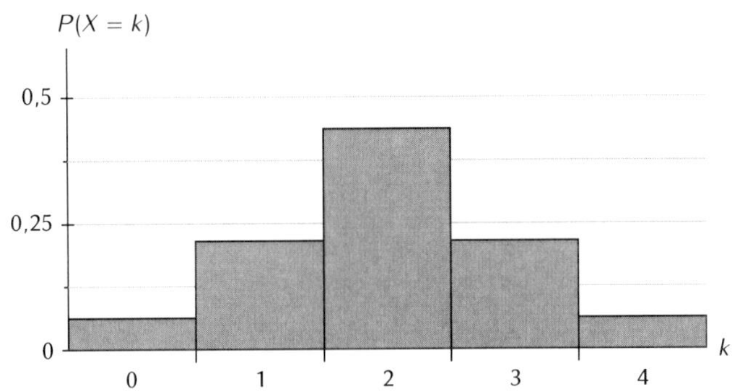

Stochastik, 2017, Teil A, Aufgabengruppe 2

Aufgabe 1

a) Nebenstehende Vierfeldertafel gehört zu einem Zufallsexperiment mit den stochastisch unabhängigen Ereignissen A und B. Tragen Sie alle fehlenden Wahrscheinlichkeiten ein.

	A	$\overline{A}$	
B	0,12		
$\overline{B}$			
	0,3		

(3 BE)

b) Im Vorfeld einer Wahl wird eine wahlberechtigte Person zufällig ausgewählt und befragt. Betrachtet werden folgende Ereignisse:

C : „Die Person ist älter als 50 Jahre."

D : „Die Person will die derzeitige Regierungspartei wählen."

Erläutern Sie, was in diesem Sachzusammenhang eine stochastische Unabhängigkeit der Ereignisse C und D bedeuten würde. *(2 BE)*

Aufgabe 2

Schwarze und weiße Kugeln sind wie folgt auf drei Urnen verteilt:

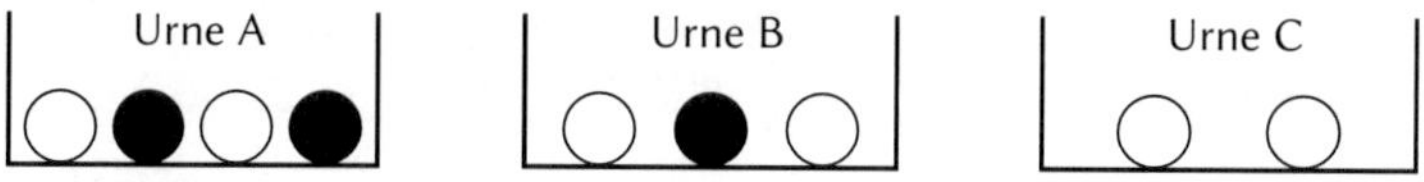

a) Aus Urne A wird zunächst eine Kugel zufällig entnommen und in Urne B gelegt. Anschließend wird aus Urne B eine Kugel zufällig entnommen und in Urne C gelegt. Bestimmen Sie die Wahrscheinlichkeit dafür, dass sich danach in Urne C zwei weiße Kugeln und eine schwarze Kugel befinden. *(2 BE)*

b) Die drei Urnen mit den in der Abbildung dargestellten Inhalten bilden den Ausgangspunkt für folgendes Spiel:

> Es wird zunächst ein Einsatz von 1 € eingezahlt. Anschließend wird eine der drei Urnen zufällig ausgewählt und danach aus dieser Urne eine Kugel zufällig gezogen. Nur dann, wenn diese Kugel schwarz ist, wird ein bestimmter Geldbetrag ausgezahlt.

Ermitteln Sie, wie groß dieser Geldbetrag sein muss, damit bei diesem Spiel auf lange Sicht Einsätze und Auszahlungen ausgeglichen sind. *(3 BE)*

Lösung ab Seite 240

Stochastik, 2017, Teil B, Aufgabengruppe 1

Das elektronische Stabilitätsprogramm (ESP) eines Autos kann Schleuderbewegungen und damit Unfälle verhindern.

Aufgabe 1

Gehen Sie bei den folgenden Aufgaben davon aus, dass 40 % aller Autos mit ESP ausgerüstet sind.
200 Autos werden nacheinander zufällig ausgewählt; die Zufallsgröße X beschreibt die Anzahl der ausgewählten Autos mit ESP.

a) Bestimmen Sie die Wahrscheinlichkeit dafür, dass von den ausgewählten Autos mindestens 70 mit ESP ausgerüstet sind. *(3 BE)*

b) Bestimmen Sie die Wahrscheinlichkeiten folgender Ereignisse.
A : „Das fünfte ausgewählte Auto ist das erste mit ESP."
B : „Die Zufallsgröße X nimmt einen Wert an, der von ihrem Erwartungswert höchstens um eine Standardabweichung abweicht." *(7 BE)*

Aufgabe 2

In einem Parkhaus befinden sich insgesamt 100 Parkplätze.

a) Im Parkhaus sind 20 Parkplätze frei; vier Autofahrer suchen jeweils einen Parkplatz. Formulieren Sie in diesem Sachzusammenhang zu den folgenden Termen jeweils eine Aufgabenstellung, deren Lösung sich durch den Term berechnen lässt.

α) $20 \cdot 19 \cdot 18 \cdot 17$

β) $\binom{20}{4}$

(3 BE)

Das Parkhaus ist nun mit 100 Autos besetzt, von denen 40 mit ESP ausgerüstet sind.

b) Sieben von diesen 100 Autos sind Kleinwagen und nicht mit ESP ausgerüstet, 90 sind keine Kleinwagen. Betrachtet werden folgende Ereignisse.
E : „Ein im Parkhaus zufällig ausgewähltes Auto ist mit ESP ausgerüstet."
K : „Bei einem im Parkhaus zufällig ausgewählten Auto handelt es sich um einen Kleinwagen."
Geben Sie die Bedeutung von $P_K(E)$ im Sachzusammenhang an und ermitteln Sie diese Wahrscheinlichkeit. *(3 BE)*

c) 30 der im Parkhaus stehenden Autos werden zufällig ausgewählt. Bestimmen Sie die Wahrscheinlichkeit dafür, dass darunter genau 40 % mit ESP ausgerüstet sind. *(4 BE)*

Stochastik, 2017, Teil B, Aufgabengruppe 2

Ein Großhändler bietet Samenkörner für Salatgurken in zwei Qualitätsstufen an. Ein Samenkorn der höheren Qualität A keimt mit einer Wahrscheinlichkeit von 95 %, eines der Qualität B mit einer Wahrscheinlichkeit von 70 %. Ein Anbaubetrieb kauft Samenkörner beider Qualitätsstufen, 65 % aller gekauften Samenkörner sind von der Qualität A.

a) In einem Gedankenexperiment werden die eingekauften Samenkörner zusammengeschüttet und gemischt. Bestimmen Sie mithilfe eines beschrifteten Baumdiagramms

α) die Wahrscheinlichkeit dafür, dass ein zufällig ausgewähltes Samenkorn keimt;

β) die Wahrscheinlichkeit dafür, dass ein zufällig ausgewähltes Samenkorn, das nach der Saat keimt, von der Qualität B ist.

(5 BE)

b) Der Anbaubetrieb sät 200 Samenkörner der Qualität B. Bestimmen Sie die Wahrscheinlichkeiten folgender Ereignisse:

E : „Von den gesäten Samenkörnern keimen genau 140."

F : „Von den gesäten Samenkörnern keimen mehr als 130 und weniger als 150."

(3 BE)

c) Beschreiben Sie im Sachzusammenhang die Bedeutung des Terms $1 - P(X \geq 275)$, wobei X eine binomial verteilte Zufallsgröße mit den Parametern $n = 300$ und $p = 0{,}95$ bezeichnet. *(2 BE)*

d) Keimt ein Samenkorn, so wächst daraus eine Pflanze heran, die aufgrund schädlicher Einflüsse jedoch in manchen Fällen keine Gurken trägt. Bei einem gekeimten Samenkorn der Qualität A entsteht mit einer Wahrscheinlichkeit von 85 % eine fruchttragende Pflanze, bei einem gekeimten Samenkorn der Qualität B mit einer Wahrscheinlichkeit von 75 %. Vereinfachend wird davon ausgegangen, dass - unabhängig von der Qualität der Samenkörner - von jeder fruchttragenden Pflanze gleich viele Gurken geerntet werden können.
Ein Samenkorn der Qualität A kostet 17 Cent, eines der Qualität B 12 Cent. Entscheiden Sie durch Rechnung, ob es für einen Anbaubetrieb finanziell günstiger ist, sich auf Samenkörner der Qualität A zu beschränken, oder ob es finanziell günstiger ist, sich auf Samenkörner der Qualität B zu beschränken, wenn er alle Gurken zum selben Preis verkauft. *(5 BE)*

e) Der Großhändler behauptet, dass sich die Wahrscheinlichkeit für das Keimen eines Samenkorns der Qualität B durch eine veränderte Aufbereitung des Saatguts auf mehr als 70 % erhöht hat. Deshalb soll die Nullhypothese „Die Wahrscheinlichkeit für das Keimen eines Samenkorns der Qualität B ist höchstens 70 %." auf einem Signifikanzniveau von 5 % getestet werden. Dazu werden 100 der verändert aufbereiteten Samenkörner der Qualität B zufällig ausgewählt und gesät. Bestimmen Sie die zugehörige Entscheidungsregel. *(5 BE)*

Stochastik 2016

Stochastik, 2016, Teil A, Aufgabengruppe 1

Aufgabe 1

Die beiden Baumdiagramme gehören zum selben Zufallsexperiment mit den Ereignissen A und B.
Berechnen Sie die Wahrscheinlichkeit $P(B)$ und ergänzen Sie anschließend an allen Ästen des rechten Baumdiagramms die zugehörigen Wahrscheinlichkeiten.

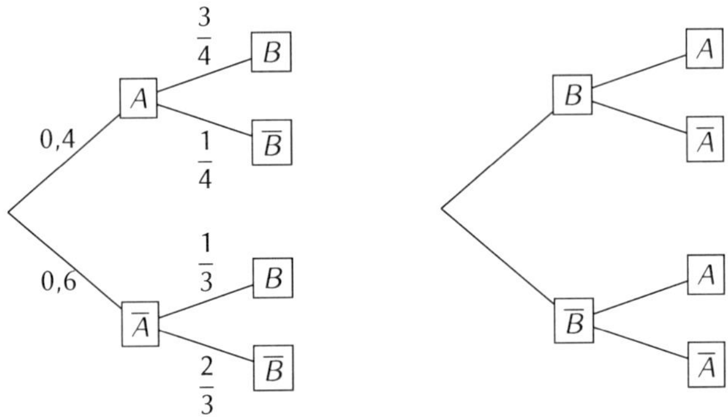

[Teilergebnis: $P(B) = 0{,}5$] *(5 BE)*

Aufgabe 2

Bei einem Zufallsexperiment wird eine ideale Münze so lange geworfen, bis zum zweiten Mal Zahl (Z) oder zum zweiten Mal Wappen (W) oben liegt. Als Ergebnismenge wird festgelegt: $\{ZZ; WW; ZWZ; ZWW; WZZ; WZW\}$.

a) Begründen Sie, dass dieses Zufallsexperiment kein Laplace-Experiment ist. *(2 BE)*

b) Die Zufallsgröße X ordnet jedem Ergebnis die Anzahl der entsprechenden Münzwürfe zu. Berechnen Sie den Erwartungswert von X. *(3 BE)*

Stochastik, 2016, Teil A, Aufgabengruppe 2

Aufgabe 1

Bei einem Zufallsexperiment wird eine ideale Münze so lange geworfen, bis zum zweiten Mal Zahl (Z) oder zum zweiten Mal Wappen (W) oben liegt. Als Ergebnismenge wird festgelegt: $\{ZZ; WW; ZWZ; ZWW; WZZ; WZW\}$.

a) Begründen Sie, dass dieses Zufallsexperiment kein Laplace-Experiment ist.

(2 BE)

b) Die Zufallsgröße X ordnet jedem Ergebnis die Anzahl der entsprechenden Münzwürfe zu. Berechnen Sie den Erwartungswert von X. *(3 BE)*

Aufgabe 2

An einem P-Seminar nehmen acht Mädchen und sechs Jungen teil, darunter Anna und Tobias. Für eine Präsentation wird per Los aus den Teilnehmerinnen und Teilnehmern ein Team aus vier Personen zusammengestellt.

a) Geben Sie zu jedem der folgenden Ereignisse einen Term an, mit dem die Wahrscheinlichkeit des Ereignisses berechnet werden kann.

A: „Anna und Tobias gehören dem Team an."

B: „Das Team besteht aus gleich vielen Mädchen und Jungen."

(3 BE)

b) Beschreiben Sie im Sachzusammenhang ein Ereignis, dessen Wahrscheinlichkeit durch den folgenden Term berechnet werden kann:

$$\frac{\binom{14}{4} - \binom{6}{4}}{\binom{14}{4}}$$

(2 BE)

Stochastik 2016

Stochastik, 2016, Teil B, Aufgabengruppe 1

Ein Getränkehersteller führt eine Werbeaktion durch, um die Verkaufszahlen seiner Saftschorlen zu erhöhen. Bei 100 000 der für die Werbeaktion produzierten zwei Millionen Flaschen wird auf der Innenseite des Verschlusses eine Marke für einen Geldgewinn angebracht. Von den Gewinnmarken sind 12 000 jeweils 5 Euro wert, der Rest ist jeweils 1 Euro wert. Alle Flaschen der Werbeaktion werden zufällig auf Kästen verteilt. Im Folgenden werden nur Flaschen aus der Werbeaktion betrachtet.

Aufgabe 1

Es wird eine Flasche geöffnet. Betrachtet werden folgende Ereignisse:

A : „Der Verschluss enthält eine Gewinnmarke."

B : „Der Verschluss enthält eine Gewinnmarke im Wert von 1 Euro."

a) Berechnen Sie die Wahrscheinlichkeiten $P(A)$ und $P(B)$. *(2 BE)*

b) Es werden mehrere Flaschen geöffnet und für jede dieser Flaschen wird festgestellt, ob das Ereignis A eintritt. Begründen Sie, dass dieses Zufallsexperiment näherungsweise durch eine Bernoullikette beschrieben werden kann. *(2 BE)*

Im Folgenden gilt beim Öffnen einer Flasche stets $P(A) = 0{,}05$ und $P(B) = 0{,}044$.

c) Es werden nacheinander zehn Flaschen geöffnet. Berechnen Sie die Wahrscheinlichkeit dafür, dass sich erstmals in der fünften Flasche eine Gewinnmarke befindet. *(2 BE)*

d) Bestimmen Sie unter Zuhilfenahme des Tafelwerks, wie viele Flaschen man mindestens öffnen muss, um mit einer Wahrscheinlichkeit von mehr als 5 % mindestens zwei Gewinnmarken zu finden. *(4 BE)*

e) Berechnen Sie den Gesamtwert der Gewinnmarken, die Kunden beim Öffnen der 20 Flaschen eines Kastens im Mittel in den Verschlüssen finden. *(3 BE)*

Nachdem die zwei Millionen Flaschen verkauft sind, wird die Werbeaktion fortgesetzt. Der Getränkehersteller verspricht, dass weiterhin jede 20. Flasche eine Gewinnmarke enthält. Aufgrund von Kundenäußerungen vermutet der Filialleiter eines Getränkemarkts jedoch, dass der Anteil der Saftschorle-Flaschen mit einer Gewinnmarke im Verschluss nun geringer als 0,05 ist, und beschwert sich beim Getränkehersteller.

Aufgabe 2

Der Getränkehersteller bietet ihm an, anhand von 200 zufällig ausgewählten Flaschen einen Signifikanztest für die Nullhypothese „Die Wahrscheinlichkeit dafür, in einer Flasche eine Gewinnmarke zu finden, beträgt mindestens 0,05." auf einem Signifikanzniveau von 1 % durchzuführen. Für den Fall, dass das Ergebnis des Tests im Ablehnungsbereich der Nullhypothese liegt, verspricht der Getränkehersteller, seine Abfüllanlage zu überprüfen und die Kosten für eine Sonderwerbeaktion des Getränkemarkts zu übernehmen.

Ermitteln Sie den Ablehnungsbereich der Nullhypothese und bestimmen Sie anschließend unter der Annahme, dass im Mittel nur 3 % der Saftschorle-Flaschen eine Gewinnmarke enthalten, die Wahrscheinlichkeit dafür, dass der Getränkemarkt nicht in den Genuss einer kostenlosen Sonderwerbeaktion kommt. *(7 BE)*

Stochastik, 2016, Teil B, Aufgabengruppe 2

Aufgabe 1

Nach einem Bericht zur Allergieforschung aus dem Jahr 2008 litt damals in Deutschland jeder vierte bis fünfte Einwohner an einer Allergie. 41 % aller Allergiker reagierten allergisch auf Tierhaare.
Kann aus diesen Aussagen gefolgert werden, dass 2008 mindestens 10 % der Einwohner Deutschlands auf Tierhaare allergisch reagierten?
Begründen Sie Ihre Antwort. *(3 BE)*

Aufgabe 2

Nach einer aktuellen Erhebung leiden 25 % der Einwohner Deutschlands an einer Allergie. Aus den Einwohnern Deutschlands werden n Personen zufällig ausgewählt.

a) Bestimmen Sie, wie groß n mindestens sein muss, damit mit einer Wahrscheinlichkeit von mehr als 99 % mindestens eine der ausgewählten Personen an einer Allergie leidet. *(4 BE)*

b) Im Folgenden ist $n = 200$. Die Zufallsgröße X beschreibt die Anzahl der Personen unter den ausgewählten Personen, die an einer Allergie leiden.
Bestimmen Sie die Wahrscheinlichkeit dafür, dass der Wert der binomialverteilten Zufallsgröße X höchstens um eine Standardabweichung von ihrem Erwartungswert abweicht. *(5 BE)*

Aufgabe 3

Ein Pharmaunternehmen hat einen Hauttest zum Nachweis einer Tierhaarallergie entwickelt. Im Rahmen einer klinischen Studie zeigt sich, dass der Hauttest bei einer aus der Bevölkerung Deutschlands zufällig ausgewählten Person mit einer Wahrscheinlichkeit von 39,5 % ein positives Testergebnis liefert. Leidet eine Person an einer Tierhaarallergie, so ist das Testergebnis mit einer Wahrscheinlichkeit von 85 % positiv. Das Testergebnis ist jedoch bei einer Person, die nicht an einer Tierhaarallergie leidet, mit einer Wahrscheinlichkeit von 35 % ebenfalls positiv.

a) Ermitteln Sie, welcher Anteil der Bevölkerung Deutschlands demnach allergisch auf Tierhaare reagiert.
[Ergebnis: 9 %] *(4 BE)*

b) Eine aus der Bevölkerung Deutschlands zufällig ausgewählte Person wird getestet; das Testergebnis ist positiv. Berechnen Sie die Wahrscheinlichkeit dafür, dass diese Person tatsächlich an einer Tierhaarallergie leidet. *(2 BE)*

c) Aus der Bevölkerung Deutschlands wird eine Person zufällig ausgewählt und getestet. Beschreiben Sie das Ereignis, dessen Wahrscheinlichkeit im Sachzusammenhang mit dem Term $0{,}09 \cdot 0{,}15 + 0{,}91 \cdot 0{,}35$ berechnet wird. *(2 BE)*

Stochastik 2015

Stochastik, 2015, Teil A, Aufgabengruppe 1

Aufgabe 1

Bei der Wintersportart Biathlon wird bei jeder Schießeinlage auf fünf Scheiben geschossen. Ein Biathlet tritt bei einem Einzelrennen zu einer Schießeinlage an, bei der er auf jede Scheibe einen Schuss abgibt. Diese Schießeinlage wird modellhaft durch eine Bernoullikette mit der Länge 5 und der Trefferwahrscheinlichkeit p beschrieben.

a) Geben Sie für die folgenden Ereignisse A und B jeweils einen Term an, der die Wahrscheinlichkeit des Ereignisses in Abhängigkeit von p beschreibt.

A : „Der Biathlet trifft bei genau vier Schüssen."

B : „Der Biathlet trifft nur bei den ersten beiden Schüssen."

(3 BE)

b) Erläutern Sie anhand eines Beispiels, dass die modellhafte Beschreibung der Schießeinlage durch eine Bernoullikette unter Umständen der Realität nicht gerecht wird. *(2 BE)*

Aufgabe 2

Ein Moderator lädt zu seiner Talkshow drei Politiker, eine Journalistin und zwei Mitglieder einer Bürgerinitiative ein. Für die Diskussionsrunde ist eine halbkreisförmige Sitzordnung vorgesehen, bei der nach den Personen unterschieden wird und der Moderator den mittleren Platz einnimmt.

a) Geben Sie einen Term an, mit dem die Anzahl der möglichen Sitzordnungen berechnet werden kann, wenn keine weiteren Einschränkungen berücksichtigt werden. *(1 BE)*

b) Der Sender hat festgelegt, dass unmittelbar neben dem Moderator auf einer Seite die Journalistin und auf der anderen Seite einer der Politiker sitzen soll. Berechnen Sie unter Berücksichtigung dieser weiteren Einschränkung die Anzahl der möglichen Sitzordnungen. *(4 BE)*

Stochastik 2015

Stochastik, 2015, Teil A, Aufgabengruppe 2

Aufgabe 1

In einer Urne befinden sich vier rote und sechs blaue Kugeln. Aus dieser wird achtmal eine Kugel zufällig gezogen, die Farbe notiert und die Kugel anschließend wieder zurückgelegt.

a) Geben Sie einen Term an, mit dem die Wahrscheinlichkeit des Ereignisses „Es werden gleich viele rote und blaue Kugeln gezogen." berechnet werden kann. *(2 BE)*

b) Beschreiben Sie im Sachzusammenhang jeweils ein Ereignis, dessen Wahrscheinlichkeit durch den angegebenen Term berechnet werden kann.

α) $1 - \left(\frac{3}{5}\right)^8$

β) $\left(\frac{3}{5}\right)^8 + 8 \cdot \frac{2}{5} \cdot \left(\frac{3}{5}\right)^7$

(3 BE)

Aufgabe 2

Für ein Zufallsexperiment wird eine Zufallsgröße X festgelegt, welche die drei Werte -2, 1 und 2 annehmen kann. In der Abbildung ist die Wahrscheinlichkeitsverteilung von X dargestellt.

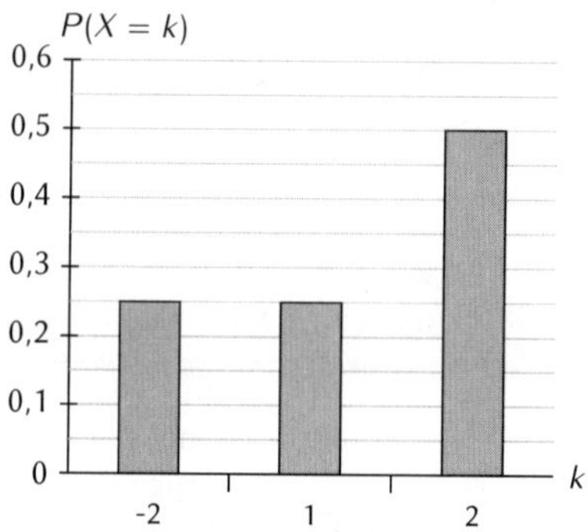

a) Ermitteln Sie mithilfe der Abbildung den Erwartungswert der Zufallsgröße X. *(2 BE)*

b) Das Zufallsexperiment wird zweimal durchgeführt. Dabei wird jeweils der Wert der Zufallsgröße X notiert. Bestimmen Sie die Wahrscheinlichkeit dafür, dass die Summe dieser beiden Werte negativ ist. *(3 BE)*

Lösung ab Seite 260

Stochastik, 2015, Teil B, Aufgabengruppe 1

Aufgabe 1

Der Marketingchef einer Handelskette plant eine Werbeaktion, bei der ein Kunde die Höhe des Rabatts bei seinem Einkauf durch zweimaliges Drehen an einem Glücksrad selbst bestimmen kann. Das Glücksrad hat zwei Sektoren, die mit den Zahlen 5 bzw. 2 beschriftet sind (vgl. Abbildung).

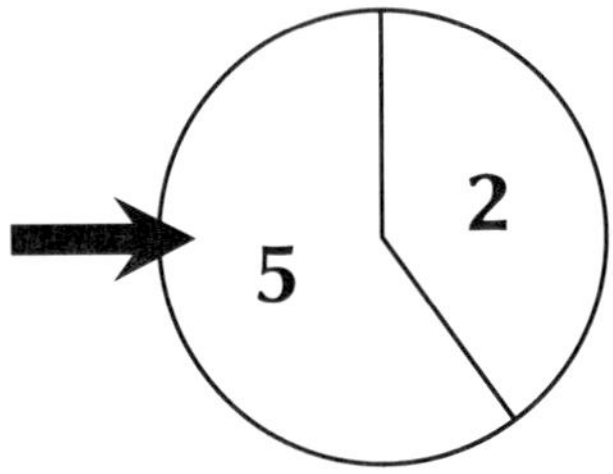

Der Rabatt in Prozent errechnet sich als Produkt der beiden Zahlen, die der Kunde bei zweimaligem Drehen am Glücksrad erzielt.
Die Zufallsgröße X beschreibt die Höhe dieses Rabatts in Prozent, kann also die Werte 4, 10 oder 25 annehmen. Die Zahl 5 wird beim Drehen des Glücksrads mit der Wahrscheinlichkeit p erzielt.
Vereinfachend soll davon ausgegangen werden, dass jeder Kunde genau einen Einkauf tätigt und auch tatsächlich am Glücksrad dreht.

a) Ermitteln Sie mithilfe eines Baumdiagramms die Wahrscheinlichkeit dafür, dass ein Kunde bei seinem Einkauf einen Rabatt von 10 % erhält.
[Ergebnis: $2p - 2p^2$] *(3 BE)*

b) Zeigen Sie, dass für den Erwartungswert $E(X)$ der Zufallsgröße X gilt:
$E(X) = 9p^2 + 12p + 4$. *(3 BE)*

c) Die Geschäftsführung will im Mittel für einen Einkauf einen Rabatt von 16 % gewähren. Berechnen Sie für diese Vorgabe den Wert der Wahrscheinlichkeit p. *(3 BE)*

d) Die Wahrscheinlichkeit, dass ein Kunde bei seinem Einkauf den niedrigsten Rabatt erhält, beträgt $\frac{1}{9}$. Bestimmen Sie, wie viele Kunden mindestens an dem Glücksrad drehen müssen, damit mit einer Wahrscheinlichkeit von mehr als 99 % mindestens einer der Kunden den niedrigsten Rabatt erhält. *(4 BE)*

Aufgabe 2

Eine der Filialen der Handelskette befindet sich in einem Einkaufszentrum, das zu Werbezwecken die Erstellung einer Smartphone-App in Auftrag geben will. Diese App soll die Kunden beim Betreten des Einkaufszentrums über aktuelle Angebote und Rabattaktionen der beteiligten Geschäfte informieren. Da dies mit Kosten verbunden ist, will der Finanzchef der Handelskette einer Beteiligung an der App nur zustimmen, wenn mindestens 15 % der Kunden der Filiale bereit sind, diese App zu nutzen. Der Marketingchef warnt jedoch davor, auf eine Beteiligung an der App zu verzichten, da dies zu einem Imageverlust führen könnte.

Um zu einer Entscheidung zu gelangen, will die Geschäftsführung der Handelskette eine der beiden folgenden Nullhypothesen auf der Basis einer Befragung von 200 Kunden auf einem Signifikanzniveau von 10 % testen:

(I) „Weniger als 15 % der Kunden sind bereit, die App zu nutzen."

(II) „Mindestens 15 % der Kunden sind bereit, die App zu nutzen."

a) Nach Abwägung der möglichen Folgen, die der Finanzchef und der Marketingchef aufgezeigt haben, wählt die Geschäftsführung für den Test die Nullhypothese II. Bestimmen Sie die zugehörige Entscheidungsregel. *(4 BE)*

b) Entscheiden Sie, ob bei der Abwägung, die zur Wahl der Nullhypothese II führte, die Befürchtung eines Imageverlusts oder die Kostenfrage als schwerwiegender erachtet wurde. Erläutern Sie Ihre Entscheidung. *(3 BE)*

Lösung ab Seite 263

Stochastik, 2015, Teil B, Aufgabengruppe 2

Aufgabe 1

Die beiden Diagramme zeigen für die Bevölkerungsgruppe der über 14-Jährigen in Deutschland Daten zur Altersstruktur und zum Besitz von Mobiltelefonen.

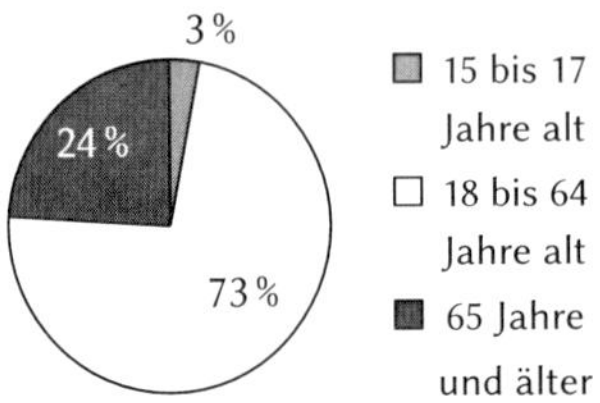

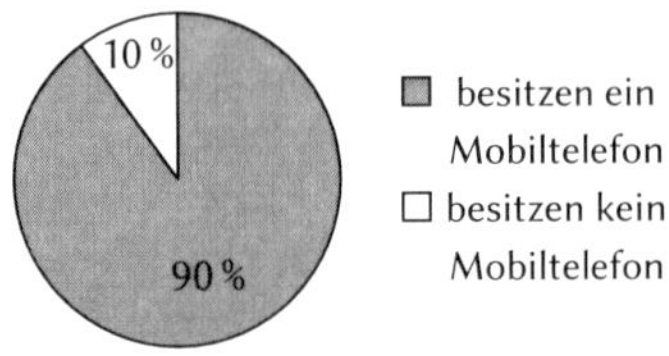

Aus den über 14-Jährigen in Deutschland wird eine Person zufällig ausgewählt. Betrachtet werden folgende Ereignisse:

M : „Die Person besitzt ein Mobiltelefon."
S : „Die Person ist 65 Jahre oder älter."
E : „Mindestens eines der Ereignisse M und S tritt ein."

a) Geben Sie an, welche zwei der folgenden Mengen I bis VI jeweils das Ereignis E beschreiben.

I	$M \cap S$	II	$M \cup S$
III	$\overline{M \cup S}$	IV	$(M \cap \overline{S}) \cup (\overline{M} \cap S) \cup (\overline{M} \cap \overline{S})$
V	$(M \cap S) \cup (M \cap \overline{S}) \cup (\overline{M} \cap S)$	VI	$\overline{M \cap S}$

(2 BE)

b) Entscheiden Sie anhand geeigneter Terme und auf der Grundlage der vorliegenden Daten, welche der beiden folgenden Wahrscheinlichkeiten größer ist. Begründen Sie Ihre Entscheidung.

p_1 ist die Wahrscheinlichkeit dafür, dass die ausgewählte Person ein Mobiltelefon besitzt, wenn bekannt ist, dass sie 65 Jahre oder älter ist.

p_2 ist die Wahrscheinlichkeit dafür, dass die ausgewählte Person 65 Jahre oder älter ist, wenn bekannt ist, dass sie ein Mobiltelefon besitzt.

(3 BE)

c) Erstellen Sie zu dem beschriebenen Sachverhalt für den Fall, dass das Ereignis E mit einer Wahrscheinlichkeit von 98 % eintritt, eine vollständig ausgefüllte Vierfeldertafel. Bestimmen Sie für diesen Fall die Wahrscheinlichkeit $P_S(M)$. *(5 BE)*

Aufgabe 2

Zwei Drittel der Senioren in Deutschland besitzen ein Mobiltelefon. Bei einer Talkshow zum Thema „Chancen und Risiken der digitalen Welt" sitzen 30 Senioren im Publikum.

a) Bestimmen Sie die Wahrscheinlichkeit dafür, dass unter 30 zufällig ausgewählten Senioren in Deutschland mindestens 17 und höchstens 23 ein Mobiltelefon besitzen. *(3 BE)*

b) Von den 30 Senioren im Publikum besitzen 24 ein Mobiltelefon. Im Verlauf der Sendung werden drei der Senioren aus dem Publikum zufällig ausgewählt und nach ihrer Meinung befragt. Bestimmen Sie die Wahrscheinlichkeit dafür, dass genau zwei dieser drei Senioren ein Mobiltelefon besitzen. *(3 BE)*

Aufgabe 3
Eine Handelskette hat noch zahlreiche Smartphones des Modells Y3 auf Lager, als der Hersteller das Nachfolgemodell Y4 auf den Markt bringt. Der Einkaufspreis für das neue Y4 beträgt 300 €, während die Handelskette für das Vorgängermodell Y3 im Einkauf nur 250 € bezahlen musste. Um die Lagerbestände noch zu verkaufen, bietet die Handelskette ab dem Verkaufsstart des Y4 die Smartphones des Typs Y3 für je 199 € an. Aufgrund früherer Erfahrungen geht die Handelskette davon aus, dass von den verkauften Smartphones der Modelle Y3 und Y4 trotz des Preisnachlasses nur 26 % vom Typ Y3 sein werden. Berechnen Sie unter dieser Voraussetzung, zu welchem Preis die Handelskette das Y4 anbieten muss, damit sie voraussichtlich pro verkauftem Smartphone der Modelle Y3 und Y4 im Mittel 97 € mehr erhält, als sie beim Einkauf dafür zahlen musste. *(4 BE)*

Stochastik 2014

Stochastik, 2014, Teil A, Aufgabengruppe 1

Aufgabe 1

In Urne A befinden sich zwei rote und drei weiße Kugeln. Urne B enthält drei rote und zwei weiße Kugeln. Betrachtet wird folgendes Zufallsexperiment:
Aus Urne A wird eine Kugel zufällig entnommen und in Urne B gelegt; danach wird aus Urne B eine Kugel zufällig entnommen und in Urne A gelegt.

a) Geben Sie alle Möglichkeiten für den Inhalt der Urne A nach der Durchführung des Zufallsexperiments an. *(2 BE)*

b) Betrachtet wird das Ereignis E: „Nach Durchführung des Zufallsexperiments befinden sich wieder drei weiße Kugeln in Urne A." Untersuchen Sie, ob das Ereignis E eine größere Wahrscheinlichkeit als sein Gegenereignis hat. *(3 BE)*

Aufgabe 2

Betrachtet wird eine Bernoullikette mit der Trefferwahrscheinlichkeit 0,9 und der Länge 20. Beschreiben Sie zu dieser Bernoullikette ein Ereignis, dessen Wahrscheinlichkeit durch den Term $0{,}9^{20} + 20 \cdot 0{,}1 \cdot 0{,}9^{19}$ angegeben wird. *(2 BE)*

Aufgabe 3

Die Zufallsgröße X kann die Werte 0, 1, 2 und 3 annehmen. Die Tabelle zeigt die Wahrscheinlichkeitsverteilung von X mit $p_1, p_2 \in [0; 1]$.

k	0	1	2	3
$P(X = k)$	p_1	$\frac{3}{10}$	$\frac{1}{5}$	p_2

Zeigen Sie, dass der Erwartungswert von X nicht größer als 2,2 sein kann. *(3 BE)*

Gegenereignis generell: Summe aus allen anderen Möglichkeiten

Stochastik, 2014, Teil A, Aufgabengruppe 2

Aufgabe 1

In Urne A befinden sich zwei rote und drei weiße Kugeln. Urne B enthält drei rote und zwei weiße Kugeln. Betrachtet wird folgendes Zufallsexperiment:
Aus Urne A wird eine Kugel zufällig entnommen und in Urne B gelegt; danach wird aus Urne B eine Kugel zufällig entnommen und in Urne A gelegt.

a) Geben Sie alle Möglichkeiten für den Inhalt der Urne A nach der Durchführung des Zufallsexperiments an. *(2 BE)*

b) Betrachtet wird das Ereignis E: „Nach Durchführung des Zufallsexperiments befinden sich wieder drei weiße Kugeln in Urne A." Untersuchen Sie, ob das Ereignis E eine größere Wahrscheinlichkeit als sein Gegenereignis hat. *(3 BE)*

Aufgabe 2

Das Baumdiagramm gehört zu einem Zufallsexperiment mit den Ereignissen C und D.

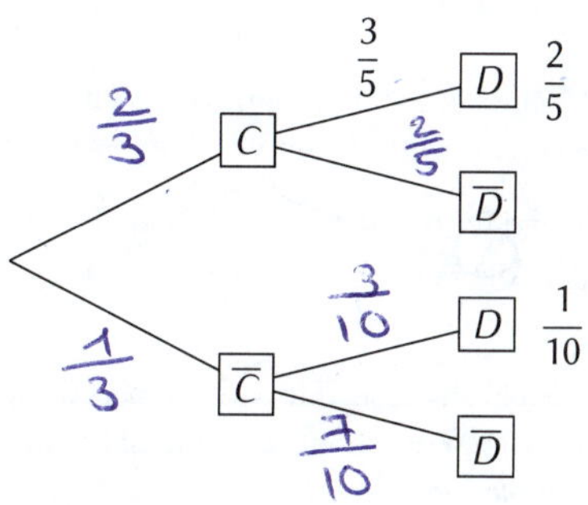

a) Berechnen Sie $P(\overline{D})$. *(1 BE)*

b) Weisen Sie nach, dass die Ereignisse C und D abhängig sind. *(2 BE)*

c) Von den im Baumdiagramm angegebenen Zahlenwerten soll nur der Wert $\frac{1}{10}$ so geändert werden, dass die Ereignisse C und D unabhängig sind. Bestimmen Sie den geänderten Wert. *(2 BE)*

Stochastik, 2014, Teil B, Aufgabengruppe 1

Im Rahmen der sogenannten JIM-Studie wurde in Deutschland im Jahr 2012 der Umgang von Jugendlichen im Alter von 12 bis 19 Jahren mit Information und Medien untersucht. In der folgenden Tabelle werden ausgewählte Ergebnisse dieser Studie anhand einer repräsentativen Auswahl von 200 Jugendlichen wiedergegeben, von denen 102 Jungen sind. Dabei werden für vier Geräteklassen jeweils die Anzahl der Mädchen und die Anzahl der Jungen unter den 200 ausgewählten Jugendlichen angegeben, die ein entsprechendes Gerät besitzen.

	Mädchen	Jungen
Smartphone	42	52
Computer	77	87
Fernsehgerät	54	65
feste Spielkonsole	37	62

Aufgabe 1

a) Bestimmen Sie die Wahrscheinlichkeit dafür, dass eine aus den 200 Jugendlichen zufällig ausgewählte Person weiblich ist und kein Fernsehgerät besitzt. *(2 BE)*

b) Aus den 200 Jugendlichen wird eine Person zufällig ausgewählt, die ein Fernsehgerät besitzt. Ermitteln Sie die Wahrscheinlichkeit dafür, dass diese Person weiblich ist. *(2 BE)*

c) Begründen Sie, dass die Ereignisse „Eine aus den 200 Jugendlichen zufällig ausgewählte Person besitzt ein Fernsehgerät." und „Eine aus den 200 Jugendlichen zufällig ausgewählte Person ist ein Mädchen." abhängig sind. *(2 BE)*

d) Der Studie zufolge besitzen 55 % der Mädchen im Alter von 12 bis 19 Jahren ein Fernsehgerät.

Geben Sie den Wert der Summe $\sum_{i=0}^{12} B(25; 0{,}55; i)$ in Prozent an. Begründen Sie, dass dieser Wert im Allgemeinen nicht die Wahrscheinlichkeit dafür angibt, dass von den 25 Schülerinnen einer Klasse der Jahrgangsstufe 9 weniger als die Hälfte ein Fernsehgerät besitzt. *(3 BE)*

Aufgabe 2

Der JIM-Studie zufolge besitzen deutlich weniger als 90 % der Jugendlichen einen Computer. Daher wird an den Stadtrat einer Kleinstadt der Wunsch herangetragen, im örtlichen Jugendzentrum einen Arbeitsraum mit Computern einzurichten. Der Stadtrat möchte die dafür erforderlichen finanziellen Mittel nur dann bewilligen, wenn weniger als 90 % der Jugendlichen der Kleinstadt einen Computer besitzen.

a) Die Entscheidung über die Bewilligung der finanziellen Mittel soll mithilfe einer Befragung von 100 zufällig ausgewählten 12- bis 19-jährigen Jugendlichen der Kleinstadt getroffen werden. Die Wahrscheinlichkeit dafür, dass die finanziellen Mittel irrtümlich bewilligt werden, soll höchstens 5 % betragen. Bestimmen Sie die zugehörige Entscheidungsregel, bei der zugleich die Wahrscheinlichkeit dafür, dass die finanziellen Mittel irrtümlich nicht bewilligt werden, möglichst klein ist. *(4 BE)*

b) Bestimmen Sie die Wahrscheinlichkeit dafür, dass unter den 100 befragten Jugendlichen genau 85 einen Computer besitzen, wenn der Anteil derjenigen Jugendlichen, die einen Computer besitzen, unter den Jugendlichen der Kleinstadt ebenso groß ist wie unter den in der Tabelle erfassten Jugendlichen. *(3 BE)*

Aufgabe 3

Es ist zu vermuten, dass unter den Jugendlichen, die ein Smartphone besitzen, der Anteil derjenigen, die eine feste Spielkonsole besitzen, größer ist als unter den Jugendlichen, die kein Smartphone besitzen. Bestimmen Sie für die in der Tabelle erfassten 200 Jugendlichen, wie groß die Anzahl derjenigen Personen, die sowohl ein Smartphone als auch eine feste Spielkonsole besitzen, mindestens sein muss, damit die Vermutung für die in der Tabelle erfassten Jugendlichen zutrifft. *(4 BE)*

Stochastik 2014

Lösung ab Seite 274

Stochastik, 2014, Teil B, Aufgabengruppe 2

Aufgabe 1

In einem Supermarkt erhalten Kunden abhängig vom Wert ihres Einkaufs eine bestimmte Anzahl von Päckchen mit Tierbildern, die in ein Sammelalbum eingeklebt werden können. Jedes Päckchen enthält fünf Bilder. Im Sammelalbum sind Plätze für insgesamt 200 verschiedene Bilder vorgesehen. Die Bilder werden jeweils in großer Stückzahl mit der gleichen Häufigkeit produziert und auf die Päckchen zufällig verteilt, wobei sich die Bilder in einem Päckchen nicht unterscheiden müssen.

a) Begründen Sie, dass der Term $\frac{200 \cdot 199 \cdot 198 \cdot 197 \cdot 196}{200^5}$ die Wahrscheinlichkeit dafür beschreibt, dass sich in einem Päckchen fünf verschiedene Tierbilder befinden. *(2 BE)*

b) Einem Jungen fehlen in seinem Sammelalbum noch 15 Bilder. Er geht mit seiner Mutter zum Einkaufen und erhält anschließend zwei Päckchen mit Tierbildern. Bestimmen Sie die Wahrscheinlichkeit dafür, dass die beiden Päckchen nur Bilder enthalten, die der Junge bereits in seinem Sammelalbum hat. *(3 BE)*

Bei Kindern besonders beliebt sind die 3D-Bilder, auf denen die Tiere dreidimensional erscheinen. 20 der 200 für ein Sammelalbum vorgesehenen Bilder sind 3D-Bilder.

c) Ermitteln Sie, wie viele Päckchen ein Kind mindestens benötigt, um mit einer Wahrscheinlichkeit von mehr als 99 % mindestens ein 3D-Bild zu erhalten. *(5 BE)*

Aufgabe 2

Um Geld für die Ausstattung des örtlichen Kindergartens einzunehmen, veranstaltet der Supermarkt ein Gewinnspiel. Die fünf Sektoren des dabei eingesetzten Glücksrads sind von 1 bis 5 durchnummeriert. Die Größe der Sektoren ist direkt proportional zum Zahlenwert der Nummern; beispielsweise ist der Sektor mit der Nummer 3 dreimal so groß wie der Sektor mit der Nummer 1. Nachdem der Spieler sechs Euro bezahlt hat, wird das Glücksrad einmal gedreht. Erzielt der Spieler eine der Nummern 1 bis 4, so wird ihm der zugehörige Zahlenwert als Betrag in Euro ausgezahlt, erzielt er die Nummer 5, so erhält er eine Eintrittskarte für einen Freizeitpark im Wert von fünfzehn Euro.

a) Bestimmen Sie die Größe des Öffnungswinkels des Sektors mit der Nummer 1 sowie die Wahrscheinlichkeit dafür, dass ein Spieler bei einem Spiel eine Eintrittskarte gewinnt.
[Teilergebnis: Größe des Öffnungswinkels: 24°] *(3 BE)*

b) Berechnen Sie den Erwartungswert der Auszahlung pro Spiel, wenn der Gewinn einer Eintrittskarte mit einer Auszahlung von fünfzehn Euro gleichgesetzt wird. Interpretieren Sie das Ergebnis. *(4 BE)*

c) Der Supermarkt muss für jede Eintrittskarte nur zehn Euro an den Freizeitpark bezahlen. Damit ist bei der Spielaktion ein finanzieller Überschuss zu erwarten, der an den örtlichen Kindergarten gespendet werden soll. Ermitteln Sie den zu erwartenden Überschuss, wenn man davon ausgeht, dass das Spiel insgesamt 6000-mal durchgeführt wird. *(3 BE)*

Stochastik Probe-Abi

Stochastik, Probe-Abi, Teil A, Aufgabengruppe 1

Aufgabe 1

Auf einem Abiball möchten sich 5 Personen für ein gemeinsames Foto nebeneinander aufstellen.

a) Geben Sie die Anzahl der Reihenfolgen an, in der sich die Abiturienten aufstellen können. *(1 BE)*

b) Zu den 5 Personen zählen Lisa und Paul, die ein Paar sind und beim Foto nebeneinander stehen möchten. Wie viele Möglichkeiten gibt es nun für die 5 Personen, sich für das Foto zu positionieren? *(2 BE)*

Aufgabe 2

Markus schreibt am Montag einen Kurztest. Seine Lehrerin hat angekündigt, dass der Test aus 5 Multiple-Choice-Fragen bestehen wird. Bei jeder Multiple-Choice-Frage ist genau eine Antwort richtig. Die Anzahl der vorgegeben Antwortmöglichkeiten ist bei jeder Multiple-Choice-Frage gleich, wird jedoch von seiner Lehrerin nicht verraten.

a) Markus hat keine Zeit zu lernen und beschließt, die Antworten zu raten. Wie viele Antwortmöglichkeiten dürfen die Fragen höchstens haben, damit Markus mit einer Wahrscheinlichkeit von 99,999 % mindestens eine Frage richtig beantwortet? Ist es realistisch, dass Markus mit dieser Wahrscheinlichkeit mindestens eine Frage richtig beantwortet? *(3 BE)*

b) Der Test gilt als bestanden, wenn 3 der 5 Fragen richtig beantwortet wurden. Formulieren Sie den Term für die Wahrscheinlichkeit, dass Markus den Test gerade besteht, wenn jede Frage 4 Antwortmöglichkeiten hat. *(1 BE)*

Aufgabe 3

Der Anteil der Vegetarier in der Bevölkerung Deutschlands beträgt 10 %. Es werden zufällig 20 Personen aus der Bevölkerung ausgewählt und befragt. Formulieren Sie in diesem Kontext unter Verwendung der Rechenregeln für Binomialkoeffizienten jeweils ein Ereignis, dessen Wahrscheinlichkeiten durch den entsprechenden Term beschrieben werden kann:

α) $1 - \binom{20}{2} \cdot \left(\frac{9}{10}\right)^2 \cdot \left(\frac{1}{10}\right)^{18}$,

β) $20 \cdot \left(\frac{1}{10}\right)^{19} \cdot \left(\frac{9}{10}\right)^1 + \left(\frac{1}{10}\right)^{20}$.

(3 BE)

kommt so nicht dran :)

Stochastik, Probe-Abi, Teil A, Aufgabengruppe 2

Aufgabe 1

Jana spielt jeden Sonntag 3 Volleyball-Spiele. Die Wahrscheinlichkeit, dass ihr Team das erste Spiel gewinnt, liegt erfahrungsgemäß bei 50 %. Gewinnt das Team ein Spiel, so erhöht sich die Wahrscheinlichkeit, das nächste Spiel zu gewinnen, um 20 %. Verliert das Team, so steigt die Wahrscheinlichkeit, auch das nächste Spiel zu verlieren, um 10 %. Berechnen Sie die Wahrscheinlichkeit dafür, dass Jana und ihr Team genau zwei der drei Spiele gewinnen. *(3 BE)*

Aufgabe 2

Betrachtet wird folgendes Experiment: Zunächst wird ein fairer Würfel geworfen. Ist die gewürfelte Augenzahl gerade, so wird eine Münze geworfen, andernfalls werden zwei Münzen geworfen.

a) Berechnen Sie die erwartete Anzahl der Münzwürfe, die „Wappen“ anzeigen. *(3 BE)*

b) Die Zufallsgröße X bezeichne den Gewinn in Euro, der durch die Anzahl der Münzwürfe mit dem Ergebnis „Wappen“ festgelegt wird. Wie hoch muss der Einsatz sein, damit es sich um ein faires Spiel handelt? *(1 BE)*

c) Das Experiment wird 10 mal durchgeführt und das Ergebnis notiert. Handelt es sich hierbei um ein Bernoulli-Experiment? *(1 BE)*

Aufgabe 3

Für einen guten Zweck laufen Schüler die Distanzen 3 km und 5 km. Formulieren Sie zu folgenden Ereignissen die Gegenereignisse in Worten.

E : „In einer Gruppe von 7 Personen läuft keine Schülerin 3 km.“

F : „In einer Gruppe von 10 Personen sind mindestens 2 mit einer persönlichen Bestleistung ins Ziel gekommen.“

(2 BE)

Stochastik Probe-Abi

Stochastik, Probe-Abi, Teil B, Aufgabengruppe 1

Aufgabe 1

Von einer Gruppe von 40 Personen möchten 30 ihren Sommerurlaub lieber im Ausland verbringen. 10 Personen bevorzugen einen Urlaub in Deutschland. Für einen Zeitungsartikel werden 5 Personen aus dieser Gruppe zufällig ausgewählt.

a) Mit welcher Wahrscheinlichkeit werden nur Personen ausgewählt, die ihren Urlaub im Ausland verbringen möchten? *(2 BE)*

b) Mit welcher Wahrscheinlichkeit gelangen genau 2 Personen in die Stichprobe, die ihren Urlaub in Deutschland verbringen wollen? Erläutern Sie Ihren Lösungsweg. *(4 BE)*

Aufgabe 2

Im vergangenen Jahr ließen Umfrageergebnisse darauf schließen, dass 60 % der Deutschen für ihren nächsten Urlaub lieber ins Ausland reisen würden.

a) Wie groß war im vergangenen Jahr die Wahrscheinlichkeit, dass von 100 befragten Personen mehr als 59 und weniger als 78 für ihren nächsten Urlaub ins Ausland reisen? *(2 BE)*

b) Wie viele Personen mussten im vergangenen Jahr mindestens befragt werden, um mit einer Wahrscheinlichkeit von mindestens 95 % mindestens eine Person zu befragen, die in Deutschland Urlaub machen möchte. *(3 BE)*

Nach vielen Medienberichten über zu hohe Preise und schlechten Service in der deutschen Tourismusbranche wird befürchtet, dass der Anteil der Personen, die Auslandsreisen bevorzugen, gestiegen ist. Im Auftrag der deutschen Tourismusbranche wird daher eine erneute Umfrage durchgeführt.

c) Entwickeln Sie einen rechtsseitigen Hypothesentest für einen Stichprobenumfang von 100 Personen, mit dem die Vermutung der Tourismusbranche bei einem Signifikanzniveau von 10 % untersucht werden kann. *(5 BE)*

d) Erläutern Sie an diesem Beispiel die möglichen Fehler bei der Entscheidung und berechnen Sie die Wahrscheinlichkeit für einen Fehler 2. Art, wenn tatsächlich 2 von 3 Personen Auslandsreisen bevorzugen. *(4 BE)*

Stochastik, Probe-Abi, Teil B, Aufgabengruppe 2

Aufgabe 1

Das abgebildete Glücksrad wird achtmal gedreht.

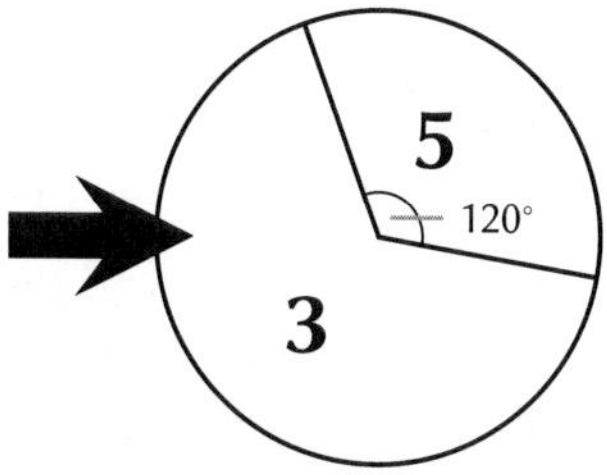

a) Geben Sie einen Term für die Wahrscheinlichkeiten der folgenden Ereignisse an:

A : „Bei der ersten Drehung erhält man eine 5."

B : „Man erhält genau dreimal eine 3."

C : „Man erhält mindestens dreimal eine 3."

(5 BE)

b) Beschreiben Sie eine mögliche Fragestellung im Zusammenhang mit dem gegebenen Glücksrad, welche durch die Rechnung

$$3 \cdot \frac{2}{3} + 5 \cdot \frac{1}{3} = \frac{11}{3}$$

beantwortet wird. *(2 BE)*

Aufgabe 2

Ein Laplace-Würfel besitzt die Augenzahlen 2, 2, 2, 4, 6, 6. Es wird folgendes Spiel durchgeführt: Maria dreht das Glücksrad aus Aufgabe 1, Knut wirft den Laplace-Würfel. Es gewinnt die größere erreichte Zahl.

a) Maria erklärt: „Weil die Erwartungswerte für die erdrehte und die gewürfelte Zahl gleich sind, ist das Spiel fair." Zeigen und begründen Sie, dass die Erwartungswerte zwar übereinstimmen, das Spiel aber trotzdem nicht fair ist. *(6 BE)*

b) Berechnen Sie die Standardabweichungen für das Drehen des Glücksrades und den Würfelwurf. *(3 BE)*

c) Geben Sie eine Beschriftung des Laplace-Würfels so an, dass das Spiel fair wird. Ändern Sie dabei nur eine einzige Augenzahl. *(4 BE)*

Geometrie 2017

Geometrie, 2017, Teil A, Aufgabengruppe 1

Aufgabe 1
Gegeben sind die Punkte A(2|1|-4), B(6|1|-12) und C(0|1|0).

a) Weisen Sie nach, dass der Punkt C auf der Geraden AB, nicht aber auf der Strecke [AB] liegt. *(3 BE)*

b) Auf der Strecke [AB] gibt es einen Punkt D, der von B dreimal so weit entfernt ist wie von A. Bestimmen Sie die Koordinaten von D. *(2 BE)*

Aufgabe 2
Gegeben ist die Ebene $E: 2x_1 + x_2 - 2x_3 = -18$.

a) Der Schnittpunkt von E mit der x_1-Achse, der Schnittpunkt von E mit der x_2-Achse und der Koordinatenursprung sind die Eckpunkte eines Dreiecks. Bestimmen Sie den Flächeninhalt dieses Dreiecks. *(2 BE)*

b) Ermitteln Sie die Koordinaten des Vektors, der sowohl ein Normalenvektor von E als auch der Ortsvektor eines Punktes der Ebene E ist. *(3 BE)*

Geometrie, 2017, Teil A, Aufgabengruppe 2

Aufgabe 1

Gegeben sind die beiden bezüglich der x_1x_3-Ebene symmetrisch liegenden Punkte A(2|3|1) und B(2|-3|1) sowie der Punkt C(0|2|0).

a) Weisen Sie nach, dass das Dreieck ABC bei C rechtwinklig ist. *(3 BE)*

b) Geben Sie die Koordinaten eines weiteren Punkts D der x_2-Achse an, so dass das Dreieck ABD bei D rechtwinklig ist. Begründen Sie Ihre Antwort. *(2 BE)*

Aufgabe 2

Gegeben ist die Ebene $E : 2x_1 + x_2 - 2x_3 = -18$.

a) Der Schnittpunkt von E mit der x_1-Achse, der Schnittpunkt von E mit der x_2-Achse und der Koordinatenursprung sind die Eckpunkte eines Dreiecks. Bestimmen Sie den Flächeninhalt dieses Dreiecks. *(2 BE)*

b) Ermitteln Sie die Koordinaten des Vektors, der sowohl ein Normalenvektor von E als auch der Ortsvektor eines Punktes der Ebene E ist. *(3 BE)*

Lösung ab Seite 290

Geometrie, 2017, Teil B, Aufgabengruppe 1

In einem kartesischen Koordinatensystem sind die Punkte A(0|0|1), B(2|6|1), C(-4|8|5) und D(-6|2|5) gegeben. Sie liegen in einer Ebene E und bilden ein Viereck ABCD, dessen Diagonalen sich im Punkt M schneiden.

a) Begründen Sie, dass die Gerade AB parallel zur x_1x_2-Ebene verläuft. *(1 BE)*

b) Weisen Sie nach, dass das Viereck ABCD ein Rechteck ist. Bestimmen Sie die Koordinaten von M.
[Teilergebnis: M(-2|4|3)] *(4 BE)*

c) Ermitteln Sie eine Gleichung der Ebene E in Normalenform.
[mögliches Ergebnis: $E : 3x_1 - x_2 + 5x_3 - 5 = 0$] *(3 BE)*

Ein Solarmodul wird an einem Metallrohr befestigt, das auf einer horizontalen Fläche senkrecht steht. Das Solarmodul wird modellhaft durch das Rechteck ABCD dargestellt. Das Metallrohr lässt sich durch eine Strecke, der Befestigungspunkt am Solarmodul durch den Punkt M beschreiben (vgl. Abbildung). Die horizontale Fläche liegt im Modell in der x_1x_2-Ebene des Koordinatensystems; eine Längeneinheit entspricht 0,8 m in der Realität.

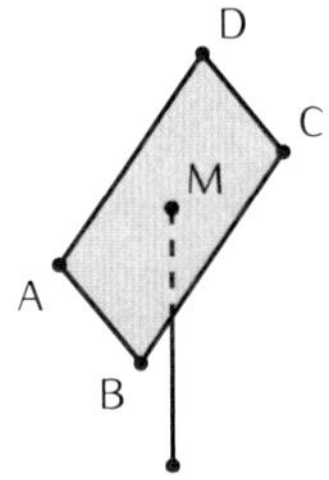

d) Um einen möglichst großen Energieertrag zu erzielen, sollte die Größe des Neigungswinkels φ des Solarmoduls gegenüber der Horizontalen zwischen 30° und 36° liegen. Prüfen Sie, ob diese Bedingung erfüllt ist. *(3 BE)*

e) Auf das Solarmodul fällt Sonnenlicht, das im Modell durch parallele Geraden dargestellt wird, die senkrecht zur Ebene E verlaufen. Das Solarmodul erzeugt auf der horizontalen Fläche einen rechteckigen Schatten. Zeigen Sie unter Verwendung einer geeignet beschrifteten Skizze, dass der Flächeninhalt des Schattens mithilfe des Terms

$$|\overrightarrow{AB}| \cdot \frac{|\overrightarrow{AD}|}{\cos\varphi} \cdot (0{,}8\,\text{m})^2$$

berechnet werden kann. *(5 BE)*

f) Um die Sonneneinstrahlung im Laufe des Tages möglichst effektiv zur Energiegewinnung nutzen zu können, lässt sich das Metallrohr mit dem Solarmodul um die Längsachse des Rohrs drehen. Die Größe des Neigungswinkels φ gegenüber der Horizontalen bleibt dabei unverändert. Betrachtet wird der Eckpunkt des Solarmoduls, der im Modell durch den Punkt A dargestellt wird. Berechnen Sie den Radius des Kreises, auf dem sich dieser Eckpunkt des Solarmoduls bei der Drehung des Metallrohrs bewegt, auf Zentimeter genau. *(4 BE)*

Geometrie, 2017, Teil B, Aufgabengruppe 2

Ein geschlossenes Zelt, das auf horizontalem Untergrund steht, hat die Form einer Pyramide mit quadratischer Grundfläche. Die von der Zeltspitze ausgehenden Seitenkanten werden durch vier gleich lange Stangen gebildet. Das Zelt ist 6 m hoch, die Seitenlänge des Zeltbodens beträgt 5 m.

Das Zelt wird in einem kartesischen Koordinatensystem (vgl. Abbildung 1) modellhaft durch eine Pyramide ABCDS mit der Spitze $S(2{,}5|2{,}5|6)$ dargestellt. Der Punkt A liegt im Koordinatenursprung, C hat die Koordinaten $(5|5|0)$. Der Punkt B liegt auf der x_1-Achse, D auf der x_2-Achse. Das Dreieck CDS liegt in der Ebene $E: 12x_2 + 5x_3 = 60$. Eine Längeneinheit im Koordinatensystem entspricht einem Meter in der Realität.

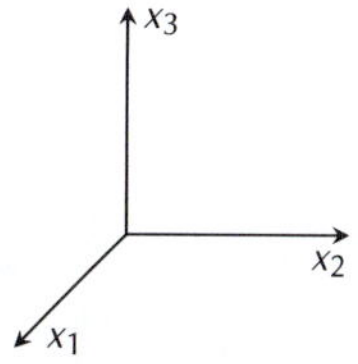

Abb. 1

a) Geben Sie die Koordinaten der Punkte B und D an und zeichnen Sie die Pyramide in ein Koordinatensystem ein. *(3 BE)*

b) Ermitteln Sie eine Gleichung der Ebene F, in der das Dreieck DAS liegt, in Normalenform.
[mögliches Ergebnis: $F: 12x_1 - 5x_3 = 0$] *(3 BE)*

c) Jeweils zwei benachbarte Zeltwände schließen im Inneren des Zelts einen stumpfen Winkel ein. Ermitteln Sie die Größe dieses Winkels. *(3 BE)*

d) Im Zelt ist eine Lichtquelle so aufgehängt, dass sie von jeder der vier Wände einen Abstand von 50 cm hat. Ermitteln Sie die Koordinaten des Punkts, der im Modell die Lichtquelle darstellt. *(4 BE)*

e) Bestimmen Sie eine Gleichung der Symmetrieachse g des Dreiecks CDS. *(2 BE)*

f) Ein Teil der Zeltwand, die im Modell durch das Dreieck CDS dargestellt wird, kann mithilfe zweier vertikal stehender Stangen der Länge 1,80 m zu einem horizontalen Vordach aufgespannt werden (vgl. Abbildung 2). Die dadurch entstehende 1,40 m breite Öffnung in der Zeltwand wird im Modell durch ein Rechteck dargestellt, das symmetrisch zu g liegt. Dabei liegt eine Seite dieses Rechtecks auf der Strecke [CD]. Berechnen Sie den Flächeninhalt des Vordachs. *(5 BE)*

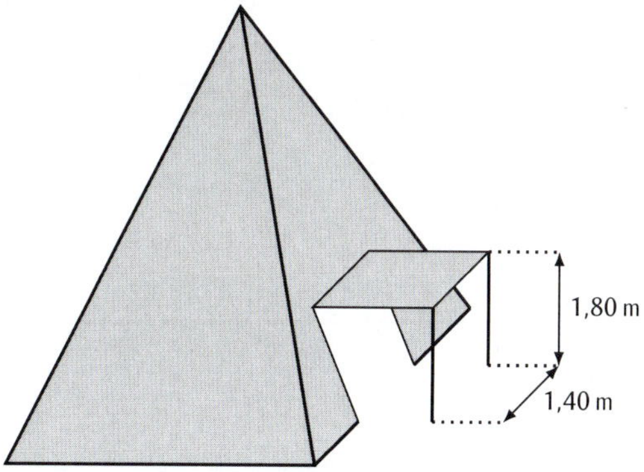

Abb. 2

Geometrie 2016

Lösung ab Seite 299

Geometrie, 2016, Teil A, Aufgabengruppe 1

Aufgabe 1

Betrachtet wird der abgebildete Würfel ABCDEFGH.

Die Eckpunkte D, E, F und H dieses Würfels besitzen in einem kartesischen Koordinatensystem die folgenden Koordinaten: $D(0|0|-2)$, $E(2|0|0)$, $F(2|2|0)$ und $H(0|0|0)$.

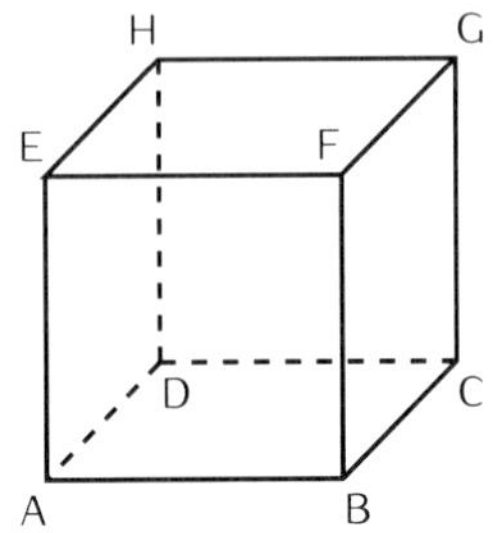

a) Zeichnen Sie in die Abbildung die Koordinatenachsen ein und bezeichnen Sie diese. Geben Sie die Koordinaten des Punkts A an. *(2 BE)*

b) Der Punkt P liegt auf der Kante [FB] des Würfels und hat vom Punkt H den Abstand 3. Berechnen Sie die Koordinaten des Punkts P. *(3 BE)*

Aufgabe 2

Gegeben sind die Punkte $A(-2|1|4)$ und $B(-4|0|6)$.

a) Bestimmen Sie die Koordinaten des Punkts C so, dass gilt: $\overrightarrow{CA} = 2 \cdot \overrightarrow{AB}$. *(2 BE)*

b) Durch die Punkte A und B verläuft die Gerade g. Betrachtet werden Geraden, für welche die Bedingungen (I) und (II) gelten:

(I) Jede dieser Geraden schneidet die Gerade g orthogonal.

(II) Der Abstand jeder dieser Geraden vom Punkt A beträgt 3.

Ermitteln Sie eine Gleichung für eine dieser Geraden. *(3 BE)*

Geometrie, 2016, Teil A, Aufgabengruppe 2

Aufgabe 1

Gegeben sind die Ebene $E : 2x_1 + x_2 + 2x_3 = 6$ sowie die Punkte P(1|0|2) und Q(5|2|6).

a) Zeigen Sie, dass die Gerade durch die Punkte P und Q senkrecht zur Ebene E verläuft. *(2 BE)*

b) Die Punkte P und Q liegen symmetrisch zu einer Ebene F. Ermitteln Sie eine Gleichung von F. *(3 BE)*

Aufgabe 2

Gegeben sind die Punkte A(-2|1|4) und B(-4|0|6).

a) Bestimmen Sie die Koordinaten des Punkts C so, dass gilt: $\overrightarrow{CA} = 2 \cdot \overrightarrow{AB}$. *(2 BE)*

b) Durch die Punkte A und B verläuft die Gerade g. Betrachtet werden Geraden, für welche die Bedingungen (I) und (II) gelten:

(I) Jede dieser Geraden schneidet die Gerade g orthogonal.

(II) Der Abstand jeder dieser Geraden vom Punkt A beträgt 3.

Ermitteln Sie eine Gleichung für eine dieser Geraden. *(3 BE)*

Lösung ab Seite 305

Geometrie, 2016, Teil B, Aufgabengruppe 1

In einem kartesischen Koordinatensystem legen die Punkte A(6|3|3), B(3|6|3) und C(3|3|6) das gleichseitige Dreieck ABC fest.

a) Ermitteln Sie eine Gleichung der Ebene E, in der das Dreieck ABC liegt, in Normalenform.
[mögliches Ergebnis: $x_1 + x_2 + x_3 - 12 = 0$] *(4 BE)*

Spiegelt man die Punkte A, B und C am Symmetriezentrum Z(3|3|3), so erhält man die Punkte A′, B′ bzw. C′.

b) Beschreiben Sie die Lage der Ebene, in der die Punkte A, B und Z liegen, im Koordinatensystem. Zeigen Sie, dass die Strecke [CC′] senkrecht auf dieser Ebene steht. *(3 BE)*

c) Begründen Sie, dass das Viereck ABA′B′ ein Quadrat mit der Seitenlänge $3\sqrt{2}$ ist. *(4 BE)*

Der Körper ABA′B′CC′ ist ein sogenanntes Oktaeder. Er besteht aus zwei Pyramiden mit dem Quadrat ABA′B′ als gemeinsamer Grundfläche und den Pyramidenspitzen C bzw. C′.

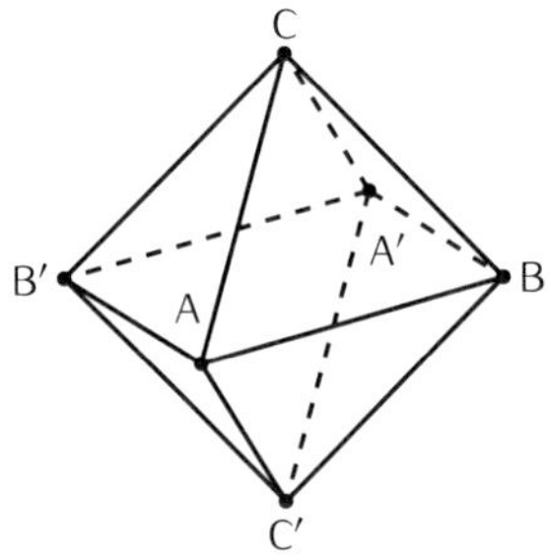

d) Weisen Sie nach, dass das Oktaeder das Volumen 36 besitzt. *(2 BE)*

e) Bestimmen Sie die Größe des Winkels zwischen den Seitenflächen ABC und AC′B. *(4 BE)*

f) Alle Eckpunkte des Oktaeders liegen auf einer Kugel. Geben Sie eine Gleichung dieser Kugel an.
Berechnen Sie den Anteil des Oktaedervolumens am Kugelvolumen. *(3 BE)*

Geometrie, 2016, Teil B, Aufgabengruppe 2

Für die Fernsehübertragung eines Fußballspiels wird über dem Spielfeld eine bewegliche Kamera installiert. Ein Seilzugsystem, das an vier Masten befestigt wird, hält die Kamera in der gewünschten Position. Seilwinden, welche die Seile koordiniert verkürzen und verlängern, ermöglichen eine Bewegung der Kamera.
In der Abbildung ist das horizontale Spielfeld modellhaft als Rechteck in der x_1x_2-Ebene eines kartesischen Koordinatensystems dargestellt. Die Punkte W_1, W_2, W_3 und W_4 beschreiben die Positionen der vier Seilwinden. Eine Längeneinheit im Koordinatensystem entspricht 1 m in der Realität, d. h. alle vier Seilwinden sind in einer Höhe von 30 m angebracht.

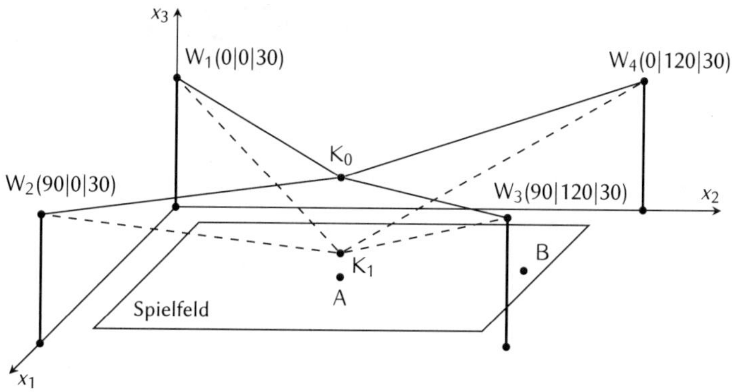

Der Punkt A(45|60|0) beschreibt die Lage des Anstoßpunkts auf dem Spielfeld. Die Kamera befindet sich zunächst in einer Höhe von 25 m vertikal über dem Anstoßpunkt. Um den Anstoß zu filmen, wird die Kamera um 19 m vertikal abgesenkt. In der Abbildung ist die ursprüngliche Kameraposition durch den Punkt K_0, die abgesenkte Position durch den Punkt K_1 dargestellt.

a) Berechnen Sie die Seillänge, die von jeder der vier Seilwinden abgerollt werden muss, um dieses Absenken zu ermöglichen, wenn man davon ausgeht, dass die Seile geradlinig verlaufen. *(4 BE)*

Kurze Zeit später legt sich ein Torhüter den Ball für einen Abstoß bereit. Der Abstoß soll von der Kamera aufgenommen werden. Durch das gleichzeitige Verlängern beziehungsweise Verkürzen der vier Seile wird die Kamera entlang einer geraden Bahn zu einem Zielpunkt bewegt, der in einer Höhe von 10 m über dem Spielfeld liegt. Im Modell wird der Zielpunkt durch den Punkt K_2 beschrieben, die Bewegung der Kamera erfolgt vom Punkt K_1 entlang der Geraden g mit der Gleichung

$$g : \overrightarrow{X} = \overrightarrow{K_1} + \lambda \cdot \begin{pmatrix} 3 \\ 20 \\ 2 \end{pmatrix}, \lambda \in \mathbb{R}, \text{ zum Punkt } K_2.$$

b) Bestimmen Sie die Koordinaten von K_2.
[Ergebnis: $K_2(51|100|10)$] *(3 BE)*

Geometrie 2016

c) Im Zielpunkt ist die Kamera zunächst senkrecht nach unten orientiert. Um die Position des Balls anzuvisieren, die im Modell durch den Punkt $B(40|105|0)$ beschrieben wird, muss die Kamera gedreht werden.
Berechnen Sie die Größe des erforderlichen Drehwinkels. *(4 BE)*

Der Torwart führt den Abstoß aus. Der höchste Punkt der Flugbahn des Balls wird im Modell durch den Punkt $H(50|70|15)$ beschrieben.

d) Ermitteln Sie eine Gleichung der durch die Punkte W_1, W_2 und K_2 festgelegten Ebene E in Normalenform und weisen Sie nach, dass H unterhalb von E liegt.
[Mögliches Teilergebnis: $E: x_2 + 5x_3 - 150 = 0$] *(7 BE)*

e) Machen Sie plausibel, dass folgende allgemeine Schlussfolgerung falsch ist: „Liegen der Startpunkt und der anvisierte höchste Punkt einer Flugbahn des Balls im Modell unterhalb der Ebene E, so kann der Ball entlang seiner Bahn die Seile, die durch $[W_1K_2]$ und $[W_2K_2]$ beschrieben werden, nicht berühren." *(2 BE)*

Geometrie 2015

Lösung ab Seite 316

Geometrie, 2015, Teil A, Aufgabengruppe 1

Aufgabe 1

Die Gerade g verläuft durch die Punkte $A(0|1|2)$ und $B(2|5|6)$.

a) Zeigen Sie, dass die Punkte A und B den Abstand 6 haben.
Die Punkte C und D liegen auf g und haben von A jeweils den Abstand 12. Bestimmen Sie die Koordinaten von C und D. *(3 BE)*

b) Die Punkte A, B und $E(1|2|5)$ sollen mit einem weiteren Punkt die Eckpunkte eines Parallelogramms bilden. Für die Lage des vierten Eckpunkts gibt es mehrere Möglichkeiten.
Geben Sie für zwei dieser Möglichkeiten die Koordinaten des vierten Eckpunkts an. *(2 BE)*

Aufgabe 2

Betrachtet wird die Pyramide ABCDS mit $A(0|0|0)$, $B(4|4|2)$, $C(8|0|2)$, $D(4|-4|0)$ und $S(1|1|-4)$. Die Grundfläche ABCD ist ein Parallelogramm.

a) Weisen Sie nach, dass das Parallelogramm ABCD ein Rechteck ist. *(2 BE)*

b) Die Kante $[AS]$ steht senkrecht auf der Grundfläche ABCD. Der Flächeninhalt der Grundfläche beträgt $24\sqrt{2}$.
Ermitteln Sie das Volumen der Pyramide. *(3 BE)*

Geometrie, 2015, Teil A, Aufgabengruppe 2

Aufgabe 1

Die Gerade g verläuft durch die Punkte $A(0|1|2)$ und $B(2|5|6)$.

a) Zeigen Sie, dass die Punkte A und B den Abstand 6 haben.
Die Punkte C und D liegen auf g und haben von A jeweils den Abstand 12. Bestimmen Sie die Koordinaten von C und D. *(3 BE)*

b) Die Punkte A, B und $E(1|2|5)$ sollen mit einem weiteren Punkt die Eckpunkte eines Parallelogramms bilden. Für die Lage des vierten Eckpunkts gibt es mehrere Möglichkeiten.
Geben Sie für zwei dieser Möglichkeiten die Koordinaten des vierten Eckpunkts an. *(2 BE)*

Aufgabe 2

Die Abbildung zeigt die Pyramide ABCDS mit quadratischer Grundfläche ABCD. Der Pyramide ist eine Stufenpyramide einbeschrieben, die aus Würfeln mit der Kantenlänge 1 besteht.

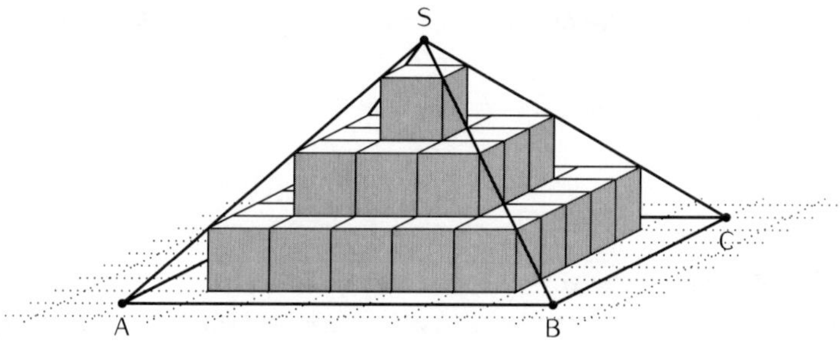

a) Geben Sie das Volumen der Stufenpyramide und die Höhe der Pyramide ABCDS an. *(2 BE)*

b) Bestimmen Sie unter Verwendung eines geeignet gewählten kartesischen Koordinatensystems eine Gleichung für die Gerade, die durch die Punkte B und S verläuft.
Zeichnen Sie das gewählte Koordinatensystem in die Abbildung ein. *(3 BE)*

Geometrie 2015

Geometrie, 2015, Teil B, Aufgabengruppe 1

In einem kartesischen Koordinatensystem sind die Ebene $E : x_1 + x_3 = 2$, der Punkt $A\left(0\middle|\sqrt{2}\middle|2\right)$ und die Gerade $g : \overrightarrow{X} = \overrightarrow{A} + \lambda \cdot \begin{pmatrix} -1 \\ \sqrt{2} \\ 1 \end{pmatrix}$, $\lambda \in \mathbb{R}$, gegeben.

a) Beschreiben Sie, welche besondere Lage die Ebene E im Koordinatensystem hat. Weisen Sie nach, dass die Ebene E die Gerade g enthält. Geben Sie die Koordinaten der Schnittpunkte von E mit der x_1-Achse und mit der x_3-Achse an und veranschaulichen Sie die Lage der Ebene E sowie den Verlauf der Geraden g in einem kartesischen Koordinatensystem (vgl. Abbildung). *(6 BE)*

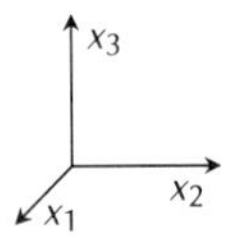

Die x_1x_2-Ebene beschreibt modellhaft eine horizontale Fläche, auf der eine Achterbahn errichtet wurde. Ein gerader Abschnitt der Bahn beginnt im Modell im Punkt A und verläuft entlang der Geraden g. Der Vektor $\overrightarrow{v} = \begin{pmatrix} -1 \\ \sqrt{2} \\ 1 \end{pmatrix}$ beschreibt die Fahrtrichtung auf diesem Abschnitt.

b) Berechnen Sie im Modell die Größe des Winkels, unter dem dieser Abschnitt der Achterbahn gegenüber der Horizontalen ansteigt. *(3 BE)*

An den betrachteten geraden Abschnitt der Achterbahn schließt sich – in Fahrtrichtung gesehen – eine Rechtskurve an, die im Modell durch einen Viertelkreis beschrieben wird, der in der Ebene E verläuft und den Mittelpunkt $M\left(0\middle|3\sqrt{2}\middle|2\right)$ hat.

c) Das Lot von M auf g schneidet g im Punkt B. Im Modell stellt B den Punkt der Achterbahn dar, in dem der gerade Abschnitt endet und die Kurve beginnt. Bestimmen Sie die Koordinaten von B und berechnen Sie den Kurvenradius im Modell.
$\left[\text{Teilergebnis: } B\left(-1\middle|2\sqrt{2}\middle|3\right)\right]$ *(5 BE)*

d) Das Ende der Rechtskurve wird im Koordinatensystem durch den Punkt C beschrieben. Begründen Sie, dass für den Ortsvektor des Punkts C gilt:
$\overrightarrow{C} = \overrightarrow{M} + \overrightarrow{v}$. *(2 BE)*

e) Ein Wagen der Achterbahn durchfährt den Abschnitt, der im Modell durch die Strecke [AB] und den Viertelkreis von B nach C dargestellt wird, mit einer durchschnittlichen Geschwindigkeit von 15 m/s. Berechnen Sie die Zeit, die der Wagen dafür benötigt, auf Zehntelsekunden genau, wenn eine Längeneinheit im Koordinatensystem 10 m in der Realität entspricht. *(4 BE)*

Geometrie, 2015, Teil B, Aufgabengruppe 2

Abbildung 1 zeigt eine Sonnenuhr mit einer gegenüber der Horizontalen geneigten, rechteckigen Grundplatte, auf der sich ein kreisförmiges Zifferblatt befindet. Auf der Grundplatte ist der Polstab befestigt, dessen Schatten bei Sonneneinstrahlung die Uhrzeit auf dem Zifferblatt anzeigt.

Abb. 1

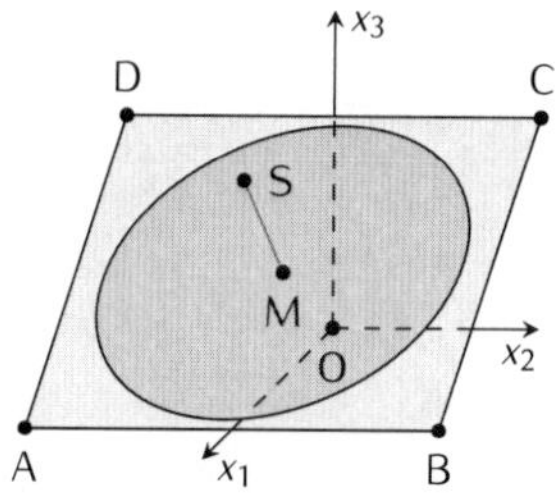

Abb. 2

Eine Sonnenuhr dieser Bauart wird in einem kartesischen Koordinatensystem modellhaft dargestellt (vgl. Abbildung 2). Dabei beschreibt das Rechteck ABCD mit $A(5|-4|0)$ und $B(5|4|0)$ die Grundplatte der Sonnenuhr. Der Befestigungspunkt des Polstabs auf der Grundplatte wird im Modell durch den Diagonalenschnittpunkt $M(2{,}5|0|2)$ des Rechtecks ABCD dargestellt. Eine Längeneinheit im Koordinatensystem entspricht 10 cm in der Realität. Die Horizontale wird im Modell durch die x_1x_2-Ebene beschrieben.

a) Bestimmen Sie die Koordinaten des Punkts C. Ermitteln Sie eine Gleichung der Ebene E, in der das Rechteck ABCD liegt, in Normalenform.
[mögliches Teilergebnis: $E: 4x_1 + 5x_3 - 20 = 0$] *(5 BE)*

b) Die Grundplatte ist gegenüber der Horizontalen um den Winkel α geneigt. Damit man mit der Sonnenuhr die Uhrzeit korrekt bestimmen kann, muss für den Breitengrad φ des Aufstellungsorts der Sonnenuhr $\alpha + \varphi = 90^\circ$ gelten. Bestimmen Sie, für welchen Breitengrad φ die Sonnenuhr gebaut wurde. *(4 BE)*

c) Der Polstab wird im Modell durch die Strecke [MS] mit $S(4{,}5|0|4{,}5)$ dargestellt. Zeigen Sie, dass der Polstab senkrecht auf der Grundplatte steht, und berechnen Sie die Länge des Polstabs auf Zentimeter genau. *(3 BE)*

Sonnenlicht, das an einem Sommertag zu einem bestimmten Zeitpunkt t_0 auf die Sonnenuhr einfällt, wird im Modell durch parallele Geraden mit dem Richtungsvektor

$\vec{u} = \begin{pmatrix} 6 \\ 6 \\ -13 \end{pmatrix}$ dargestellt.

d) Weisen Sie nach, dass der Schatten der im Modell durch den Punkt S dargestellten Spitze des Polstabs außerhalb der rechteckigen Grundplatte liegt. *(6 BE)*

Lösung ab Seite 329

e) Um 6 Uhr verläuft der Schatten des Polstabs im Modell durch den Mittelpunkt der Kante [BC], um 12 Uhr durch den Mittelpunkt der Kante [AB] und um 18 Uhr durch den Mittelpunkt der Kante [AD]. Begründen Sie, dass der betrachtete Zeitpunkt t_0 vor 12 Uhr liegt. *(2 BE)*

Geometrie 2014

Geometrie, 2014, Teil A, Aufgabengruppe 1

Aufgabe 1

Die Abbildung zeigt ein gerades Prisma ABCDEF mit A(0|0|0), B(8|0|0), C(0|8|0) und D(0|0|4).

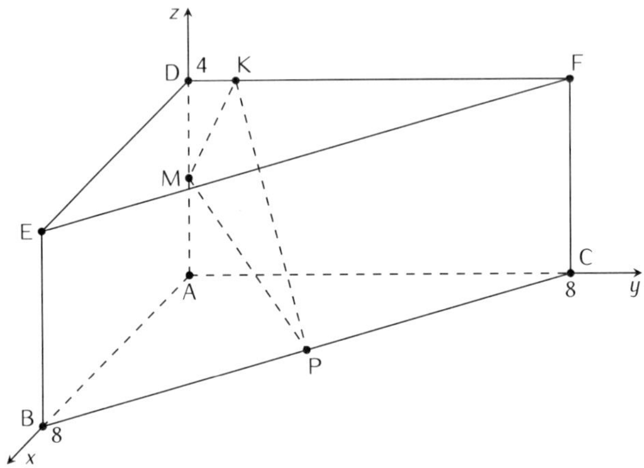

a) Bestimmen Sie den Abstand der Eckpunkte B und F. *(2 BE)*

b) Die Punkte M und P sind die Mittelpunkte der Kanten [AD] bzw. [BC]. Der Punkt $K(0|y_K|4)$ liegt auf der Kante [DF]. Bestimmen Sie y_K so, dass das Dreieck KMP in M rechtwinklig ist. *(3 BE)*

Aufgabe 2

Gegeben ist die Ebene $E : 3x_2 + 4x_3 = 5$.

a) Beschreiben Sie die besondere Lage von E im Koordinatensystem. *(1 BE)*

b) Untersuchen Sie rechnerisch, ob die Kugel mit Mittelpunkt Z(1|6|3) und Radius 7 die Ebene E schneidet. *(4 BE)*

Geometrie, 2014, Teil A, Aufgabengruppe 2

Aufgabe 1

Die Vektoren $\vec{a} = \begin{pmatrix} 2 \\ 1 \\ 2 \end{pmatrix}$, $\vec{b} = \begin{pmatrix} -1 \\ 2 \\ 0 \end{pmatrix}$ und $\vec{c_t} = \begin{pmatrix} 4t \\ 2t \\ -5t \end{pmatrix}$ spannen für jeden Wert von t mit $t \in \mathbb{R} \setminus \{0\}$ einen Körper auf. Die Abbildung zeigt den Sachverhalt beispielhaft für einen Wert von t.

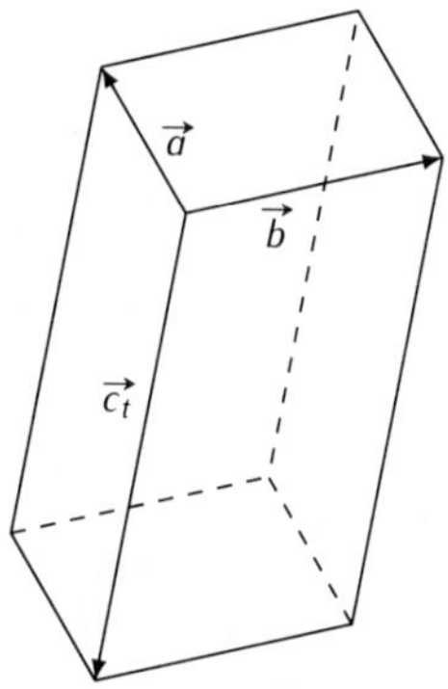

a) Zeigen Sie, dass die aufgespannten Körper Quader sind. *(2 BE)*

b) Bestimmen Sie diejenigen Werte von t, für die der jeweils zugehörige Quader das Volumen 15 besitzt. *(3 BE)*

Aufgabe 2

Eine Kugel besitzt den Mittelpunkt M(-3|2|7). Der Punkt P(3|4|4) liegt auf der Kugel.

a) Der Punkt Q liegt ebenfalls auf der Kugel, die Strecke [PQ] verläuft durch deren Mittelpunkt. Ermitteln Sie die Koordinaten von Q. *(3 BE)*

b) Weisen Sie nach, dass die Kugel die x_1x_2-Ebene berührt. *(2 BE)*

Geometrie 2014

Lösung ab Seite 339

Geometrie, 2014, Teil B, Aufgabengruppe 1

In einem kartesischen Koordinatensystem legen die Punkte A(4|0|0), B(0|4|0) und C(0|0|4) das Dreieck ABC fest, das in der Ebene $E : x_1 + x_2 + x_3 = 4$ liegt.

a) Bestimmen Sie den Flächeninhalt des Dreiecks ABC. *(3 BE)*

Das Dreieck ABC stellt modellhaft einen Spiegel dar. Der Punkt P(2|2|3) gibt im Modell die Position einer Lichtquelle an, von der ein Lichtstrahl ausgeht.

Die Richtung dieses Lichtstrahls wird im Modell durch den Vektor $\vec{v} = \begin{pmatrix} -1 \\ -1 \\ -4 \end{pmatrix}$ beschrieben.

b) Geben Sie eine Gleichung der Geraden g an, entlang derer der Lichtstrahl im Modell verläuft. Bestimmen Sie die Koordinaten des Punkts R, in dem g die Ebene E schneidet, und begründen Sie, dass der Lichtstrahl auf dem dreieckigen Spiegel auftrifft.
[zur Kontrolle: R(1,5|1,5|1)] *(5 BE)*

Der einfallende Lichtstrahl wird in demjenigen Punkt des Spiegels reflektiert, der im Modell durch den Punkt R dargestellt wird. Der reflektierte Lichtstrahl geht für einen Beobachter scheinbar von einer Lichtquelle aus, deren Position im Modell durch den Punkt Q(0|0|1) beschrieben wird (vgl. Abbildung).

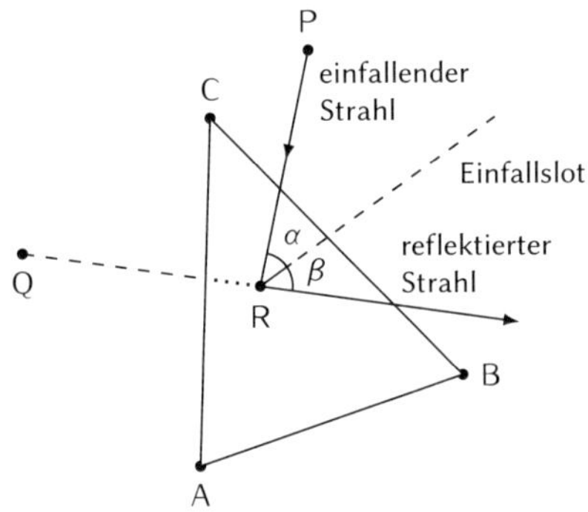

c) Zeigen Sie, dass die Punkte P und Q bezüglich der Ebene E symmetrisch sind. *(3 BE)*

Das Lot zur Ebene E im Punkt R wird als Einfallslot bezeichnet.

d) Die beiden Geraden, entlang derer der einfallende und der reflektierte Lichtstrahl im Modell verlaufen, liegen in einer Ebene F. Ermitteln Sie eine Gleichung von F in Normalenform. Weisen Sie nach, dass das Einfallslot ebenfalls in der Ebene F liegt.
[mögliches Teilergebnis: $F : x_1 - x_2 = 0$] *(5 BE)*

e) Zeigen Sie, dass die Größe des Winkels β zwischen reflektiertem Lichtstrahl und Einfallslot mit der Größe des Winkels α zwischen einfallendem Lichtstrahl und Einfallslot übereinstimmt. *(4 BE)*

Geometrie, 2014, Teil B, Aufgabengruppe 2

Die Abbildung zeigt modellhaft ein Einfamilienhaus, das auf einer horizontalen Fläche steht. Auf einer der beiden rechteckigen Dachflächen soll eine Dachgaube errichtet werden. Die Punkte A, B, C, D, O, P, Q und R sind die Eckpunkte eines Quaders. Das gerade dreiseitige Prisma LMNIJK stellt die Dachgaube dar, die Strecke [GH] den First des Dachs, d. h. die obere waagrechte Dachkante. Eine Längeneinheit im Koordinatensystem entspricht 1 m, d. h. das Haus ist 10 m lang.

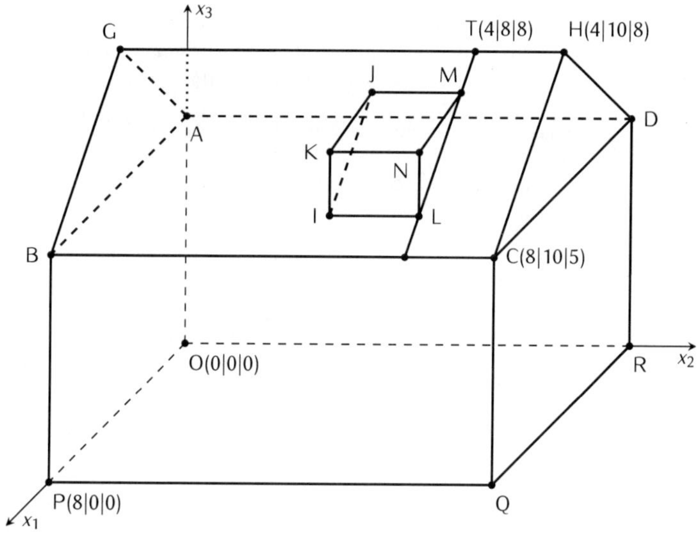

a) Berechnen Sie den Inhalt derjenigen Dachfläche, die im Modell durch das Rechteck BCHG dargestellt wird. *(2 BE)*

b) In der Stadt, in der das Einfamilienhaus steht, gilt für die Errichtung von Dachgauben eine Satzung, die jeder Bauherr einhalten muss. Diese Satzung lässt die Errichtung einer Dachgaube zu, wenn die Größe des Neigungswinkels der Dachfläche des jeweiligen Hausdachs gegen die Horizontale mindestens 35° beträgt. Zeigen Sie rechnerisch, dass für das betrachtete Einfamilienhaus die Errichtung einer Dachgaube zulässig ist. *(3 BE)*

Die Dachfläche, auf der die Dachgaube errichtet wird, liegt im Modell in der Ebene $E: 3x_1 + 4x_3 - 44 = 0$.

Die Dachgaube soll so errichtet werden, dass sie von dem seitlichen Rand der Dachfläche, der im Modell durch die Strecke [HC] dargestellt wird, den Abstand 2 m und vom First des Dachs den Abstand 1m hat. Zur Ermittlung der Koordinaten des Punkts M wird die durch den Punkt T(4|8|8) verlaufende Gerade

$$t: \overrightarrow{X} = \begin{pmatrix} 4 \\ 8 \\ 8 \end{pmatrix} + \lambda \cdot \begin{pmatrix} 4 \\ 0 \\ -3 \end{pmatrix}, \lambda \in \mathbb{R}, \text{ betrachtet.}$$

c) Begründen Sie, dass t in der Ebene E verläuft und von der Geraden HC den Abstand 2 besitzt. *(5 BE)*

Lösung ab Seite 347

d) Auf der Geraden t wird nun der Punkt M so festgelegt, dass der Abstand der Dachgaube vom First 1 m beträgt. Bestimmen Sie die Koordinaten von M.
[Ergebnis: M(4,8|8|7,4)] *(3 BE)*

Die Punkte M und N liegen auf der Geraden $m : \vec{X} = \begin{pmatrix} 4.8 \\ 8 \\ 7,4 \end{pmatrix} + \mu \cdot \begin{pmatrix} 6 \\ 0 \\ -1 \end{pmatrix}, \mu \in \mathbb{R}$, die im Modell die Neigung der Dachfläche der Gaube festlegt. Die zur x_3-Achse parallele Strecke [NL] stellt im Modell den sogenannten Gaubenstiel dar; dessen Länge soll 1,4 m betragen. Um die Koordinaten von N und L zu bestimmen, wird die Ebene F betrachtet, die durch Verschiebung von E um 1,4 in positive x_3-Richtung entsteht.

e) Begründen Sie, dass $3x_1 + 4x_3 - 49{,}6 = 0$ eine Gleichung von F ist. *(3 BE)*

f) Bestimmen Sie die Koordinaten von N und L.
[Teilergebnis: N(7,2|8|7)] *(4 BE)*

Geometrie Probe-Abi

Geometrie, Probe-Abi, Teil A, Aufgabengruppe 1

Aufgabe 1

Gegeben sind die drei Punkte A(2|3|1), B(1|5|3) und C(3|6|5).

a) Zeigen Sie, dass das Dreieck ABC gleichschenklig, aber nicht rechtwinklig ist. *(3 BE)*

b) Berechnen Sie den Flächeninhalt des Dreiecks ABC. *(2 BE)*

c) Bestimmen Sie eine Koordinatengleichung der Ebene E, in welcher das Dreieck liegt. *(2 BE)*

Aufgabe 2

Gegeben sind die Ebene F und die Gerade g

$$F: x_1 - 4x_2 + 2x_3 - 5 = 0 \quad \text{und} \quad g: \vec{x} = \begin{pmatrix} 7 \\ 1 \\ 4 \end{pmatrix} + \lambda \begin{pmatrix} 12 \\ 4 \\ 3 \end{pmatrix}.$$

Ermitteln Sie den Schnittpunkt der Geraden g mit der Ebene F. *(3 BE)*

Geometrie, Probe-Abi, Teil A, Aufgabengruppe 2

Aufgabe 1

Gegeben ist die Ebene E_1 in ihrer Koordinatenform

$$E_1 : 3x_1 - 6x_2 + 2x_3 - 12 = 20.$$

a) Zeichnen Sie einen Ausschnitt der Ebene E_1 mithilfe der Spurpunkte in ein geeignetes Koordinatensystem. *(3 BE)*

b) Bestimmen Sie eine Koordinatengleichung einer zu E_1 parallelen Ebene E_2, welche durch den Punkt $A(-2|1|-9)$ verläuft.
[Mögliches Ergebnis: $E_2 : 6x_1 - 12x_2 + 4x_3 + 60 = 0$] *(1 BE)*

Aufgabe 2

Zwischen die Ebenen E_1 und E_2 aus Aufgabe 1 soll eine Kugel K gelegt werden, sodass diese beiden Ebenen die Kugeloberfläche berühren.

a) Bestimmen Sie den Abstand der Ebenen E_1 und E_2. *(2 BE)*

b) Geben Sie Radius und Mittelpunkt einer solchen Kugel K an. *(3 BE)*

c) Beschreiben Sie das geometrische Gebilde, auf dem die Mittelpunkte aller Kugeln liegen, welche diese Bedingung erfüllen. *(1 BE)*

Geometrie, Probe-Abi, Teil B, Aufgabengruppe 1

Aufgabe 1

In der modernen Kunst spielen neben den klassischen Gemälden und Skulpturen auch mehrere Formen von „Installationen" eine Rolle. Installationen sind Anordnungen von Gegenständen, oft auch zusammen mit einer bestimmten Beleuchtung und Ton- oder Videoeinspielungen.

Für den Aufbau der Installation „Frau Fabers Wohnzimmer" sind folgende Eckdaten gegeben: Stellen die x_1x_2-Ebene den Boden und die x_1x_3- bzw. x_2x_3-Ebenen zwei der Wände dar, so befinden sich die Ecken eines Tetraeders bezüglich der dadurch festgesetzten Raumecke im Ursprung in den Punkten $A(2|2|3)$, $B(4|2{,}5|2)$, $C(3|4|2{,}5)$ und $S(2{,}5|2{,}5|3{,}5)$. Eine Längeneinheit entspricht dabei einem Meter.

a) Die Decke des Raumes ist fünf Meter hoch. Drei Meter von jeder Wand entfernt ist ein Haken an der Decke angebracht. Dort soll mit einer gerade nach unten verlaufenden ausziehbaren Aluminiumstange das Tetraeder befestigt werden. Bestimmen Sie eine Gleichung der Geraden, die die Aluminiumstange enthält. *(3 BE)*

Die Seitenwand ABS des Tetraeders besteht aus einer Spiegelfläche. Im Punkt $L(5|0{,}5|1)$ steht ein Laser, der in die Richtung $\vec{v} = \begin{pmatrix} -4 \\ 3{,}8 \\ 3{,}6 \end{pmatrix}$ weist und auf diese Seitenwand trifft.

b) Zeigen Sie, dass die Spiegelfläche ein rechtwinkliges Dreieck ist und berechnen Sie dessen Flächeninhalt. *(4 BE)*

c) Zeigen Sie, dass der Laserstrahl auf die Spiegelfläche trifft und bestimmen Sie die Geradengleichung des reflektierten Lichtstrahls. *(8 BE)*

Aufgabe 2

An der Stelle $K(1|2|0)$ wird eine Kugel mit einem Radius von einem halben Meter platziert. Zusätzlich wird zwischen den Spurpunkten der Ebene

$$E_\lambda : 2x_1 + 4x_2 + \lambda x_3 - 15 = 0$$

eine durchsichtige Plane gespannt. Bestimmen Sie λ so, dass die Kugel die Plane berührt. *(5 BE)*

Geometrie, Probe-Abi, Teil B, Aufgabengruppe 2

Aufgabe 1

Vom Tower eines Flughafens aus werden zwei Flugzeuge beobachtet. Alle Längenangaben sind in Kilometern, alle Zeitangaben in Stunden angegeben. Das erste Flugzeug F_1 fliegt auf der Flugbahn f_1 mit

$$f_1 : \vec{x} = \begin{pmatrix} -40 \\ -50 \\ 4 \end{pmatrix} + t_1 \cdot \begin{pmatrix} 200 \\ 300 \\ 2 \end{pmatrix}, \quad t_1 \in \mathbb{R}.$$

Das bedeutet: Zum Zeitpunkt $t_1 = 0$ befindet sich das Flugzeug F_1 im Punkt A(-40|-50|4) und bewegt sich in einer Stunde um den Richtungsvektor von f_1 weiter durch den Raum. Die Flugbahn f_2 des zweiten Flugzeugs F_2 wird analog beschrieben durch

$$f_2 : \vec{x} = \begin{pmatrix} 160 \\ 0 \\ 1 \end{pmatrix} + t_2 \cdot \begin{pmatrix} 0 \\ 400 \\ 8 \end{pmatrix}, \quad t_2 \in \mathbb{R}.$$

a) Zeigen Sie, dass sich die Flugbahnen der beiden Flugzeuge kreuzen und entscheiden Sie, ob es zu einem Zusammenstoß kommt, wenn die Beobachtung zum Zeitpunkt $t_1 = t_2 = 0$ startet. *(5 BE)*

b) Berechnen Sie den Abstand, den die beiden Flugzeuge zum Zeitpunkt $t_1 = t_2 = 3$ besitzen. *(2 BE)*

c) Bestimmen Sie den Zeitpunkt t_H, zu dem sich die Flugzeuge auf gleicher Höhe befinden. *(2 BE)*

Aufgabe 2

Ebenen im $\mathbb{R}^3$ können auf unterschiedliche Arten zueinander liegen. Zum Beispiel können drei Ebenen einen gemeinsamen Schnittpunkt aufweisen (siehe Abbildung 1) oder eine gemeinsame Schnittgerade, genannt Trägergerade, beinhalten (siehe Abbildung 2).

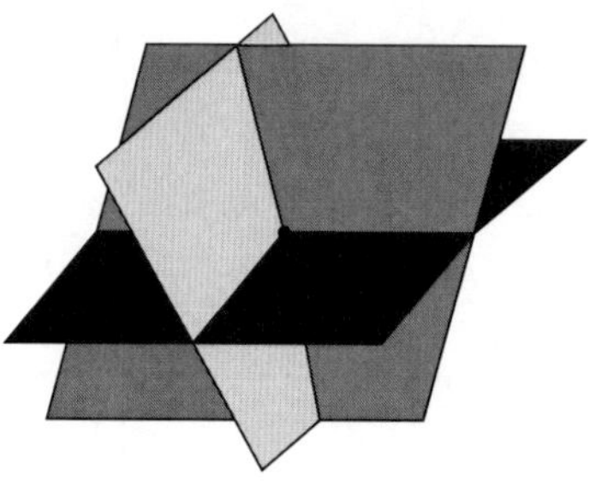

Abb. 1

Abb. 2

a) Nennen Sie drei Beispiele, wie drei Ebenen im $\mathbb{R}^3$ zueinander liegen können. Dabei sollen die Ebenen keine Punkte aufweisen, die in allen drei Ebenen liegen. *(3 BE)*

Geometrie Probe-Abi

Die drei Ebenen

$E_1 : 3x_1 - 2x_2 + 4x_3 - 11 = 0,$

$E_2 : 2x_1 - x_2 - 3x_3 + 9 = 0$ und

$E_3 : -x_1 + 3x_2 + 2x_3 - 11 = 0$

schneiden sich in einem Punkt.

b) Bestimmen Sie rechnerisch die Koordinaten dieses Schnittpunktes. *(5 BE)*

Die Ebenenschar $E_t : tx_1 + 2x_2 + 2x_3 - 3t = 0$ bildet ein sogenanntes Ebenenbüschel wie es in Abbildung 2 dargestellt ist.

c) Bestimmen Sie zwei Punkte, die in jeder Ebene des Ebenenbüschels enthalten sind und stellen Sie eine Gleichung der Trägergeraden auf. *(3 BE)*

Lösungen

Lösungen zu Analysis, 2017, Teil A, Aufgabengruppe 1

Lösung zu Aufgabe 1

a) Zunächst darf der Term unter der Wurzel, der Radikand, nicht negativ sein. Es muss also gelten:

$$4 + x \geq 0 \quad \Longleftrightarrow \quad x \geq -4.$$

Weitere Einschränkungen gibt es nicht, sodass für den maximalen Definitionsbereich $\mathcal{D}_g$ gilt: $\mathcal{D}_g = [-4; +\infty[$.

Für alle Punkte der y-Achse gilt $x = 0$, der Schnittpunkt von G_g mit der y-Achse ist also gegeben durch $S_y(0|g(0))$. Wegen

$$g(0) = 2 \cdot \sqrt{4+0} - 1 = 3$$

lauten die Koordinaten des gesuchten Schnittpunktes $S_y(0|3)$.

b) Der Graph der Funktion w wird im Folgenden mit G_w bezeichnet.

- Zunächst wird der Graph G_w um 4 Einheiten nach links verschoben. Dieser Graph gehört zur Funktion $w_1 : x \mapsto \sqrt{x+4}$.
- Der Graph von w_1 wird wiederum mit dem Faktor 2 in y-Richtung gestreckt. Dieser Graph gehört dann zur Funktion $w_2 : x \mapsto 2 \cdot \sqrt{x+4}$.
- Der Graph von w_2 wird anschließend noch um 1 Längeneinheit nach unten verschoben. Dieser Graph gehört dann zur Funktion $g : x \mapsto 2 \cdot \sqrt{x+4} - 1$.

Lösung zu Aufgabe 2

a) Die Funktion f ist gegeben durch

$$f(x) = 2 \cdot e^{\frac{1}{2}x} - 1.$$

Die Nullstelle der Funktion f ist gegeben durch die Lösung der Gleichung

$$\begin{aligned} f(x) &= 0 \\ \Longleftrightarrow \quad 2 \cdot e^{\frac{1}{2}x} - 1 &= 0 \\ \Longleftrightarrow \quad e^{\frac{1}{2}x} &= \frac{1}{2} \\ \Longleftrightarrow \quad \frac{1}{2}x &= \ln\left(\frac{1}{2}\right) \\ \Longleftrightarrow \quad x &= 2 \cdot \ln\left(\frac{1}{2}\right). \end{aligned}$$

Die Nullstelle von f ist $x = 2 \cdot \ln\left(\frac{1}{2}\right) = -2\ln(2) = \ln\left(\frac{1}{4}\right)$.

b) Zunächst wird die Gleichung der Tangente t an den Graphen von f im Punkt $S(0|1)$ bestimmt. Die Ableitung der Funktion f ist gegeben durch:

$$f'(x) = 2 \cdot \frac{1}{2} \cdot e^{\frac{1}{2}x} = e^{\frac{1}{2}x}.$$

Die Steigung der Tangente im Punkt S ist gegeben durch:

$$f'(0) = \mathrm{e}^{\frac{1}{2}\cdot 0} = 1.$$

Also besitzt die Tangente t die Gleichung

$$t : x \mapsto x + c.$$

Um den Wert des y-Achsenabschnitts c zu bestimmen, wird eine Punktprobe mit dem Punkt S durchgeführt:

$$1 = 0 + c \quad \Longleftrightarrow \quad c = 1.$$

Die gesuchte Tangente hat also die Gleichung

$$t : x \mapsto x + 1.$$

Im folgenden Schaubild sind sowohl der Graph von f als auch die Tangente t skizziert.

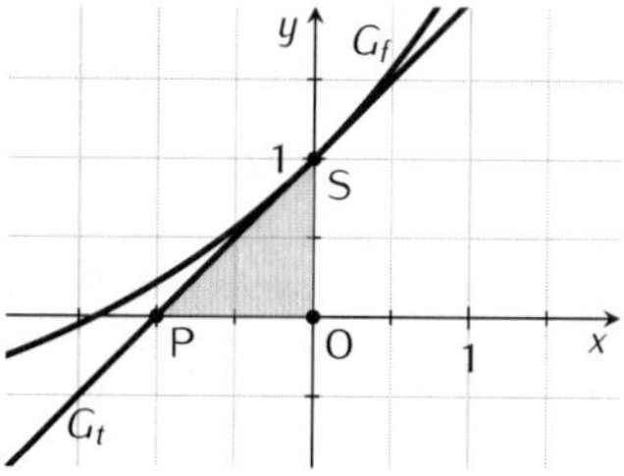

Das von den Koordinatenachsen und der Tangente t eingeschlossene Dreieck hat die Eckpunkte O(0|0), P(-1|0) und S(0|1) und somit sind zwei Seiten des Dreiecks jeweils eine Längeneinheit lang. Das Dreieck ist also gleichschenklig.

Lösung zu Aufgabe 3

a) Gesucht wird der Term einer Funktion f, deren Graph achsensymmetrisch zur y-Achse ist und die Gerade mit der Gleichung $x = 2$ als senkrechte Asymptote hat. Es gilt:

- Der Graph hat eine senkrechte Asymptote, die Funktion f hat also eine Definitionslücke an der Stelle $x = 2$.
- Der Graph ist achsensymmetrisch zur y-Achse und die Gerade mit der Gleichung $x = 2$ ist senkrechte Asymptote. Damit ist auch die Gerade mit der Gleichung $x = -2$ eine senkrechte Asymptote des Graphen von f.

Die Funktion f könnte eine gebrochenrationale Funktion sein. Der Nenner des Funktionsterms enthält dann auf jeden Fall den Term $(x - 2)(x + 2)$. Weitere Anforderungen für den Graphen der Funktion f werden nicht gestellt. Eine mögliche Funktionsgleichung für f ist die folgende:

$$f(x) = \frac{1}{(x-2)(x+2)}.$$

☞ *Alternative:* Der Funktionsterm für f kann auch folgende Gestalt haben:

$$f(x) = \frac{1}{(x-2)(x+2)} \cdot h(x),$$

wobei der Graph der Funktion h achsensymmetrisch zur y-Achse und der Definitionsbereich von h die Menge $\mathcal{D} = \mathbb{R} \setminus \{-2; 2\}$ enthalten muss.

Lösungen

☞ *Alternative:* Die Funktion f muss keine gebrochenrationale Funktion sein und kann zum Beispiel auch folgende Gestalt haben:

$$f(x) = \ln\left(|x^2 - 4|\right).$$

b) Gesucht wird der Term einer Funktion g, welche nicht konstant ist, und für die gilt:

$$\int_0^2 g(x)\,\mathrm{d}x = 0.$$

Der Graph der Funktion g schließt also im Intervall $[0; 2]$ mit der x-Achse mindestens zwei Flächenstücke so ein, dass die eingeschlossene Fläche unterhalb der x-Achse genauso groß ist wie die Fläche oberhalb der x-Achse. Eine mögliche Funktionsgleichung ist gegeben durch:

$$g(x) = x - 1.$$

☞ *Alternative:* Der Funktionsterm für g kann auch folgende Gestalt haben:

$$g(x) = \sin(\pi x).$$

☞ *Alternative:* Jede Funktion g, deren Graph aus dem zum Ursprung punktsymmetrischen Graphen einer Funktion h durch Verschiebung um 1 Längeneinheit in positiver x-Richtung entsteht, erfüllt die geforderte Bedingung.

Lösung zu Aufgabe 4

Die Anzahl der Pollen in einem Kubikmeter Luft, t in Stunden nach Beginn der Messung, ist gegeben durch die Funktion n mit

$$n(t) = 3t^2 - 60t + 500.$$

a) Die mittlere Änderungsrate N der Anzahl der Pollen während der ersten beiden Stunden ist gegeben durch:

$$\begin{aligned} N &= \frac{n(2) - n(0)}{2 - 0} \\ &= \frac{392 - 500}{2} \\ &= \frac{-108}{2} \\ &= -54. \end{aligned}$$

Somit nimmt die Anzahl der Pollen in den ersten beiden Stunden im Schnitt um 54 Pollen pro Stunde und Kubikmeter Luft ab.

b) Gesucht ist der Zeitpunkt, zu dem die momentane Änderungsrate der Pollen in einem Kubikmeter -30/h beträgt. Die momentane Änderungsrate der Pollen pro Kubikmeter Luft wird beschrieben durch die Ableitung n' der Funktion n, also:

$$n'(t) = 6t - 60.$$

Gesucht ist nun die Lösung der Gleichung

$$n'(t) = -30 \quad \Longleftrightarrow \quad 6t - 60 = -30 \quad \Longleftrightarrow \quad t = 5.$$

Fünf Stunden nach Beginn der Messung beträgt die momentane Änderungsrate der Pollen in einem Kubikmeter -30/h.

Lösungen zu Analysis, 2017, Teil A, Aufgabengruppe 2

Lösung zu Aufgabe 1

Die Funktion f ist gegeben durch

$$f(x) = \frac{(3+x)^2}{x-1}.$$

a) Der Term im Nenner darf nicht Null werden, also:

$$x \neq 1.$$

Weitere Einschränkungen gibt es nicht, also gilt für die Definitionsmenge $\mathcal{D} = \mathbb{R} \setminus \{1\}$.
Der Schnittpunkt von G_f mit der y-Achse ist gegeben durch $S_y(0|f(0))$, also:

$$f(0) = \frac{(3+0)^2}{0-1} = -9.$$

Die Nullstellen von f sind gegeben durch die Lösungen der Gleichung

$$f(x) = 0 \quad \Longleftrightarrow \quad \frac{(3+x)^2}{x-1} = 0 \quad \Longleftrightarrow \quad x = -3.$$

Die Schnittpunkte von G_f mit den Koordinatenachsen sind gegeben durch:

$$S_y(0|-9)\,, \quad S_x(-3|0)\,.$$

b) Es gilt:

$$\begin{aligned} x + 7 + \frac{16}{x-1} &= \frac{x(x-1)}{x-1} + \frac{7(x-1)}{x-1} + \frac{16}{x-1} \\ &= \frac{x(x-1) + 7(x-1) + 16}{x-1} \\ &= \frac{x^2 - x + 7x - 7 + 16}{x-1} \\ &= \frac{x^2 + 6x + 9}{x-1} \\ &= \frac{(x+3)^2}{x-1} \\ &= f(x) \end{aligned}$$

Der Funktionsterm von f ist also äquivalent zu

$$f(x) = x + 7 + \frac{16}{x-1}.$$

Für $x \to \pm\infty$ gilt:

$$\frac{16}{x-1} \to 0.$$

Damit ist $y = x + 7$ eine Gleichung für die schräge Asymptote von G_f.

☞ *Alternative:* Für den Term der Funktionn f gilt:

$$f(x) = \frac{(3+x)^2}{x-1} = \frac{9 + 6x + x^2}{x-1}.$$

Nun kann eine Polynomdivision mit Rest durchgeführt werden.

Es gilt:

$$
\begin{array}{l}
\left(\ x^2 + 6x + 9\right) : \left(x - 1\right) = x + 7 + \dfrac{16}{x - 1} \\
\underline{-x^2 \ \ + x} \\
\qquad\quad 7x + 9 \\
\qquad\ \underline{-7x + 7} \\
\qquad\qquad\ 16
\end{array}
$$

Der Funktionsterm von f ist also äquivalent zu

$$f(x) = x + 7 + \frac{16}{x - 1}.$$

Für $x \to \pm\infty$ gilt:

$$\frac{16}{x - 1} \to 0.$$

Damit ist $y = x + 7$ eine Gleichung für die schräge Asymptote von G_f.

Lösung zu Aufgabe 2

Diese Aufgabe entspricht Aufgabe 2 aus Aufgabengruppe 1, daher werden hier nur die Ergebnisse angegeben. Die ausführlichen Lösungen sind auf Seite 122 zu finden.

a) Die Nullstelle von f ist $x = 2 \cdot \ln\left(\frac{1}{2}\right) = -2\ln(2)$.

b) Das von den Koordinatenachsen und der Tangente t eingeschlossene Dreieck hat die Eckpunkte $O(0|0)$, $P(1|0)$ und $Q(0|1)$ und somit sind zwei Seiten des Dreiecks jeweils eine Längeneinheit lang. Das Dreieck ist also gleichschenklig.

Lösung zu Aufgabe 3

a) Die Abbildung zeigt den Graphen einer Sinusfunktion, diesem können folgende Eigenschaften entnommen werden:

- Die Differenz der y-Werte zwischen einem Hochpunkt und einem Tiefpunkt beträgt 4 Längeneinheiten. Die Amplitude beträgt also 2.
- Die Periodenlänge beträgt 10 Längeneinheiten. Der Faktor vor dem x ist $\frac{2\pi}{10} = \frac{\pi}{5}$.
- Der Schnittpunkt des Graphen mit der y-Achse ist gegeben durch $S(0|3)$.

Somit ist die dem Graphen zugehörige Funktionsgleichung gegeben durch:

$$g(x) = 3 + 2 \cdot \sin\left(\frac{\pi}{5}x\right).$$

Damit sind die gesuchten Werte der Parameter p, q und r:

$$p = 3, q = 2 \quad \text{und} \quad r = 5.$$

b) Der Graph der Funktion g wird um 2 Längeneinheiten in positive x-Richtung verschoben und entspricht dann dem Graphen von h. Der Funktionsterm von h ist dann gegeben durch:

$$h(x) = g(x - 2) = 3 + 2 \cdot \sin\left(\frac{\pi}{5} \cdot (x - 2)\right).$$

Lösung zu Aufgabe 4

Diese Aufgabe entspricht Aufgabe 4 aus Aufgabengruppe 1, daher werden hier nur die Ergebnisse angegeben. Die ausführlichen Lösungen sind auf Seite 124 zu finden.

a) Die mittlere Änderungsrate N der Anzahl der Pollen während der ersten beiden Stunden ist gegeben durch:

$$N = -54.$$

Somit nimmt die Anzahl der Pollen in den ersten beiden Stunden im Schnitt um 54 Pollen pro Stunde und Kubikmeter Luft ab.

b) Gesucht ist die Lösung der Gleichung

$$n'(t) = -30 \quad \Longleftrightarrow \quad 6t - 60 = -30 \quad \Longleftrightarrow \quad t = 5.$$

Fünf Stunden nach Beginn der Messung beträgt also die momentane Änderungsrate der Pollen in einem Kubikmeter -30/h.

Lösungen zu Analysis, 2017, Teil B, Aufgabengruppe 1

Lösung zu Aufgabe 1

Die Funktion h ist gegeben durch

$$h(x) = 3x \cdot (-1 + \ln x)\,.$$

Der Graph von h wird mit G_h bezeichnet.

a) ➤ *Tangentengleichung*

Gesucht ist die Gleichung der Tangente an den Graphen G_h im Punkt (e|0). Hierzu wird zunächst die Ableitung h' von h bestimmt. Es gilt nach der Produktregel:

$$\begin{aligned} h'(x) &= 3 \cdot (-1 + \ln x) + 3x \cdot \left(\frac{1}{x}\right) \\ &= -3 + 3\ln x + 3 \\ &= 3\ln x. \end{aligned}$$

Die Steigung der Tangente an G_h im Punkt (e|0) ist gegeben durch

$$h'(\mathrm{e}) = 3\ln \mathrm{e} = 3.$$

Die Tangente t hat damit die Gleichung

$$t(x) = 3x + c.$$

Um den Wert von c zu bestimmen, wird eine Punktprobe mit (e|0) durchgeführt:

$$0 = 3\mathrm{e} + c \quad \Longleftrightarrow \quad c = -3\mathrm{e}.$$

Also ist eine Gleichung für die gesuchte Tangente an G_h gegeben durch

$$t(x) = 3x - 3\mathrm{e}.$$

➤ *Größe des Winkels*

Gesucht ist der Winkel α, unter dem die Tangente t die x-Achse schneidet. Es gilt:

$$\tan\alpha = h'(\mathrm{e}) = 3$$

und damit

$$\alpha = \tan^{-1}(3) \approx 71{,}57°.$$

b) ➤ *Monotonieverhalten*

Untersucht wird das Vorzeichenverhalten der Ableitung h'. In allen Bereichen, in denen der Graph von h' oberhalb der x-Achse verläuft, ist der Graph von h monoton steigend, und in allen Bereichen, in denen der Graph von h' unterhalb der x-Achse verläuft, ist der Graph von h monoton fallend. Es gilt:

$$h'(x) = 3\ln x$$

und damit:

$$h'(x) = 3\ln x < 0 \quad \text{für} \quad x \in]0;1[\quad \text{und}$$
$$h'(x) = 3\ln x > 0 \quad \text{für} \quad x \in]1;+\infty[.$$

Lösungen

Der Graph G_h ist also streng monoton fallend im Intervall $]0; 1[$ und streng monoton steigend im Intervall $]1; +\infty[$.

➤ *Verhalten im Unendlichen*

Die Funktion h ist gegeben durch

$$h(x) = 3x \cdot (-1 + \ln x)$$

Es gelten:

$$3x \to +\infty \quad \text{für} \quad x \to +\infty$$

$$-1 + \ln x \to +\infty \quad \text{für} \quad x \to +\infty$$

Damit gilt

$$h(x) = 3x \cdot (-1 + \ln x) \to +\infty \quad \text{für} \quad x \to +\infty.$$

➤ *Wertemenge von h*

Der Graph von h ist im Intervall $]0; 1[$ streng monoton fallend und im Intervall $]1; +\infty[$ streng monoton steigend. Es gilt zusätzlich:

$$h'(1) = 3 \ln 1 = 0.$$

Die Ableitung h' hat an der Stelle $x = 1$ eine Nullstelle mit Vorzeichenwechsel von - nach +. Deshalb besitzt der Graph G_h dort einen Tiefpunkt. Wegen

$$h(1) = 3 \cdot 1 \cdot (-1 + \ln 1) = -3$$

sind die Koordinaten des Tiefpunktes $T(1|-3)$. Der Graph G_h besitzt den Tiefpunkt $T(1|-3)$ und es gilt $h(x) \to +\infty$ für $x \to +\infty$. Damit ist T ein globaler Tiefpunkt.

Die Wertemenge W von h ist gegeben durch:

$$W = [-3; +\infty[.$$

c) ➤ *Verhalten von h für $x \to 0$*

Für die Funktion h gilt im Definitionsbereich $\mathcal{D}_h =]0; +\infty[$:

$$h(x) = 3x \cdot (-1 + \ln x) = -3x + 3x \ln x.$$

Es gelten mithilfe der Dominanzregel:

$$-3x \to 0 \quad \text{für} \quad x \to 0$$

$$3x \ln x \to 0 \quad \text{für} \quad x \to 0$$

und damit

$$h(x) = -3x + 3x \ln x \to 0 \quad \text{für} \quad x \to 0.$$

➤ *Verhalten von h' für $x \to 0$*

Für die Funktion h' gilt im Definitionsbereich $\mathcal{D}_h =]0; +\infty[$:

$$h'(x) = 3 \ln x.$$

Es gilt:

$$h'(x) = 3 \ln x \to -\infty \quad \text{für} \quad x \to 0.$$

➤ *Ergänzung des Graphen im Bereich* $0 < x < 0{,}75$

Der Graph der Funktion h ist mononton fallend in diesem Bereich und es gelten:

- $h(x) \to 0$ für $x \to 0$, der Graph strebt also in Richtung Ursprung, ohne dass der Ursprung enthalten ist.
- $h'(x) \to -\infty$ für $x \to 0$, die Steigung des Graphen G_h ist also fast senkrecht.

Mit diesen Informationen kann nun der Graph auch in diesem Bereich eingezeichnet werden.

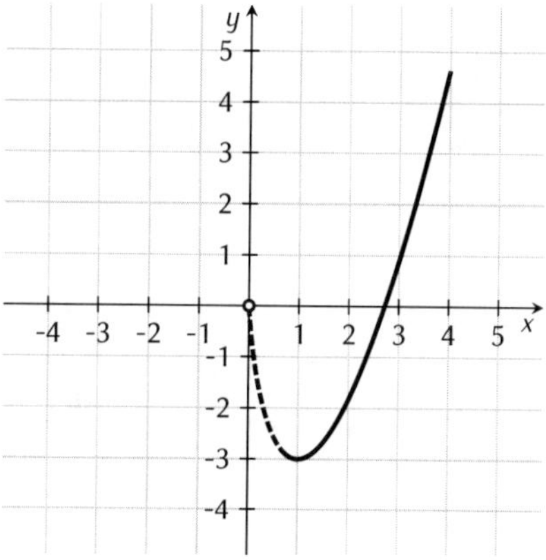

Zur Überprüfung der Ergebnisse kann eine Wertetabelle mithilfe des Taschenrechners angefertigt werden.

d) ➤ *Definitions- und Wertemenge der Umkehrfunktion von* h^*

Die Definitionsmenge $\mathcal{D}_{h^*}$ der Funktion h^* ist gegeben durch

$$\mathcal{D}_{h^*} = [1; +\infty[.$$

Die Wertemenge $\mathcal{W}_{h^*}$ der Funktion h^* ist dieselbe wie die Wertemenge der Funktion h, also

$$\mathcal{W}_{h^*} = [-3; +\infty[.$$

Für die Umkehrfunktion $(h^*)^{-1}$ gilt dann:

Die Definitionsmenge $\mathcal{D}_{(h^*)^{-1}}$ ist gegeben durch die Wertemenge der Funktion h^*, also

$$\mathcal{D}_{(h^*)^{-1}} = \mathcal{W}_{h^*} = [-3; +\infty[.$$

Die Wertemenge $\mathcal{W}_{h^*}$ der Funktion h^* ist gegeben durch die Definitionsmenge der Funktion h, also

$$\mathcal{W}_{(h^*)^{-1}} = \mathcal{D}_{h^*} = [1; +\infty[.$$

➤ *Koordinaten des Schnittpunktes des Graphen von* h^* *und der Geraden* $y = x$

Die Funktion h^* ist gegeben durch

$$h^*(x) = -3x + 3x \ln x.$$

Lösungen

Es gilt $0 \notin \mathcal{D}_{h^*}$ ist der x-Wert des Schnittpunktes gegeben durch die Lösung der Gleichung

$$\begin{aligned} h^*(x) = x \quad &\iff \quad -3x + 3x\ln x = x \\ &\iff \quad 3x \ln x = 4x \\ &\iff \quad \ln x = \frac{4}{3} \\ &\iff \quad x = e^{\frac{4}{3}}. \end{aligned}$$

Der Schnittpunkt S liegt auf der Geraden $y = x$, und somit sind die Koordinaten des Schnittpunktes gegeben durch:

$$S\left(e^{\frac{4}{3}} \middle| e^{\frac{4}{3}}\right).$$

e) Im nachfolgenden Schaubild sind sowohl der Punkt S als auch die Graphen der Funktion h^* und ihrer Umkehrfunktion skizziert.

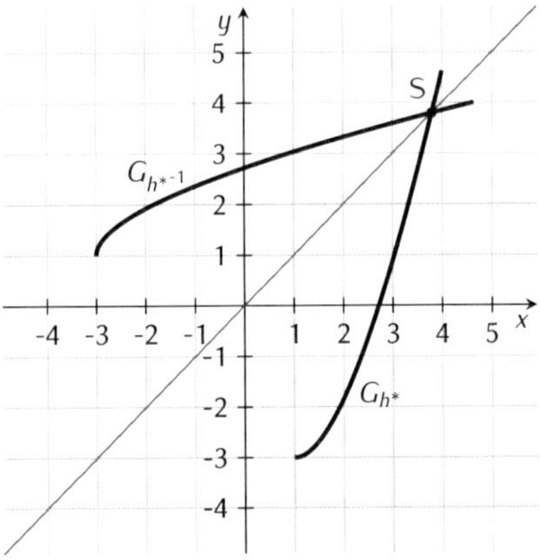

f) ➤ *Schraffur des Flächenstücks, dessen Flächeninhalt A_0 entspricht*

Im nachfolgenden Schaubild ist zusätzlich noch der Flächeninhalt A_0 schraffiert dargestellt.

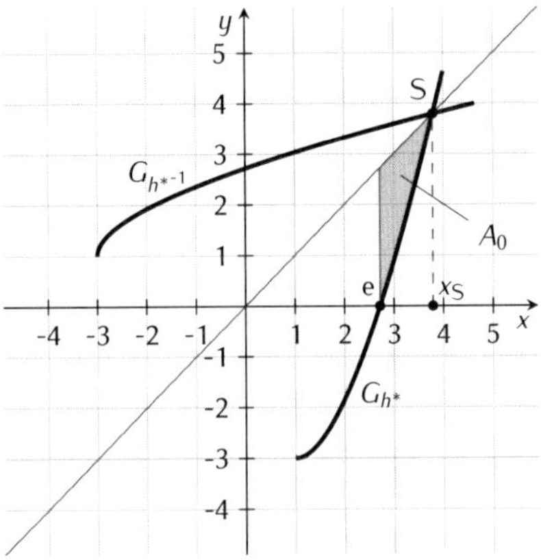

➤ *Schraffur des Flächenstücks, dessen Flächeninhalt A entspricht*

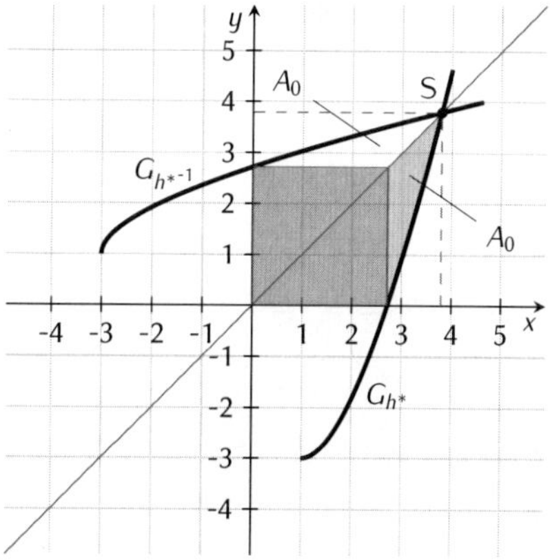

➤ *Bestimmung des Flächeninhalts A in Abhängigkeit von A_0*

Aus der Abbildung kann abgelesen werden, dass sich der Flächeninhalt A wie folgt zusammensetzt:

$$A = \mathrm{e} \cdot \mathrm{e} + 2 \cdot A_0 = \mathrm{e}^2 + 2 \cdot A_0.$$

Lösung zu Aufgabe 2

a) ➤ *Volumen des Wassers nach 5 Stunden*

Aus dem Schaubild kann abgelesen werden, dass das Volumen des Wassers fünf Stunden nach Beobachtungsbeginn ungefähr 480 m^3 groß ist.

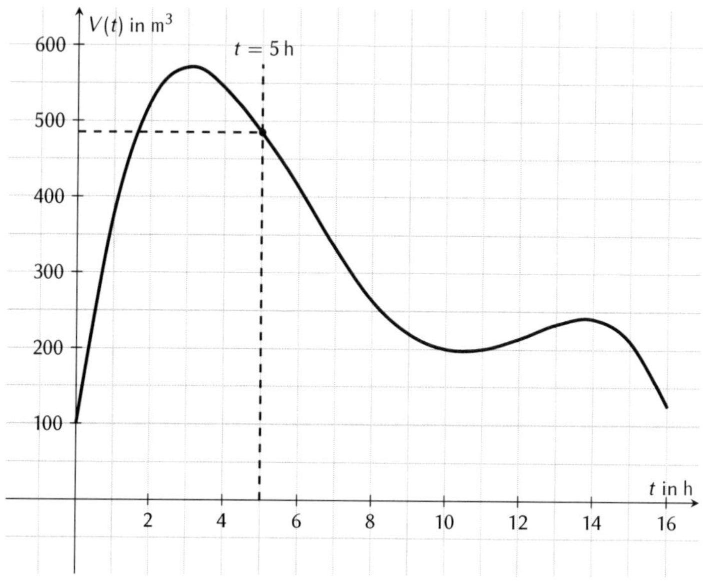

Lösungen

Aufgabenstellung siehe Seite 18

➤ *Zeitraum, in dem das Volumen mindestens* $450\,\text{m}^3$ *beträgt*

Aus dem Schaubild kann abgelesen werden, dass das Volumen des Wassers im Zeitraum zwischen 1,4 und 5,5 Stunden nach Beobachtungsbeginn mindestens $450\,\text{m}^3$ beträgt.

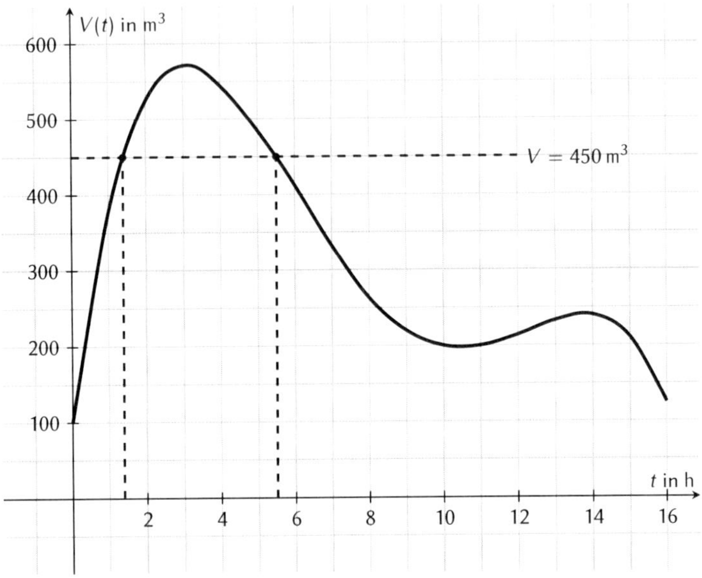

b) Die momentane Änderungsrate des Wasservolumens zwei Stunden nach Beobachtungsbeginn entspricht der Steigung der Tangente an den Graphen von V an der Stelle t=2. Diese wird in das Schaubild eingezeichnet.

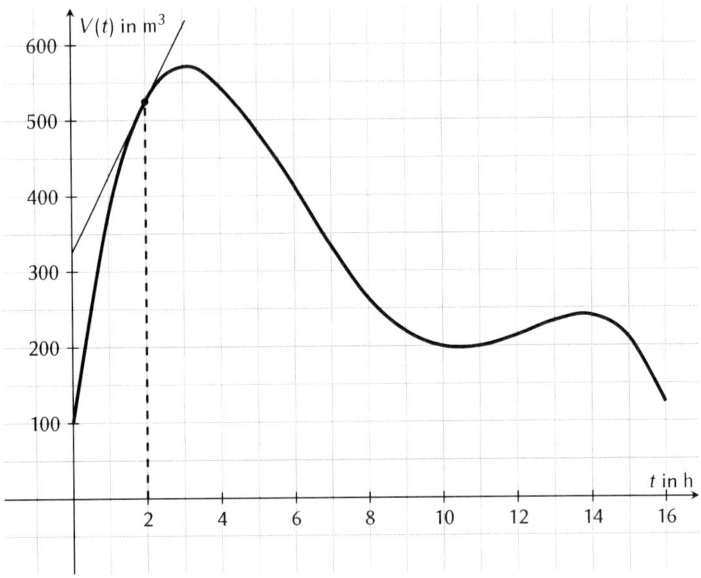

Aus dem Schaubild kann die Steigung der Tangente zum Beiepiel mithilfe eines Steigungsdreiecks abgelesen werden. Die momentane Änderungsrate des Wasservolumens zwei Stunden nach Beobachtungsbeginn ist annähernd $100\,\mathrm{m}^3/\mathrm{h}$.

c) ➤ *Bedeutung der Beziehung* $V(t+6) = V(t) - 350$

Falls für ein $t \in [0;\,10]$ die Beziehung

$$V(t+6) = V(t) - 350$$

gilt, so bedeutet das, dass das Wasservolumen 6 Stunden nach dem Zeitpunkt t gerade $350\,\mathrm{m}^3$ unter dem Volumen zum Zeitpunkt t liegt. Es sind also ab dem Zeitpunkt t genau $350\,\mathrm{m}^3$ Wasser abgeflossen.

➤ *Überprüfung der Aussage für* $t = 5$

Untersucht werden soll also, ob die folgende Beziehung gilt:

$$V(11) = V(5) - 350$$

Aus dem Schaubild kann abgelesen werden:

$$V(11) \approx 200$$
$$V(5) \approx 480.$$

Die Beziehung $V(11) = V(5) - 350$ gilt also nicht.

d) Die Funktion g ist definiert als

$$g(t) = 0{,}4 \cdot (2t^3 - 39t^2 + 180t).$$

➤ *Nullstellen von* g

Es gilt:

$$g(t) = 0{,}4t \cdot (2t^2 - 39t + 180).$$

Die Nullstellen der Funktion g sind damit gegeben durch $t_1 = 0$ und die Lösungen der Gleichung

$$2t^2 - 39t + 180 = 0 \quad\Longleftrightarrow\quad t_{2,3} = \frac{39 \pm \sqrt{39^2 - 4 \cdot 2 \cdot 180}}{2 \cdot 2} = \frac{39 \pm 9}{4}$$

Die Nullstellen von g sind also:

$$t_1 = 0, \quad t_2 = 7{,}5 \quad \text{und} \quad t_3 = 12.$$

Weitere Nullstellen hat die Funktion g nicht. Als ganzrationale Funktion ist g stetig und es gelten:

$$g(1) = 57{,}2$$
$$g(8) = -12{,}8.$$

Damit sind die Funktionswerte von g positiv für $0 < t < 7{,}5$ und negativ für $7{,}5 < t < 12$.

Lösungen

Im folgenden Schaubild ist der Verlauf des Graphen von g skizziert.

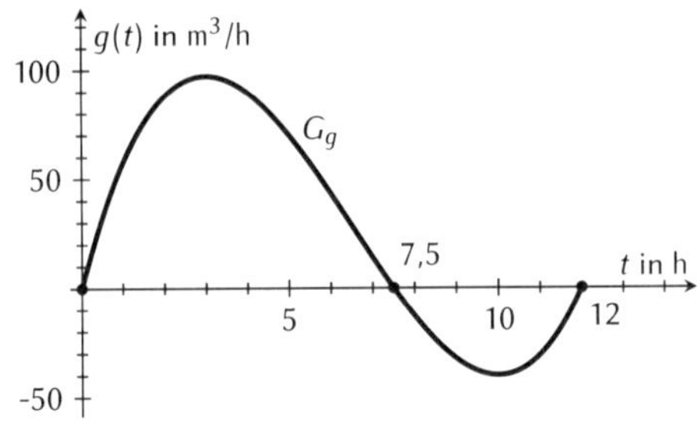

e) Der Parameter t stellt die seit Beobachtungsbeginn vergangene Zeit und $g(t)$ die momentane Änderungsrate des Volumens in m^3/h dar.

➤ *Bedeutung des Wertes von* $\int\limits_a^b g(t)\,dt$

Die Gesamtänderung des Volumens im Zeitraum von a bis b kann bestimmt werden durch die Berechnung des Integrals $\int\limits_a^b g(t)\,dt$. Ein positiver Wert des Integrals bedeutet, dass das Wasservolumen im Becken im Zeitraum von a bis b zugenommen hat. Ein negativer Wert des Integrals besagt, dass das Wasservolumen im Becken im Zeitraum von a bis b abgenommen hat. Wenn das Integral den Wert Null hat, so ist in dem Zeitraum von a bis b dasselbe Wasservolumen abgeflossen wie zugeflossen.

➤ *Volumen im Becken 7,5 Stunden nach Beobachtungsbeginn*

Die Änderung des Wasservolumens im Becken in den ersten 7,5 Stunden nach Beobachtungsbeginn lässt sich beschreiben durch das Integral:

$$\begin{aligned}\int\limits_0^{7,5} g(t)\,dt &= \int\limits_0^{7,5} \left(0{,}4t \cdot (2t^2 - 39t + 180)\right)\,dt \\ &= \int\limits_0^{7,5} \left(0{,}8t^3 - 15{,}6t^2 + 72t\right)\,dt \\ &= \left[0{,}2t^4 - 5{,}2t^3 + 36t^2\right]_0^{7,5} \\ &= 464{,}0625.\end{aligned}$$

In den ersten 7,5 Stunden ändert sich das Wasservolumen im Becken um $464{,}0625\,m^3$. Zu Beginn waren $150\,m^3$ Wasser im Becken, und damit sind 7,5 Stunden nach Beobachtungsbeginn insgesamt $614{,}0625\,m^3$ Wasser im Becken enthalten.

➤ *Begründung, dass dies die maximale Wassermenge ist*

Im vorangegangenen Aufgabenteil wurde gezeigt, dass die Funktionswerte von g für $0 < t < 7{,}5$ positiv und für $7{,}5 < t < 12$ negativ sind.

An der Stelle $t = 7{,}5$ hat die Funktion g also eine Nullstelle mit Vorzeichenwechsel von + nach -. Eine Stammfunktion G von g hat damit an dieser Stelle ein Maximum. Das Volumen $V^*(t)$ des Wassers im Becken zum Zeitpunkt t ist gegeben durch

$$\begin{aligned} V^*(t) &= \int_0^t g(t)\,\mathrm{d}t + 150 \\ &= G(t) - G(0) + 150 \end{aligned}$$

Der Wert $-G(0) + 150$ ist eine Konstante und somit ist das Volumen des Wassers im Becken genau dann am größten, wenn die Funktion G ein Maximum hat.

Das Volumen des Wassers im Becken ist also 7,5 Stunden nach Beobachtungsbeginn am größten.

Lösungen

Lösungen zu Analysis, 2017, Teil B, Aufgabengruppe 2

Lösung zu Aufgabe 1

a) Die Funktion f ist definiert als

$$\begin{aligned} f(x) &= 2e^{-x} \cdot (2e^{-x} - 1) \\ &= 4e^{-2x} - 2e^{-x}. \end{aligned}$$

Für die Ableitung f' gilt nach der Kettenregel:

$$\begin{aligned} f'(x) &= -8e^{-2x} + 2e^{-x} \\ &= 2e^{-x} \cdot (-4e^{-x} + 1) \\ &= 2e^{-x} \cdot (1 - 4e^{-x}). \end{aligned}$$

Dies entspricht genau der Aussage dieses Aufgabenteils.

☞ *Alternative:* Die Funktion f kann mithilfe der Produkt- und der Kettenregel abgeleitet werden:

$$\begin{aligned} f'(x) &= -2e^{-x}(2e^{-x} - 1) + 2e^{-x} \cdot (-2e^{-x}) \\ &= 2e^{-x}(-2e^{-x} + 1 - 2e^{-x})) \\ &= 2e^{-x}(1 - 4e^{-x}) \end{aligned}$$

Dies entspricht genau der Aussage dieses Aufgabenteils.

b) ➤ *Extremstellen*

An Extremstellen des Graphen von f, besitzt dieser eine waagrechte Tangente. Gesucht sind damit die Nullstellen der Ableitung f', also die Lösungen der Gleichung

$$f'(x) = 0 \quad \Longleftrightarrow \quad 2e^{-x} \cdot (1 - 4e^{-x}) = 0.$$

Nach dem Satz vom Nullprodukt ist ein Produkt genau dann Null, wenn einer der Faktoren Null ist. Die Nullstellen sind also gegeben durch die Lösungen von

$$2e^{-x} = 0 \quad \text{oder} \quad 1 - 4e^{-x} = 0.$$

Die Exponentialfunktion hat keine Nullstellen, die Gleichung

$$2e^{-x} = 0$$

hat also keine Lösung. Für die verbleibende Gleichung gilt:

$$\begin{aligned} 1 - 4e^{-x} = 0 \quad &\Longleftrightarrow \quad 1 - 4e^{-x} = 0 \\ &\Longleftrightarrow \quad 1 = 4e^{-x} \\ &\Longleftrightarrow \quad \frac{1}{4} = e^{-x} \\ &\Longleftrightarrow \quad \ln\left(\frac{1}{4}\right) = -x \\ &\Longleftrightarrow \quad -\ln 4 = -x \\ &\Longleftrightarrow \quad \ln 4 = x. \end{aligned}$$

➤ *Art des Extremums*

Nun muss noch die Art des Extremums bestimmt werden. Hierzu wird zunächst die zweite Ableitung f'' von f bestimmt. Es gilt:

$$f''(x) = 16e^{-2x} - 2e^{-x}$$

und damit:

$$f''(\ln 4) = 16e^{-2\ln 4} - 2e^{-\ln 4} = 16 \cdot \frac{1}{16} - 2 \cdot \frac{1}{4} = \frac{1}{2} > 0.$$

Der Graph G_f hat an der Stelle $x = \ln 4$ also einen Tiefpunkt.

☞ *Alternative:* Die Ableitung f' hat an der Stelle $x = \ln 4 \approx 1{,}39$ eine Nullstelle, die auf Vorzeichenwechsel untersucht wird. Es gelten:

$$f'(1) \approx -0{,}35 < 0 \quad \text{und} \quad f'(2) \approx 0{,}12 > 0.$$

Die Funktion f' hat an der Stelle $x = \ln 4$ eine Nullstelle mit Vorzeichenwechsel von - nach + und der Graph von f an dieser Stelle einen Tiefpunkt.

➤ *Koordinaten des Extrempunktes*

Es gilt:

$$\begin{aligned} f(\ln 4) &= 2e^{-\ln 4} \cdot \left(2e^{-\ln 4} - 1\right) \\ &= 2 \cdot \frac{1}{4} \cdot \left(2 \cdot \frac{1}{4} - 1\right) \\ &= -\frac{1}{4} \end{aligned}$$

Der Graph G_f hat den Tiefpunkt $T\left(\ln 4 \middle| -\frac{1}{4}\right)$.

c) ➤ *Begründung, dass F Stammfunktion von f ist*

Die Funktion F ist gegeben durch

$$F(x) = 2e^{-x} - 2e^{-2x}.$$

Falls die Funktion F eine Stammfunktion von f ist, so muss für alle $x \in \mathbb{R}$ die Beziehung $F'(x) = f(x)$ gelten. Daher wird nun die Ableitung F' von F gebildet:

$$\begin{aligned} F'(x) &= -2e^{-x} - 4e^{-2x} \\ &= 2e^{-x} \cdot (-1 + 2e^{-x}) \\ &= 2e^{-x} \cdot (2e^{-x} - 1) \\ &= f(x). \end{aligned}$$

Damit ist die Funktion F eine Stammfunktion von f.

☞ *Alternative:* Der Funktionsterm von f kann in der Form

$$f(x) = 4e^{-2x} - 2e^{-x}$$

geschrieben werden.

Jetzt kann mithilfe von Integrationsregeln eine Stammfunktion F von f gebildet werden. Es gilt für alle $x \in \mathbb{R}$

$$\begin{aligned} F(x) &= \frac{4}{-2} \cdot e^{-2x} - \frac{2}{-1} e^{-x} \\ &= -2 \cdot e^{-2x} + 2e^{-x} \\ &= 2 \cdot e^{-x} - 2e^{-2x} \end{aligned}$$

➤ *Begründung für* $\lim\limits_{x \to +\infty} F(x) = 0$

Es gelten:

$$\lim_{x \to +\infty} e^{-x} = 0 \quad \text{und} \quad \lim_{x \to +\infty} e^{-2x} = 0$$

und folglich mithilfe der Grenzwertsätze

$$\begin{aligned} \lim_{x \to +\infty} F(x) &= \lim_{x \to +\infty} \left(2e^{-x} - 2e^{-2x}\right) \\ &= 2 \cdot \lim_{x \to +\infty} e^{-x} - 2 \cdot \lim_{x \to +\infty} e^{-2x} \\ &= 2 \cdot 0 - 2 \cdot 0 \\ &= 0. \end{aligned}$$

d) ➤ 0,5 *größter Wert der Funktion* F

Aus Abbildung 1 kann abgelesen werden, dass der Graph von f an der Stelle $x = \ln 2$ eine Nullstelle mit Vorzeichenwechsel von + nach - besitzt. Diese Nullstelle ist laut Aufgabenstellung auch die einzige Nullstelle von f.

Der Graph der Stammfunktion F hat damit an der Stelle $x = \ln 2$ einen globalen Hochpunkt, welcher auch dessen einziger Extrempunkt ist. Außerdem verläuft der Graph von F durch den Punkt $H(\ln 2|0{,}5)$. Damit kann die Funktion F keine größeren Werte als 0,5 annehmen.

➤ $x = \ln 4$ *ist Wendestelle des Graphen von* F *ist*

In Aufgabenteil b) wurde gezeigt, dass der Graph von f an der Stelle $x = \ln 4$ einen Tiefpunkt besitzt. Die Funktion F ist eine Stammfunktion von f und damit besitzt der Graph von F an der Stelle $x = \ln 4$ eine Wendestelle.

➤ *Koordinaten des Wendepunktes*

Es gilt:

$$F(\ln 4) = 2e^{-\ln 4} - 2e^{-2 \cdot \ln 4} = 2 \cdot \frac{1}{4} - 2 \cdot \frac{1}{16} = \frac{3}{8}.$$

Die Koordinaten des Wendepunktes lauten also $W\left(\ln 4 \middle| \frac{3}{8}\right)$.

e) Es gilt:

$$F(0) = 2e^{-0} - 2e^{-2 \cdot 0} = 2 - 2 = 0.$$

Der Graph von F verläuft also durch den Ursprung und die Punkte $H(\ln 2|0{,}5)$ und $W(\ln 4|0{,}375)$. Weitere Extrem- oder Wendepunkte besitzt der Graph nicht.

Er verläuft also im Bereich $[-0{,}3; \ln 2]$ monoton steigend und im Bereich $]\ln 2; 3{,}5]$ monoton fallend. In Teilaufgabe c) wurde gezeigt, dass

$$\lim_{x \to +\infty} F(x) = 0$$

gilt. Damit ist die Gerade mit der Gleichung $y = 0$ eine waagrechte Asymptote des Graphen von F.

Damit kann nun der Graph G_F von F in das Schaubild eingezeichnet werden.

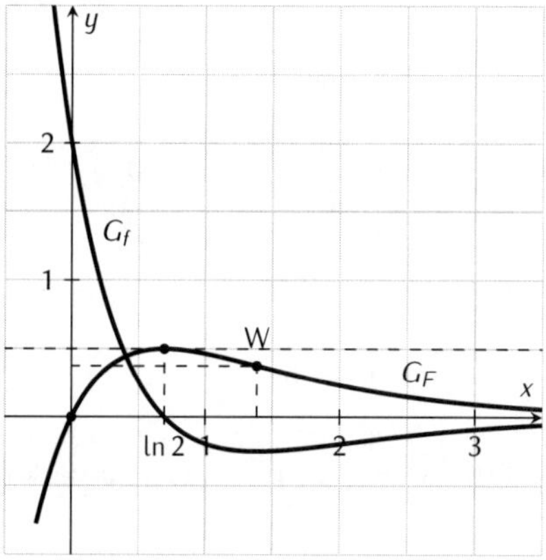

f) ➤ *Flächeninhalt des vom Graphen G_f und den Koordinatenachsen eingeschlossenen Flächenstückes*

Im nachfolgenden Schaubild ist das von den Koordinatenachsen und dem Graphen G_f eingeschlossene Flächenstück grau gefüllt.

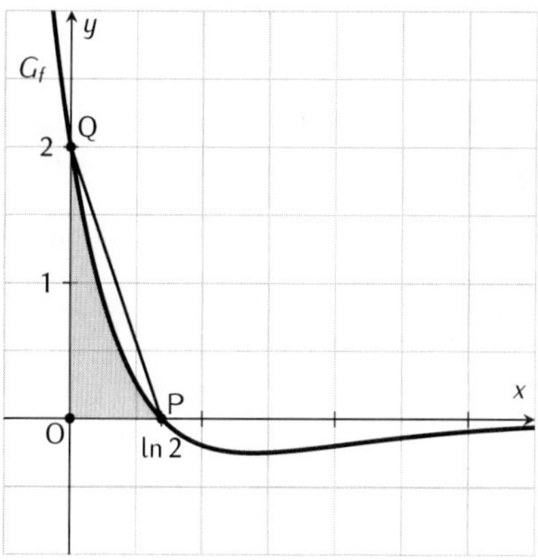

Der Flächeninhalt A des grau gefärbten Flächenstückes ist gegeben durch:

$$A = \int_0^{\ln 2} f(x)\,\mathrm{d}x.$$

Die Funktion F ist eine Stammfunktion von f und somit kann A geschrieben werden als:

$$\begin{aligned} A &= \int_0^{\ln 2} f(x)\,\mathrm{d}x \\ &= F(\ln 2) - F(0) \\ &= 0{,}5 - 0 \\ &= 0{,}5. \end{aligned}$$

Das Flächenstück hat also einen Flächeninhalt von 0,5 FE.

➤ *Flächeninhalt des Dreiecks* OPQ

Gegeben sind die Punkte O(0|0), P(ln 2|0) und Q(0|2). Die Fläche A_Δ des Dreiecks OPQ ist gegeben durch

$$A_\Delta = \frac{1}{2} \cdot 2 \cdot \ln 2 = \ln 2.$$

➤ *Vergleich der Flächeninhalte A und A_Δ*

Nun wird die prozentuale Abweichung des Flächeninhalts A_Δ der Dreiecksfläche vom Flächeninhalt A der Fläche, welche der Graph G_f mit den Koordinatenachsen einschließt, bestimmt:

$$\frac{A_\Delta}{A} = \frac{\ln 2}{0{,}5} \approx 1{,}3856.$$

Der Flächeninhalt A_Δ Dreiecksfläche ist damit ungefähr 38,6 % größer als die der Flächeninhalte A.

g) Die Integralfunktion F_0 ist definiert als

$$F_0(x) = \int_0^x f(t)\,\mathrm{d}t$$

➤ *Begründung für $F_0(x) = F(x)$*

Sowohl die Funktion F als auch die Funktion F_0 sind Stammfunktionen von f. Es gibt also eine Konstante c, sodass gilt

$$F(x) = F_0(x) + c.$$

Außerdem gelten:

$$F(0) = 0$$

$$F_0(0) = \int_0^0 f(t)\,\mathrm{d}t = 0.$$

Also:

$$F(0) = F_0(0) + c \quad \Longleftrightarrow \quad 0 = 0 + c \quad \Longleftrightarrow \quad c = 0.$$

Damit stimmen die Funktionen F und F_0 überein.

☞ *Alternative:* Wegen $F(0) = 0$ gilt mithilfe der Integralformel

$$\begin{aligned} F_0(x)) &= \int_0^x f(t)\,\mathrm{d}t \\ &= [F(t)]_0^x \\ &= F(x) - F(0) \\ &= F(x) \end{aligned}$$

für alle $x \in \mathbb{R}$. Damit stimmen die Funktionen F und F_0 überein.

➤ *Bedeutung des Wertes $F_0(2)$*

Der Wert $F_0(2)$ entspricht dem orientierten Flächeninhalt, welcher der Graph von f im Intervall $[0; 2]$ mit der x-Achse einschließt. Diese Fläche ist im nachfolgenden Schaubild grau gefärbt.

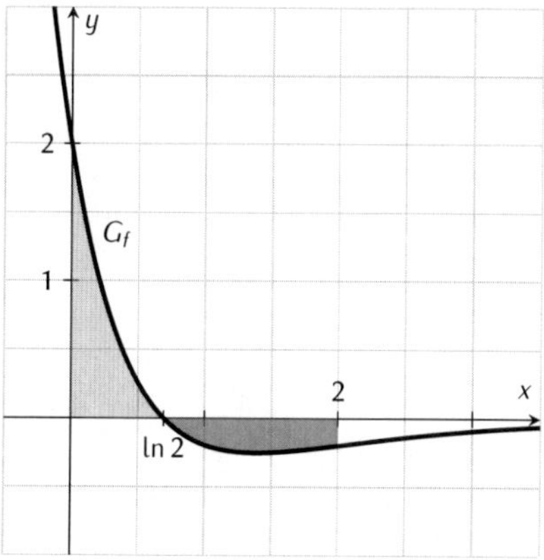

Es gilt laut Aufgabenstellung

$F_0(2) \approx 0{,}234.$

Der Flächeninhalt der heller gefärbten Fläche zwischen dem Graphen G_f und der x-Achse im Intervall $[0; \ln 2]$ ist damit ungefähr 0,234 FE größer als der Flächeninahtl der dunkel gefärbten Fläche zwischen dem Graphen G_f und der x-Achse.

h) Jede Integralfunktion ist nach dem Hauptsatz der Differentialrechnung eine Stammfunktion, aber nicht jede Stammfunktion lässt sich als Integralfunktion

$$\int_a^x f(t)\,\mathrm{d}t$$

darstellen. Da jede Integralfunktion mindestens eine Nullstelle besitzt genügt die Angabe einer in$\mathbb{R}$ definierten Stammfunktion F^* von f, die keine Nullstelle besitzt. Nach Teilaufgabe d) ist der der größte Wert der Stammfunktion F_0 genau 0,5, und $x = 0$ ist die einzige Nullstelle von F_0. Wird nun der Graph von F zum Beispiel um 1 LE in negative y-Richtung, also nach unten, verschoben, so ist der zugehörige Funktionsterm

$F^*(x) = F_0(x) - 1.$

Folglich ist die Funktion F^* mit

$$F^*(x) = F_0(x) - 1 = 2e^{-x} - 2e^{-2x} * 1$$

eine in $\mathbb{R}$ definierte Stammfunktion, die keine Nullstelle besitzt und damit keine Integralfunktion ist.

Lösung zu Aufgabe 2

a) Gesucht sind die Anteile der drei Kernsorten zwölf Minuten nach Beobachtungsbeginn. Die Variable x beschreibt die vergangene Zeit in der Einheit 6 Minuten nach Beobachtungsbeginn. Zwölf Minuten nach Beobachtungsbeginn entspricht damit $x = 2$.

Der Anteil der Bi 211-Kerne zwölf Minuten nach Beobachtungsbeginn ist gegeben durch:

$$B(2) = e^{-2 \cdot 2} \approx 0{,}018.$$

Der Anteil der Tl 207-Kerne zwölf Minuten nach Beobachtungsbeginn ist gegeben durch:

$$F(2) \approx 0{,}234.$$

Damit ist der Anteil der Pb 207-Kerne zwölf Minuten nach Beobachtungsbeginn gegeben durch:

$$P(2) = 1 - B(2) - F(2) \approx 1 - 0{,}018 - 0{,}234 = 0{,}748.$$

Die Anteile der drei Kernsorten zwölf Minuten nach Beobachtungsbeginn sind also:

Bi 211	Tl 207	Pb 207
1,8 %	23,4 %	74,8 %

b) In Aufgabe 1 wurde gezeigt, dass die Funktion F an der Stelle $x = \ln 2$ ein Maximum besitzt. Der Anteil der Tl 207-Kerne ist als zum Zeitpunkt $x = \ln 2$ am größten. Die Variable x bezeichnet die seit Beobachtungsbeginn vergangene Zeit in der Einheit 6 Minuten beziehungsweise 360 Sekunden. Somit ist der Anteil der Tl 207-Kerne nach $\ln 2 \cdot 360 \approx 250$ Sekunden, also 2 Minuten und 10 Sekunden nach Beobachtungsbeginn am größten.

c) Zu zeigen ist, dass die Anteile der drei Kernsorten zu keinem Zeitpunkt gleich groß sind. Dafür wird zunächst derjenige Zeitpunkt bestimmt, an dem die Anteile der beiden Kernsorten Bi 211 und Tl 207 gleich groß sind. Gesucht sind also die Lösungen der Gleichung

$$\begin{aligned} B(x) = F(x) \quad &\Longleftrightarrow \quad e^{-2x} = 2e^{-x} - 2e^{-2x} \\ &\Longleftrightarrow \quad 3e^{-2x} = 2e^{-x} \\ &\Longleftrightarrow \quad \frac{3}{2} = e^{x} \\ &\Longleftrightarrow \quad x = \ln\left(\frac{3}{2}\right) \end{aligned}$$

Nun wird überprüft, wie groß der Anteil dieser beiden Kernsorten zu diesem Zeitpunkt war. Es gilt:

$$B\left(\ln\left(\frac{3}{2}\right)\right) = e^{-2\cdot\ln\left(\frac{3}{2}\right)} = e^{-\ln\left(\frac{9}{4}\right)} = e^{\ln\left(\frac{4}{9}\right)} = \frac{4}{9}.$$

Falls nun zu einem Zeitpunkt alle drei Kernsorten zu gleichen Anteilen in dem Gefäß enthalten sind, so müssen die Anteile für jede Sorte bei $\frac{1}{3}$ liegen. Die Anteile der Bi 211 und Tl 207 sind zum Zeitpunkt $x = \ln\left(\frac{3}{2}\right)$ gleich groß und zwar jeweils

$$\frac{4}{9}.$$

Der Anteil der Pb 207-Kerne ist dann:

$$1 - \frac{4}{9} - \frac{4}{9} = \frac{1}{9}.$$

Somit können in dem Gefäß zu keinem Zeitpunkt die Anteile der drei Kernsorten gleich groß sein.

d) Für die Funktion P gilt:

$$P(x) = 1 - B(x) - F(x) = 1 - e^{-2x} - \left(2e^{-x} - 2e^{-2x}\right) = 1 - e^{-2x} - 2e^{-x} + 2e^{-2x}$$

Es gelten:

$$\lim_{x\to+\infty} e^{-2x} = 0 \quad \text{und} \quad \lim_{x\to+\infty} e^{-x} = 0$$

und damit

$$\lim_{x\to+\infty} P(x) = \lim_{x\to+\infty}\left(1 - e^{-2x} - 2e^{-x} + 2e^{-2x}\right) = 1 - \lim_{x\to+\infty} e^{-2x} - 2\cdot\lim_{x\to+\infty} e^{-x} + 2\cdot\lim_{x\to+\infty} e^{-2x} = 1 - 0 - 2\cdot 0 + 2\cdot 0 = 1.$$

Es gilt also:

$$\lim_{x\to+\infty} P(x) = 1.$$

Dies bedeutet, dass langfristig im Gefäß nur noch Pb 207-Kerne sein werden. Damit ist das stabile Ende des radioaktiven Prozesses erreicht.

Lösungen

Aufgabenstellung siehe Seite 24

Lösungen zu Analysis, 2016, Teil A, Aufgabengruppe 1

Lösung zu Aufgabe 1

a) Zunächst darf der Term unter der Wurzel, der Radikand, nicht negativ sein. Es muss also gelten:

$$1 - \ln x \geq 0 \iff 1 \geq \ln x \iff x \leq \mathrm{e}.$$

Zudem dürfen im Argument der Logarithmusfunktion nur positive Werte stehen, also muss gelten $x > 0$.

Damit folgt für den Definitionsbereich $\mathcal{D} = (0,\mathrm{e}]$.

b) Gesucht ist der Wert $x \in \mathcal{D}$, sodass $f(x) = 2$ gilt:

$$\sqrt{1 - \ln(x)} = 2.$$

Quadrieren dieser Gleichung liefert:

$$\begin{aligned} & 1 - \ln(x) = 4 \\ \iff \quad & -3 = \ln(x) \\ \iff \quad & x = \mathrm{e}^{-3}. \end{aligned}$$

Weil die Gleichung quadriert wurde, muss nun noch überprüft werden, ob $x = \mathrm{e}^{-3}$ tatsächlich eine Lösung der Gleichung ist. Es gilt:

$$f\left(\mathrm{e}^{-3}\right) = \sqrt{1 - \ln\left(\mathrm{e}^{-3}\right)} = \sqrt{1+3} = 2.$$

An der Stelle $x = \mathrm{e}^{-3}$ gilt $f(x) = 2$.

Lösung zu Aufgabe 2

➤ *Nachweis der Symmetrie*

Der Graph von g ist symmetrisch zum Ursprung des Koordinatensystems, falls gilt:

$$g(-x) = -g(x).$$

Diese Eigenschaft wird nun überprüft, indem $-x$ als Argument in den Funktionsterm eingesetzt wird:

$$g(-x) = (-x)^2 \cdot \sin(-x) = x^2 \cdot (-\sin x) = -g(x).$$

Die Aussage ist wahr, denn der Graph der Funktion h mit $h(x) = \sin x$ ist symmetrisch bezüglich des Koordinatenursprungs.

➤ *Wert des Integrals*

Da die Funktion symmetrisch bezüglich des Koordinatenursprungs ist und die Integrationsgrenzen symmetrisch um den Nullpunkt liegen, ist der Wert des Integrals Null, also:

$$\int_{-\pi}^{\pi} x^2 \cdot \sin x \, \mathrm{d}x = 0.$$

Lösung zu Aufgabe 3

Folgende Bedingungen sind in der Aufgabenstellung gegeben:

- An der Stelle $x = 3$ ist die Funktion nicht differenzierbar. Der Graph von f hat an dieser Stelle also einen „Knick".
- Der Graph der Funktion f muss durch den Punkt $(0|2)$ verlaufen und die Steigung der Tangente an den Graphen in diesem Punkt ist gegeben durch $m = f'(0) = -1$.
- Der Graph von f ist im Bereich $-1 < x < 3$ linksgekrümmt.

Es gibt beliebig viele Beispiele, wie der Graph von f aussehen könnte. Nachfolgend ist der Graph einer Funktion mit den geforderten Eigenschaften skizziert.

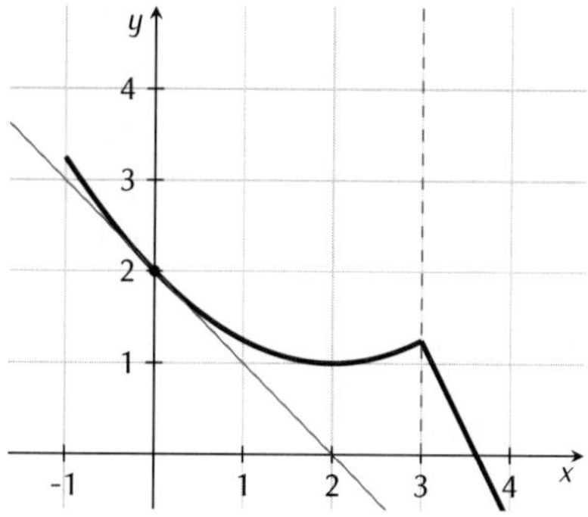

Lösung zu Aufgabe 4

a) Der Graph einer ganzrationalen Funktion f dritten Grades hat an der Stelle $x = 1$ einen Hochpunkt und an der Stelle $x = 4$ einen Tiefpunkt. Die Ableitungsfunktion f' ist also eine auf $\mathbb{R}$ definierte ganzrationale Funktion zweiten Grades. Der Graph von f' ist damit eine Parabel.

An der Stelle $x_1 = 1$ hat der Graph G_f einen Hochpunkt, also hat die Ableitungsfunktion f' hier eine Nullstelle und wechselt das Vorzeichen von + nach -.

An der Stelle $x_2 = 4$ hat der Graph G_f einen Tiefpunkt, also hat f' dort eine Nullstelle und wechselt das Vorzeichen von - nach +.

Der Verlauf des Graphen $G_{f'}$ ist in der folgenden Skizze abgebildet.

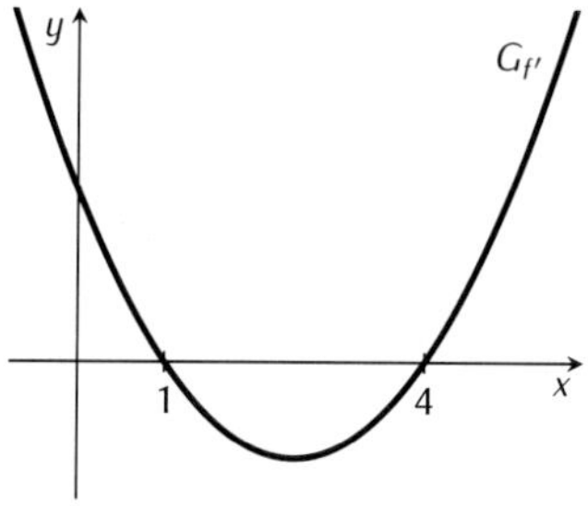

Die Parabel ist folglich nach oben geöffnet.

b) Sind die Nullstellen der quadratischen Funktion bekannt, so lässt sich die x-Koordinate des Scheitelpunktes wie folgt berechnen

$$x_s = \frac{x_1 + x_2}{2} = \frac{1+4}{2} = \frac{5}{2} = 2{,}5.$$

Also hat der Graph $G_{f'}$ an der Stelle $x_s = 2{,}5$ einen Tiefpunkt. Daraus folgt, dass der Graph G_f an dieser Stelle einen Wendepunkt hat.

Lösung zu Aufgabe 5

a) Der Wert des Integrals wird näherungsweise bestimmt, indem man die Kästchen der Fläche, die der Graph mit der x-Achse zwischen 3 und 5 einschließt, abzählt. Vier Kästchen entsprechen einer Flächeneinheit (FE). Also folgt für das Integral

$$\int_3^5 f(x)\,\mathrm{d}x \approx 10 \text{ Kästchen} = 2{,}5\,\text{FE}.$$

b) Die Ableitung der Funktion F ist die Funktion f, also wird der Wert an der Stelle $x = 2$ in der Abbildung abgelesen und beträgt näherungsweise $f(2) \approx 0{,}5$.

c) Für das Integral gilt:

$$\int_3^b f(x)\,\mathrm{d}x = F(b) - F(3) = F(b) - 0 = F(b).$$

Damit ist die Gleichung bewiesen.

Lösungen zu Analysis, 2016, Teil A, Aufgabengruppe 2

Lösung zu Aufgabe 1

a) ➤ *Definitionsbereich*

Es muss $x \neq 0$ gelten, da $x = 0$ eine Nullstelle des Nenners ist. Zudem dürfen im Argument der Logarithmusfunktion nur positive Werte stehen, also $x > 0$. Damit ist $\mathcal{D} = \mathbb{R}^+$.

➤ *Nullstelle*

Ein Bruch ist Null, wenn sein Zähler Null ist. Somit sind die Nullstellen des Zählers die, im Definitionsbereich von f liegenden, Nullstellen der Funktion:

$$\ln x = 0 \quad \Longleftrightarrow \quad x = \mathrm{e}^0 \quad \Longleftrightarrow \quad x = 1.$$

Die Funktion f hat also die Nullstelle $x = 1$.

➤ *Grenzwert*

Für den Grenzwert gilt:

$$\lim_{x\to 0} f(x) = \lim_{x\to 0} \frac{\ln x}{x^2}.$$

Es gelten wegen $x > 0$:

$$\lim_{x\to 0} \ln x = -\infty \quad \text{und} \quad \lim_{x\to 0} \frac{1}{x^2} + \infty$$

und damit:

$$\lim_{x\to 0} \frac{\ln x}{x^2} = -\infty.$$

b) Hierfür muss die Ableitung f' der Funktion f an dieser Stelle Null sein. Zunächst wird mittels der Quotientenregel die Ableitung f' bestimmt und anschließend die Nullstelle von f' berechnet:

$$f'(x) = \frac{\frac{1}{x} \cdot x^2 - \ln x \cdot 2x}{(x^2)^2} = \frac{x - 2x \cdot \ln x}{x^4} = \frac{x \cdot (1 - 2\ln x)}{x^4} = \frac{1 - 2\ln x}{x^3}.$$

Die Nullstelle von f' lässt sich berechnen, indem die Nullstelle des Zählers berechnet wird:

$$1 - 2\ln x = 0 \quad \Longleftrightarrow \quad \ln x = \frac{1}{2} \quad \Longleftrightarrow \quad x = \mathrm{e}^{\frac{1}{2}}.$$

Die x-Koordinate des Punktes, an dem der Graph von f eine waagrechte Tangente hat, ist $x = \mathrm{e}^{\frac{1}{2}}$.

Lösung zu Aufgabe 2

a) Die gesuchte Funktion muss an der Stelle $x = 2$ sowohl eine Nullstelle als auch eine Wendestelle haben. Falls die Funktion g ganzrational ist, muss die Funktion mindestens vom Grad 3 sein. Eine einfache ganzrationale Funktion dritten Grades ist die Potenzfunktion

$$g(x) = x^3.$$

Der Graph von g besitzt in $x = 0$ einen Sattelpunkt und somit einen Wendepunkt.

Um die Nullstelle $x = 2$ zu berücksichtigen, wird der Graph von g um zwei Einheiten in positive x-Richtung verschoben. Der zugehörige Term der Funktion des verschobenen Graphens ist

$$g(x) = (x - 2)^3.$$

Wenn eine ganzrationale Funktion dritten Grades drei verschiedene Nullstellen besitzt, eine davon $x = 2$, müssen die beiden anderen Nullstellen symmetrisch zu $x = 2$ liegen, um die Wendestelle zu gewährleisten. Also hat g beispielsweise folgende Gestalt:

$$g(x) = (x + 1)(x - 2)(x - 5), \quad \mathcal{D} = \mathbb{R}.$$

☞ *Alternative:* Eine weitere Darstellung von g lautet:

$$g(x) = c \cdot (x - 2 + a)(x - 2)(x - 2 - a), \quad \mathcal{D} = \mathbb{R}, \quad a,c \in \mathbb{R}.$$

Das erste Beispiel

$$g(x) = (x - 2)^3.$$

ist der Spezialfall für $c = 1$ und $a = 0$.

☞ *Alternative:* Es ist auch möglich, eine periodische Funktion g zu wählen. Weitere mögliche Wahlen sind also zum Beispiel:

$$g(x) = a \cdot \sin\left(\frac{\pi}{2} \cdot x\right), \quad a \in \mathbb{R}, \quad \mathcal{D} = \mathbb{R}$$

$$g(x) = a \cdot \cos\left(\frac{\pi}{2} \cdot x\right), \quad a \in \mathbb{R}, \quad \mathcal{D} = \mathbb{R}.$$

b) Sowohl die erste als auch die zweite Ableitung der gesuchten Funktion h muss auf dem ganzen Definitionsbereich negativ sein. Ein möglicher Funktionsterm für die Funktion h ist also gegeben durch:

$$h(x) = -e^x, \quad \mathcal{D} = \mathbb{R}.$$

☞ *Alternative:* Es gibt noch viele weitere Funktionen, welche die Bedingungen erfüllen, zum Beispiel:

$$h(x) = -x^2, \quad \mathcal{D} =]0; +\infty[\quad \text{oder}$$

$$h(x) = -x^3, \quad \mathcal{D} =]-\infty; 0[$$

Lösung zu Aufgabe 3

Diese Aufgabe entspricht Aufgabe 5 aus Aufgabengruppe 1, daher werden hier nur die Ergebnisse angegeben. Die ausführlichen Lösungen sind auf Seite 148 zu finden.

a) Der Wert des Integrals beträgt ungefähr 2,5 FE.

b) Der Wert der Ableitung von F an der Stelle $x = 2$ ist näherungsweise $f(2) \approx 0{,}5$.

c) Für das Integral gilt:

$$\int_3^b f(x)\,dx = F(b) - F(3) = F(b) - 0 = F(b).$$

Damit ist die Gleichung bewiesen.

Lösung zu Aufgabe 4

➤ *Verhalten für $x < 1$*

Der Graph von k ist monoton fallend. Somit liegt der Graph von k' in diesem Bereich unterhalb der x-Achse. Der Graph von k nähert sich für $x \to -6$ der Asymptote mit der Gleichung $y = 1$. Somit nähert sich der Graph von k' für $x \to -6$ der Asymptote mit der Gleichung $y = 0$.

➤ *Steigung des Graphen am Wendepunkt*

Der Wert der Steigung an der Stelle $x = 0$ lässt sich in der Abbildung näherungsweise bestimmen und beträgt -2. Somit ist $k'(0) = -2$.

➤ *Krümmungsverhalten am Wendepunkt*

An der Wendestelle $x = 0$ wechselt der Graph von k von einer Rechtskrümmung in eine Linkskrümmung. Dies entspricht einem Tiefpunkt des Graphen von k'.

➤ *Tiefpunkt*

Die Minimumstelle $x = 1$ der Funktion k entspricht einer Nullstelle von k'.

➤ *Verhalten für $x > 1$*

Der Graph von k ist monoton steigend. Somit liegt der Graph von k' in diesem Bereich oberhalb der x-Achse. Nun können diese Erkenntnisse dazu verwendet werden, den Graphen zu skizzieren.

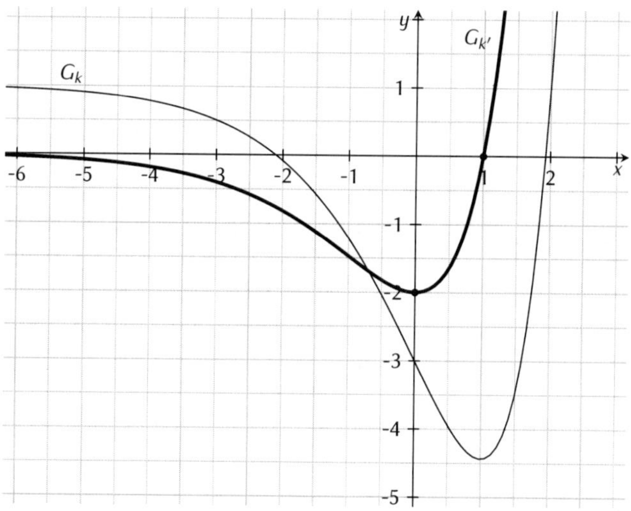

Lösungen zu Analysis, 2016, Teil B, Aufgabengruppe 1

Lösung zu Aufgabe 1

a) ➤ *Schnittpunkt mit der y-Achse*

Der Schnittpunkt mit der y-Achse wird bestimmt, indem man $f(0)$ berechnet:

$$f(0) = e^{\frac{1}{2}\cdot 0} + e^{-\frac{1}{2}\cdot 0} = e^0 + e^0 = 1 + 1 = 2.$$

Der Schnittpunkt mit der y-Achse ist $S_y(0|2)$.

➤ *Verlauf des Graphen*

Für alle $x \in \mathbb{R}$ gilt $e^x > 0$ und $e^{-x} > 0$. Damit gilt für alle $x \in \mathbb{R}$:

$$f(x) = e^{\frac{1}{2}x} + e^{-\frac{1}{2}x} > 0.$$

Der Graph G_f verläuft also oberhalb der x-Achse.

b) ➤ *Symmetrieverhalten*

Zur Untersuchung des Symmetrieverhaltens von G_f wird zunächst $f(-x)$ bestimmt und anschließend überprüft, ob $f(-x) = f(x)$ oder $f(-x) = -f(x)$ gilt:

$$f(-x) = e^{\frac{1}{2}\cdot(-x)} + e^{-\frac{1}{2}\cdot(-x)} = e^{-\frac{1}{2}x} + e^{\frac{1}{2}x} = e^{\frac{1}{2}x} + e^{-\frac{1}{2}x} = f(x).$$

Für alle $x \in \mathbb{R}$ gilt also $f(-x) = f(x)$. Damit ist G_f symmetrisch zur y-Achse.

➤ *Verhalten für $x \to \pm\infty$*

Es gelten:

$$\lim_{x\to-\infty} e^{\frac{1}{2}x} = 0 \quad \text{und} \quad \lim_{x\to-\infty} e^{-\frac{1}{2}x} = +\infty.$$

$$\Longrightarrow \quad \lim_{x\to-\infty} f(x) = \lim_{x\to-\infty} \left(e^{\frac{1}{2}x} + e^{-\frac{1}{2}x}\right) = +\infty$$

Analog gelten:

$$\lim_{x\to+\infty} e^{\frac{1}{2}x} = +\infty \quad \text{und} \quad \lim_{x\to+\infty} e^{-\frac{1}{2}x} = 0.$$

$$\Longrightarrow \quad \lim_{x\to+\infty} f(x) = \lim_{x\to+\infty} \left(e^{\frac{1}{2}x} + e^{-\frac{1}{2}x}\right) = +\infty$$

☞ *Alternative:* Aufgrund der Achsensymmetrie von G_f gilt:

$$\lim_{x\to-\infty} f(x) = +\infty \quad \Longrightarrow \quad \lim_{x\to+\infty} f(x) = +\infty.$$

c) ➤ *Nachweis von* $f''(x) = \frac{1}{4} \cdot f(x)$

Zunächst wird die erste Ableitung der Funktion f unter Anwendung der Kettenregel bestimmt:

$$\begin{aligned} f'(x) &= \frac{1}{2} \cdot e^{\frac{1}{2}x} + \left(-\frac{1}{2}\right) \cdot e^{-\frac{1}{2}x} \\ &= \frac{1}{2} \cdot e^{\frac{1}{2}x} - \frac{1}{2} \cdot e^{-\frac{1}{2}x} \\ &= \frac{1}{2} \cdot \left(e^{\frac{1}{2}x} - e^{-\frac{1}{2}x}\right). \end{aligned}$$

Ebenso wird die zweite Ableitung der Funktion f bestimmt:

$$\begin{aligned} f''(x) &= \frac{1}{2} \cdot \left(\frac{1}{2} \cdot e^{\frac{1}{2}x} - \left(-\frac{1}{2}\right) \cdot e^{-\frac{1}{2}x}\right) \\ &= \frac{1}{4} \cdot e^{\frac{1}{2}x} + \frac{1}{4} \cdot e^{-\frac{1}{2}x} \\ &= \frac{1}{4} \cdot \left(e^{\frac{1}{2}x} + e^{-\frac{1}{2}x}\right). \end{aligned}$$

Es gilt also für alle $x \in \mathbb{R}$:

$$f''(x) = \frac{1}{4} \cdot f(x).$$

➤ *Linkskrümmung des Graphen* G_f

In Aufgabenteil a) wurde gezeigt, dass folgende Aussage für alle $x \in \mathbb{R}$ gilt:

$$f(x) > 0.$$

Wegen

$$f''(x) = \frac{1}{4} \cdot f(x)$$

gilt auch $f''(x) > 0$ für alle $x \in \mathbb{R}$ und der Graph G_f ist linksgekrümmt.

d) Zunächst werden die Nullstellen der ersten Ableitung von f bestimmt. Es gilt:

$$f'(x) = \frac{1}{2} \cdot \left(e^{\frac{1}{2}x} - e^{-\frac{1}{2}x}\right).$$

Gesucht sind also die Lösungen der Gleichung

$$\frac{1}{2} \cdot \left(e^{\frac{1}{2}x} - e^{-\frac{1}{2}x}\right) = 0 \iff e^{\frac{1}{2}x} = e^{-\frac{1}{2}x} \iff \frac{1}{2}x = -\frac{1}{2}x \iff x = 0.$$

Für die Bestimmung der Art des Extremums wird nun der Wert der zweiten Ableitung an der Stelle $x = 0$ bestimmt.

$$f''(0) = \frac{1}{4} \cdot \left(e^{\frac{1}{2} \cdot 0} + e^{-\frac{1}{2} \cdot 0}\right) = \frac{1}{2} > 0.$$

Der Graph G_f besitzt also an der Stelle $x = 0$ einen Tiefpunkt. Der Tiefpunkt entspricht dem Schnittpunkt des Graphen mit der y-Achse. Dieser wurde bereits in Aufgabenteil a) bestimmt und es gilt $T(0|2)$.

Lösungen

e) ➤ *Gleichung der Tangente*

Es gilt:

$$f(2) = e^{\frac{1}{2}\cdot 2} + e^{-\frac{1}{2}\cdot 2} = e + e^{-1}.$$

Die Steigung m der Tangente im Punkt $P\left(2\middle|e + e^{-1}\right)$ ist gegeben durch den Wert der ersten Ableitung an dieser Stelle:

$$m = f'(2) = = \frac{1}{2} \cdot \left(e^{\frac{1}{2}\cdot 2} - e^{-\frac{1}{2}\cdot 2}\right) = \frac{1}{2}\left(e - e^{-1}\right) \approx 1{,}2.$$

Die Gerade g hat also die Gleichung $g(x) = \frac{1}{2}\left(e - e^{-1}\right)x + c$. Der y-Achsenabschnitt c der Geraden g wird mittels einer Punktprobe mit P bestimmt:

$$e + e^{-1} = \frac{1}{2}\left(e - e^{-1}\right) \cdot 2 + c \quad\Longleftrightarrow\quad e + e^{-1} = e - e^{-1} + c \quad\Longleftrightarrow\quad c = 2e^{-1} = \frac{2}{e}.$$

Die Tangente g an G_f im Punkt P hat also die Gleichung

$$g(x) = \frac{1}{2}\left(e - e^{-1}\right)x + \frac{2}{e}.$$

Auf eine Dezimale genau gerundet, gelten dann

$$g(x) = 1{,}2x + 0{,}7 \quad \text{und} \quad P(2|3{,}1).$$

➤ *Zeichnung*

Die Gerade g und der Punkt P werden in der folgenden Abbildung dargestellt.

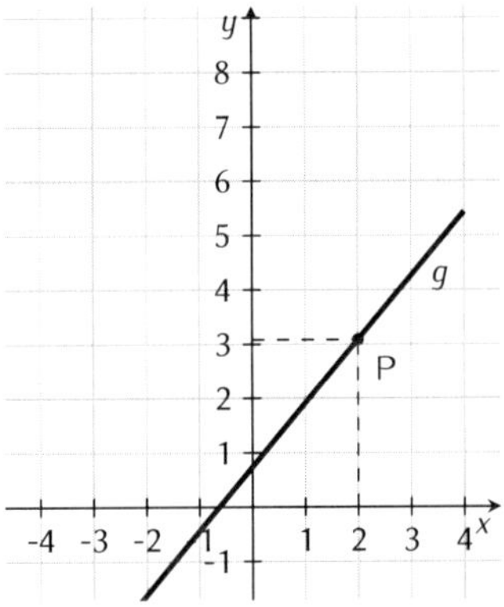

f) Es gilt:

$$f(4) = e^{\frac{1}{2}\cdot 4} + e^{-\frac{1}{2}\cdot 4} = e^2 + e^{-2} \approx 7{,}52.$$

Der Graph der Funktion f ist symmetrisch zur y-Achse, hat einen Tiefpunkt bei $T(0|2)$, ist linksgekrümmt auf ganz $\mathbb{R}$ und verläuft näherungsweise durch den Punkt $A(4|7{,}52)$. Die Tangente an G_f im Punkt P wurde bereits in das Schaubild eingezeichnet.

Mithilfe dieser Informationen kann nun G_f gezeichnet werden.

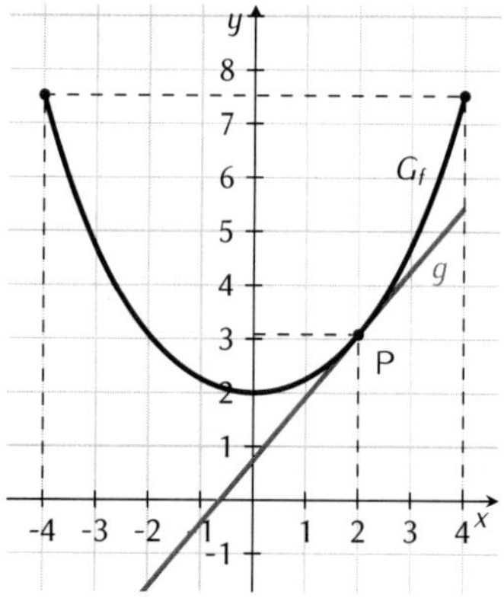

g) Es gilt für alle $x \in \mathbb{R}$:

$$\begin{aligned}\frac{1}{4}\cdot[f(x)]^2-[f'(x)]^2 &= \frac{1}{4}\cdot\left[e^{\frac{1}{2}x}+e^{-\frac{1}{2}x}\right]^2-\left[\frac{1}{2}\cdot\left(e^{\frac{1}{2}x}-e^{-\frac{1}{2}x}\right)\right]^2\\ &= \frac{1}{4}\cdot\left[e^x+2+e^{-x}\right]-\frac{1}{4}\cdot\left[e^x-2+e^{-x}\right]\\ &= \frac{1}{4}\cdot\left[e^x+2+e^{-x}-(e^x-2+e^{-x})\right]\\ &= \frac{1}{4}\cdot[4]\\ &= 1.\end{aligned}$$

Dies ist genau die Aussage, die gezeigt werden sollte.

h) In Teilaufgabe g) wurde gezeigt, dass folgende Beziehung gilt:

$$\frac{1}{4}\cdot[f(x)]^2-[f'(x)]^2=1 \quad\Longleftrightarrow\quad \frac{1}{4}\cdot[f(x)]^2=1+[f'(x)]^2.$$

In Teilaufgabe a) wurde gezeigt, dass $f(x) > 0$ für alle $x \in \mathbb{R}$ gilt. Damit kann auf beiden Seite die Wurzel gezogen werden:

$$\frac{1}{2}\cdot[f(x)]=\sqrt{1+[f'(x)]^2}.$$

Für die Kurvenlänge bedeutet dies:

$$L_{a;b}=\int_a^b\sqrt{1+[f'(x)]^2}\,dx=\int_a^b\frac{1}{2}\cdot[f(x)]\,dx=\int_a^b\frac{1}{2}f(x)\,dx.$$

Lösungen

Für die gesuchte Kurvenlänge $L_{0;b}$ gilt dann:

$$\begin{aligned} L_{0;b} &= \int_0^b \frac{1}{2} f(x)\,\mathrm{d}x \\ &= \int_0^b \left(\frac{1}{2} \mathrm{e}^{\frac{1}{2}x} + \frac{1}{2} \mathrm{e}^{-\frac{1}{2}x} \right) \mathrm{d}x \\ &= \left[\mathrm{e}^{\frac{1}{2}x} - \mathrm{e}^{-\frac{1}{2}x} \right]_0^b \\ &= \mathrm{e}^{\frac{1}{2}b} - \mathrm{e}^{-\frac{1}{2}b}. \end{aligned}$$

Lösung zu Aufgabe 2

a) Der Aufhängepunkt des Seils bei Mast 2 wird im Folgenden mit A bezeichnet. Der Durchhang des Seils entspricht der Differenz der y-Werte der beiden Punkte A und des Tiefpunktes T. Eine Längeneinheit entspricht einem Meter. Der Durchhang des Seils ist auf Zentimeter genau zu bestimmen. Es genügt also eine Genauigkeit von zwei Dezimalen bei der Bestimmung der y-Werte.

Die Koordinaten des Punktes T wurden bereits in Aufgabe 1 d) und die Koordinaten des Punktes A bereits in Aufgabe 1 f) auf zwei Dezimalen genau bestimmt:

$$\mathrm{T}(0|2) \quad \text{und} \quad \mathrm{A}(4|7{,}52).$$

Der Durchhang d des Seils ist also gegeben durch:

$$d = 7{,}52 - 2 = 5{,}52.$$

Der Durchhang des Seils beträgt in etwa 5,52 m.

b) ➤ *Größe des Winkels*

Hierzu wird zunächst der Winkel α zwischen dem Graphen G_f und der Horizontalen bestimmt:

$$\alpha = \tan^{-1}\left(f'(4)\right).$$

Mit

$$f'(4) = \frac{1}{2} \cdot \left(\mathrm{e}^{\frac{1}{2}\cdot 4} - \mathrm{e}^{-\frac{1}{2}\cdot 4} \right) = \frac{1}{2}\left(\mathrm{e}^2 - \mathrm{e}^{-2}\right)$$

gilt also:

$$\alpha = \tan^{-1}\left(\frac{1}{2}\left(\mathrm{e}^2 - \mathrm{e}^{-2}\right) \right) \approx 74{,}59°.$$

Der Winkel β, den das Seil mit dem Masten im Punkt A einschließt, ist der Komplementärwinkel des soeben berechneten Winkels α.

Im folgenden Schaubild sind der Graph G_f der Funktion f, die Tangente an G_f im Punkt $(4|f(4))$ und die Winkel α und β dargestellt.

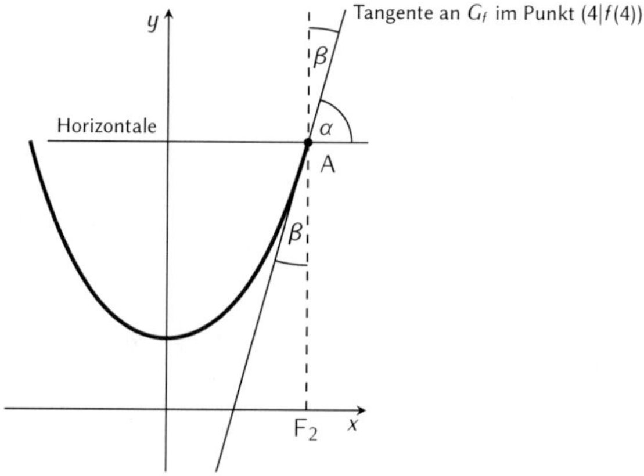

Damit ergibt sich für den gesuchten Winkel β:

$$\beta = 90° - \alpha \approx 15{,}41°$$

Der zwischen Seil und Mast 2 eingeschlossene Winkel beträgt in etwa 15,41°.

➤ *Länge des Seils*

Die Gesamtlänge L des Seils entspricht aufgrund der Symmetrie der doppelten Länge l des Seils zwischen dem tiefsten Punkt T und dem Aufhängepunkt A des Seils an Mast 2. Mithilfe der in Aufgabe 1 h) berechneten Formel gilt dann:

$$l = L_{0;4} = e^{\frac{1}{2}\cdot 4} - e^{-\frac{1}{2}\cdot 4} = e^2 - e^{-2}.$$

Die Gesamtlänge des Seils ist dann gegeben durch:

$$L = 2 \cdot l = 2e^2 - 2e^{-2} \approx 14{,}51.$$

Das Seil ist also ungefähr 14,51 m lang.

c) Eine allgemeine Funktionsgleichung einer quadratischen Funktion q ist gegeben durch:

$$q(x) = ax^2 + bx + c.$$

Dann gilt:

$$q'(x) = 2ax + b.$$

Der Graph der Funktion q hat den Scheitelpunkt $(0|2)$ und verläuft durch den Punkt $(4|f(4))$. Im Scheitelpunkt hat der Graph eine waagrechte Tangente. Die Funktionsgleichung der Funktion q muss also folgende Bedingungen erfüllen:

(I) $2 = q(0) = a \cdot 0^2 + b \cdot 0 + c = c$

(II) $0 = q'(0) = 2a \cdot 0 + b$

(III) $e^2 + e^{-2} = f(4) = q(4) = a \cdot 4^2 + b \cdot 4 + c$

Aufgabenstellung siehe Seite 28

Gleichung (I) liefert $c = 2$ und aus Gleichung (II) folgt $b = 0$. Diese beiden Parameter werden nun in Gleichung (III) eingesetzt, um a zu bestimmen:

$$e^2 + e^{-2} = a \cdot 4^2 + 2 \quad \Longleftrightarrow \quad a = \frac{e^2 + e^{-2} - 2}{16}.$$

Die gesuchte Funktion q hat die Funktionsgleichung:

$$q(x) = \frac{e^2 + e^{-2} - 2}{16} x^2 + 2.$$

☞ *Alternative:* Die Funktionsgleichung einer quadratischen Funktion p, deren Graph den Scheitelpunkt $S(x_S|y_S)$ besitzt, ist gegeben durch:

$$p(x) = a \cdot (x - x_S)^2 + y_S.$$

Der Wert des Parameters a wird mithilfe einer Punktprobe mit dem Punkt $(4|f(4))$ bestimmt. Es gelten:

$$f(4) = e^2 + e^{-2} \quad \text{und}$$

$$q(4) = a \cdot 4^2 + 2 = 16a + 2.$$

Es muss also gelten:

$$\begin{aligned} & & f(4) &= q(4) \\ &\Longleftrightarrow & 16a + 2 &= e^2 + e^{-2} \\ &\Longleftrightarrow & 16a &= e^2 + e^{-2} - 2 \\ &\Longleftrightarrow & a &= \frac{e^2 + e^{-2} - 2}{16}. \end{aligned}$$

Die Funktionsgleichung der Funktion q lautet:

$$q(x) = \frac{e^2 + e^{-2} - 2}{16} x^2 + 2.$$

d) Im Intervall $]0;4[$ gilt laut Aufgabenstellung $q(x) > f(x)$. Für jedes $x \in\,]0;4[$ kann der Abstand $d(x)$ der vertikal übereinander liegenden Punkte $(x|q(x))$ und $(x|f(x))$ berechnet werden als:

$$d(x) = q(x) - f(x).$$

Der Term $d(x)$ ist die Funktionsgleichung einer Funktion d, die jedem x den vertikalen Abstand der beiden Graphen an dieser Stelle zuordnet. Der größte Abstand entspricht dann dem Maximum der Funktion d.

Die Funktionen q und f sind beide stetig differenzierbar. Deshalb ist auch die Funktion d als Differenz dieser beiden Funktionen stetig differenzierbar. Es gilt:

$$d'(x) = q'(x) - f'(x).$$

Gesucht ist das Maximum der Funktion d: Zunächst werden die Nullstellen der Ableitung d' und anschließend die Funktionswerte der Funktion d an diesen Nullstellen bestimmt.

Die Funktionswerte werden verglichen und der größte dieser Werte entspricht dann dem maximalen Abstand der beiden Graphen in vertikaler Richtung im Intervall $]0;4[$.

Desweiteren gelten :

$$\lim_{x \to 0} d(x) = 0 \quad \text{und} \quad \lim_{x \to 4} d(x) = 0.$$

Das größte berechnete Maximum der Funktion d innerhalb des Intervalls $]0; 4[$ entspricht dann dem größten Abstand der beiden Graphen in vertikaler Richtung.

Lösungen zu Analysis, 2016, Teil B, Aufgabengruppe 2

Lösung zu Aufgabe 1

a) ➤ *Nachweis der Bedingung* (I)

Die Funktion p ist im Intervall $[-5; 5]$ definiert und es gelten:

$$p(5) = -0{,}2 \cdot 5^2 + 5 = 0 \quad \text{und}$$
$$p(-5) = -0{,}2 \cdot (-5)^2 + 5 = 0.$$

Die Breite des Tunnelbodens entspricht dem Abstand der beiden Nullstellen von p. Dieser ist in diesem Modell 10 Längeneinheiten lang. Die Breite des Tunnelbodens beträgt also wie in Bedingung (I) gefordert 10 m.

➤ *Nachweis der Bedingung* (II)

Die höchste Stelle des Tunnels entspricht dem Funktionswert des Maximums von p. Hierzu wird die Ableitung der Funktion p bestimmt:

$$p'(x) = -0{,}4x.$$

Die Nullstelle der Funktion p' ist damit gegeben durch $x = 0$. Wegen $p''(x) = -0{,}4 < 0$ besitzt der Graph von p an der Stelle $x = 0$ einen Hochpunkt. Es gilt $p(0) = 5$ und damit ist Bedingung (II) erfüllt.

☞ *Alternative:* Der Graph der Funktion p ist eine nach unten geöffnete, zur y-Achse symmetrische Parabel. Damit hat der Graph von p im Punkt $(0|p(0))$ einen Hochpunkt. Es gilt $p(0) = 5$ und damit ist Bedingung (II) erfüllt.

➤ *Winkel zwischen linker Tunnelwand und Tunnelboden*

Der gesuchte Winkel zwischen linker Tunnelwand und Boden entspricht dem Winkel, den die Tangente an den Graphen von p im linken Schnittpunkt mit der x-Achse und die x-Achse einschließen. Hierzu wird zunächst die Steigung der Tangente an der Stelle $x = -5$ bestimmt:

$$p'(x) = -0{,}4x \quad \Longrightarrow \quad p'(-5) = 2.$$

Für den eingeschlossenen Winkel α gilt dann:

$$\alpha = \tan^{-1} 2 \approx 63{,}43$$

Die Größe des Winkels, den die linke Tunnelwand mit dem Tunnelboden einschließt, beträgt ungefähr 63,43°.

b) Der Abstand $d(x)$ des Punktes $P_x(x|p(x))$ vom Ursprung des Koordinatensystems kann nach dem Satz des Pythagoras wie folgt berechnet werden:

$$\begin{aligned} d(x) &= \sqrt{(p(x) - 0)^2 + (x - 0)^2} \\ &= \sqrt{(-0{,}2x^2 + 5)^2 + x^2} \\ &= \sqrt{\left(0{,}04x^4 - 2x^2 + 25\right) + x^2} \\ &= \sqrt{0{,}04x^4 - x^2 + 25}. \end{aligned}$$

c) Der Mittelpunkt M ist der Ursprung des Koordinatensystems. Der Abstand eines Punktes $P_x(x|p(x))$ der Tunnelwand zum Punkt M enstpricht also dem Abstand von P_x vom Ursprung. Dieser Abstand $d(x)$ wurde in Aufgabenteil b) bestimmt und es gilt:

$$d(x) = \sqrt{0{,}04x^4 - x^2 + 25}.$$

Die so definierte Funktion d ist dabei definiert für $x \in D_p = [-5; 5]$. Gesucht ist nun der kleinste dieser Abstände. Hierzu wird mithilfe der Kettenregel die Ableitung der Funktion d bestimmt:

$$d'(x) = \frac{0{,}16x^3 - 2x}{2\sqrt{0{,}04x^4 - x^2 + 25}}.$$

Die Nullstellen der Ableitung d' sind dann gegeben durch die Nullstellen des Zählers. Es gilt nach dem Satz vom Nullprodukt:

$$0{,}16x^3 - 2x = x(0{,}16x^2 - 2) = 0 \iff x_1 = 0 \quad \text{oder} \quad 0{,}16x^2 - 2 = 0$$
$$\iff x_1 = 0, \quad x_2 = \sqrt{12{,}5}, \quad x_3 = -\sqrt{12{,}5}.$$

Es gelten:

$$d(0) = \sqrt{0{,}04 \cdot 0^4 - 0^2 + 25} = 5,$$

$$d(\sqrt{12{,}5}) = \sqrt{0{,}04 \cdot \sqrt{12{,}5}^4 - \sqrt{12{,}5}^2 + 25} = \sqrt{18{,}75} \approx 4{,}33 \quad \text{und}$$

$$d(-\sqrt{12{,}5}) = \sqrt{0{,}04 \cdot \left(-\sqrt{12{,}5}\right)^4 - \left(-\sqrt{12{,}5}\right)^2 + 25} = \sqrt{18{,}75} \approx 4{,}33.$$

Die Funktion d hat also an der Stelle $x_1 = 0$ ein lokales Maximum und an den Stellen $x_2 = \sqrt{12{,}5}$ und $x_3 = -\sqrt{12{,}5}$ jeweils ein lokales Minimum. Die Funktionswerte dieser lokalen Minima müssen nun noch mit den Randwerten verglichen werden. Es gelten:

$$d(-5) = \sqrt{0{,}04 \cdot (-5)^4 - (-5)^2 + 25} = 5$$
$$d(5) = \sqrt{0{,}04 \cdot 5^4 - 5^2 + 25} = 5$$

Es gelten

$$d(\sqrt{12{,}5}) = d(-\sqrt{12{,}5}) \approx 4{,}33 \quad \text{und}$$
$$d(-5) = d(0) = d(5).$$

Damit sind die x-Koordinaten der Punkte P_x der Tunnelwand, für die der Abstand zum Mittelpunkt M minimal ist, gegeben durch:

$$x_2 = \sqrt{12{,}5} \quad \text{und} \quad x_3 = -\sqrt{12{,}5}.$$

Der Abstand beträgt ungefähr 4,33 m.

☞ *Alternative:* Es ist ausreichend, das Minimum der Funktion h mit

$$h(x) = 0{,}04x^4 - x^2 + 25$$

zu bestimmen. Es gilt:

$$h'(x) = 0{,}16x^3 - 2x$$

Lösungen

und damit:

$$h'(x) = 0{,}16x^3 - 2x \iff 0{,}12x^3 - 2x = 0$$
$$\iff x \cdot (0{,}16x^2 - 2) = 0$$
$$\iff x_1 = 0, \quad x_2 = \sqrt{12{,}5} \quad \text{oder} \quad x_3 = -\sqrt{12{,}5}.$$

Es gelten:

$$d(0) = \sqrt{0{,}04 \cdot 0^4 - 0^2 + 25} = 5,$$

$$d(\sqrt{12{,}5}) = \sqrt{0{,}04 \cdot \sqrt{12{,}5}^4 - \sqrt{12{,}5}^2 + 25} = \sqrt{18{,}75} \approx 4{,}33 \quad \text{und}$$

$$d(-\sqrt{12{,}5}) = \sqrt{0{,}04 \cdot \left(-\sqrt{12{,}5}\right)^4 - \left(-\sqrt{12{,}5}\right)^2 + 25} = \sqrt{18{,}75} \approx 4{,}33.$$

Die Funktion d hat also an der Stelle $x_1 = 0$ ein lokales Maximum und an den Stellen $x_2 = \sqrt{12{,}5}$ und $x_3 = -\sqrt{12{,}5}$ jeweils ein lokales Minimum. Die Funktionswerte dieser lokalen Minima müssen nun noch mit den Randwerten verglichen werden. Es gelten:

$$d(-5) = \sqrt{0{,}04 \cdot (-5)^4 - (-5)^2 + 25} = 5$$

$$d(5) = \sqrt{0{,}04 \cdot 5^4 - 5^2 + 25} = 5$$

Es gelten

$$d(\sqrt{12{,}5}) = d(-\sqrt{12{,}5}) \approx 4{,}33 \quad \text{und}$$
$$d(-5) = d(0) = d(5).$$

Damit sind die x-Koordinaten der Punkte P_x der Tunnelwand, für die der Abstand zum Mittelpunkt M minimal ist, gegeben durch:

$$x_2 = \sqrt{12{,}5} \quad \text{und} \quad x_3 = -\sqrt{12{,}5}.$$

Der Abstand beträgt ungefähr 4,33 m.

Lösung zu Aufgabe 2

a) ➤ *Funktionsgleichung von k*

Damit die Bedingung (I) erfüllt ist, muss gelten $k(5) = 0$, wobei es im Intervall $[0; 5[$ keine weiteren Nullstellen gibt. Es muss also gelten:

$$k(5) = 5 \cdot \cos(c \cdot x) = 0 \implies c \cdot 5 = \frac{\pi}{2} \iff c = \frac{\pi}{10}.$$

Die Funktion k mit

$$k(x) = 5 \cdot \cos(\frac{\pi}{10} \cdot x)$$

erfüllt die Bedingung (I).

➤ *Flächeninhalt der Querschnittsfläche*

Der Inhalt A_k der Querschnittsfläche bei einer Modellierung des Tunnels durch die Funktion k ist gegeben durch:

$$\begin{aligned} A_k &= \int_{-5}^{5} k(x)\,\mathrm{d}x \\ &= \int_{-5}^{5} 5 \cdot \cos\left(\frac{\pi}{10} \cdot x\right)\,\mathrm{d}x \\ &= \left[5 \cdot \frac{10}{\pi} \sin\left(\frac{\pi}{10} \cdot x\right)\right]_{-5}^{5} \\ &= \frac{50}{\pi} \sin\left(\frac{\pi}{10} \cdot 5\right) - 5 \cdot \frac{10}{\pi} \sin\left(\frac{\pi}{10} \cdot (-5)\right) \\ &= \frac{50}{\pi} \sin\left(\frac{\pi}{2}\right) - \frac{50}{\pi} \sin\left(-\frac{\pi}{2}\right) \\ &= \frac{50}{\pi} + \frac{50}{\pi} \\ &= \frac{100}{\pi}. \end{aligned}$$

Die Querschnittsfläche des Tunnels hat einen Inhalt von $\frac{100}{\pi}\ \mathrm{m}^2$.

b) Die Graphen der Funktionen p und k sind beide achsensymmetrisch zur y-Achse, denn es gelten:

$$p(-x) = -0{,}2 \cdot (-x)^2 + 5 = -0{,}2x^2 + 5 = p(x) \quad \text{und}$$

$$k(-x) = 5 \cdot \cos\left(\frac{\pi}{10} \cdot (-x)\right) = 5 \cdot \cos\left(\frac{\pi}{10} \cdot x\right) = k(x).$$

Die Bedingung (III) ist für die Funktion p beziehungsweise für die Funktion k also genau dann erfüllt, wenn gilt:

$$p(3) \geq 4 \quad \text{beziehungsweise} \quad k(3) \geq 4.$$

Es gelten:

$$p(3) = -0{,}2 \cdot 3^2 + 5 = 3{,}2 < 4 \quad \text{und}$$

$$k(3) = 5 \cdot \cos\left(\frac{\pi}{10} \cdot 3\right) \approx 2{,}94 < 4.$$

Damit erfüllt weder die Modellierung mittels Funktion p noch die Modellierung mittels Funktion k Bedingung (III).

Lösung zu Aufgabe 3

a) ➤ *Abstand der Punkte des Graphen von f zur Bodenmitte* M

Für alle Punkte des Graphen von f gilt:

$$y^2 + x^2 = f(x)^2 + x^2 = x^2 + \left(\sqrt{25 - x^2}\right)^2 = x^2 + 25 - x^2 = 25 = 5^2.$$

➤ *Zeichnung des Graphen G_f*

Der Graph von f beschreibt einen Halbkreis um den Mittelpunkt M und Radius $r = 5$. Dabei verläuft der Graph nur oberhalb der x-Achse. In diesem Modell besitzt also jeder Punkt des Tunnelquerschnitts den selben Abstand zu M. Dieser beträgt 5 m.

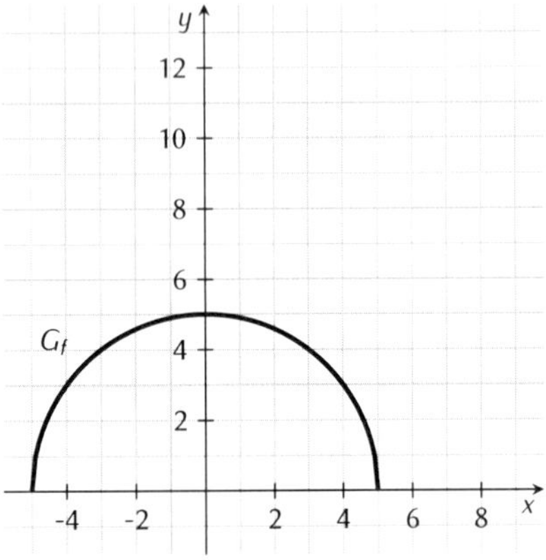

➤ *Nachweis der Bedingung (III)*

Der Graph der Funktion f ist achsensymmetrisch zur y-Achse und es gilt:

$$f(3) = \sqrt{25 - 3^2} = \sqrt{16} = 4.$$

Die Funktion f erfüllt damit Bedingung (III).

b) ➤ *Nachweis von $F(5) = \frac{25}{4}\pi$*

Die Integralfunktion F ist definiert als:

$$F(x) = \int_0^x f(x)\,\mathrm{d}x.$$

Der Wert $F(5)$ entspricht damit der Fläche unterhalb des Graphen von f im Intervall $[0; 5]$. Weil der Graph einen Halbkreis mit Radius $r = 5$ um den Ursprung beschreibt, ist $F(5)$ folglich die Fläche eines Viertelkreises mit Radius $r = 5$. Es gilt also:

$$F(5) = \frac{1}{4} \cdot \pi \cdot 5^2 = \frac{25}{4}\pi.$$

➤ *Zuordnung der Graphen*

Es soll entschieden werden, welcher der folgenden drei Graphen der Graph von F ist.

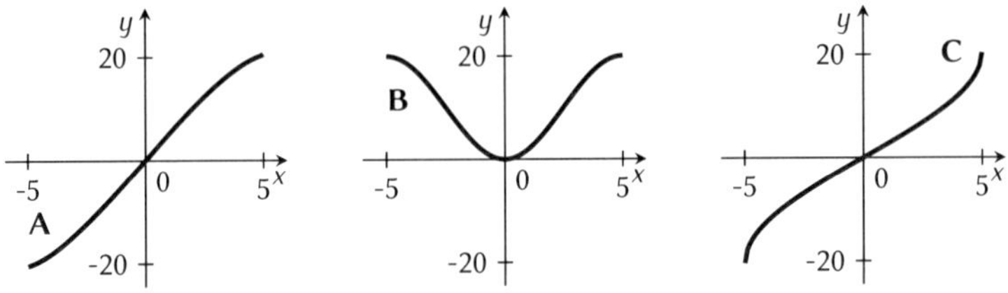

Die Integralfunktion F ist definiert als

$$F(x) = \int_0^x f(x)\,\mathrm{d}x.$$

Der Graph von f verläuft oberhalb der x-Achse. Damit hat der Graph der Funktion F eine Nullstelle für $x = 0$ und ist im Intervall $[0; 5]$ monoton steigend. Der Graph der Funktion f ist symmetrisch zur y-Achse, denn es gilt:

$$f(-x) = \sqrt{25 - (-x)^2} = \sqrt{25 - x^2} = f(x).$$

Damit gilt für $x \in [-5; 0]$, dass

$$F(x) = \int_0^x f(x)\,\mathrm{d}x = -\int_x^0 f(x)\,\mathrm{d}x = -\int_0^{-x} f(x)\,\mathrm{d}x = -F(-x).$$

Der Graph der Funktion F muss also punktsymmetrisch zum Ursprung sein. Die Abbildung **B** zeigt somit nicht den Graphen von F. Die Funktion f hat bei $x = 5$ eine Nullstelle. Es gilt:

$$F'(x) = f(x) \quad \text{und damit} \quad F'(5) = f(5) = 0.$$

Der Graph der Funktion F muss also an der Stelle $x = 5$ eine waagrechte Tangente haben. Abbildung **C** gehört somit auch nicht zum Graphen von F. Abbildung **A** zeigt den Graphen von F.

c) Die Querschnittsfläche A_f des Tunnels ist in diesem Modell gegeben durch:

$$A_f = 2 \cdot F(5) = 2 \cdot \frac{25}{4}\pi = \frac{25}{2}\pi.$$

Die Querschnittsfläche A_k des Tunnels bei Modellierung mit Funktion k wurde in Aufgabe 2 a) bestimmt und es gilt:

$$A_k = \frac{100}{\pi}.$$

Die prozentuale Abweichung p des Wertes A_f von A_k kann dann wie folgt berechnet werden:

$$p = \frac{A_f - A_k}{A_k} = \frac{A_f}{A_k} - 1 = \frac{\frac{25}{2}\pi}{\frac{100}{\pi}} - 1 = \frac{1}{8}\pi^2 - 1 \approx 0{,}234.$$

Der Inhalt der Querschnittsfläche der Modellierung mit Funktion f weicht ungefähr 23,4 % vom Inhalt der Querschnittsfläche der Modellierung mit Funktion k ab.

d) ➤ *Parallelität der Geraden*

Zwei Geraden verlaufen parallel zueinander, wenn sie dieselbe Steigung besitzen. Die Steigung m_g der Gerade g kann aus der Geradengleichung abgelesen werden. Es gilt:

$$m_g = -\frac{4}{3}.$$

Zu zeigen ist also, dass für die Steigung m_t der Tangente t an den Graphen der Funktion f im Punkt $P(4|f(4))$ gilt: $m_t = -\frac{4}{3}$. Die Steigung der Tangente an den Graphen von f im Punkt $P(4|f(4))$ entspricht dem Wert der Ableitung von f an dieser Stelle.

Lösungen

Aufgabenstellung siehe Seite 30

Daher wird zunächst mithilfe der Kettenregel die Ableitung der Funktion f bestimmt. Es gilt:

$$f'(x) = \frac{-2x}{2\sqrt{25 - x^2}} = \frac{-x}{\sqrt{25 - x^2}}.$$

und damit:

$$f'(4) = \frac{-4}{\sqrt{25 - 4^2}} = -\frac{4}{3}$$

Die Tangente t und die Gerade g haben also dieselbe Steigung und sind damit parallel zueinander. Der Graph G_f, die Tangente t und die Gerade g sind im nachfolgenden Koordinatensystem gezeichnet.

➤ *Zeichnung der Geraden*

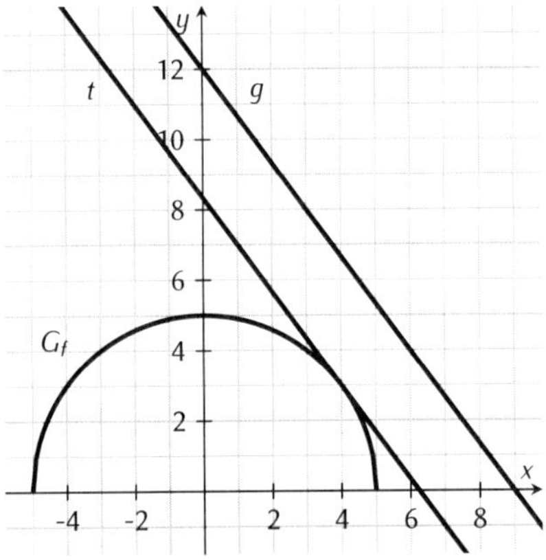

e) Der Punkt $R(4|f(4))$ ist laut Aufgabenstellung derjenige Punkt der Tunnelwand, der den kleinsten Abstand zum Hangprofil besitzt. Nun wird auf derjenige Punkt S des Hangprofils gesucht, welcher den kleinsten Abstand zu R besitzt.

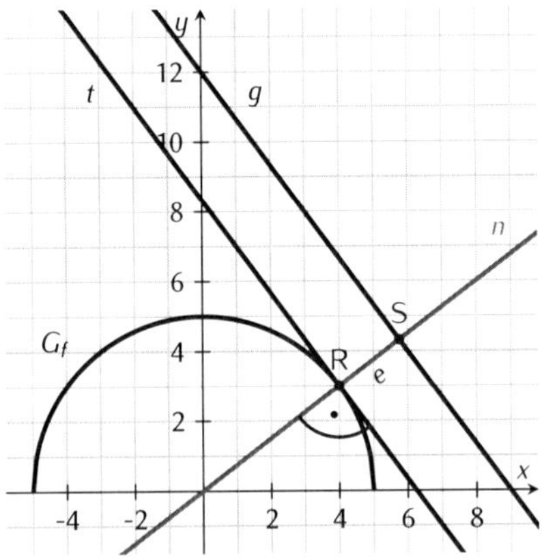

Der Punkt S liegt sowohl auf der Geraden g als auch auf der Normalen zum Graphen von f im Punkt R. Zu bestimmen ist also der Schnittpunkt S der Geraden g mit der Normalen von f im Punkt R. Der Abstand dieser beiden Punkte R und S kann dann mithilfe des Satzes von Pythagoras bestimmt werden und entspricht dem Abstand e.

Lösungen zu Analysis, 2015, Teil A, Aufgabengruppe 1

Lösung zu Aufgabe 1

a) Zur Bestimmung der Definitionsmenge werden die beiden Faktoren der Funktion f betrachtet. Der erste Faktor, $x^3 - 8$, schränkt die Definitionsmenge nicht ein. Der zweite Faktor, $2 + \ln x$, ist definiert für alle positiven reellen Zahlen. Die Definitionsmenge der Funktion f ist also gegeben durch $\mathcal{D} = \mathbb{R}^+ \setminus \{0\} =]0; +\infty[$.

b) Nach dem Satz vom Nullprodukt ist ein Produkt genau dann Null, wenn mindestens einer der Faktoren Null ist. Somit können die Nullstellen der Funktion f berechnet werden, indem man die beiden Faktoren getrennt betrachtet:

$$x^3 - 8 = 0 \quad \Longleftrightarrow \quad x = 2$$

oder

$$2 + \ln x = 0 \quad \Longleftrightarrow \quad \ln x = -2 \quad \text{beziehungsweise} \quad x = e^{-2}.$$

Die Nullstellen der Funktion f sind gegeben durch $x_1 = 2$ und $x_2 = e^{-2}$.

Lösung zu Aufgabe 2

a) Der in Abbildung 1 dargestellte Graph verläuft durch die Punkte (-1|1), (0|1) und (1|1). Es wird untersucht, ob die Graphen der angegebenen Funktionen ebenfalls durch diese Punkte verlaufen.

	$x = -1$	$x = 0$	$x = 1$
y-Wert des Graphen	1	1	1
$f(x)$	3	1	1
$g(x)$	1	1	1
$h(x)$	3	1	3

Damit ist ersichtlich, dass nur der Graph der Funktion g durch die Punkte (-1|1), (0|1) und (1|1) verläuft. Somit stellt der Graph in Abbildung 1 den Graphen der Funktion g dar.

b) Für die Funktion h und deren Ableitung h' gilt nach dem Hauptsatz der Differential- und Integralrechnung:

$$h(b) - h(a) = \int_a^b h'(x)\,dx.$$

Der gesuchte Wert des Integrals kann also berechnet werden als:

$$\int_0^1 h'(x)\,dx = h(1) - h(0) = \left(1^4 + 1^2 + 1\right) - \left(0^4 + 0^2 + 1\right) = 2.$$

Lösung zu Aufgabe 3

a) Gesucht sind zunächst die Nullstellen der Funktion f mit $f(x) = \sin(ax)$. Es gilt:

$$\sin(ax) = 0 \quad \text{für} \quad ax = k\pi \text{ mit } k \in \mathbb{Z}.$$

Lösungen

Die Nullstellen der Funktion f sind also gegeben durch:

$$x = \frac{k\pi}{a} \quad \text{mit} \quad k \in \mathbb{Z} \quad \text{und} \quad a > 0.$$

Gesucht ist nun ein Wert des Parameters a, sodass eine Nullstelle in $x = \frac{\pi}{6}$ liegt. Die folgende Gleichung muss also für ein $k \in \mathbb{Z}$ gelöst werden:

$$\frac{k\pi}{a} = x = \frac{\pi}{6} \quad \Longleftrightarrow \quad a = 6k.$$

Weil der Parameter a nach Aufgabenstellung positiv ist, kann zum Beispiel $k = 1$ gewählt werden und eine Lösung ist $a = 6$.

☞ *Alternative:* Im letzten Schritt könnte auch ein anderes $k \in \mathbb{N}$ gewählt werden. Für jedes $k \in \mathbb{N}$ und $a = 6k$ ist $x = \frac{\pi}{6}$ eine Nullstelle der Funktion f.

b) Der maximale Definitionsbereich der Funktion g mit $g(x) = \sqrt{x^2 - b}$ ist für $b > 0$ gegeben durch $\mathcal{D} = \mathbb{R} \setminus \left]-\sqrt{b}; \sqrt{b}\right[$, denn für diese Werte ist der Term unter der Wurzel nicht negativ. Es gilt:

$$\begin{aligned} x^2 - b \geq 0 \quad &\Longleftrightarrow \quad x^2 \geq b \\ &\Longleftrightarrow \quad |x| \geq \sqrt{b} \\ &\Longleftrightarrow \quad x \leq -\sqrt{b} \quad \text{oder} \quad x \geq \sqrt{b} \end{aligned}$$

und damit

$$\mathcal{D} = \mathbb{R} \setminus \left]-\sqrt{b}; \sqrt{b}\right[.$$

Für $b = 4$ gilt für den Definitionsbereich $\mathcal{D} = \mathbb{R} \setminus \left]-2; 2\right[$.

c) Die Funktion f mit $f(x) = e^x$ hat den Wertebereich $\mathcal{W}_f = \left]0,\infty\right[$.

Den Graphen der Funktion g mit $g(x) = -e^x$ erhält man, wenn man den Graphen der Funktion f an der x-Achse spiegelt. Damit hat die Funktion g den Wertebereich $\mathcal{W}_g = \left]-\infty,0\right[$.

Den Graphen der Funktion h mit $h(x) = 4 - e^x$ erhält man, indem man den Graphen der Funktion g um 4 Längeneinheiten nach oben verschoben wird. Damit hat die Funktion h den Wertebereich $\mathcal{W}_h = \left]-\infty,4\right[$.

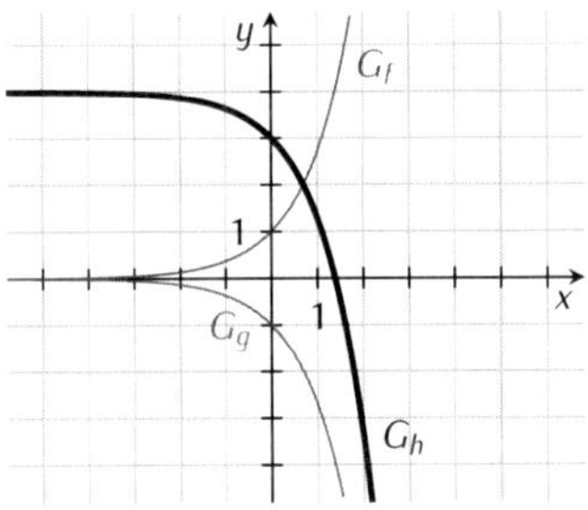

☞ *Alternative:* Die Ableitung h' der Funktion h ist gegeben durch:

$$h'(x) = -e^x.$$

Es gilt $h'(x) < 0$ für alle $x \in \mathbb{R}$, damit ist die Funktion monoton fallend. Außerdem gelten:

$$\lim_{x \to -\infty} h(x) = 4 \quad \text{und} \quad \lim_{x \to +\infty} h(x) = -\infty.$$

Die Gleichung $h(x) = 4$ hat keine Lösung, denn es gilt $e^x > 0$ für alle $x \in \mathbb{R}$. Somit besitzt die Funktion h den Wertebereich $\mathcal{W} =]-\infty, 4[$.

Lösung zu Aufgabe 4

Zur näherungsweisen Bestimmung einer Nullstelle der Funktion g mittels des Newton-Verfahrens wird ein Startwert x_0 gewählt. Eine erste Näherung für die Nullstelle erfolgt dann mittels der folgenden Formel:

$$x_1 = x_0 - \frac{g(x_0)}{g'(x_0)}.$$

Falls nun die x-Koordinate eines Extrempunktes als Startwert x_0 gewählt wird, so gilt $g'(x_0) = 0$. Dieser Wert steht in der Formel für die erste Näherung der Nullstelle aber im Nenner des Bruchs und die Näherung kann nicht berechnet werden.

☞ *Alternative:* Im Newton-Verfahren wird ausgehend vom Startwert x_0 im Punkt $(x_0|g(x_0))$ eine Tangente an den Graphen von g gelegt. Die Nullstelle dieser Tangente ist dann die erste Näherung für die Nullstelle der Funktion g.

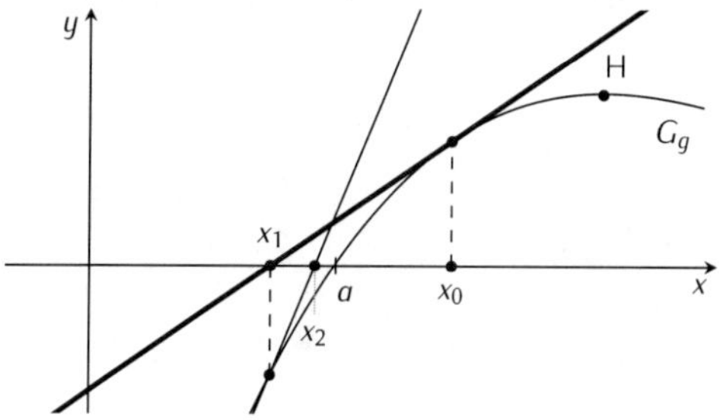

Falls nun die x-Koordinate eines Extrempunktes als Startwert x_0 gewählt wird, so ist die Tangente waagrecht und hat keine Nullstelle oder besitzt die Gleichung $t(x) = g(x_0)$. Eine erste Näherung kann also nicht berechnet werden.

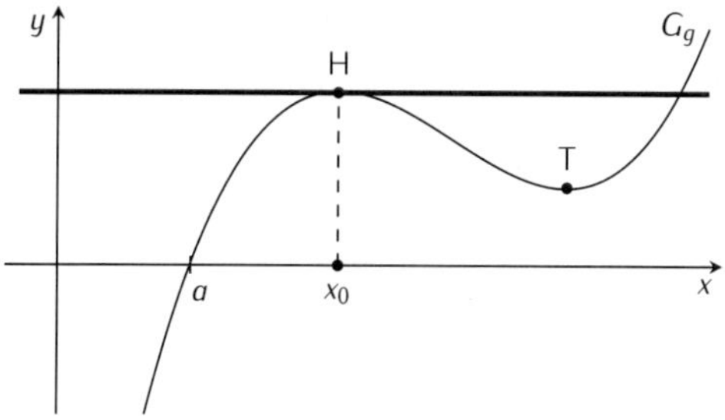

Lösung zu Aufgabe 5

a) ➤ *Koordinaten des Wendepunktes*

Zunächst werden die ersten Ableitungen der Funktion f berechnet:

$$f'(x) = 3x^2 - 12x + 11$$
$$f''(x) = 6x - 12$$
$$f'''(x) = 6.$$

Eine mögliche Wendestelle ist durch die Lösung der Gleichung $f''(x) = 0$ gegeben:

$$f''(x) = 0 \quad \Longleftrightarrow \quad 6x - 12 = 0 \quad \Longleftrightarrow \quad x = 2.$$

Wegen $f'''(2) = 6 \neq 0$ befindet sich an der Stelle $x = 2$ ein Wendepunkt. Es gilt:

$$f(2) = 2^3 - 6 \cdot 2^2 + 11 \cdot 2 - 6 = 8 - 24 + 22 - 6 = 0.$$

Der Wendepunkt des Graphen von f besitzt die Koordinaten $W(2|0)$.

➤ *Lage des Wendepunktes*

Es gilt $y = x - 2$ und $W(2|0)$. Eine Punktprobe liefert:

$$0 = 2 - 2.$$

Die Punktprobe ergibt eine wahre Aussage und somit liegt der Wendepunkt des Graphen auf der angegeben Geraden.

b) ➤ *Verschiebung des Graphen nach oben*

Der Graph der Funktion f wird zunächst um 2 LE nach oben geschoben. Dieser neue Graph gehört zur Funktion g mit der Gleichung

$$g(x) = x^3 - 6x^2 + 11x - 6 + 2 = x^3 - 6x^2 + 11x - 4.$$

Der Punkt $(2|0)$ hat nach dieser Verschiebung die Koordinaten $(2|2)$.

➤ *Verschiebung des Graphen nach rechts*

Der Graph der Funktion wird nun noch um 1 LE nach rechts verschoben. Der neu entstandene Graph erfüllt dann die geforderte Eigenschaft (der Punkt $(0|2)$ wurde in den Punkt $(2|3)$ verschoben) und besitzt die Funktionsgleichung

$$h(x) = (x - 1)^3 - 6(x - 1)^2 + 11(x - 1) - 4.$$

Lösungen zu Analysis, 2015, Teil A, Aufgabengruppe 2

Lösung zu Aufgabe 1

a) ➤ *Definitionsbereich* $\mathcal{D}$

Die Logarithmusfunktion ist nur für positive Argumente definiert, es muss also gelten:

$$2x + 3 > 0 \iff 2x > -3 \iff x > -\frac{3}{2}.$$

Somit gilt $\mathcal{D} = \left]-\frac{3}{2}; +\infty\right[$.

➤ *Wertebereich* $\mathcal{W}$

Die Wertemenge der Funktion g ist dieselbe wie die Wertemenge der Funktion f mit $f(x) = \ln x$, denn das Argument der Funktion g ist $2x + 3$ und kann für $x \in \mathcal{D}$ jede beliebige positive reelle Zahl annehmen. Somit gilt $\mathcal{W} = \mathbb{R}$.

b) ➤ *Nullstelle von g*

Zur Bestimmung der Nullstelle wird die Gleichung $g(x) = 0$ gelöst:

$$\ln(2x + 3) = 0 \iff 2x + 3 = 1 \iff x = -1.$$

Die Nullstelle ist also gegeben durch $x = -1$.

➤ *Tangentengleichung im Punkt* N(-1|0)

Zunächst wird die Ableitung der Funktion f mit der Kettenregel bestimmt:

$$f'(x) = \frac{2}{2x + 3}.$$

Die Steigung des Graphen der Funktion f am Schnittpunkt mit der x-Achse ist dann gegeben durch:

$$f'(-1) = \frac{2}{2 \cdot (-1) + 3} = 2.$$

Die Tangente hat also die Gleichung:

$$y = 2x + c.$$

Um c zu berechnen, wird eine Punktprobe mit dem Punkt N(-1|0) durchgeführt. Es gilt:

$$0 = -2 + c \iff c = 2.$$

Somit ist die Gleichung der gesuchten Tangente gegeben durch $y = 2x + 2$.

☞ *Alternative:* Die Gleichung der Tangente im Punkt $(u|f(u))$ ist gegeben durch:

$$y = f'(u)(x - u) + f(u).$$

Die Tangente im Punkt N(-1|0) ist damit gegeben durch:

$$y = f'(-1)(x - (-1)) + f(-1).$$

Es gilt:

$$f'(x) = \frac{2}{2x + 3} \implies f'(-1) = \frac{2}{2 \cdot (-1) + 3} = 2.$$

Die Tangentengleichung lautet somit:

$$y = 2(x + 1) + 0 = 2x + 2.$$

Lösung zu Aufgabe 2

Diese Aufgabe entspricht Aufgabe 5 aus Aufgabengruppe 1, daher werden hier nur die Ergebnisse angegeben. Die ausführlichen Lösungen sind auf Seite 170 zu finden.

a) Der Wendepunkt des Graphen von f ist gegeben durch $W(2|0)$. Der Nachweis, dass dieser auf der angebenen Geraden liegt, erfolgt mittels einer Punktprobe.

b) Der verschobene Graph besitzt die Funktionsgleichung

$$h(x) = (x - 1)^3 - 6(x - 1)^2 + 11(x - 1) - 4.$$

Lösung zu Aufgabe 3

a) Gesucht ist eine Funktion mit der maximalen Definitionsmenge $\mathcal{D} =]-\infty; 5]$. Eine Funktionenklasse, welche die Definitionsmenge derartig einschränkt, sind zum Beispiel die Wurzelfunktionen. Für alle $x \in \mathcal{D}$ muss der Radikand, also der Term unter der Wurzel, positiv sein. Eine einfache Funktion, welche diese Eigenschaften besitzt, hat folgende Funktionsgleichung:

$$g(x) = \sqrt{5 - x}.$$

☞ *Alternative:* Natürlich gibt es auch komplexere Funktionen, die diese Eigenschaften erfüllen. Zum Beispiel die folgenden Funktionen:

$$g(x) = \sqrt{(5 - x)e^x}$$
$$g(x) = x^2 + \sqrt{5 - x}.$$

Allgemein können beliebige Funktionen, die auf ganz $\mathcal{D}$ definiert sind, durch Addition oder Multiplikation mit g auf den gesuchten Definitionsbereich eingeschränkt werden.

b) Die geforderten Eigenschaften werden von der Funktionenklasse der gebrochenrationalen Funktionen erfüllt. Weil $x = 2$ eine Nullstelle der Funktion k ist, muss der Faktor $x - 2$ im Zähler, darf aber nicht im Nenner enthalten sein. Weil $x = -3$ eine Polstelle ohne Vorzeichenwechsel ist, muss der Faktor $(x + 3)^2$ im Nenner, darf aber nicht im Zähler enthalten sein. Die Gerade mit der Gleichung $y = 1$ ist waagrechte Asymptote des Graphen von k, damit muss der Zählergrad gleich dem Nennergrad sein und der Quotient der Leitkoeffizienten muss 1 sein. Eine Funktion, welche die Bedingungen erfüllt, hat folgende Funktionsgleichung:

$$k(x) = \frac{x(x - 2)}{(x + 3)^2}.$$

☞ *Alternative:* Auch die folgende Funktion k erfüllt die geforderten Eigenschaften:

$$k(x) = \left(\frac{e^x - e^2}{e^x - e^{-3}}\right)^2.$$

Lösung zu Aufgabe 4

Die Funktion f_a ist definiert als $f_a : x \mapsto xe^{ax}$. Die erste Ableitung der Funktion f_a ist gegeben durch:

$$f'_a(x) = 1 \cdot e^{ax} + x \cdot a \cdot e^{ax} = (1 + ax) \cdot e^{ax}.$$

Für den Funktionswert der Funktion f'_a an der Stelle $x = 2$ gilt:

$$f'_a(2) = (1 + 2a) \cdot e^{2a}.$$

Es gilt:

$$f'_a(2) = 0 \quad \Longleftrightarrow \quad (1 + 2a) \cdot e^{2a} = 0.$$

Nach dem Satz vom Nullprodukt ist ein Produkt genau dann 0, wenn mindestens einer der Faktoren Null ist. Es gilt $e^{2a} \neq 0$, die Lösung der Gleichung ist also gegeben durch:

$$1 + 2a = 0 \quad \Longleftrightarrow \quad a = -\frac{1}{2}.$$

Für $a = -\frac{1}{2}$ besitzt die erste Ableitung von f_a an der Stelle $x = 2$ den Wert 0.

Lösungen

Lösungen zu Analysis, 2015, Teil B, Aufgabengruppe 1

Lösung zu Aufgabe 1

Betrachtet wird die Funktion f mit $f(x) = \frac{1}{x+1} - \frac{1}{x+3}$ und $\mathcal{D}_f = \mathbb{R} \setminus \{-3; -1\}$.

a) Zwei Terme sind äquivalent, wenn sie für jedes zulässige Argument x aus D_f den gleichen Wert annehmen können. Es soll also nachgewiesen werden, dass für jedes $x \in \mathcal{D}_f$ gilt:

$$\frac{1}{x+1} - \frac{1}{x+3} \overset{(1)}{=} \frac{2}{(x+1)(x+3)} \overset{(2)}{=} \frac{2}{x^2+4x+3} \overset{(3)}{=} \frac{1}{0{,}5 \cdot (x+2)^2 - 0{,}5}.$$

➤ *Nachweis des Gleichheitszeichens (1)*

In der Funktionsgleichung stehen zwei Bruchterme, die voneinander subtrahiert werden müssen. Dazu ermittelt man – wie bei „normalen" Brüchen – einen gemeinsamen Nenner und erweitert die Bruchterme entsprechend. Anschließend werden die Klammern im Zähler aufgelöst und dieser zusammengefasst:

$$\begin{aligned}\frac{1}{x+1} - \frac{1}{x+3} &= \frac{1 \cdot (x+3)}{(x+1) \cdot (x+3)} - \frac{1 \cdot (x+1)}{(x+3) \cdot (x+1)} \\ &= \frac{(x+3) - (x+1)}{(x+3) \cdot (x+1)} \\ &= \frac{x+3-x-1}{(x+1) \cdot (x+3)} \\ &= \frac{2}{(x+1)(x+3)}.\end{aligned}$$

➤ *Nachweis des Gleichheitszeichens (2)*

Im zweiten Schritt werden die Klammern im Nenner ausmultipliziert:

$$\frac{2}{(x+1)(x+3)} = \frac{2}{x^2+3x+x+3} = \frac{2}{x^2+4x+3}.$$

➤ *Nachweis des Gleichheitszeichens (3)*

Der Term $\frac{1}{0{,}5 \cdot (x+2)^2 - 0{,}5}$ wird mit 2 erweitert. Dann gilt:

$$\frac{1}{0{,}5 \cdot (x+2)^2 - 0{,}5} = \frac{2}{(x+2)^2 - 1} = \frac{2}{x^2+2x+4-1} = \frac{2}{x^2+4x+3}.$$

Dies entspricht gerade der Aussage von Gleichheitszeichen (3).

☞ *Alternative:* Zum Nachweis der dritten Äquivalenz ergänzt man quadratisch im Nenner und kürzt den zuletzt erhaltenen Bruchterm mit 2:

$$\begin{aligned}\frac{2}{x^2+4x+3} &= \frac{2}{x^2+2 \cdot 2x+2^2-2^2+3} \\ &= \frac{2}{(x+2)^2-1} \\ &= \frac{1}{0{,}5 \cdot (x+2)^2 - 0{,}5}.\end{aligned}$$

b) ➤ *Begründung, dass die x-Achse horizontale Asymptote ist*

Im letzten Aufgabenteil wurde gezeigt, dass der Funktionsterm von f auch wie folgt geschrieben werden kann:

$$f(x) = \frac{1}{x^2 + 4x + 3}.$$

Der Grad des Zählers ist also 0 und der des Nenners 2. Somit gilt Zählergrad < Nennergrad, weshalb die x-Achse horizontale Asymptote ist.

☞ *Alternative:* Es gilt:

$$\lim_{x \to \pm\infty} f(x) = \lim_{x \to \pm\infty} \frac{1}{x^2 + 4x + 3} = 0.$$

Somit ist die x-Achse horizontale Asymptote.

➤ *Gleichungen der vertikalen Asymptoten*

Vertikale Asymptoten treten bei Nullstellen des Nenners auf, die nicht zugleich Nullstellen des Zählers sind. Aus Teilaufgabe a) ist bekannt, dass man den Funktionsterm von f auch schreiben kann als:

$$f(x) = \frac{2}{(x + 1)(x + 3)}.$$

Diese Darstellung ermöglicht es, die bei $x = -1$ und $x = -3$ liegenden Nullstellen des Nenners einfach abzulesen. Da der Zähler keine Nullstellen besitzt, hat G_f zwei vertikale Asymptoten. Deren Gleichungen sind:

$$x_1 = -1 \quad \text{und} \quad x_2 = -3.$$

➤ *Schnittpunkte von G_f mit der y-Achse*

Da für alle Punkte auf der y-Achse $x = 0$ gilt und $x = 0$ im Definitionsbereich von f liegt, schneidet G_f die y-Achse in genau einem Punkt, nämlich in $S(0|f(0))$. Es muss also nur der Funktionswert für $x = 0$ berechnet werden:

$$f(0) = \frac{2}{(0 + 1)(0 + 3)} = \frac{2}{3}.$$

Der gesuchte Schnittpunkt ist somit $S\left(0 \middle| \frac{2}{3}\right)$.

c) ➤ *$x = -2$ Nullstelle von f'*

Der Graph von p ist eine nach oben geöffnete Parabel mit Scheitelpunkt $S(-2|-0{,}5)$. Der Graph der Funktion p besitzt also an der Stelle $x = -2$ einen Tiefpunkt. Es gilt also:

$$p'(-2) = 0.$$

Außerdem gilt:

$$p(-2) = 0{,}5 \cdot (-2 + 2)^2 - 0{,}5 = -0{,}5 \neq 0.$$

Damit ist:

$$f'(-2) = -\frac{p'(-2)}{(p(-2))^2} = -\frac{0}{(-0{,}5)^2} = 0.$$

Also ist $x = -2$ eine Nullstelle der Funktion f'.

Lösungen

Aufgabenstellung siehe Seite 37

➤ *$x = -2$ einzige Nullstelle von f'*

Jede Nullstelle der Funktion f' muss auch eine Nullstelle der Funktion p' sein. Nullstellen der Funktion p' sind gleichbedeutend mit Stellen, an denen der Graph von p Extrempunkte oder Sattelpunkte besitzt. Der Graph von p ist eine nach oben geöffnete Parabel mit Scheitelpunkt S(-2|-0,5). Der einzige Extrempunkt liegt also an der Stelle $x = -2$, somit ist $x = -2$ die einzige Nullstelle der Funktion f.

➤ *Monotonie von G_f*

Es gilt:

$$f'(x) = -\frac{p'(x)}{(p(x))^2}.$$

Die Nullstellen der Funktion p liegen nicht in $\mathcal{D}_f$. Wegen $(p(x))^2 > 0$ für alle $x \in \mathcal{D}_f$ gilt:

$$p'(x) > 0 \quad \Longleftrightarrow \quad f'(x) < 0$$
$$p'(x) < 0 \quad \Longleftrightarrow \quad f'(x) > 0.$$

Im Intervall $]-3; -2[$ ist der Graph der Funktion p streng monoton fallend, es gilt also $p'(x) < 0$. Damit ist in diesem Intervall G_f streng monoton steigend. Im Intervall $]-2; -1[$ ist der Graph der Funktion p streng monoton steigend, es gilt also $p'(x) > 0$. Damit ist in diesem Intervall G_f streng monoton fallend.

➤ *Art und Lage der Extrempunkte*

Oben wurde gezeigt, dass $x = -2$ die einzige Nullstelle der Funktion f' ist. Somit ist diese Nullstelle der einzige Kandidat für einen Extrempunkt. Die Monotoniebetrachtung zeigt, dass diese Nullstelle eine Nullstelle mit Vorzeichenwechsel von + nach - ist. Also ist der Extrempunkt ein Hochpunkt. Es gilt:

$$f(-2) = \frac{1}{p(-2)} = \frac{1}{-0{,}5} = -2.$$

Somit hat der Graph G_f den Hochpunkt H(-2|-2).

d) Für die Funktionswerte $f(-5)$ und $f(-1{,}5)$ gelten:

$$f(-5) = \frac{1}{-5+1} - \frac{1}{-5+3} = -\frac{1}{4} + \frac{1}{2} = \frac{1}{4} \quad \text{und}$$
$$f(-1{,}5) = \frac{1}{-1{,}5+1} - \frac{1}{-1{,}5+3} = -2 - \frac{2}{3} = -\frac{8}{3}.$$

Damit kann der Graph der Funktion f nun in Abbildung 1 eingezeichnet werden.

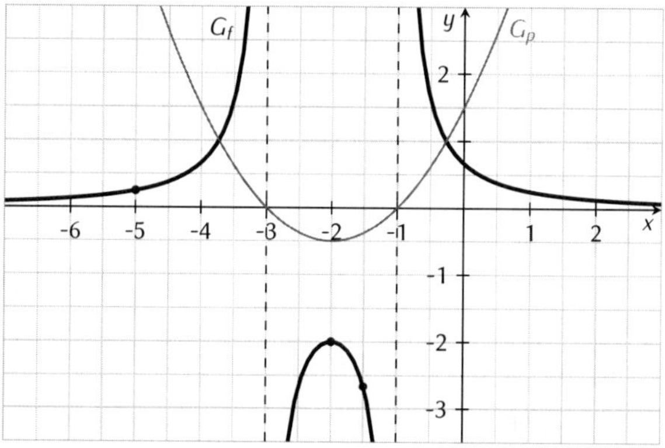

Lösung zu Aufgabe 2

Betrachtet wird die Funktion $h : x \mapsto \dfrac{3}{e^{x+1} - 1}$ mit $\mathcal{D}_h = \left]-1; +\infty\right[$.

a) ➤ *Verhalten im Unendlichen*

Es gilt:

$$\lim_{x\to+\infty} \left(e^{x+1} - 1\right) = +\infty \quad \Longrightarrow \quad \lim_{x\to+\infty} h(x) = \lim_{x\to+\infty} \frac{3}{e^{x+1} - 1} = 0.$$

➤ *Vorzeichen der Ableitung*

Zunächst wird die Ableitung der Funktion h mithilfe der Quotientenregel bestimmt:

$$h'(x) = \frac{-3e^{x+1}}{(e^{x+1} - 1)^2}.$$

Für $x \in \mathcal{D}_h$ gilt aufgrund der Monotonie der Exponentialfunktion

$$e^{x+1} > e^0 = 1.$$

Folglich ist:

$$-3e^{x+1} < 0 \quad \text{und} \quad (e^{x+1} - 1)^2 > 0.$$

Insgesamt gilt damit $h'(x) < 0$ für alle $x \in \mathcal{D}_h$.

b) Die Integralfunktion H_0 ist definiert als:

$$H_0(x) = \int_0^x h(t)\,dt.$$

mit dem gleichen Definitionsbereich wie die Funktion h, also $\mathcal{D}_{H_0} = \left]-1; +\infty\right[$.

α) ➤ *Begründung, dass der Graph von H_0 streng monoton steigend ist*

Da H_0 die Integralfunktion von h ist, gilt:

$$H_0'(x) = h(x).$$

Nach Aufgabenteil a) ist $h'(x) < 0$ auf ganz $\mathcal{D}_h$, also ist h streng monoton fallend. Außerdem wurde bereits gezeigt, dass gilt:

$$\lim_{x \to +\infty} h(x) = 0.$$

Damit ist $h(x) > 0$ für alle x im Definitionsbereich von h beziehungsweise H_0. Die erste Ableitung von H_0 ist also stets positiv und somit ist der Graph von H_0 streng monoton steigend.

β) ➤ *Graph von H_0 ist rechtsgekrümmt*

Die zweite Ableitung der Funktion H_0 ist gleich der ersten Ableitung der Funktion h, also gilt nach Aufgabenteil a):

$$H_0''(x) < 0 \quad \text{für} \quad x \in \mathcal{D}_{H_0}.$$

Die zweite Ableitung von H_0 ist also stets negativ, und damit ist der Graph von H_0 rechtsgekrümmt.

c) ➤ *Nullstelle von H_0*

Wie in Teilaufgabe b) begründet wurde, ist der Graph von H_0 streng monoton steigend. Entsprechend kann H_0 höchstens eine Nullstelle haben. Da für $x = 0$ die obere und untere Grenze des Integrals gleich sind, gilt:

$$H_0(0) = \int_0^0 h(t)\,\mathrm{d}t = 0.$$

Die einzige Nullstelle der Funktion H_0 ist $x = 0$.

➤ *Graphische Bestimmung von $H_0(-0{,}5)$ und $H_0(3)$*

In die Zeichnung des Graphen h aus der Aufgabenstellung (siehe Seite 38) werden die Senkrechten mit $x = -0{,}5$ und $x = 3$ eingezeichnet.

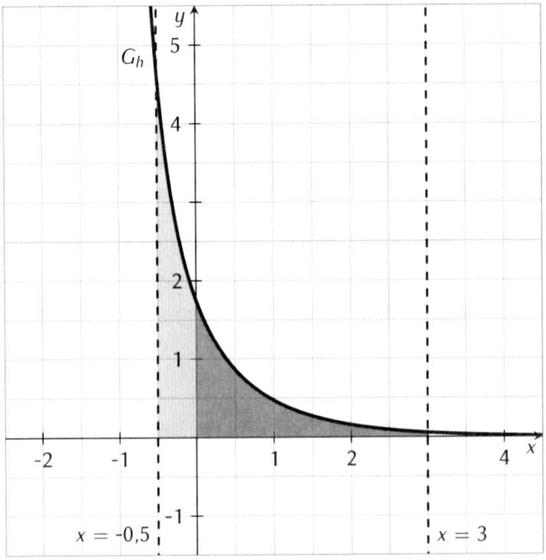

Die gesuchten Funktionswerte $H_0(-0{,}5)$ und $H_0(3)$ lassen sich näherungsweise ermitteln, in dem die von den jeweiligen Senkrechten und den Achsen eingeschlossen Kästchen gezählt werden. Ein vollständig gefülltes Kästchen entspricht dabei 0,25.

Die Gerade $x = -0{,}5$ und die Koordinatenachsen schließen ungefähr fünf und ein halbes Kästchen ein, die in der Zeichnung hellgrau gefärbt sind. Unter Beachtung der Integrationsrichtung ergibt sich:

$$H_0(-0{,}5) \approx -(5 \cdot 0{,}25 + 0{,}125) \approx -1{,}4.$$

Die von der Senkrechten $x = 3$ und den Koordinatenachsen eingeschlossenen Kästchen sind in der Zeichnung dunkelgrau gefärbt. Es sind etwa fünf und ein viertel Kästchen. Somit ist:

$$H_0(3) \approx 1{,}3.$$

➤ *Skizze des Graphen von H_0*

Unter Verwendung der ermittelten Nullstelle des Graphen von H_0 und der beiden Näherungswerte für $x = -0{,}5$ und $x = 3$ sowie der Tatsache, das H_0 streng monoton wachsend und rechts gekrümmt ist, lässt sich der Graph von H_0 wie folgt in die Zeichnung aus der Aufgabenstellung (siehe Seite 38) einskizzieren.

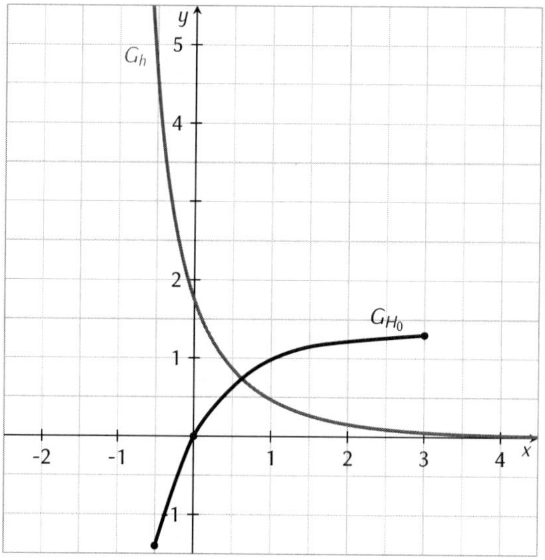

Lösung zu Aufgabe 3

Die Funktion h aus Aufgabe 2 beschreibt für $x \geq 0$ die zeitliche Entwicklung des momentanen Schadstoffabbaus in einer bestimmten Wassermenge. Dabei bezeichnet $h(x)$ die momentane Schadstoffabbaurate in Gramm pro Minute und x die seit Beginn des Reinigungsvorganges verstrichene Zeit in Minuten.

a) ➤ *Zeitpunkt, zu dem die Schadstoffabbaurate* 0,01 *Gramm pro Minute beträgt*

Gesucht ist der Zeitpunkt x, für den gilt:

$$h(x) = \frac{3}{e^{x+1} - 1} = 0{,}01.$$

Um diese Gleichung zu lösen wird sie zunächst umgeformt und anschließend logarithmiert:

$$\begin{aligned}
\frac{3}{e^{x+1} - 1} &= 0{,}01 \\
3 &= 0{,}01 \cdot e^{x+1} - 0{,}01 \\
3{,}01 &= 0{,}01 \cdot e^{x+1} \\
e^{x+1} &= 301 \\
x + 1 &= \ln(301) \\
x &= \ln(301) - 1 \\
x &\approx 4{,}7.
\end{aligned}$$

Die Schadstoffabbaurate beträgt nach etwa 4,7 Minuten, das sind 4 Minuten und 42 Sekunden, nur noch 0,01 Gramm pro Minute.

Die Funktion

$$k : x \mapsto 3 \cdot \left(\frac{1}{x+1} - \frac{1}{x+3} \right) - 0{,}2$$

mit $\mathcal{D}_k = \mathbb{R} \setminus \{-3; -1\}$ wird im Bereich $-0{,}5 \leq x \leq 2$ als Näherung für die Funktion h verwendet.

b) Der Graph der Funktion k geht aus dem Graphen der in Aufgabe 1 verwendeten Funktion f mit

$$f : x \mapsto \frac{1}{x+1} - \frac{1}{x+3}$$

durch Streckung mit dem Faktor 3 in y-Richtung und anschließende Verschiebung um -0,2 in y-Richtung hervor.

c) ➤ *Näherungswert für* $\int_0^1 h(x)\,dx$ *unter Verwendung der Funktion* k

Es gilt:

$$\begin{aligned}
\int_0^1 h(x)\,dx \approx \int_0^1 k(x)\,dx &= \int_0^1 \left(3 \cdot \left(\frac{1}{x+1} - \frac{1}{x+3} \right) - 0{,}2 \right) dx \\
&= \Big[3 \cdot \big(\ln|x+1| - \ln|x+3| \big) - 0{,}2x \Big]_0^1 \\
&= \big(3 \cdot (\ln 2 - \ln 4) - 0{,}2 \big) - \big(3 \cdot (\ln 1 - \ln 3) - 0 \big) \\
&= 3 \cdot (\ln 2 + \ln 3 - \ln 4 - \ln 1) - 0{,}2 \\
&= 3 \cdot \ln \frac{2 \cdot 3}{4 \cdot 1} - 0{,}2 \\
&= 3 \cdot \ln 1{,}5 - 0{,}2 \\
&\approx 1{,}02.
\end{aligned}$$

➤ *Bedeutung des Wertes im Sachzusammenhang*

Da $h(x)$ die momentane Schadstoffabbaurate in Gramm pro Minute und x die seit Beginn des Reinigungsvorganges verstrichene Zeit bezeichnen, entspricht das bestimmte Integral von h der zwischen den Integrationsgrenzen abgebauten Schadstoffmenge in Gramm:

$$\int_0^1 h(x)\,\mathrm{d}x \approx 1{,}02.$$

Dies bedeutet also, dass in der ersten Minute ungefähr 1,02 Gramm Schadstoffe abgebaut werden.

Lösungen zu Analysis, 2015, Teil B, Aufgabengruppe 2

Lösung zu Aufgabe 1

a) Die ersten beiden Ableitungen der Funktion f mit $f(x) = ax^4 + bx^3$ sind gegeben durch

$$f'(x) = 4ax^3 + 3bx^2$$
$$f''(x) = 12ax^2 + 6bx.$$

Der Punkt $W(1|-1)$ ist ein Wendepunkt des Graphen der Funktion f, es gelten also $f''(1) = 0$ und $f(1) = -1$. Folgende Gleichungen müssen also erfüllt sein:

$$\text{(I)} \quad f''(1) = 12a + 6b = 0$$
$$\text{(II)} \quad f(1) = a + b = -1 \quad \Longleftrightarrow \quad a = -1 - b$$

Einsetzen von $a = -1 - b$ in (I) liefert:

$$0 = 12(-1 - b) + 6b = -12 - 6b \quad \Longleftrightarrow \quad b = -2$$

Einsetzen von $b = -2$ in Gleichung (II) liefert:

$$a = -1 - (-2) = 1.$$

Die Funktionsgleichung ist also gegeben durch $f(x) = x^4 - 2x^3$.

b) Gesucht sind die Extrempunkte des Funktionsgraphen von f:

$$0 = f'(x) = 4x^3 - 6x^2 = 2x^2(2x - 3).$$

Nach dem Satz vom Nullprodukt ist ein Produkt genau dann Null, wenn mindestens einer der Faktoren Null ist. Also:

$$f'(x) = 2x^2(2x - 3) = 0 \quad \Longleftrightarrow \quad x = 0 \quad \text{oder} \quad x = \frac{3}{2}.$$

Der Punkt $O(0|0)$ ist nach Aufgabenstellung ein Wendepunkt. Die Stelle $x = \frac{3}{2}$ ist also der einzige Kandidat für einen Extrempunkt. Die zweite Ableitung der Funktion f ist gegeben durch:

$$f''(x) = 12x^2 - 12x.$$

Damit gilt:

$$f''\left(\frac{3}{2}\right) = 12 \cdot \left(\frac{3}{2}\right)^2 - 12 \cdot \left(\frac{3}{2}\right) = 9 > 0.$$

Der Graph von f hat also an der Stelle $x = \frac{3}{2}$ einen Tiefpunkt. Mit

$$f\left(\frac{3}{2}\right) = \left(\frac{3}{2}\right)^4 - 2 \cdot \left(\frac{3}{2}\right)^3 = -\frac{27}{16}$$

sind die Koordinaten des Tiefpunkts T:

$$T\left(\frac{3}{2}\middle|-\frac{27}{16}\right).$$

c) Koordinatensystem mit dem Graphen G_f und der Geraden g.

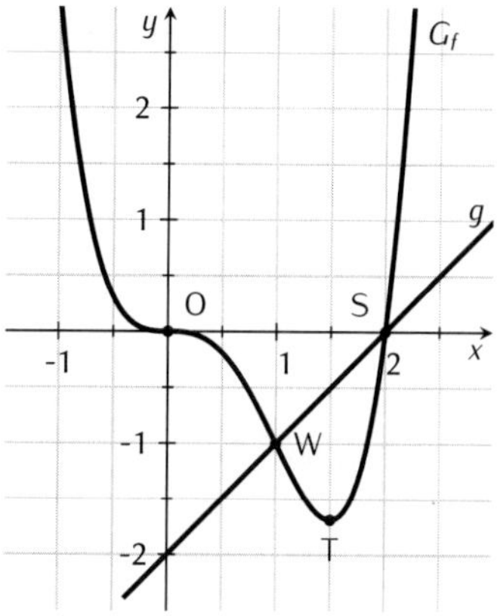

Die beiden Punkte W(1|-1) und S(2|0) liegen auf der Geraden g. Die allgemeine Geradengleichung ist gegeben durch $g(x) = mx + c$. Punktproben mit den beiden gegebenen Punkten liefern:

$$-1 = m + c \iff c = -1 - m \quad \text{und}$$
$$0 = 2m + c \iff c = -2m.$$

Beide Gleichungen sind also genau dann wahr, wenn $-1 - m = -2m$, und dies ist gleichbedeutend mit $m = 1$. Damit kann c berechnet werden, denn:

$$c = -1 - m = -2.$$

Die gesuchte Gleichung für die Gerade g lautet $g(x) = x - 2$.

☞ *Alternative:* Falls eine Gerade mit der Gleichung $y = mx + c$ durch die beiden Punkte $P(x_P|y_P)$ und $Q(x_Q|y_Q)$ verläuft, kann die Steigung m berechnet werden als:

$$m = \frac{y_P - y_Q}{x_P - x_Q}.$$

Für die gesuchte Gerade g mit den vorgegebenen Punkten W(1|-1) und (2|0) gilt damit:

$$m = \frac{-1 - 0}{1 - 2} = 1.$$

Der y-Achsenabschnitt c wird mit einer Punktprobe, zum Beispiel mit (2|0) ermittelt:

$$0 = 2 + c \iff c = -2$$

Die Gerade g hat also die Gleichung $g(x) = x - 2$.

d) ➤ *Gesamtflächeninhalt*

Im Intervall $[0; 2]$ verläuft G_f unterhalb der x-Achse. Die Fläche A, welche G_f mit der x-Achse einschließt, kann also folgendermaßen berechnet werden:

$$A = -\int_0^2 f(x)\,\mathrm{d}x = -\int_0^2 x^4 - 2x^3\,\mathrm{d}x = \left[-\frac{1}{5}x^5 + \frac{1}{2}x^4\right]_0^2 = \frac{8}{5}.$$

Aufgabenstellung siehe Seite 40

➤ *Teilflächeninhalt*

Die Schnittpunkte der beiden Graphen sind W(1|-1) und (2|0). Die von den beiden Graphen eingeschlossene Fläche A_T kann also, weil G_f unterhalb der Geraden verläuft, wie folgt berechnet werden:

$$\begin{aligned} A_T &= \int_1^2 \left(g(x) - f(x)\right) \mathrm{d}x \\ &= \int_1^2 \left(- x^4 + 2x^3 + x - 2\right) \mathrm{d}x \\ &= \left[-\frac{1}{5}x^5 + \frac{1}{2}x^4 + \frac{1}{2}x^2 - 2x \right]_1^2 \\ &= \frac{4}{5}. \end{aligned}$$

➤ *Verhältnis der Flächeninhalte*

Die von den beiden Graphen eingeschlossene Fläche hat den Flächeninhalt $A_T = \frac{4}{5}$. Die Gesamtfläche hat den Flächeninhalt $A = \frac{8}{5}$. Somit teilt die Gerade g die Fläche, die von G_f und der x-Achse eingeschlossen wird, im Verhältnis 1 : 1.

Lösung zu Aufgabe 2

a) Nur der Graph in Abbildung 3 ist nicht symmetrisch zur y-Achse und gehört zur Funktion f_1, weil nur der Funktionsterm von f_1 eine ungerade Potenz von x enthält. Desweiteren schneidet genau einer der Graphen, nämlich der von f_0 die y-Achse nicht im Punkt S(0|0). Somit ist klar, dass Abbildung 3 den Graphen von f_1 zeigt und Abbildung 4 den Graphen von f_0. Außerdem hat f_4 genau eine Nullstelle. Abbildung 1 kann also nicht den Graphen von f_4 zeigen, sondern muss folglich den von f_2 zeigen. Somit zeigt Abbildung 2 den Graphen von f_4.

b) Der Funktionsterm der Funktion f_n ist gegeben durch $f_n(x) = x^4 - 2x^n$. Für $n > 4$ ist f_n die Funktionsgleichung eines Polynoms vom Grad n. Das Verhalten des Polynoms f_n im Unendlichen entspricht dem Verhalten des Terms $-2x^n$ im Unendlichen. Es gilt also:

$$n \text{ gerade} \quad \Longrightarrow \quad \lim_{x\to\pm\infty} f_n(x) = -\infty,$$

$$n \text{ ungerade} \quad \Longrightarrow \quad \lim_{x\to+\infty} f_n(x) = -\infty \quad \text{und} \quad \lim_{x\to-\infty} f_n(x) = +\infty.$$

Lösung zu Aufgabe 3

a) Es gilt:

$$g(1{,}5) = -\frac{\pi}{8}\sin\left(\frac{\pi}{2}\cdot\frac{3}{2}\right) = -\frac{\pi}{8}\sin\left(\frac{3\pi}{4}\right) = -\frac{\sqrt{2}\pi}{16} \approx -0{,}278.$$

Die Testperson atmet also 1,5 s nach Beobachtungsbeginn aus, denn das Vorzeichen von $g(1{,}5)$ ist negativ.

b) Die Funktion g stellt die Änderungsrate des Luftvolumens in der Lunge dar. Das Luftvolumen in der Lunge sinkt also, wenn der Graph von g unterhalb der x-Achse verläuft. Wenn der Graph von g oberhalb der x-Achse verläuft, steigt das Luftvolumen in der Lunge wieder an. Also ist das Luftvolumen in der Lunge genau an einer Nullstelle von g mit Vorzeichenwechsel von - nach + minimal. Das Luftvolumen ist also zum Beispiel nach 2 s oder 6 s minimal.

☞ *Alternative:* Die Funktion g stellt die Änderungsrate des Luftvolumens in der Lunge dar. Das Luftvolumen in der Lunge entspricht also der Summe aus der orientierten Fläche unter der Kurve und dem Luftvolumen zu Beginn der Beobachtung. Dann kann der Zeitpunkt, an dem das Lungenvolumen minimal ist, aus Abbildung 5 abgelesen werden, also zum Beispiel nach 2 s oder 6 s.

c) Es gilt:

$$\int_2^4 g(t)\,dt = -\int_2^4 \frac{\pi}{8}\sin\left(\frac{\pi}{2}t\right)\,dt = \left[\frac{1}{4}\cos\left(\frac{\pi}{2}t\right)\right]_2^4 = \frac{1}{4} + \frac{1}{4} = \frac{1}{2}.$$

Die Testperson hat 4 s nach Beobachtungsbeginn 0,5 l mehr Luft in ihren Lungen als 2 s nach Beobachtungsbeginn.

d) Das Luftvolumen in der Lunge kann berechnet werden als Summe des Luftvolumens zu Beginn der Beobachtung und der Fläche unter dem Graphen der Funktion g. In Aufgabenteil c) wurde das Volumen berechnet, welches während eines Einatmungszyklus aufgenommen wird. Dieses beträgt 0,5 l. Die Frequenz, mit der sich das Luftvolumen ändert, bleibt dieselbe wie die Frequenz der Änderungsrate. Der Beobachtungszeitraum beginnt mit einem Ausatemvorgang. Der zeitliche Verlauf des Luftvolumens G in der Lunge hat also den folgenden Graphen.

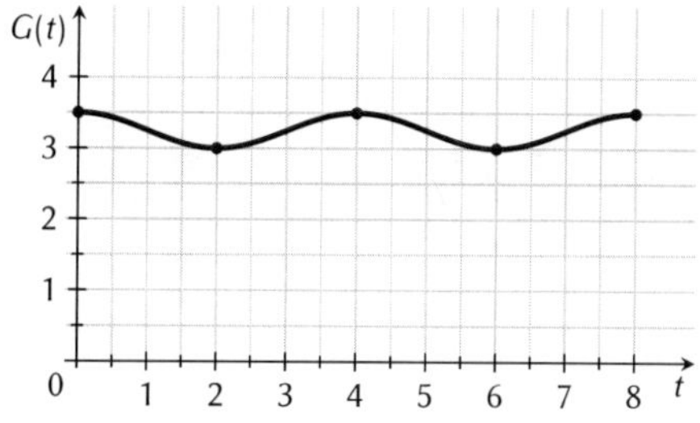

e) ➤ *Atemfrequenz der Testperson*

Ein Atemzyklus der Testperson dauert 4 s. Somit liegt die Atemfrequenz der Testperson bei 15 Atemzyklen pro Minute.

➤ *Atemstromstärke eines jüngeren Menschen*

Die Atemfrequenz des jüngeren Menschen ist um 20 % höher als die der Testperson. Diese liegt also bei $1{,}2 \cdot 15 = 18$ Atemzyklen pro Minute. Es gilt:

$$\frac{60}{18} = \frac{10}{3} \approx 3{,}33.$$

Ein Atemzyklus dauert also ungefähr 3,33 s. Dies entspricht der Periodenlänge der Funktion h mit $h(t) = a\sin(bt)$. Somit kann der Wert des Parameters b berechnet werden.

$$b \cdot \frac{10}{3} = 2\pi \quad \Longleftrightarrow \quad b = \frac{6\pi}{10} = 0{,}6\pi.$$

Lösungen zu Analysis, 2014, Teil A, Aufgabengruppe 1

Lösung zu Aufgabe 1

➤ *Extremstellen*

Zunächst wird mithilfe der Quotientenregel die Ableitungsfunktion f' der Funktion f bestimmt:

$$f'(x) = \frac{1 \cdot \ln x - x \cdot \frac{1}{x}}{(\ln x)^2} = \frac{\ln x - 1}{(\ln x)^2}.$$

Nun werden die Nullstellen der Ableitung f' bestimmt:

$$\frac{\ln x - 1}{(\ln x)^2} = 0.$$

Die Nullstellen des Zählers sind mögliche Nullstellen der Funktion f':

$$\ln x - 1 = 0, \text{ also } x = \mathrm{e}.$$

Wegen $\mathrm{e} \in \mathcal{D}_{f'}$ ist $x = \mathrm{e}$ eine Nullstelle von f'.

➤ *Art des Extremumpunktes*

Nun wird untersucht, ob der Graph der Funktion f an der Stelle $x = \mathrm{e}$ einen Hochpunkt oder einen Tiefpunkt besitzt. Hierzu wird zunächst die zweite Ableitung bestimmt:

$$\begin{aligned} f''(x) &= \frac{\frac{1}{x} \cdot (\ln x)^2 - (\ln x - 1) \cdot 2\ln x \cdot \frac{1}{x}}{(\ln x)^4} \\ &= \frac{(\ln x)^2 - 2(\ln x)^2 + 2\ln x}{x(\ln x)^4} \\ &= \frac{-(\ln x)^2 + 2\ln x}{x(\ln x)^4} \\ &= \frac{\ln x \cdot (-\ln x + 2)}{x(\ln x)^4} \\ &= \frac{2 - \ln x}{x \cdot (\ln x)^3}. \end{aligned}$$

Für den Funktionswert von f'' an der Stelle $x = \mathrm{e}$ gilt dann:

$$f''(\mathrm{e}) = \frac{2 - \ln \mathrm{e}}{\mathrm{e} \cdot (\ln \mathrm{e})^3} = \frac{2 - 1}{\mathrm{e} \cdot 1^3} = \frac{1}{\mathrm{e}} > 0.$$

Damit hat der Graph von f an der Stelle $x = \mathrm{e}$ einen Tiefpunkt.

☞ *Alternative:* Ob der Graph von f an der Stelle $x = \mathrm{e}$ einen Tiefpunkt oder einen Hochpunkt besitzt, kann auch mit dem Vorzeichenwechselkriterium geprüft werden. Hierfür untersucht man das Verhalten der Ableitung f' in einer Umgebung der Nullstelle $x = \mathrm{e}$. Es gilt:

$$f'(x) = \frac{\ln x - 1}{(\ln x)^2}.$$

Bekanntlich ist der Graph von $\ln x$ und damit auch der von $\ln x - 1$ monoton steigend, es kann sich also nur um einen Vorzeichenwechsel von - zu + handeln.

Lösungen

Aufgabenstellung siehe Seite 44

➤ *Koordinaten des Extrempunktes*

Der Graph der Funktion f hat an der Stelle $x = \mathrm{e}$ einen Tiefpunkt. Nun muss noch der Funktionswert an der Stelle $x = \mathrm{e}$ bestimmt werden. Es gilt:

$$f(\mathrm{e}) = \frac{\mathrm{e}}{\ln \mathrm{e}} = \frac{\mathrm{e}}{1} = \mathrm{e}.$$

Tiefpunkt des Graphen von f ist $T(\mathrm{e}|\mathrm{e})$.

Lösung zu Aufgabe 2

a) Für die Berechnung der Nullstellen wird die Gleichung $f(x) = 0$ gelöst:

$$f(x) = \mathrm{e}^x(2x + x^2) = 0.$$

Nach dem Satz vom Nullprodukt gilt, dass ein Produkt genau dann Null ist, wenn mindestens einer der Faktoren Null ist. Da $\mathrm{e}^x = 0$ für $x \in \mathbb{R}$ keine Lösung besitzt, folgt:

$$2x + x^2 = 0 \quad \Longleftrightarrow \quad x(2 + x) = 0 \quad \Longleftrightarrow \quad x_1 = 0,\ x_2 = -2.$$

Die Nullstellen von f sind $x_1 = 0$ und $x_2 = -2$.

b) ➤ *Nachweis der Stammfunktion*

Hierzu wird die Funktion F abgeleitet und anschließend überprüft, ob das Ergebnis mit f übereinstimmt:

$$F'(x) = 2x \cdot \mathrm{e}^x + x^2 \cdot \mathrm{e}^x = \mathrm{e}^x \cdot \left(2x + x^2\right) = f(x).$$

Die Funktion F ist eine Stammfunktion der Funktion f.

➤ *Angabe einer weiteren Stammfunktion G mit $G(1) = 2\mathrm{e}$*

Eine beliebige Stammfunktion von f ist gegeben durch:

$$G_c(x) = x^2 \cdot \mathrm{e}^x + c, \quad c \in \mathbb{R}.$$

Für die gesuchte Stammfunktion gilt also

$$G_c(1) = 1^2 \cdot \mathrm{e}^1 + c = \mathrm{e} + c$$

$$G_c(1) = \mathrm{e} + c = 2\mathrm{e} \quad \Longleftrightarrow \quad c = \mathrm{e}.$$

Die Funktionsgleichung der gesuchten Stammfunktion G lautet:

$$G(x) = x^2\mathrm{e}^x + \mathrm{e}.$$

Lösung zu Aufgabe 3

a) Gegeben sind die Funktionen $g_{a,c} : x \mapsto \sin(ax) + c$. Setzt man beispielsweise $a = 1$ und $c = 0$ erhält man die Funktion $g_{1,0} = \sin x$. Diese Funktion ist periodisch mit Periodenlänge 2π und Wertebereich $\mathcal{W} = [-1; 1]$.

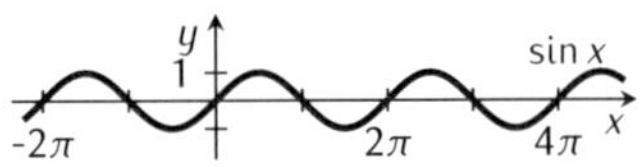

Durch Veränderung des Parameters a kann die Periodenlänge modifiziert werden. Der Parameter c verschiebt den Graphen in y-Richtung. Die Anzahl der Nullstellen in einem Intervall verändert sich einerseites durch Verschiebung des Graphen in y-Richtung, andererseits durch Veränderung der Periodenlänge.

Folgende Beispiele zeigen Graphen für verschiedene Parameter.

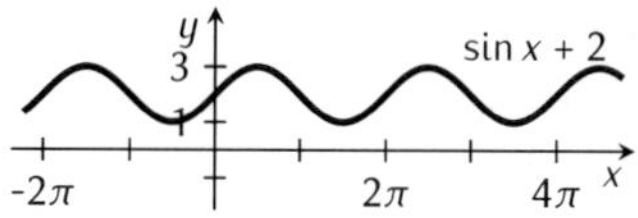

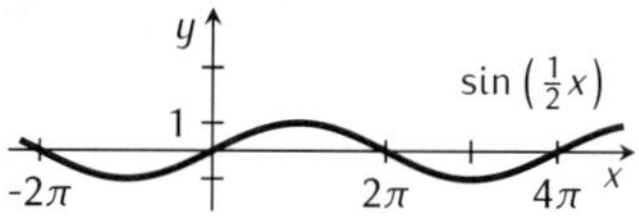

α) ➤ *Angabe einer Funktion $g_{a,c}$ mit Wertemenge* $[0; 2]$

Durch Verschiebung der Sinus-Funktion um 1 nach oben auf der y-Achse erhält man die gewünschte Funktion. Die Periodenlänge ist dabei beliebig. Mit $a = 1$ und $c = 1$ erhält man:

$$g_{1,1}(x) = \sin x + 1.$$

☞ *Alternative:* Der Parameter a kann frei gewählt werden. Auch die folgende Funktion erfüllt die geforderte Eigenschaft:

$$g_{a,1}(x) = \sin(ax) + 1.$$

β) ➤ *Angabe einer Funktion $g_{a,c}$ mit genau drei Nullstellen im Intervall* $[0; \pi]$

Genau drei Nullstellen im Bereich $[0; \pi]$ haben zum Beispiel Funktionen mit halber Periodenlänge und Werten zwischen -1 und 1, also zum Beispiel für $a = 2$ und $c = 0$:

$$g_{2,0}(x) = \sin(2x).$$

☞ *Alternative:* Verschiebt man die Sinus-Funktion nach oben bzw. unten, so muss die Periodenlänge verkürzt werden, um genau drei Nullstellen zu gewährleisten. Dies ist allerdings nur für $-1 < c < 1$ möglich. Wird beispielsweise $c = \frac{1}{2}$ gesetzt, dann muss a zwischen 3 und 4 liegen, zum Beispiel $a = \frac{7}{2}$:

$$g_{\frac{7}{2},\frac{1}{2}}(x) = \sin\left(\frac{7}{2}x\right) + \frac{1}{2}.$$

b) Zunächst wird die Ableitung $g'_{a,c}$ berechnet:

$$g'_{a,c}(x) = a \cdot \cos(ax).$$

Die Funktion h mit $h(x) = \cos(x)$ hat den Wertebereich $[-1; 1]$. Der Faktor a vor der Cosinus-Funktion skaliert die Amplitude und verändert damit den Wertebereich, das heißt die Ableitung $g'_{a,c}$ nimmt alle Werte zwischen $-a$ und a an:

$$-a \leq g'_{a,c}(x) \leq a.$$

Lösung zu Aufgabe 4

a) Die Nullstelle von f im Bereich zwischen a und b wird mit c bezeichnet. Der Wert der Funktion f an der Stelle x entspricht der Steigung der Tangente an die Stammfunktion F an der Stelle x.

- Links von der Nullstelle c, also für $a \leq x < c$, verläuft der Graph von f oberhalb der x-Achse. Somit ist der Graph der Stammfunktion F hier monoton steigend.
- Rechts von der Nullstelle c, also für $c < x \leq b$, verläuft der Graph von f unterhalb der x-Achse. Es folgt, dass der Graph von F in diesem Bereich monoton fallend ist.

Die Funktion f hat also an der Stelle $x = c$ eine Nullstelle mit Vorzeichenwechsel von + nach -, folglich hat die Stammfunktion hier ein Maximum.

b) Im Folgenden werden Eigenschaften des Graphen von F aufgeführt: Sei c die Nullstelle und d die Extremstelle des Graphen der Funktion f.

- Steigungsverhalten für $x < c$: Der Graph von f liegt oberhalb der x-Achse und ist monoton fallend. Somit ist der Graph von F in diesem Bereich monoton steigend und nach rechts gekrümmt.
- Hochpunkt: Wie bereits in Teilaufgabe a) ermittelt wurde, liefert die Nullstelle von f einen Hochpunkt des Graphen von F an der Stelle $x = c$.
- Wendepunkt: Dem Tiefpunkt des Graphen von f an der Stelle $x = d$ entspricht einer Wendestelle im Graphen von F.
- Asymptotisches Verhalten für $x > d$: Der Graph von f verläuft hier unterhalb der x-Achse und nähert sich einem Wert $y = k$ an.

Nun können diese Erkenntnisse dazu verwendet werden, den Graphen zu zeichnen.

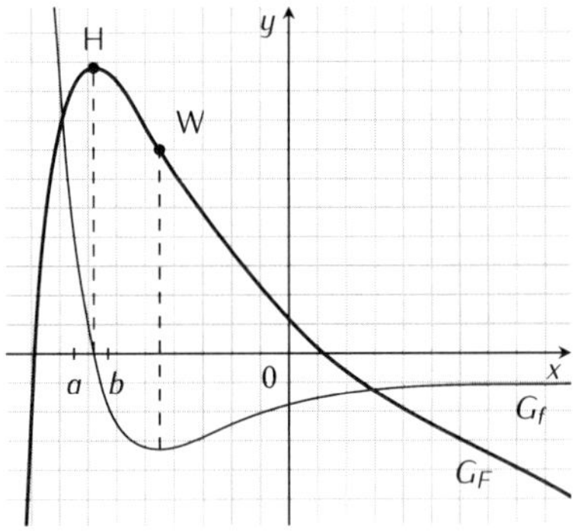

Lösungen zu Analysis, 2014, Teil A, Aufgabengruppe 2

Lösung zu Aufgabe 1

a) Die Funktionsgleichung eines an der y-Achse gespiegelten Graphen erhält man, indem man in der ursprünglichen Funktionsgleichung die Variable x durch $-x$ ersetzt. Die Funktionsgleichung der Funktion g lautet also:

$$g(x) = \sin(-x) = -\sin x.$$

b) Gesucht ist eine periodische Funktion mit Wertemenge $[1; 3]$. Eine der einfachsten periodischen Funktionen ist die Sinusfunktion. Diese hat die Wertemenge $\mathcal{W} = [-1; 1]$. Durch Verschiebung des Graphen dieser Funktion um 2 in y-Richtung erhält man die gewünschte Wertemenge $\mathcal{W} = [1; 3]$. Eine Funktion h, die die vorgegebenen Eigenschaften erfüllt, ist:

$$h(x) = \sin x + 2.$$

☞ *Alternative 1:* Die Cosinusfunktion ist ebenfalls periodisch mit Wertemenge $[-1; 1]$. Verschiebt man den Graphen dieser Funktion um 2 nach oben, erhält man wieder eine Funktion mit den gewünschten Eigenschaften:

$$h(x) = \cos x + 2.$$

☞ *Alternative 2:* Bei dieser Teilaufgabe spielt die Periodenlänge keine Rolle, deshalb kommen auch Funktionen h der Form

$$h(x) = \sin(ax) + 2 \quad \text{oder} \quad h(x) = \cos(ax) + 2$$

mit einem beliebigen $a \in \mathbb{R} \setminus \{0\}$ infrage.

c) Die Sinusfunktion hat die Periodenlänge 2π. Die Periode einer Funktion wird durch Multiplikation des Arguments x mit dem Faktor a verändert. Die Periodenlänge der Funktion k soll halb so groß sein wie die der Sinusfunktion. Daher muss $a = 2$ gewählt werden. Eine mögliche Funktionsgleichung für die Funktion k lautet somit:

$$k(x) = \sin(2x).$$

☞ *Alternative 1:* Ähnlich wie in Teilaufgabe b) liefert auch hier der Ansatz mit einer Cosinusfunktion ein korrektes Ergebnis, also:

$$k(x) = \cos(2x).$$

☞ *Alternative 2:* Da der Wertebereich in diesem Fall keine Rolle spielt, kommen auch Funktionen k mit

$$k(x) = a\sin(2x) + c \quad \text{oder} \quad h(x) = a\cos(2x) + c$$

mit einem beliebigem $a, c \in \mathbb{R} \setminus \{0\}$ infrage.

Lösungen

Lösung zu Aufgabe 2

Diese Aufgabe entspricht Aufgabe 2 aus Aufgabengruppe 1, daher werden hier nur die Ergebnisse angegeben. Die ausführlichen Lösungen sind auf Seite 188 zu finden.

a) Die Nullstellen sind $x_1 = 0$ und $x_2 = -2$.

b) ➤ *Nachweis der Stammfunktion*

Es gilt:

$$F'(x) = 2x \cdot e^x + x^2 \cdot e^x = e^x \cdot \left(2x + x^2\right) = f(x).$$

➤ *Angabe weiterer Stammfunktion G mit $G(1) = 2e$*

Die Stammfunktion lautet $G(x) = x^2 e^x + e$.

Lösung zu Aufgabe 3

Gegeben ist $g : x \mapsto g(x), -5 \leq x \leq 5$ mit zwei Wendepunkten. Die Funktion g hat an der Stelle $x = a$ genau dann einen Wendepunkt, wenn die zweite Ableitung g'' an dieser Stelle eine Nullstelle mit Vorzeichenwechsel hat.

- Der Graph II besitzt nur eine Nullstelle und kann somit ausgeschlossen werden.
- Der Graph III besitzt zwar zwei Nullstellen, allerdings sind beide ohne Vorzeichenwechsel.
- Der Graph I besitzt im Bereich $[-5; 5]$ zwei Nullstellen mit Vorzeichenwechsel und ist deshalb der gesuchte Graph der zweiten Ableitung g''.

Lösung zu Aufgabe 4

Der Eckpunkt auf dem Graphen G_f wird mit $P(u|f(u))$ bezeichnet. Hierbei gilt $0 < u < 1$.

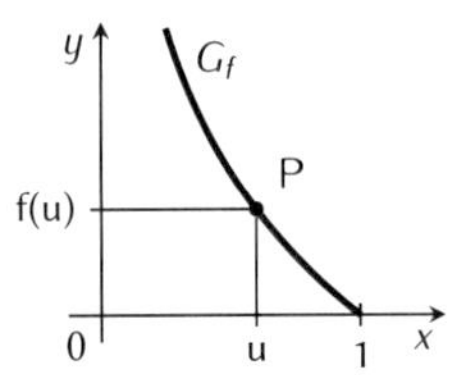

Abb. 1

Das Rechteck hat also die Seitenlängen u und $f(u)$. Für den Flächeninhalt A gilt somit:

$$A(u) = u \cdot f(u) = u \cdot (-\ln u).$$

Im nächsten Schritt wird der maximale Flächeninhalt bestimmt. Dafür wird zunächst die Ableitung berechnet:

$$A'(u) = 1 \cdot (-\ln u) + u \cdot \left(-\frac{1}{u}\right) = -\ln u - 1.$$

Nun werden die Nullstellen der Ableitung bestimmt:

$$A'(u) = -\ln u - 1 = 0 \quad \text{also} \quad \ln u = -1 \quad \Longleftrightarrow \quad u = e^{-1} = \frac{1}{e}.$$

Die Stelle $u = \frac{1}{e}$ liegt innerhalb des Definitionsbereiches und ist somit ein Kandidat für eine Extremstelle.

Mithilfe der zweiten Ableitung lässt sich überprüfen, ob es sich um einen Hochpunkt des Graphen von A handelt.

$$A''(u) = \frac{-1}{u}$$

$$A''\left(\frac{1}{e}\right) = \frac{-1}{\frac{1}{e}} = -e < 0$$

Die zweite Ableitung ist an der Stelle negativ, deshalb handelt es sich um einen Hochpunkt.

☞ *Alternative:* Die ln-Funktion ist eine streng monoton wachsende Funktion. Die Funktion A' muss also streng monoton fallend sein. Es muss dann insbesondere an der Nullstelle im Inneren des Definitionsbereiches zwingend einen Vorzeichenwechsel von + zu - geben.

Die Funktion A ist für $0 < u < 1$ definiert und es gelten:

$$A(u) \to 0 \quad \text{für} \quad u \to 0 \quad \text{und}$$

$$A(u) \to 0 \quad \text{für} \quad u \to 1.$$

$$A\left(\frac{1}{e}\right) = \frac{1}{e} \cdot \left(-\ln\left(\frac{1}{e}\right)\right) = \frac{1}{e}$$

Das globale Maximum der Funktion A wird also an der Stelle $u = \frac{1}{e}$ angenommen. Für die Länge der zweiten Seite gilt

$$f\left(\frac{1}{e}\right) = -\ln\left(\frac{1}{e}\right) = -(-1) = 1.$$

Die Seiten des Rechtecks haben somit die Längen $\frac{1}{e}$ und 1.

Lösung zu Aufgabe 5

Diese Aufgabe entspricht Aufgabe 4 aus Aufgabengruppe 1, daher werden hier nur die Ergebnisse angegeben. Die ausführlichen Lösungen sind auf Seite 189 zu finden.

a) Der Graph der Stammfunktion F besitzt in diesem Intervall einen Hochpunkt.

b) Verlauf des Graphen von F:

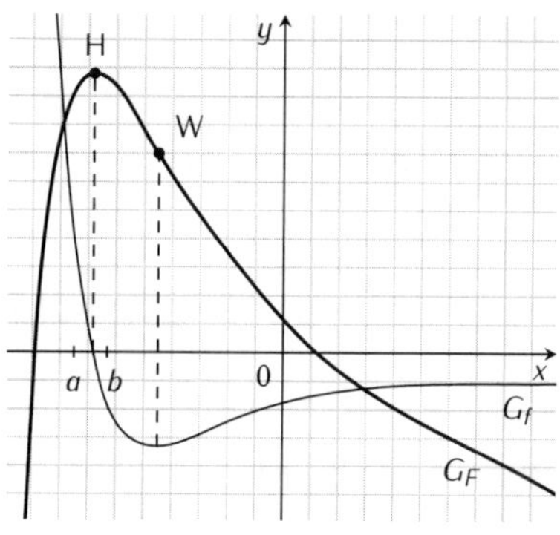

Aufgabenstellung siehe Seite 47

Lösungen zu Analysis, 2014, Teil B, Aufgabengruppe 1

Lösung zu Aufgabe 1

a) ➤ *Schnittpunkte mit den Koordinatenachsen*

Sowohl die Nullstellen für die Schnittpunkte mit der x-Achse als auch der Schnittpunkt mit der y-Achse sind gesucht. Für den Schnittpunkt mit der y-Achse setzt man $x = 0$ ein:

$$f(0) = 2 - \sqrt{12 - 2 \cdot 0} = 2 - \sqrt{12} = 2 - 2\sqrt{3}.$$

Der Schnittpunkt mit der y-Achse ist $S_y\left(0 \middle| 2 - 2\sqrt{3}\right)$. Die Nullstellen von f sind die Lösungen der Gleichung $f(x) = 0$:

$$0 = 2 - \sqrt{12 - 2x} \quad \Longleftrightarrow \quad 2 = \sqrt{12 - 2x}$$

Beide Seiten werden quadriert und man erhält:

$$2^2 = 12 - 2x \quad \Longleftrightarrow \quad x = 4.$$

Weil beide Seiten quadriert wurden, und deshalb die Lösungsmenge zu Unrecht vergrößert sein könnte, muss hier eine Probe gemacht werden. Es gilt:

$$f(4) = 2 - \sqrt{12 - 2 \cdot 4} = 2 - \sqrt{4} = 2 - 2 = 0.$$

Somit ist der Schnittpunkt mit der x-Achse $S_x(4|0)$.

➤ *Verhalten für $x \to -\infty$*

Es gilt:

$$\lim_{x \to -\infty} (12 - 2x) = +\infty \quad \text{und} \quad \lim_{x \to +\infty} \sqrt{x} = +\infty \quad \text{und folglich} \quad \lim_{x \to -\infty} \sqrt{12 - 2x} = +\infty.$$

Für die Funktion f gilt damit:

$$\lim_{x \to -\infty} f(x) = \lim_{x \to -\infty} \left(2 - \sqrt{12 - 2x}\right) = -\infty.$$

➤ *Funktionswert $f(6)$*

Es gilt:

$$f(6) = 2 - \sqrt{12 - 2 \cdot 6} = 2.$$

b) ➤ *Term der Ableitungsfunktion f'*

Der Funktionsterm von f kann umgeschrieben werden als:

$$f(x) = 2 - (12 - 2x)^{\frac{1}{2}}.$$

Damit kann die Ableitung f' der Funktion f berechnet werden:

$$f'(x) = 0 - \frac{1}{2}(12 - 2x)^{-\frac{1}{2}} \cdot (-2) = (12 - 2x)^{-\frac{1}{2}}.$$

Um auf das Vergleichsergebnis zu kommen, ist noch eine weitere Umformung nötig:

$$f'(x) = (12 - 2x)^{-\frac{1}{2}} = \frac{1}{(12 - 2x)^{\frac{1}{2}}} = \frac{1}{\sqrt{12 - 2x}}.$$

➤ *Definitionsbereich von f'*

Um den Definitionsbereich der Ableitungsfunktion f' bestimmen, müssen die Nullstellen des Nenners ermittelt werden:

$$\sqrt{12 - 2x} = 0.$$

Eine Wurzel ist genau dann Null, wenn der Term unter der Wurzel, der Radikand, Null ist. Zudem dürfen unter einer Wurzel keine negativen Zahlen stehen. Demnach gilt:

$$12 - 2x > 0 \quad \Longleftrightarrow \quad -2x > -12 \quad \Longleftrightarrow \quad x < 6.$$

Der Definitionsbereich von f' ist somit $\mathcal{D}_{f'} =]-\infty; 6[$.

➤ $\lim\limits_{\substack{x\to 6\\ x<6}} f'(x)$

Gesucht ist der folgende Grenzwert:

$$\lim_{\substack{x\to 6\\ x<6}} f'(x) = \lim_{\substack{x\to 6\\ x<6}} \frac{1}{\sqrt{12 - 2x}}$$

Eine Untersuchung des Nenners liefert:

$$\lim_{\substack{x\to 6\\ x<6}} \sqrt{12 - 2x} = 0.$$

Andererseits gilt stets:

$$\sqrt{12 - 2x} > 0 \quad \text{für} \quad x \in \mathcal{D}_{f'}.$$

Somit gilt:

$$\lim_{\substack{x\to 6\\ x<6}} f'(x) = +\infty.$$

Da $f'(x)$ die Steigung des Graphen der Funktion f an der Stelle x angibt und diese für $x \to 6$ und $x < 6$ ins Unendliche steigt, wird der Graph von f für $x \to 6$ immer stärker steigen, also immer steiler.

c) ➤ *Monotonieverhalten*

Das Monotonieverhalten einer Funktion f kann sich nur an Definitionslücken oder Extremstellen ändern. In dem angegebenem Definitionsbereich hat f keine Definitionslücken. Da die Ableitungsfunktion f' keine Nullstellen hat, gibt es auch keine Extremstellen. Damit ist das Monotonieverhalten der Funktion f auf dem gesamten Definitionsbereich gleich. Nun betrachtet man f'. Sowohl Zähler als auch Nenner sind stets positiv. Damit ist der Graph von f im gesamten Definitionsbereich streng monoton steigend.

➤ *Wertemenge von f*

Gesucht sind alle Werte, welche die Funktion f annehmen kann. Aus den vorigen Teilaufgaben ist bekannt, dass für die Funktion f gilt:

$$f(x) \to -\infty \quad \text{für} \quad x \to -\infty.$$

Außerdem ist der Graph monoton steigend. An der oberen Grenze des Definitionsbereichs, bei $x = 6$ ist der Funktionswert $f(6) = 2$. Damit ist die Wertemenge von f gegeben durch $\mathcal{W}_f =]-\infty; 2]$.

Lösungen

d) Es gilt:

$$f(-2) = 2 - \sqrt{12 - 2 \cdot (-2)} = 2 - 4 = -2.$$

Damit kann nun der Graph der Funktion skizziert werden.

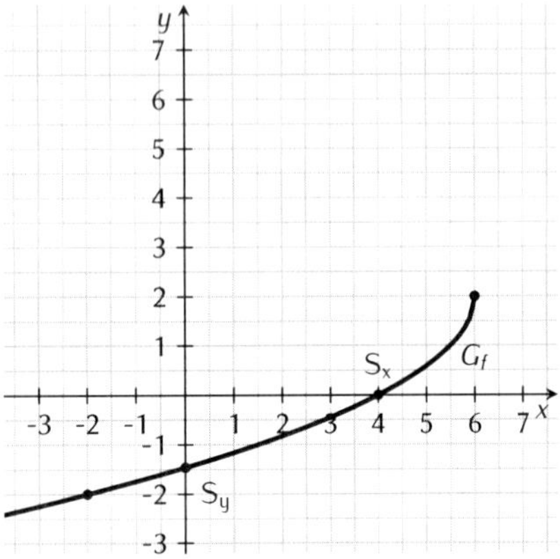

e) ➤ *Definitionsmenge der Funktion f^{-1}*

Die Definitionsmenge der Umkehrfunktion ist die Wertemenge der Ausgangsfunktion. Somit ist $\mathcal{D}_{f^{-1}} =]-\infty; 2]$.

➤ *Funktionsgleichung der Umkehrfunktion*

Für die Bestimmung der Funktionsgleichung der Umkehrfunktion vertauscht man in der Ausgangsfunktion x und $f(x) = y$ und löst wieder nach y auf. Alle Umformungen gelten für $x \leq 2$

$$x = 2 - \sqrt{12 - 2y}$$
$$x - 2 = -\sqrt{12 - 2y}$$
$$(x - 2)^2 = 12 - 2y$$
$$2y = 12 - (x - 2)^2$$
$$2y = 12 - (x^2 - 4x + 4)$$
$$2y = 12 - x^2 + 4x - 4$$
$$y = 4 - \frac{1}{2}x^2 + 2x$$
$$y = -\frac{1}{2}x^2 + 2x + 4.$$

Damit ist $f^{-1}(x) = -\frac{1}{2}x^2 + 2x + 4$, für $x \in]-\infty; 2]$.

Lösung zu Aufgabe 2

Ab hier wird die Funktion h betrachtet.

a) Die Schnittstelle zweier Funktionsgraphen berechnet man, indem man die Terme der beiden Funktionen gleichsetzt und die Gleichung nach x auflöst:

$$x = h(x)$$

$$x = -\frac{1}{2}x^2 + 2x + 4$$

$$0 = -\frac{1}{2}x^2 + x + 4$$

Mithilfe der Mitternachtsformel erhält man:

$$x_{1,2} = \frac{-1 \pm \sqrt{1^2 - 4 \cdot (-\frac{1}{2}) \cdot 4}}{2 \cdot (-\frac{1}{2})} = \frac{-1 \pm \sqrt{9}}{-1} = \frac{1 \pm 3}{-1}$$

$$\Longrightarrow \quad x_1 = 4 \quad \text{und} \quad x_2 = -2.$$

Die Schnittpunkte liegen auf der ersten Winkelhalbierenden. Damit sind die Schnittpunkte gegeben durch $S_1(4|4)$ und $S_2(-2|-2)$.

b) Der Aufgabenstellung ist zu entnehmen, dass zunächst der Scheitelpunkt zu bestimmen ist. Der Scheitelpunkt einer Parabel ist der Extrempunkt. Man findet ihn daher, indem man die Nullstellen der ersten Ableitung bestimmt:

$$h'(x) = -x + 2 = 0 \quad \Longleftrightarrow \quad x = 2.$$

Mithilfe der zweiten Ableitung wird überprüft, ob es sich um einen Hochpunkt oder einen Tiefpunkt handelt.

$$h''(x) = -1 < 0 \quad \Longrightarrow \quad \mathrm{H}(2|h(2)).$$

Es handelt sich um einen Hochpunkt. Berechnung des y-Wertes liefert:

$$h(2) = -\frac{1}{2} \cdot 2^2 + 2 \cdot 2 + 4 = 6.$$

Der Scheitelpunkt der Parabel ist der Hochpunkt $\mathrm{H}(2|6)$.

☞ *Alternative:* Man kann die Funktionsgleichung durch Ausklammern und mit quadratischer Ergänzung beziehungsweise den binomischen Formeln auf die Scheitelpunktform bringen.

$$\begin{aligned} h(x) &= -\frac{1}{2}x^2 + 2x + 4 \\ &= -\frac{1}{2}\left(x^2 - 4x - 8\right) \\ &= -\frac{1}{2}\left(x^2 - 2 \cdot 2x + 2^2 - 2^2 - 8\right) \\ &= -\frac{1}{2}\left((x-2)^2 - 12\right) \\ &= -\frac{1}{2}(x-2)^2 + 6. \end{aligned}$$

Der Faktor vor $(x - 2)^2$ ist negativ, die Parabel ist somit nach unten geöffnet und der Scheitelpunkt ein Hochpunkt. Die Koordinaten lassen sich direkt ablesen: $\mathrm{H}(2|6)$.

Damit lässt sich die Funktion ins Koordinatensystem einzeichnen:

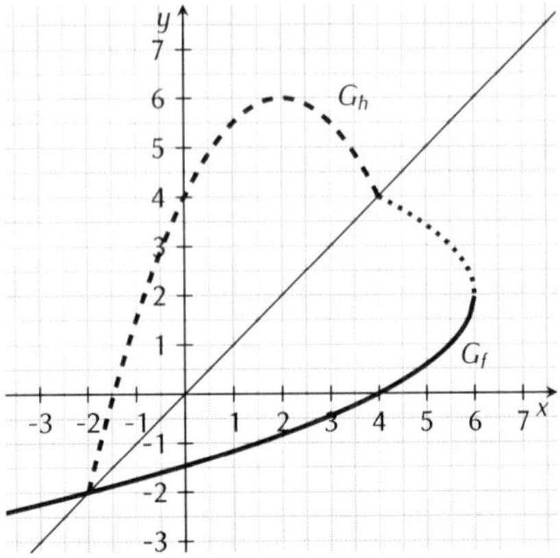

Lösung zu Aufgabe 3

a) Der Flächeninhalt zwischen dem Graphen G_h der Funktion h und der Winkelhalbierenden lässt sich berechnen, indem man von dem Funktionsterm h den Funktionsterm der Winkelhalbierenden abzieht und über diese Differenzfunktion das Integral bildet. Die Grenzen sind dabei die in Aufgabe 2 a) berechneten Schnittstellen:

$$\begin{aligned}
A_{\text{Hälfte}} &= \int_{-2}^{4} \left(h(x) - x\right) \mathrm{d}x \\
&= \int_{-2}^{4} \left(-\frac{1}{2}x^2 + 2x + 4 - x\right) \mathrm{d}x \\
&= \int_{-2}^{4} \left(-\frac{1}{2}x^2 + x + 4\right) \mathrm{d}x \\
&= \left[-\frac{1}{2} \cdot \frac{1}{3} \cdot x^3 + \frac{1}{2}x^2 + 4x\right]_{-2}^{4} \\
&= \left[-\frac{1}{6}x^3 + \frac{1}{2}x^2 + 4x\right]_{-2}^{4} \\
&= -\frac{1}{6} \cdot 4^3 + \frac{1}{2} \cdot 4^2 + 4 \cdot 4 - \left(-\frac{1}{6} \cdot (-2)^3 + \frac{1}{2} \cdot (-2)^2 + 4 \cdot (-2)\right) \\
&= 18.
\end{aligned}$$

Durch die Spiegelung an der Winkelhalbierenden ist das Blatt symmetrisch, das heißt man muss nur den Flächeninhalt einer Blatthälfte bestimmen und diesen dann verdoppeln:

$$A = 2 \cdot A_{\text{Hälfte}} = 36.$$

Da eine Längeneinheit einem Zentimeter entspricht, ist eine Flächeneinheit ein Quadratzentimeter. Damit hat das Blatt eine Fläche von $36\,\text{cm}^2$.

b) ➤ *Tangentengleichung im Punkt* $(-2|h(-2))$

Die allgemeine Geradengleichung lautet:

$$y = mx + b.$$

Die Steigung m der Tangente im Punkt $(-2|h(-2))$ ist gegeben durch den Wert der Ableitung an dieser Stelle, also $m = h'(-2)$. Es gilt:

$$h'(x) = -\frac{1}{2} \cdot 2 \cdot x + 2 = -x + 2 \quad \Longrightarrow \quad h'(-2) = -(-2) + 2 = 4.$$

Die Tangente an den Graphen der Funktion h hat also die Gleichung:

$$y = 4x + b.$$

Nun wird noch der y-Achsenabschnitt b bestimmt. Hierzu führt man eine Punktprobe mit dem Punkt $(-2|h(-2))$ durch, denn die Tangente in diesem Punkt muss den Punkt selbst auch enthalten. Es gilt:

$$h(-2) = -\frac{1}{2} \cdot (-2)^2 + 2 \cdot (-2) + 4 = -2.$$

Somit kann b bestimmt werden:

$$-2 = 4 \cdot (-2) + b \quad \Longrightarrow \quad b = 6$$

Die Gleichung der Tangente an den Graphen der Funktion h im Punkt $(-2|h(-2))$ lautet:

$$t(x) = 4x + 6.$$

☞ *Alternative:* Es gibt auch eine Formel für die Bestimmung der Tangentengleichung. Für die Tangente im Punkt $\left(x_p|h(x_p)\right)$ ist eine Tangentengleichung gegeben durch:

$$t(x) = h'(x_p)(x - x_p) + h(x_p).$$

Also:

$$\begin{aligned} t(x) &= h'(-2)(x - (-2)) + h(-2) \\ &= \left(-(-2) + 2\right) \cdot (x + 2) + (-2) \\ &= 4 \cdot (x + 2) - 2 \\ &= 4x + 8 - 2 \\ &= 4x + 6. \end{aligned}$$

➤ *Bestimmung des Winkels an der Blattspitze*

Auch hier lässt sich die Symmetrieeigenschaft des Blattes ausnutzen. Die erste Winkelhalbierende teilt den Winkel in zwei gleich große Winkel. Man berechnet zunächst den Winkel γ zwischen der Tangente an G_h an der Stelle $x = -2$ und der x-Achse. Von diesem zieht man den Winkel zwischen erster Winkelhalbierender und x-Achse, also 45°, ab. Die Tangente im Punkt $(-2|-2)$ hat die Gleichung $t(x) = 4x + 6$, also $t'(x) = 4$. Für den Winkel, den die Tangente mit der x-Achse einschließt, gilt:

$$\alpha = \tan^{-1} 4 \approx 75{,}96^\circ.$$

Der Winkel γ ist also gegeben durch:

$$\gamma \approx 75{,}96^\circ - 45^\circ = 30{,}96^\circ.$$

Der Winkel an der Blattspitze beträgt somit $\beta = 2\alpha = 2 \cdot 30{,}96^\circ = 61{,}92^\circ$.

Lösungen

c) Die ersten beiden Bedingungen stellen sicher, dass die Funktion k an der Stelle $x = 0$ stetig und differenzierbar an die Funktion h angeschlossen wird. Sie gehen nahtlos ineinander über und haben an der Stelle $x = 0$ dieselbe Steigung. Das sorgt im Modell dafür, dass der obere Blattrand „glatt" verläuft. Die dritte Gleichung sorgt dafür, dass die Blattspitze immer noch an der gleichen Stelle liegt. Die vierte Bedingung sorgt dafür, dass die Blattspitze genauer dargestellt wird, denn es gilt:

$$k'(-1) = 1{,}5 < 4 = h'(-2).$$

Das heißt:

$$\varphi = \tan^{-1}(1{,}5) \approx 56{,}31^\circ \quad \text{beziehungsweise} \quad \varphi - 45^\circ = 11{,}31^\circ.$$

und der Winkel an der Blattspitze beträgt ungefähr $22{,}62^\circ$. Der Graph G_k verläuft also an dieser Stelle flacher als der Graph G_h. Er verläuft damit näher an der Winkelhalbierenden, was der konkaven Form der oberen Blattspitze in der Abbildung eher entspricht.

Lösungen zu Analysis, 2014, Teil B, Aufgabengruppe 2

Lösung zu Aufgabe 1

a) ➤ *Definitionsbereich der Funktion f*

Für den Definitionsbereich einer gebrochenrationalen Funktion müssen die Definitionslücken gefunden werden, die Nullstellen des Nenners sind:

$$\begin{aligned} x^2 - 25 &= 0 \\ x^2 &= 25 \\ x &= \pm 5. \end{aligned}$$

Der Definitionsbereich ist wie angegeben $\mathcal{D}_f = \mathbb{R} \setminus \{-5; 5\}$.

➤ *Symmetrie des Graphen*

Die Definitionsmenge ist symmetrisch zur Null. Um die Symmetrieeigenschaft des Graphen von f festzustellen, setzt man $-x$ in die Funktionsgleichung ein, und überprüft, ob das Ergebnis nach Termumformung mit $f(x)$ oder $-f(x)$ übereinstimmt: Für alle $x \in \mathcal{D}_f$ gilt:

$$f(-x) = \frac{20 \cdot (-x)}{(-x)^2 - 25} = \frac{-20x}{x^2 - 25} = -\frac{-20x}{x^2 - 25} = -f(x).$$

Somit ist G_f punktsymmetrisch zum Koordinatenursprung.

➤ *Nullstellen von f*

Die möglichen Nullstellen einer gebrochenrationalen Funktionen finden sich unter den Nullstellen des Zählers:

$$20x = 0 \quad \Longleftrightarrow \quad x = 0.$$

Es gilt $0 \in \mathcal{D}_f$, damit ist $x = 0$ eine Nullstelle der Funktion f.

➤ *Asymptoten des Graphen*

Die Nullstellen des Zähles sind keine Nullstellen des Nenners und umgekehrt. Daher sind die Polstellen gegeben durch $x = -5$ und $x = 5$. Dies sind auch die Gleichungen der senkrechten Asymptoten von G_f.

Waagrechte oder schiefe Asymptoten einer gebrochenrationalen Funktion ermittelt man, indem man das Verhalten der Funktion im Unendlichen betrachtet. Dazu vergleicht man Zählergrad und Nennergrad der Funktion. Der Zählergrad der Funktion f ist kleiner als der Nennergrad. Deshalb gilt:

$$f(x) \to 0 \quad \text{für} \quad x \to \pm\infty.$$

Damit ist die x-Achse, also die Gerade mit der Gleichung $y = 0$, die waagrechte Asymptote von G_f.

b) ➤ *Graph stets streng monoton fallend*

Die Steigung des Graphen G_f an der Stelle $x = x_0$ entspricht dem Wert der 1. Ableitung an dieser Stelle, also $f'(x_0)$. Zu zeigen ist also, dass die Werte der 1. Ableitung stets negativ sind.

Lösungen

Zunächst wird also die erste Ableitung mithilfe der Quotientenregel gebildet:

$$f'(x) = \frac{20 \cdot (x^2 - 25) - 20x \cdot 2x}{(x^2 - 25)^2} = \frac{20x^2 - 500 - 40x^2}{(x^2 - 25)^2} = \frac{-20x^2 - 500}{(x^2 - 25)^2}.$$

Es gelten:

$$-20x^2 - 500 < 0 \quad \text{für alle} \quad x \in \mathcal{D}_f \quad \text{und}$$

$$(x^2 - 25)^2 > 0 \quad \text{für alle} \quad x \in \mathcal{D}_f.$$

Damit ist der gesamte Bruch für alle $x \in \mathcal{D}_f$ negativ. Es gilt also $f'(x) < 0$ für alle $x \in \mathcal{D}_f$ und damit hat der Graph der Funktion f in jedem Punkt eine negative Steigung.

➤ *Schnittwinkel mit der x-Achse*

Der Graph der Funktion f schneidet die x-Achse im Koordinatenursprung, denn Punkt N(0|0) war die einzige Nullstelle. Der Winkel α zwischen der x-Achse und der Tangente an den Graphen von f im Koordinatenursprung lässt sich dann mit folgender Formel aus der Merkhilfe berechnen:

$$\tan \alpha = f'(0) = \frac{-20 \cdot 0^2 - 500}{(0^2 - 25)^2} = \frac{-500}{625} = -\frac{4}{5} = -0{,}8$$

also $\alpha = \tan^{-1}(-0{,}8) \approx -38{,}66°$.

und folglich ist:

$$\varphi = 180° - 38{,}66° = 141{,}34°.$$

c) Zunächst werden alle Asymptoten eingezeichnet. Es gelten:

$$\lim_{\substack{x \to 5 \\ x > 5}} f(x) = \lim_{\substack{x \to -5 \\ x > -5}} f(x) = +\infty,$$

$$\lim_{\substack{x \to 5 \\ x < 5}} f(x) = \lim_{\substack{x \to -5 \\ x < -5}} f(x) = -\infty \quad \text{und}$$

$$\lim_{x \to \pm\infty} f(x) = 0.$$

Der Graph G_f schmiegt sich also an die x-Achse an. Im Intervall $]-\infty; -5[$ fällt der Graph der Funktion monoton und verläuft in diesem Bereich unterhalb der x-Achse. Auch im Intervall $]-5; 5[$ fällt der Graph der Funktion f monoton mit dem Schnittpunkt N(0|0) mit der x-Achse. Im Intervall $]5; \infty[$ fällt der Graph der Funktion ebenfalls streng monoton. An den Polstellen streben die Funktionswerte gegen $-\infty$ beziehungsweise gegen $+\infty$. Auch die Tangente in N(0|0) kann mithilfe der für die Winkelbetrachtung notwendigen Steigung eingetragen werden.

Somit ergibt sich folgende Abbildung.

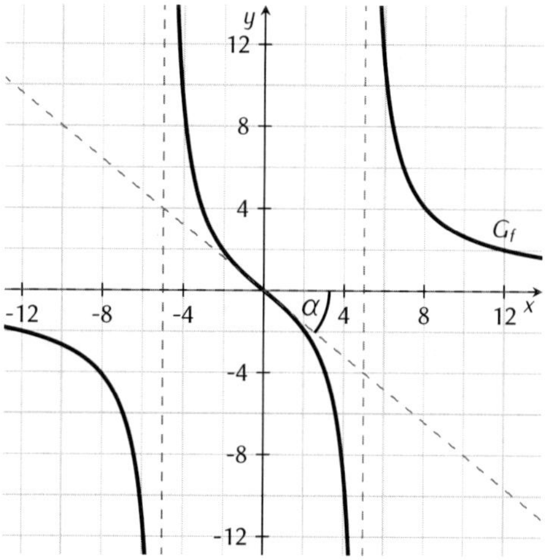

d) In der Skizze lässt sich leicht erkennen, dass es für fast alle y-Werte, mit Ausnahme von $y = 0$, zwei Stellen gibt, an denen $y = f(x)$ gilt. Damit ist die Funktion nicht umkehrbar, denn für eine umkehrbare Funktion muss gelten, dass die Gleichung $y = f(x)$ für jedes y höchstens eine Lösung x hat. Für die Funktion f^* trifft das Kriterium jedoch zu. Die Umkehrfunktion erhält man, indem man f^* an der Geraden $y = x$, also an der ersten Winkelhalbierenden, spiegelt.

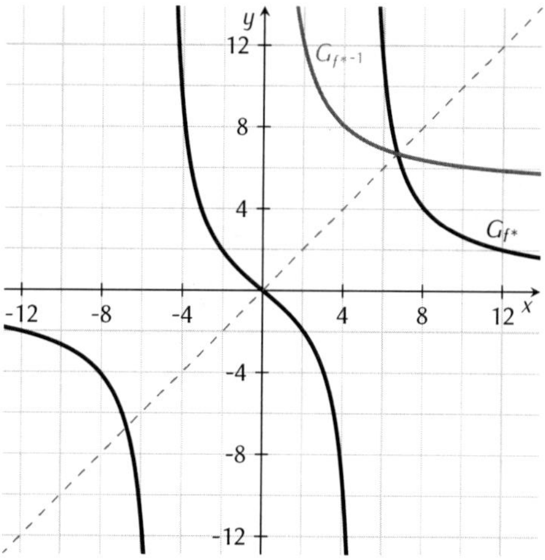

☞ *Alternative:* Wenn der Graph einer Funktion in einem Bereich streng monoton steigend ($f'(x) > 0$) oder streng monoton fallend ($f'(x) < 0$) ist, dann ist die Funktion dort umkehrbar. Für f^* mit $\mathcal{D}_{f^*} =]5; +\infty[$ ist dies der Fall. Auch durch Termumformungen lässt sich mithilfe der Lösungsformel der Funktionsterm der Umkehrfunktion bestimmen:

$$(f^*)^{-1}(x) = \frac{10 + 5\sqrt{x^2 + 4}}{x}$$

für alle $x \in \mathcal{D}_{(f^*)^{-1}} = \mathcal{W}_{f^*} =]0; +\infty[$

Aufgabenstellung siehe Seite 49

e) Zunächst wird der Sachverhalt in einer Skizze veranschaulicht.

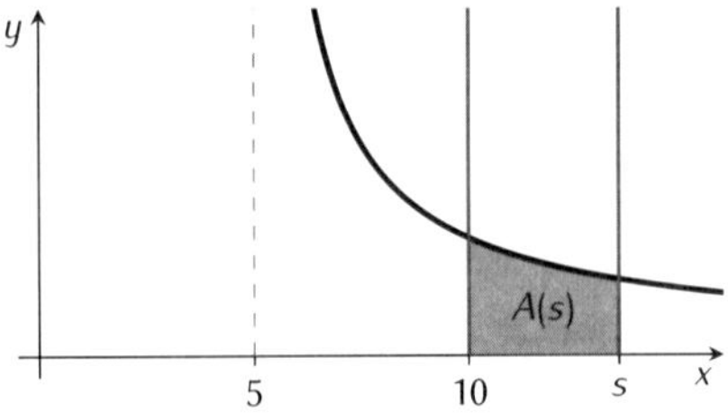

Der Graph der Funktion f verläuft für $x > 10$ immer oberhalb der x-Achse. Damit kann die gesuchte Fläche in Abhängigkeit von s mit dem Integral der Funktion in den Grenzen $x = 10$ und $x = s$ berechnet werden:

$$A(s) = \int_{10}^{s} \frac{20x}{x^2 - 25}\,\mathrm{d}x.$$

➤ *Stammfunktion von f*

Eine Stammfunktion von f ist gegeben durch

$$F(x) = \int \frac{20x}{x^2 - 25}\,\mathrm{d}x.$$

Falls der Faktor 10 aus dem Integral gezogen wird, gilt:

$$F(x) = \int \frac{20x}{x^2 - 25}\,\mathrm{d}x = 10\int \frac{2x}{x^2 - 25}\,\mathrm{d}x.$$

Hier kann man erkennen, dass im Zähler die Ableitung des Nenners steht. Eine Stammfunktion ist laut Merkhilfe gegeben durch:

$$F(x) = 10 \cdot \ln\left|x^2 - 25\right|.$$

➤ *Formel für den Flächeninhalt*

Der Flächeninhalt kann nun wie folgt berechnet werden:

$$\begin{aligned} A(s) &= \int_{10}^{s} \frac{20x}{x^2 - 25}\,\mathrm{d}x \\ &= \left[10 \cdot \ln\left|x^2 - 25\right|\right]_{10}^{s} \\ &= 10 \cdot \ln\left|s^2 - 25\right| - 10 \cdot \ln\left|10^2 - 25\right| \\ &= 10 \cdot \ln\left|s^2 - 25\right| - 10 \cdot \ln|75|. \end{aligned}$$

Wegen $s > 10$ kann $A(s)$ nun umgeschrieben werden zu:

$$A(s) = 10 \cdot \ln\left(s^2 - 25\right) - 10 \cdot \ln 75.$$

Um dieses Ergebnis auf das angegebene Kontrollergebnis zu bringen, muss man zunächst den Faktor 10 ausklammern und dann die Rechenregeln für Logarithmen anwenden:

$$\begin{aligned} A(s) &= 10 \cdot \ln\left(s^2 - 25\right) - 10 \cdot \ln 75 \\ &= 10 \cdot \left(\ln\left(s^2 - 25\right) - \ln 75\right) \\ &= 10 \cdot \ln \frac{s^2 - 25}{75}. \end{aligned}$$

f) Gesucht ist die Lösung der Gleichung $A(s) = 100$, also:

$$10 \cdot \ln \frac{s^2 - 25}{75} = 100 \quad \Longleftrightarrow \quad \ln \frac{s^2 - 25}{75} = 10$$

Somit muss gelten:

$$\frac{s^2 - 25}{75} = e^{10} \quad \Longleftrightarrow \quad s^2 = 75e^{10} + 25 \quad \Longleftrightarrow \quad s = \pm\sqrt{75e^{10} + 25}.$$

Die Lösung $s = -\sqrt{75e^{10} + 25}$ ist kleiner als 10 und somit in diesem Fall nicht relevant. Damit erhält man eine Fläche mit Flächeninhalt 100 für:

$$s = \sqrt{75e^{10} + 25} = 5 \cdot \sqrt{3e^{10} + 1} \approx 1285{,}3.$$

g) Gesucht ist der uneigentliche Flächeninhalt, das heißt der Grenzwert der Flächeninhaltsformel für $s \to \infty$. Es gelten:

$$\frac{s^2 - 25}{75} \to \infty \quad \text{für} \quad s \to \infty$$

und damit

$$\ln\left(\frac{s^2 - 25}{75}\right) \to \infty \quad \text{für} \quad s \to \infty.$$

Also gilt für den Flächeninhalt

$$A(s) = \ln\left(\frac{s^2 - 25}{75}\right) \to \infty \quad \text{für} \quad s \to \infty.$$

Das heißt, der Flächeninhalt, den der Graph für $x > 10$ mit der x-Achse einschließt, wird für $s \to +\infty$ unendlich groß.

Lösung zu Aufgabe 2

a) Die Funktion gibt die Gesamtfahrtzeit in Abhängigkeit von der Eigengeschwindigkeit in Stunden an. Für $x = 10$ erhält man

$$t(10) = \frac{10}{10 + 5} + \frac{10}{10 - 5} = \frac{8}{3}.$$

Da der Funktionswert die Fahrtzeit in Stunden angibt, muss dieser Wert noch in Minuten umgerechnet werden:

$$\frac{8}{3}\,\text{h} = \frac{8}{3} \cdot 60\,\text{min} = 160\,\text{min}.$$

Entsprechend erhält man für $x = 20$:

$$t(20) = \frac{10}{20 + 5} + \frac{10}{20 - 5} = \frac{16}{15}.$$

Umgerechnet in Minuten bedeutet das:

$$\frac{16}{15}\,\text{h} = \frac{16}{15} \cdot 60\,\text{min} = 64\,\text{min}.$$

Lösungen

Mit einer Eigengeschwindigkeit von 10 km/h beträgt die Gesamtfahrtzeit 160 Minuten, bei einer Geschwindigkeit von 20 km/s nur 64 Minuten.

b) Die Geschwindigkeit v berechnet sich als Quotient der zurückgelegten Strecke s geteilt durch die benötigte Zeit t. Es gilt also $v = \frac{s}{t}$. Stellt man diese Funktion nach der Zeit um, so erhält man $t = \frac{s}{v}$.

In der Funktionsgleichung für die Funktion t werden die Zeiten für Hin- und Rückfahrt addiert. Dies kann man daran erkennen, dass für die zurückgelegte Strecke im Zähler beides Mal die 10 steht. Die Eigengeschwindigkeit x wird hier in km/h angegeben und die Zeit $t(x)$ in Stunden. Die Strecke ist damit in km angegeben. Auf der Hinfahrt wird zur Eigengeschwindigkeit des Bootes die Fließgeschwindigkeit des Flusses addiert, denn sie gibt dem Boot zusätzlichen Antrieb. Damit wird die Zeit für die Hinfahrt, bei der das Boot flussabwärts fährt, durch den ersten Bruch berechnet. Auf der Rückfahrt muss das Boot gegen die Fließgeschwindigkeit arbeiten, die es zurückdrängt und seine Geschwindigkeit dementsprechend verringert. Daher wird wie im zweiten Bruch abgezogen.

c) Ist die Eigengeschwindigkeit des Bootes geringer als die Fließgeschwindigkeit des Wassers, kann es den Weg flussaufwärts nicht meistern und wird weiter zurückgetrieben. Ist sie gleich, bleibt es auf der Stelle. Somit muss bei einer Hin- und Rückfahrt die Eigengeschwindigkeit des Bootes größer als die Fließgeschwindigkeit des Flusses sein, die hier 5 km/h beträgt.

d) Zu zeigen ist, dass die Terme $f(x)$ und $t(x)$ äquivalent sind. Dafür bringt man die beiden Summanden auf den gleichen Nenner:

$$\begin{aligned}
t(x) &= \frac{10}{x+5} + \frac{10}{x-5} \\
&= \frac{10 \cdot (x-5)}{(x+5)\cdot(x-5)} + \frac{(x+5)\cdot 10}{(x+5)\cdot(x-5)} \\
&= \frac{10(x-5) + 10(x+5)}{(x+5)\cdot(x-5)} \\
&= \frac{10x - 50 + 10x + 50}{x^2 - 25} \\
&= \frac{20x}{x^2 - 25} \\
&= f(x).
\end{aligned}$$

e) Es ist nach der Beschreibung eines graphischen Lösungsverfahren gefragt, das heißt, die einzelnen Schritte sollen mit Worten wiedergegeben werden. Dann soll die Eigengeschwindigkeit für eine Fahrtzeit von 4 Stunden berechnet werden.

➤ *Beschreibung des graphischen Lösungsverfahrens*

Der Funktionswert $t(x) = f(x)$ gibt die Fahrtzeit zur zugehörigen Eigengeschwindigkeit x an. Zu einer gegebenen Gesamtfahrtzeit, diese entspricht dem y-Wert, wird eine zur x-Achse parallele Gerade eingezeichnet.

Der x-Wert des Schnittpunktes dieser Geraden mit dem Graphen der Funktion t ist dann die gesuchte Eigengeschwindigkeit in km/h.

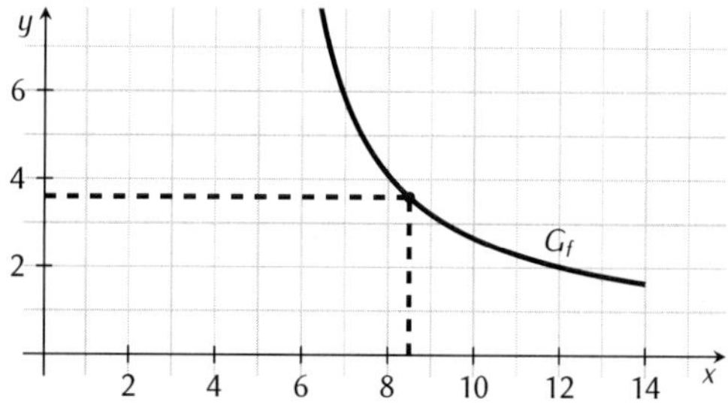

➤ *Berechnung der Eigengeschwindigkeit bei einer Fahrt*

Die Beschreibung der graphischen Methode liefert auch die rechnerische Methode. Die Funktion $f(x) = t(x)$ gibt die Gesamtfahrtzeit zu einer bestimmten Eigengeschwindigkeit x an. Also muss für die Berechnung der Eigengeschwindigkeit für eine Gesamtfahrtzeit von 4 Stunden die Gleichung $f(x) = 4$ gelöst werden:

$$\frac{20x}{x^2 - 25} = 4$$
$$20x = 4 \cdot (x^2 - 25)$$
$$20x = 4x^2 - 100.$$

Da es sich um eine quadratische Gleichung handelt, werden zunächst alle Terme auf eine Seite gebracht:

$$4x^2 - 20x - 100 = 0.$$

Mithilfe der Mitternachtsformel erhält man:

$$x_{1,2} = \frac{20 \pm \sqrt{(-20)^2 - 4 \cdot 4 \cdot (-100)}}{2 \cdot 4} = \frac{20 \pm \sqrt{2000}}{8} = \frac{20 \pm 20\sqrt{5}}{8}$$
$$\Longleftrightarrow \quad x_1 \approx 8{,}09 \quad \text{und} \quad x_2 \approx -3{,}09.$$

Das zweite Ergebnis ist kleiner als 5, liegt also nicht im betrachteten Definitionsbereich. Es macht auch im Sachzusammenhang keinen Sinn, da das Boot nicht rückwärts startet. Somit muss das Boot bei einer Gesamtfahrtzeit von 4 Stunden eine Eigengeschwindigkeit von ungefähr 8,09 km/h haben.

☞ *Alternative:* Man kann auch die Gleichung $t(x) = 4$ lösen.

$$\frac{10}{x+5} + \frac{10}{x-5} = 4$$
$$\frac{10 \cdot (x-5)}{(x+5)} + 10 = 4 \cdot (x-5)$$
$$10 \cdot (x-5) + 10(x+5) = 4 \cdot (x-5) \cdot (x+5)$$
$$10x - 50 + 10x + 50 = 4 \cdot (x^2 - 25)$$
$$20x = 4x^2 - 100$$
$$0 = 4x^2 - 20x - 100.$$

Lösungen

Die Lösung dieser quadratischen Gleichung liefert die Mitternachtsformel:

$$x_{1,2} = \frac{20 \pm \sqrt{(-20)^2 - 4 \cdot 4 \cdot (-100)}}{2 \cdot 4} = \frac{20 \pm \sqrt{2000}}{8}$$

$$\Longleftrightarrow \quad x_1 \approx 8{,}09 \quad \text{und} \quad x_2 \approx -3{,}09.$$

Das zweite Ergebnis ist kleiner als 5, liegt also nicht im betrachteten Definitionsbereich. Es macht auch im Sachzusammenhang keinen Sinn, da das Boot nicht rückwärts startet. Somit muss das Boot bei einer Gesamtfahrtzeit von 4 Stunden eine Eigengeschwindigkeit von ungefähr 8,09 km/h haben.

Lösungen zu Analysis, Probe-Abi, Teil A, Aufgabengruppe 1

Lösung zu Aufgabe 1

a) Es muss $x \neq 0$ gelten, da man nicht durch Null teilen darf. Zudem dürfen im Argument der Logarithmusfunktion nur positive Werte stehen, also $x > 0$. Damit gilt:

$$\mathcal{D} = \mathbb{R}^+.$$

b) ➤ *Nullstellen*

Ein Bruch ist Null, wenn sein Zähler Null ist. Somit ist jede Nullstelle des Zähler, welche im Definitionsbereich der Funktion liegt, eine Nullstelle der Funktion:

$$\ln x - 1 = 0 \quad \Longleftrightarrow \quad \ln x = 1 \quad \Longleftrightarrow \quad x = \mathrm{e}^1.$$

Es gilt $\mathrm{e} \in \mathcal{D}$ und die Funktion f hat für $x = \mathrm{e}$ eine Nullstelle.

➤ *Extrempunkte*

Dazu wird zunächst die erste Ableitung der Funktion f mithilfe der Quotientenregel bestimmt:

$$\begin{aligned} f'(x) &= \frac{\frac{1}{x} \cdot x - (\ln x - 1) \cdot 1}{x^2} \\ &= \frac{-\ln x + 2}{x^2}. \end{aligned}$$

Für die Berechnung möglicher Extremstellen muss die Gleichung $f'(x) = 0$ gelöst werden:

$$\begin{aligned} && \frac{-\ln x + 2}{x^2} &= 0 \\ \Longleftrightarrow && -\ln x + 2 &= 0 \\ \Longleftrightarrow && \ln(x) &= 2 \\ \Longleftrightarrow && x &= \mathrm{e}^2. \end{aligned}$$

Die Stelle $x = \mathrm{e}^2$ liegt im Definitionsbereich und ist die einzig mögliche Extremstelle. Nun muss noch überprüft werden, ob an dieser Stelle ein Hoch-, Tief- oder Sattelpunkt vorliegt.

Dazu wird mithilfe der Quotientenregel die zweite Ableitung der Funktion f bestimmt:

$$\begin{aligned} f''(x) &= \frac{-\frac{1}{x} \cdot x^2 - (-\ln x + 2) \cdot 2x}{(x^2)^2} \\ &= \frac{-x - (-2x \ln x + 4x)}{x^4} \\ &= \frac{-5x + 2x \ln x}{x^4} \\ &= \frac{x \cdot (-5 + 2 \ln x)}{x^4} \\ &= \frac{2 \ln x - 5}{x^3}. \end{aligned}$$

Lösungen

Es gilt:

$$f''(e^2) = \frac{2\ln e^2 - 5}{(e^2)^3} = \frac{2 \cdot 2 - 5}{e^6} = \frac{-1}{e^6} < 0.$$

Der Graph von f besitzt an der Stelle $x = e^2$ einen Hochpunkt. Nun wird noch der Funktionswert $f(e^2)$ bestimmt:

$$f(e^2) = \frac{\ln e^2 - 1}{e^2} = \frac{1}{e^2} = e^{-2}.$$

Der Graph der Funktion besitzt einen Hochpunkt mit den Koordinaten $H\left(e^2|e^{-2}\right)$.

☞ *Alternative:* Die Überprüfung, ob an der Stelle $x = e^2$ ein Minimum oder ein Maximum vorliegt, kann auch mit dem Vorzeichenwechselkriterium erfolgen. Es gelten:

$$f'(e) = \frac{-\ln e + 2}{e^2} = \frac{-1 + 2}{e^2} = \frac{1}{e^2} > 0 \quad \text{und}$$

$$f'(e^3) = \frac{-\ln e^3 + 2}{(e^3)^2} = \frac{-3 + 2}{e^6} = \frac{-1}{e^6} < 0.$$

Damit ist die Stelle $x = e^2$ eine Nullstelle der Funktion f' mit einem Vorzeichenwechsel von + nach - und der Graph der Funktion f hat damit an der Stelle $x = e^2$ ein Maximum. Mit

$$f(e^2) = \frac{\ln e^2 - 1}{e^2} = \frac{1}{e^2} = e^{-2}$$

besitzt der Graph von f einen Hochpunkt mit den Koordinaten $H\left(e^2|e^{-2}\right)$.

Lösung zu Aufgabe 2

a) Hier ist sowohl nach senkrechten als auch nach waagrechten bzw. schiefen Asymptoten gefragt.

➤ *Senkrechte Asymptoten*

Eine Polstelle ist eine Definitionslücke, also eine Nullstelle des Nenners, die nicht gleichzeitig Nullstelle des Zählers ist:

(I) Nullstelle des Zählers: $x = 1$.

(II) Nullstellen des Nenners: $x = -1$ und $x = -2$.

Damit hat die Funktion bei $x = -1$ und $x = -2$ Polstellen. Die Gleichungen der senkrechten Asymptoten des Graphen von f sind gegeben durch $x = -1$ und $x = -2$.

➤ *Waagrechte / schiefe Asymptote*

Die Gleichungen von waagrechten oder schiefen Asymptoten einer gebrochenrationalen Funktion bestimmt man, indem man Zähler- und Nennergrad vergleicht. Bei der vorliegenden Funktion ist der Zählergrad 1 und der Nennergrad 2. Somit ist der Zählergrad kleiner als der Nennergrad. In solch einem Fall gilt

$$\lim_{x \to \pm\infty} f(x) = 0.$$

Die Gleichung der waagrechten Asymptote ist also gegeben durch $y = 0$.

b) ➤ *Nullstellen*

Die Nullstellen der Funktion f sind gegeben durch die Nullstellen des Zählers, die zum Definitionsbereich gehören. Die einzige Nullstelle des Zählers ist $x = 1$ und liegt im Definitionsbereich, da $x = 1$ nicht gleichzeitig Nullstelle des Nenners ist. Der Schnittpunkt mit der x-Achse ist somit $N(1|0)$.

➤ *Funktionsgleichung der verschobenen Funktion*

Der Punkt $N(1|0)$ wird auf den Punkt $(3|5)$ verschoben, also 2 Einheiten in positive x-Richtung und 5 Einheiten nach oben. Wenn man den Graphen einer Funktion f um 2 Einheiten in positive x-Richtung verschiebt, so wird die Funktionsgleichung der verschobenen Funktion g bestimmt, indem im ursprünglichen Funktionsterm $f(x)$ jedes x durch $x - 2$ ersetzt. Wenn man den Graphen einer Funktion g um 5 nach oben verschiebt, so wird die Funktionsgleichung der verschobenen Funktion h bestimmt, indem zum ursprünglichen Funktionsterm 5 hinzuaddiert wird:

$$\begin{aligned} h(x) &= f(x-2) + 5 \\ &= \frac{(x-2)-1}{((x-2)+1)\cdot((x-2)+2)} + 5 \\ &= \frac{x-3}{(x-1)\cdot x} + 5 \\ &= \frac{x-3}{x^2-x} + 5. \end{aligned}$$

Lösung zu Aufgabe 3

a) Ein Beispiel für eine periodische Funktion ist die Sinusfunktion. Diese hat die allgemeine Form

$$f(x) = a \cdot \sin(bx) + c.$$

Dabei bestimmt

- a die Amplitude,
- $\frac{2\pi}{b}$ die Periodenlänge und
- c die Verschiebung in y-Richtung.

Die Funktion $f(x) = \sin x$ hat die Wertemenge $\mathcal{W} = [-1; 1]$. Die Differenz der y-Werte von Hoch- und Tiefpunkt ist damit 2. Im Wertebereich der gesuchten Funktion $\mathcal{W} = [-2; 6]$ beträgt die Differenz 8, damit muss die Amplitude $a = 4$ sein.

Für $f(x) = 4\sin x$ wäre $\mathcal{W} = [-4; 4]$. Der in der Aufgabe angegebene Wertebereich ist im Vergleich dazu um 2 nach oben verschoben, also ist $c = 2$.

Die Änderung der Periodenlänge hat keinen Einfluss auf den Wertebereich, man kann also $b = 1$ wählen. Damit erfüllt folgende Funktion g die geforderten Eigenschaften:

$$g(x) = 4\sin x + 2.$$

☞ *Alternative:* Es gibt noch beliebig viele andere Funktionen, welche die Bedingungen erfüllen. Die Periodenlänge kann beliebig verändert werden. So ist auch folgende Funktion g eine Funktion, welche die geforderten Eigenschaften erfüllt:

$$g(x) = 4\sin(\pi \cdot x) + 2.$$

Lösungen

Ein weiteres Beispiel:

$$g(x) = 4\cos(5 \cdot x) + 2.$$

b) ➤ *Nullstellen*

Die Nullstellen einer gebrochenrationalen Funktion sind gegeben durch die Nullstellen des Zählers, welche keine Nullstellen des Nenners sind. Die Funktion h hat laut Aufgabenstellung eine doppelte Nullstelle bei $x = -5$. Daher muss im Zähler der Faktor $(x+5)^2$ vorkommen, im Nenner darf dieser jedoch nicht stehen.

➤ *Polstellen*

Eine Polstelle ist eine Nullstelle des Nenners, welche keine Nullstelle des Zählers ist. Laut Aufgabenstellung hat sie keinen Vorzeichenwechsel. Dies ist der Fall, wenn die Nullstelle zum Beispiel eine doppelte oder vierfache Nullstelle ist.

➤ *Asymptoten*

Der Graph einer gebrochenrationalen Funktion hat die x-Achse, also die Gerade $y = 0$, als waagrechte Asymptote, wenn der Zählergrad kleiner als der Nennergrad ist.

➤ *Funktionsgleichung*

Eine mögliche Funktionsgleichung ist also:

$$h(x) = \frac{(x+5)^2}{(x-2)^4}.$$

☞ *Alternative:* Es gibt noch beliebig viele weitere Funktionen, welche die Bedingungen erfüllen. Diese könnten zum Beispiel noch weitere Nullstellen oder Polstellen haben. Ein weiteres Beispiel ist die folgende Funktion:

$$h(x) = \frac{(x+5)^2}{(x-2)^2 \cdot (x^2+5)}.$$

Lösung zu Aufgabe 4

a) ➤ *Tiefpunkt*

Um den Tiefpunkt in Abhängigkeit von a zu bestimmen, wird zunächst die Ableitung f_a' bestimmt:

$$f_a'(x) = 2x + a.$$

Für die Bestimmung der Extremstellen wird die Gleichung $f_a'(x) = 0$ gelöst:

$$0 = 2x + a \quad \Longleftrightarrow \quad x = -\frac{a}{2}.$$

Nun muss noch überprüft werden, ob es sich um ein Minimum oder ein Maximum handelt. Hierzu wird zunächst die zweite Ableitung f_a'' bestimmt:

$$f_a''(x) = 2.$$

Wegen

$$f''\left(-\frac{a}{2}\right) = 2 > 0$$

besitzt der Graph der Funktion f_a an der Stelle $x = -\frac{a}{2}$ einen Tiefpunkt. Es gilt:

$$f_a\left(-\frac{a}{2}\right) = \left(-\frac{a}{2}\right)^2 + a \cdot \left(-\frac{a}{2}\right) + a^2 = \frac{a^2}{4} - \frac{a^2}{2} + a^2 = \frac{3}{4}a^2.$$

Der Tiefpunkt des Graphen von f_a hat somit die Koordinaten $T_a\left(-\frac{a}{2}\middle|\frac{3a^2}{4}\right)$.

➤ *Funktionsgleichung*

Um die Gleichung der Funktion g zu bestimmen, schreibt man die Koordinaten des Tiefpunktes als Gleichungen auf, und löst diejenige für die x-Koordinate nach a auf:

(I) $x = -\frac{a}{2} \iff a = -2x,$

(II) $y = \frac{3}{4}a^2.$

Einsetzen von $a = -2x$ in die zweite Gleichung liefert die gesuchte Gleichung:

$$y = \frac{3}{4} \cdot (-2x)^2 = 3x^2.$$

Die Funktion g, auf deren Graph die Tiefpunkte aller Graphen C_a liegen, besitzt die Gleichung $g(x) = 3x^2$.

b) Die Steigung einer Tangenten in einem Punkt ist der Wert der ersten Ableitung an dieser Stelle. Da die Steigung an der Stelle $x = 5$ den Wert 12 haben soll, muss also gelten:

$$f_a'(5) = 2 \cdot 5 + a = 10 + a,$$

$$f_a'(5) = 10 + a = 12 \iff a = 2$$

Die Tangente an den Graphen der Funktion f_2 hat an der Stelle $x = 5$ die Steigung 12.

Lösungen zu Analysis, Probe-Abi, Teil A, Aufgabengruppe 2

Lösung zu Aufgabe 1

a) ➤ *Maximaler Definitionsbereich*

Eine Definitionslücke der Funktion

$$f(x) = \frac{e^x}{e^x - 1}$$

liegt vor, wenn der Nenner Null wird:

$$\begin{aligned} e^x - 1 = 0 \quad &\Longleftrightarrow \quad e^x = 1 \\ &\Longleftrightarrow \quad x = \ln 1 \\ &\Longleftrightarrow \quad x = 0 \end{aligned}$$

Der maximale Definitionsbereich ist $\mathcal{D} = \mathbb{R} \setminus \{0\}$.

➤ *Bestimmung von* $\lim\limits_{x \to -\infty} f(x)$

Es gilt:

$$\lim_{x \to -\infty} e^x = 0.$$

Deshalb existieren die beiden Grenzwerte im Zähler und im Nenner und es folgt

$$\lim_{x \to -\infty} f(x) = \frac{0}{0 - 1} = 0.$$

➤ *Bestimmung von* $\lim\limits_{x \to +\infty} f(x)$

Der Funktionsterm wird umgeformt, um den Grenzwert einfacher erkennen zu können. Es gilt:

$$f(x) = \frac{e^x}{e^x - 1} = \frac{e^{-x}}{e^{-x}} \cdot \frac{e^x}{e^x - 1} = \frac{e^{-x} \cdot e^x}{e^{-x} \cdot (e^x - 1)} = \frac{1}{1 - e^{-x}}.$$

Aus $\lim\limits_{x \to +\infty} e^{-x} = 0$ folgt

$$\lim_{x \to +\infty} f(x) = \frac{1}{1 - 0} = 1.$$

☞ *Alternative:* Der Funktionsterm wird umgeformt, um den Grenzwert einfacher erkennen zu können. Es gilt:

$$f(x) = \frac{e^x}{e^x - 1} = \frac{e^x - 1 + 1}{e^x - 1} = \frac{e^x - 1}{e^x - 1} + \frac{1}{e^x - 1} = 1 + \frac{1}{e^x - 1}$$

Aus $\lim\limits_{x \to +\infty} e^x = +\infty$ folgt

$$\lim_{x \to +\infty} \frac{1}{e^x - 1} = 0$$

und damit:

$$\lim_{x \to +\infty} f(x) = 1.$$

b) Der Graph G_f besitzt einen Punkt mit waagrechter Tangente, wenn die Gleichung $f'(x) = 0$ eine Lösung für $x \in \mathcal{D}$ besitzt. Die Ableitung f' der Funktion f lässt sich zum Beispiel mit der Quotientenregel bestimmen. Es gilt:

$$\begin{aligned} f'(x) &= \frac{e^x \cdot (e^x - 1) - e^x \cdot e^x}{(e^x - 1)^2} \\ &= \frac{e^x \cdot (e^x - 1 - e^x)}{(e^x - 1)^2} \\ &= -\frac{e^x}{(e^x - 1)^2} \end{aligned}$$

Für alle $x \in D$ gilt

$$e^x > 0 \quad \text{sowie} \quad (e^x - 1)^2 > 0$$

und folglich $f'(x) < 0$, sodass der Graph im gesamten Definitionsbereich streng monoton fallend ist. Der Graph G_f besitzt keinen Punkt mit waagrechter Tangente.

Lösung zu Aufgabe 2

a) Die Nullstellen von g sind die Lösungen der Gleichung $g(x) = 0$. Also die Lösungen der Gleichung:

$$(x^3 - 1) \cdot (x - 1) = 0.$$

Nach dem Satz vom Nullprodukt ist ein Produkt genau dann Null, wenn einer der Faktoren Null ist. Also

$$\begin{aligned} x^3 - 1 &= 0 \quad \text{oder} \quad x - 1 = 0 \\ x_1 &= 1 \quad \text{oder} \quad x_2 = 1. \end{aligned}$$

Die Funktion g besitzt eine doppelte Nullstelle an der Stelle $x = 1$ und dies ist folglich eine Extremstelle von G_g.

b) ➤ *Krümmungsverhalten*

Um das Krümmungsverhalten von G_g zu untersuchen, wird die zweite Ableitungsfunktion von g bestimmt. Die Ableitungen g' und g'' von g lassen sich nach Ausmultiplizieren des Funktionsterm bestimmen. Es gilt:

$$g(x) = (x^3 - 1) \cdot (x - 1) = x^4 - x^3 - x + 1$$

und damit:

$$\begin{aligned} g'(x) &= 4x^3 - 3x^2 - 1 \\ g''(x) &= 12x^2 - 6x \end{aligned}$$

Zunächst werden die Nullstellen von g'' untersucht. Es gilt:

$$g''(x) = 0 \quad \Longleftrightarrow \quad 12x^2 - 6x = 0$$
$$12 \cdot x \cdot \left(x - \frac{1}{2}\right) = 0$$

Nach dem Satz vom Nullprodukt ist ein Produkt genau dann Null, wenn einer der Faktoren Null ist. Die Nullstellen von g'' sind also gegeben durch:

$$x_1 = 0 \quad \text{und} \quad x_2 = \frac{1}{2}.$$

Lösungen

Außerdem gelten:

$$g''(-1) = 12 \cdot (-1)^2 - 6 \cdot (-1) = 18 > 0,$$

$$g''\left(\frac{1}{4}\right) = 12 \cdot \left(\frac{1}{4}\right)^2 - 6 \cdot \left(\frac{1}{4}\right) = -\frac{3}{4} < 0,$$

$$g''(1) = 12 \cdot 1^2 - 6 \cdot 1 = 6 > 0.$$

Der Graph G_g ist also rechtsgekrümmt für $x < 0$ oder $x > \frac{1}{2}$ und linksgekrümmt für $0 < x < \frac{1}{2}$.

➤ *Wendepunkte*

Die Nullstellen der zweiten Ableitung g'' wurden bereits bestimmt:

$$x_1 = 0 \quad \text{und} \quad x_2 = \frac{1}{2}.$$

Weil die zweite Ableitung g'' an diesen Stellen das Vorzeichen wechselt, besitzt der Graph G_g dort Wendepunkte.

Wegen

$$g(0) = 0^4 - 0^3 - 0 + 1 = 1$$

$$g\left(\frac{1}{2}\right) = \left(\frac{1}{2}\right)^4 - \left(\frac{1}{2}\right)^3 - \frac{1}{2} + 1 = \frac{1}{16} - \frac{1}{8} + \frac{1}{2} = \frac{1-2+8}{16} = \frac{7}{16}$$

sind die Koordinaten der Wendepunkte

$$W_1(0|1) \quad \text{und} \quad W_2\left(\frac{1}{2}\middle|\frac{7}{16}\right).$$

c) Eine Vorzeichenanalyse des Funktionsterms $g(x)$ zeigt, dass sowohl für $x < 1$ als auch für $x > 1$ gilt: $g(x) > 0$. Alle Punkte von G_g mit Ausnahme des Tiefpunktes $T(1|0)$ liegen oberhalb der x–Achse.

Lösung zu Aufgabe 3

a) Um die Nullstellen von h zu berechnen, werden die Lösungen der folgenden Gleichung bestimmt:

$$h(x) = 0 \iff x \cdot \sin(\pi x) = 0.$$

Weil der Funktionsterm ein Produkt ist, kann wieder der Satz vom Nullprodukt angewendet werden Die Nullstellen von h sind gegeben durch $x_1 = 0$ und die Lösungen der Gleichung:

$$\sin(\pi x) = 0$$

Die Gleichung $\sin(\pi x) = 0$ lässt sich durch die Substitution $y = \pi x$ lösen. Alle Nullstellen von $\sin y = 0$ sind $y = k \cdot \pi$ mit $k \in \mathbb{Z}$, also alle ganzzahligen Vielfachen von π.

Ersetzt man nun rückwärts y durch πx und dividiert durch π, dann sind $x_k = k$ mit $k \in \mathbb{Z}$ alle Nullstellen von h.

Die Menge der Nullstellen von h sind die ganzen Zahlen.

b) ➤ *Nachweis der Stammfunktion*

Die Funktion H ist eine Stammfunktion von h, falls $H'(x) = h(x)$ für alle $x \in \mathbb{R}$ gilt. Die Ableitungsfunktion von H ist gegeben durch

$$\begin{aligned} H'(x) &= -\frac{1}{\pi} \cdot \cos(\pi x) + \left(-\frac{1}{\pi}\right) \cdot x \cdot (-\sin(\pi x)) \cdot \pi + \frac{1}{\pi^2} \cdot \cos(\pi x) \cdot \pi \\ &= -\frac{1}{\pi} \cdot \cos(\pi x) + x \cdot \sin(\pi x) + \frac{1}{\pi} \cdot \cos(\pi x) \\ &= x \cdot \sin(\pi x) \\ &= h(x) \end{aligned}$$

für alle $x \in \mathbb{R}$ und damit ist die Funktion H eine Stammfunktion von h.

➤ *Berechnung des Integrals*

Falls H eine Stammfunktion von h ist, gilt:

$$\int_{-1}^{1} h(x)\,\mathrm{d}x = H(1) - H(-1).$$

Die Funktion

$$H(x) = -\frac{1}{\pi} \cdot x \cdot \cos(\pi x) + \frac{1}{\pi^2} \cdot \sin(\pi x)$$

ist eine Stammfunktion von h und damit gilt:

$$\begin{aligned} \int_{-1}^{1} h(x)\,\mathrm{d}x &= H(1) - H(-1) \\ &= \left(-\frac{1}{\pi} \cos(\pi) + \frac{1}{\pi^2} \cdot \sin(\pi)\right) - \left(-\frac{1}{\pi} \cdot (-1) \cdot \cos(-\pi) + \frac{1}{\pi^2} \cdot \sin(-\pi)\right) \\ &= \left(-\frac{1}{\pi} \cdot (-1) + \frac{1}{\pi^2} \cdot 0\right) - \left(\frac{1}{\pi} \cdot (-1) + \frac{1}{\pi^2} \cdot 0\right) \\ &= \frac{1}{\pi} + \frac{1}{\pi} \\ &= \frac{2}{\pi}. \end{aligned}$$

Lösung zu Aufgabe 4

a) Der Schnittpunkt des Graphen mit der y-Achse ist laut Abbildung $S(0|1)$. Es gilt:

$$k(0) = a \cdot \sin(b \cdot 0) + c = a \cdot 0 + c = c$$

und damit

$$c = 1.$$

Die Periode p der Funktion k lässt sich aus der Abbildung als Spannweite zwischen zwei Maxima oder Minima ablesen und beträgt $\Delta x = 8$. Es gilt:

$$b \cdot p = 2\pi \quad \Longleftrightarrow \quad b = \frac{2\pi}{8} = \frac{\pi}{4}.$$

Die Amplitude a ist der halbe Abstand der y-Werte zwischen einem Maximum und einem Minimum des Graphen.

Aus der Zeichnung können die Extrempunkte H(2|3) und T(6| - 1) abgelesen werden, sodass sich für a der Wert

$$a = \frac{3 - (-1)}{2} = \frac{4}{2} = 2$$

ergibt. Der Funktionsterm von k ist gegeben durch:

$$k(x) = 2 \cdot \sin\left(\frac{\pi}{4} \cdot x\right) + 1 \quad \text{für alle} \quad x \in \mathbb{R}.$$

b) Für die erste Ableitungsfunktion von k gilt mithilfe der Kettenregel:

$$k'(x) = 2 \cdot \cos\left(\frac{\pi}{4} \cdot x\right) \cdot \frac{\pi}{4} + 0 = \frac{\pi}{2} \cdot \cos\left(\frac{\pi}{4} \cdot x\right).$$

Die Periode der Funktion k' ist dieselbe wie die von k, die Amplitude ist $a = \frac{\pi}{2}$. Die folgende Abbildung zeigt G_k und $G_{k'}$ (gestrichelte Linie): Die folgende Abbildung zeigt G_k und $G_{k'}$ (gestrichelte Linie):

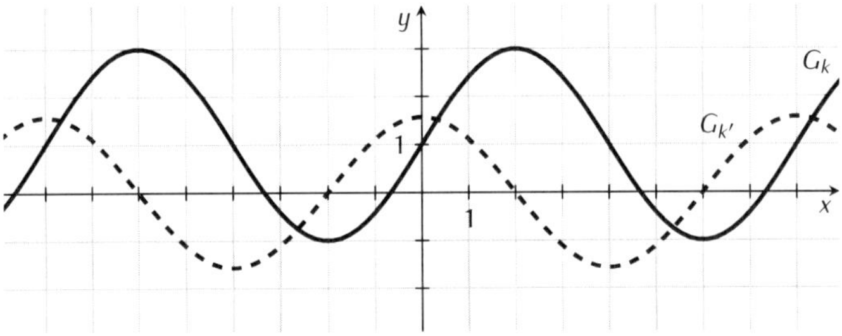

☞ *Alternative:* Mithilfe der Kenntnisse über die Zusammenhänge zwischen dem Graphen einer Funktion und dem Graphen seiner ersten Ableitungsfunktion ist es möglich, den Graphen $G_{k'}$ zu skizzieren:

- An den Hochpunkten von G_k besitzt $G_{k'}$ eine Nullstelle mit Vorzeichenwechsel von + nach -.
- An den Tiefpunkten von G_k besitzt $G_{k'}$ eine Nullstelle mit Vorzeichenwechsel von - nach +.
- Jede Wendestelle von G_k ist eine Extremstelle von $G_{k'}$.

Die folgende Abbildung zeigt G_k und $G_{k'}$ (gestrichelte Linie):

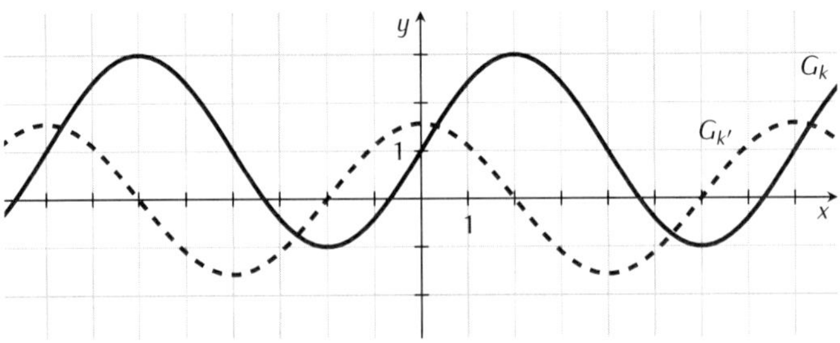

Lösungen zu Analysis, Probe-Abi, Teil B, Aufgabengruppe 1

a) Zunächst werden die Ableitungen der Funktion f mithilfe der Produkt- und Kettenregel gebildet:

$$f'(t) = 1{,}8 \cdot e^{\frac{-t}{10}} \cdot \left(-\frac{1}{10}\right)\left(1 - e^{\frac{-t}{10}}\right) + 1{,}8 \cdot e^{\frac{-t}{10}} \cdot \left(-e^{\frac{-t}{10}}\right) \cdot \left(-\frac{1}{10}\right)$$

$$= -0{,}18e^{\frac{-t}{10}}\left(1 - 2e^{\frac{-t}{10}}\right),$$

$$f''(t) = -0{,}18 \cdot e^{\frac{-t}{10}} \cdot \left(-\frac{1}{10}\right) \cdot \left(1 - 2e^{\frac{-t}{10}}\right) + (-0{,}18) \cdot e^{\frac{-t}{10}} \cdot \left(-2e^{\frac{-t}{10}}\right) \cdot \left(-\frac{1}{10}\right)$$

$$= 0{,}018e^{\frac{-t}{10}}\left(1 - 4e^{\frac{-t}{10}}\right),$$

$$f'''(t) = 0{,}018 \cdot e^{\frac{-t}{10}} \cdot \left(-\frac{1}{10}\right) \cdot \left(1 - 4e^{\frac{-t}{10}}\right) + 0{,}018 \cdot e^{\frac{-t}{10}} \cdot \left(-4e^{\frac{-t}{10}}\right) \cdot \left(-\frac{1}{10}\right)$$

$$= -0{,}0018e^{\frac{-t}{10}}\left(1 - 8e^{\frac{-t}{10}}\right).$$

☞ *Alternative:* Der Funktionsterm $f(t)$ wird ausmultipliziert und anschließend abgeleitet. Es gilt:

$$f(t) = 1{,}8 \cdot e^{\frac{-t}{10}} \cdot \left(1 - e^{\frac{-t}{10}}\right) = 1{,}8e^{\frac{-t}{10}} - 1{,}8e^{\frac{-2t}{10}} = 1{,}8e^{\frac{-t}{10}} - 1{,}8e^{\frac{-t}{5}}$$

und damit:

$$f'(t) = 1{,}8 \cdot \left(\frac{-1}{10}\right) \cdot e^{\frac{-t}{10}} - 1{,}8 \cdot \left(\frac{-1}{5}\right) \cdot e^{\frac{-t}{5}} = -0{,}18e^{\frac{-t}{10}} + 0{,}36e^{\frac{-t}{5}},$$

$$f''(t) = -0{,}18 \cdot \left(\frac{-1}{10}\right) \cdot e^{\frac{-t}{10}} + 0{,}36 \cdot \left(\frac{-1}{5}\right) \cdot e^{\frac{-t}{5}} = 0{,}018e^{\frac{-t}{10}} - 0{,}072e^{\frac{-t}{5}}$$

$$f'''(t) = 0{,}018 \cdot \left(\frac{-1}{10}\right) \cdot e^{\frac{-t}{10}} - 0{,}072 \cdot \left(\frac{-1}{5}\right) \cdot e^{\frac{-t}{5}} = -0{,}0018e^{\frac{-t}{10}} + 0{,}0144e^{\frac{-t}{5}}.$$

➤ *Bestimmung der Extrema*

Hierzu werden die Nullstellen der ersten Ableitung bestimmt:

$$0 = -0{,}18e^{\frac{-t}{10}}\left(1 - 2e^{\frac{-t}{10}}\right).$$

Nach dem Satz vom Nullprodukt ist ein Produkt genau dann Null, wenn mindestens einer der Faktoren 0 ist. Da die Exponentialfunktion keine Nullstellen hat, kann nur der Term in der Klammer Null werden:

$$0 = 1 - 2e^{\frac{-t}{10}} \iff e^{\frac{-t}{10}} = \frac{1}{2}.$$

Lösungen

Anwenden der Logarithmusfunktion auf beiden Seiten liefert:

$$\begin{aligned}\ln\left(e^{\frac{-t}{10}}\right) &= \ln\left(\frac{1}{2}\right)\\ \frac{-t}{10} &= -\ln 2\\ t &= 10\ln 2\\ t &\approx 6{,}9315.\end{aligned}$$

Nun muss noch überprüft werden, ob es sich um ein Minimum oder ein Maximum handelt. Hierzu wird der berechnete Wert in die zweite Ableitung eingesetzt:

$$\begin{aligned}f''(10\ln 2) &= 0{,}018\cdot e^{\frac{-10\ln 2}{10}}\left(1-4e^{\frac{-10\ln 2}{10}}\right)\\ &= 0{,}018\cdot e^{-\ln(2)}\left(1-4e^{\frac{-10\ln 2}{10}}\right)\\ &= 0{,}018\cdot\frac{1}{2}\left(1-4\cdot\frac{1}{2}\right)\\ &= -0{,}009\\ &< 0.\end{aligned}$$

An der Stelle $t = 10\ln(2)$ hat der Graph von f also einen Hochpunkt.

Berechnung der y-Koordinate des Hochpunkts liefert:

$$f(10\ln 2) = 1{,}8\cdot e^{-\frac{10\ln 2}{10}}\left(1-e^{-\frac{10\ln 2}{10}}\right) = 1{,}8\cdot\frac{1}{2}\left(1-\frac{1}{2}\right) = 0{,}45.$$

Der Hochpunkt hat somit die Koordinaten

$$H(10\ln 2|0{,}45),$$

also näherungsweise H(6,9315|0,45).

➤ *Wendepunkte*

Hierzu werden zunächst die Nullstellen der zweiten Ableitung bestimmt:

$$0{,}018e^{\frac{-t}{10}}\left(1-4e^{\frac{-t}{10}}\right) = 0.$$

Da die e-Funktion nie Null wird, sind die Nullstellen der Funktion f'' durch die Nullstellen der Funktion in der Klammer gegeben:

$$1-4e^{\frac{-t}{10}} = 0 \quad\Longleftrightarrow\quad e^{\frac{-t}{10}} = \frac{1}{4}.$$

Indem man auf beiden Seiten den natürlichen Logarithmus anwendet, erhält man:

$$\begin{aligned}\ln\left(e^{\frac{-t}{10}}\right) &= \ln\left(\frac{1}{4}\right)\\ \frac{-t}{10} &= \ln 1-\ln 4\\ \frac{-t}{10} &= -\ln 4\\ t &= 10\ln 4.\end{aligned}$$

Nun wird überprüft, ob an der Stelle $t = 10 \ln 4$ tatsächlich eine Wendestelle vorliegt:

$$f'''(10 \ln 4) = -0{,}0018 e^{\frac{-10 \ln 4}{10}} \left(1 - 8 e^{\frac{-10 \ln 4}{10}}\right)$$

$$= -0{,}0018 \cdot \frac{1}{4} \cdot \left(1 - 8 \cdot \frac{1}{4}\right)$$

$$= 0{,}00045 \neq 0$$

Der Graph der Funktion f hat also an der Stelle $t = 10 \ln 4$ einen Wendepunkt. Die Berechnung der y-Koordinate des Wendepunktes liefert:

$$f(10 \ln 4) = 1{,}8 \cdot e^{\frac{-10 \ln 4}{10}} \left(1 - e^{\frac{-10 \ln 4}{10}}\right) = 0{,}3375.$$

Der Wendepunkt hat somit die Koordinaten

$$W(10 \ln 4 | 0{,}3375),$$

also näherungsweise $W(13{,}8629|0{,}3375)$.

➤ *Zeichnung des Graphen*

Um den Graphen der Funktion zu zeichnen, kann die Wertetabellenfunktion des Taschenrechners hinzugezogen werden.

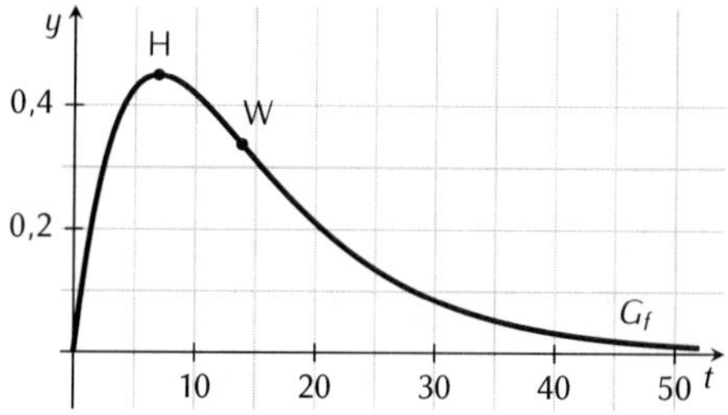

b) Zunächst wird das Verhalten für $t \to +\infty$ der einzelnen Terme bestimmt. Es gelten:

$$\lim_{t \to +\infty} e^{\frac{-t}{10}} = 0 \quad \text{und}$$

$$\lim_{t \to +\infty} \left(1 - e^{\frac{-t}{10}}\right) = \lim_{t \to +\infty} 1 - \lim_{t \to +\infty} e^{\frac{-t}{10}} = 1 - 0 = 1.$$

Damit ergibt sich mit den Rechenregeln für Grenzwerte:

$$\lim_{t \to +\infty} f(t) = \lim_{t \to +\infty} \left[1{,}8 \cdot e^{\frac{-t}{10}} \left(1 - e^{\frac{-t}{10}}\right)\right] = 1{,}8 \cdot 0 \cdot 1 = 0.$$

Es gilt also:

$$\lim_{t \to \infty} f(t) = 0.$$

Der Fluss würde gemäß diesem Modell langfristig austrocknen, sofern keine Regenzeiten folgen.

c) Die Funktion gibt die Durchflussgeschwindigkeit an, und es ist zu überprüfen, ob diese irgendwann über 0,5 steigt. Es ist also nach dem globalem Hochpunkt gefragt.

Daher vergleicht man die Funktionswerte der Definitionsränder bzw. das langfristige Verhalten mit dem Funktionswert des Hochpunktes

$$H(10\ln(2)\,|0{,}45).$$

Die Funktion ist für $t \geq 0$ definiert und strebt für $t \to \infty$ gegen 0.

Es ist damit nur noch der Randwert $t = 0$ zu überprüfen. Dieser ist $f(0) = 0$.

Somit ist der lokale Hochpunkt auch der globale Hochpunkt. Der Fluss tritt nicht über die Ufer, da dessen Funktionswert kleiner als 0,5 ist.

d) Zunächst bestimmt man eine Stammfunktion von f. Hierfür wird der Funktionsterm ausmultipliziert:

$$\int 1{,}8 \cdot e^{\frac{-t}{10}} \left(1 - e^{\frac{-t}{10}}\right) \mathrm{d}t = \int \left(1{,}8 \cdot e^{\frac{-t}{10}} - 1{,}8 \cdot e^{\frac{-t}{5}}\right) \mathrm{d}t.$$

Für die Bildung der Stammfunktion kann man die Regel der linearen Verkettung (siehe Merkhilfe) nutzen:

$$\int \left(1{,}8 \cdot e^{\frac{-t}{10}} - 1{,}8e^{\frac{-t}{5}}\right) \mathrm{d}t = 1{,}8 \cdot \frac{1}{-\frac{1}{10}} \cdot e^{\frac{-t}{10}} - 1{,}8 \cdot \frac{1}{-\frac{1}{5}} \cdot e^{-\frac{t}{5}} + C$$

$$= -18e^{\frac{-t}{10}} + 9e^{\frac{-t}{5}} + C.$$

Damit lässt sich nun das bestimmte Integral berechnen:

$$\int_4^{18} 1{,}8 \cdot e^{\frac{-t}{10}} \left(1 - e^{\frac{-t}{10}}\right) \mathrm{d}t = \left[-18e^{\frac{-t}{10}} + 9e^{\frac{-t}{5}}\right]_4^{18}$$

$$= -18e^{\frac{-18}{10}} + 9e^{\frac{-18}{5}} - \left(-18e^{\frac{-4}{10}} + 9e^{\frac{-4}{5}}\right)$$

$$\approx 5{,}29.$$

Da die Funktion f die Durchflussgeschwindigkeit angibt, liefert das Integral über die Funktion die im angegebenen Zeitintervall durch den Fluss fließende Wassermenge. In diesem Fall also die Menge an Wasser (in Millionen Kubikmeter), die zwischen $t = 4$ und $t = 18$, also zwischen dem 4. und 18. Tag durch den Fluss fließt.

e) Eine allgemeine Gleichung einer quadratischen Funktion g und die ihrer Ableitung lauten:

$$g(t) = at^2 + bt + c,$$
$$g'(t) = 2at + b.$$

Der Punkt A(0|0) liegt auf dem Graphen der Funktion g, also muss gelten

(I) $g(0) = 0$.

Der Punkt S(6|0,45) liegt ebenfalls auf der Funktion, also muss gelten:

(II) $g(6) = 0{,}45$.

Er ist zudem der Scheitelpunkt, also ein Extrempunkt, daher muss die erste Ableitung an dieser Stelle eine Nullstelle haben:

(III) $g'(6) = 0$.

Einsetzen dieser Werte liefert die drei Gleichungen des nun zu lösenden Gleichungssystems zur Bestimmung der Koeffizienten a, b und c.

$$\begin{aligned} &\text{(I)} && a \cdot 0^2 + b \cdot 0 + c = 0 \\ &\text{(II)} && a \cdot 6^2 + b \cdot 6 + c = 0{,}45 \\ &\text{(III)} && 2a \cdot 6 + b = 0. \end{aligned}$$

Aus der ersten Gleichung folgt direkt $c = 0$. Einsetzen in die anderen Gleichungen liefert:

$$\begin{array}{rrl} \text{(II)} & 36a + 6b & = 0{,}45 \\ \text{(III)} & 12a + b & = 0 \\ \hline \text{(II)} & 36a + 6b & = 0{,}45 \\ \text{(II) - 3(III)} & 3b & = 0{,}45 \quad \Longleftrightarrow \quad b = 0{,}15. \end{array}$$

Einsetzen von b in (II) liefert

$$a = -0{,}0125.$$

Der Funktionsterm der gesuchten Funktion g ist damit gegeben durch:

$$g(x) = -0{,}0125t^2 + 0{,}15t.$$

☞ *Alternative:* Die Funktion g ist eine Parabel mit Scheitel im Punkt $S(6|0{,}45)$. Die Funktionsgleichung ist also gegeben durch

$$g(x) = a \cdot (x - 6)^2 + 0{,}45.$$

Zur Berechnung des Parameters a wird nun noch eine Punktprobe mit $A(0|0)$ durchgeführt:

$$g(0) = a \cdot (0 - 6)^2 + 0{,}45 = 36a + 0{,}45, \quad \text{also}$$

$$0 = g(0) = 36a + 0{,}45 \quad \Longleftrightarrow \quad 36a = -0{,}45 \quad \Longleftrightarrow \quad a = -\frac{0{,}45}{36} = -0{,}0125.$$

Die Funktion g besitzt also die folgende Gleichung:

$$\begin{aligned} g(t) &= -0{,}0125 \cdot (t - 6)^2 + 0{,}45 \\ &= -0{,}0125 \cdot (t^2 - 12t + 36) + 0{,}45 \\ &= -0{,}0125t^2 + 0{,}15t. \end{aligned}$$

Lösungen

f) Das angegebene Integral gibt die Wassermenge an, die in den ersten sieben Tagen nach Beobachtungsbeginn durch den Fluss fließt.

Dieser Wert wird nun auch für die Näherungsfunktion bestimmt und mit dem vorgegebenen Wert bezüglich der Funktion f verglichen:

$$\begin{aligned}
\int_0^7 g(t)\,\mathrm{d}t &= \int_0^7 \left(-0{,}0125t^2 + 0{,}15t\right)\,\mathrm{d}t \\
&= \left[-0{,}0125 \cdot \frac{1}{3}t^3 + 0{,}15 \cdot \frac{1}{2}t^2\right]_0^7 \\
&= \left[-\frac{1}{240}t^3 + \frac{3}{40}t^2\right]_0^7 \\
&= -\frac{1}{240} \cdot 7^3 + \frac{3}{40} \cdot 7^2 - \left(-\frac{1}{240} \cdot 0^3 + \frac{3}{40} \cdot 0^2\right) \\
&= \frac{539}{240} \\
&\approx 2{,}25.
\end{aligned}$$

☞ *Alternative:* Es gilt:

$$\begin{aligned}
\int_0^7 g(t)\,\mathrm{d}t &= \int_0^7 \left(-0{,}0125 \cdot (t-6)^2 + 0{,}45\right)\,\mathrm{d}t \\
&= \left[-0{,}0125 \cdot \frac{1}{3}(t-6)^3 + 0{,}45 \cdot t\right]_0^7 \\
&= -0{,}0125 \cdot \frac{1}{3} \cdot 1^3 + 0{,}45 \cdot 7 - \left(-0{,}0125 \cdot \frac{1}{3} \cdot (-6)^3 + 0{,}45 \cdot 0\right) \\
&= \frac{539}{240} \\
&\approx 2{,}25.
\end{aligned}$$

Die relative Abweichung des Näherungswertes vom tatsächlichen Wert ist gegeben durch

$$p \approx \frac{2{,}28 - 2{,}25}{2{,}28} \approx 0{,}013.$$

Die Abweichung liegt also bei ungefähr 1,3 %. Die Wassermenge, welche in den ersten 7 Tagen durch den Fluss fließt, kann also durch die Näherungsfunktion sehr gut beschrieben werden.

Lösungen zu Analysis, Probe-Abi, Teil B, Aufgabengruppe 2

Lösung zu Aufgabe 1

a) ➤ *Funktionsgleichung*

Eine ganzrationale Funktion f dritten Grades hat folgende allgemeine Funktionsgleichung und Ableitungen:

$$f(x) = ax^3 + bx^2 + cx + d$$
$$f'(x) = 3ax^2 + 2bx + c$$
$$f''(x) = 6ax + 2b.$$

Laut Aufgabenstellung hat die Tangente an G_f im Ursprung des Koordinatensystems die Gleichung $y = 2{,}25x$. Der Punkt $O(0|0)$ liegt also auf dem Graphen und es muss gelten:

$$f(0) = 0.$$

Die Steigung der Tangente am Punkt O entspricht dem Wert der ersten Ableitung von f an der Stelle $x = 0$. Also:

$$f'(0) = 2{,}25.$$

Der Punkt $A(4|1)$ ist ein Wendepunkt von G_f. Somit muss gelten

$$f(4) = 1,$$
$$f''(4) = 0.$$

Diese vier Bedingungen führen in der angeführten Reihenfolge zu folgendem Gleichungssystem:

$$0 = a \cdot 0^3 + b \cdot 0^2 + c \cdot 0 + d$$
$$2{,}25 = 3a \cdot 0^2 + 2b \cdot 0 + c$$
$$1 = a \cdot 4^3 + b \cdot 4^2 + c \cdot 4 + d$$
$$0 = 6a \cdot 4 + 2b.$$

Aus der ersten Gleichung folgt direkt $d = 0$ und aus der zweiten $c = 2{,}25$. Setzt man beides in die verbleibenden Gleichungen ein, erhält man zwei Gleichungen mit zwei Variablen:

$$\text{(I)} \quad 1 = 64a + 16b + 4 \cdot 2{,}25$$
$$\text{(II)} \quad 0 = 24a + 2b.$$

Damit ergibt sich:

$$\text{(I)} \quad -8 = 64a + 16b$$
$$\text{(II)} \quad 0 = 24a + 2b.$$

Nun wird das lineare Gleichungssystem gelöst:

$$\text{(I)} - 8 \cdot \text{(II)}: \quad -8 = -128a \quad \Longleftrightarrow \quad a = \frac{1}{16} = 0{,}0625.$$

Einsetzen von $a = 0{,}0625$ in eine der beiden Gleichungen, z.B. (I), liefert dann:

$$-8 = 64 \cdot 0{,}0625 + 16b \quad \text{also} \quad b = -\frac{3}{4} = -0{,}75.$$

Aufgabenstellung siehe Seite 56

Die Funktionsgleichung der Funktion f lautet somit

$$f(x) = 0{,}0625x^3 - 0{,}75x^2 + 2{,}25x.$$

➤ *Schnittpunkte mit den Koordinatenachsen*

Aus der Aufgabenstellung ist bereits bekannt, dass der Graph durch den Ursprung des Koordinatensystems verläuft. Damit ist der Schnittpunkt mit der y-Achse der Punkt $S_y(0|0)$ und dieser auch ein Schnittpunkt mit der x-Achse.

Die weiteren Schnittstellen mit der x-Achse erhält man durch Lösen der Gleichung $f(x) = 0$. Dabei lässt sich zunächst ein x ausklammern:

$$0{,}0625x^3 - 0{,}75x^2 + 2{,}25x = 0$$
$$x(0{,}0625x^2 - 0{,}75x + 2{,}25) = 0.$$

Nach dem Satz vom Nullprodukt sind die Lösungen dieser Gleichung gegeben durch:

$$x_1 = 0 \quad \text{oder} \quad 0{,}0625x^2 - 0{,}75x + 2{,}25 = 0.$$

Mithilfe der Mitternachtsformel können die Lösungen der quadratischen Gleichung bestimmt werden:

$$x_{2,3} = \frac{-(-0{,}75) \pm \sqrt{(-0{,}75)^2 - 4 \cdot (0{,}0625) \cdot (2{,}25)}}{2 \cdot 0{,}0625} = \frac{0{,}75 \pm \sqrt{0}}{0{,}125} = 6 \pm 0 = 6.$$

Die Schnittpunkte mit den Koordinatenachsen sind also gegeben durch:

$$N_1(0|0) = S_y(0|0) \quad \text{und} \quad N_2(6|0).$$

b) (I) Falsch: Der Wert der Ableitungsfunktion f' gibt die Steigung des Graphen der Funktion f an dieser Stelle an. Der Graph G_f hat an der Stelle $x = 4$ eine negative Steigung. Falls die Steigung Null wäre, müsste der Graph G_f an dieser Stelle ein Extremum oder einen Sattelpunkt haben.

(II) Richtig: Wenn der Graph einer Funktion h einen Sattelpunkt besitzt, so hat der Graph der Ableitungsfunktion an dieser Stelle eine doppelte Nullstelle bzw. einen Berührpunkt mit der x-Achse (und umgekehrt). Dort liegt sowohl eine Nullstelle, als auch ein Extremum vor. Da dies bei G_f der Fall ist, werden die Graphen aller Stammfunktionen F von f an dieser Stelle einen Sattelpunkt aufweisen.

(III) Falsch: Aus dem Verlauf des Graphen von f kann nicht generell auf Nullstellen der Stammfunktionen geschlossen werden. Stammfunktionen sind nur bis auf eine Konstante bestimmt. Es gibt also eine Stammfunktion, deren Graph G_F an der Stelle $x = 2$ eine Nullstelle hat, aber auch beliebig viele andere Stammfunktionen, deren Graphen an dieser Stelle keine Nullstelle haben. Somit haben nicht alle Stammfunktionen bei $x = 2$ eine Nullstelle.

(IV) Richtig: Die Funktion f ist dritten Grades, die Ableitungsfunktion f' hat also Grad 2. Da der Graph G_f bei $x = 4$ einen Wendepunkt mit negativer Steigung aufweist, hat der Graph der Funktion f' dort einen Tiefpunkt. Dieser ist das einzige Extremum. Demnach ist der Graph $G_{f'}$ im Bereich von $-\infty < x < 4$ monoton fallend.

c) Der Graph der Funktion g entsteht aus dem Graphen der Funktion f durch Spiegelung an der x-Achse. Die Funktionsgleichung der Funktion g erhält man dann durch: $g(x) = -f(x)$.

Es gilt also:

$$\begin{aligned} g(x) &= -f(x) \\ &= -(0{,}0625x^3 - 0{,}75x^2 + 2{,}25x) \\ &= -0{,}0625x^3 + 0{,}75x^2 - 2{,}25x. \end{aligned}$$

Folgendes Schaubild zeigt beide Graphen in einem Koordinatensystem.

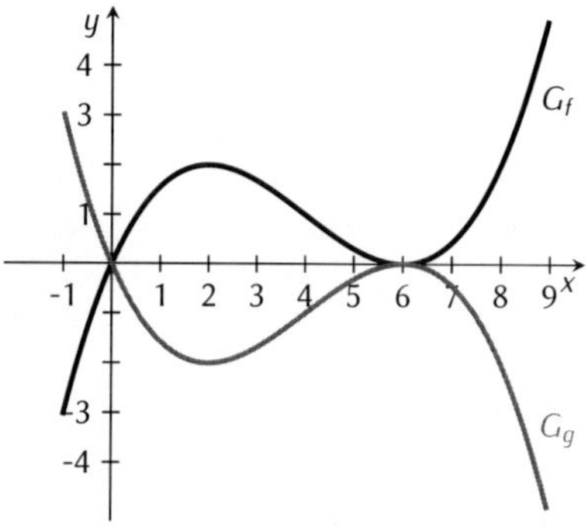

d) Die größte Strecke in Nord-Süd-Richtung ist die Strecke zwischen dem Hochpunkt H_f von G_f und dem Tiefpunkt T_g von G_g.

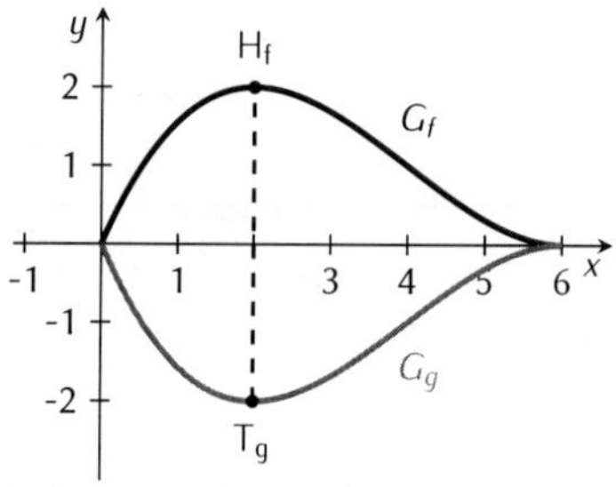

➤ *Hochpunkt* H_f

Zunächst werden die ersten beiden Ableitungen der Funktion f bestimmt:

$$\begin{aligned} f'(x) &= 0{,}0625 \cdot 3 \cdot x^2 - 0{,}75 \cdot 2 \cdot x + 2{,}25 \\ &= 0{,}1875x^2 - 1{,}5x + 2{,}25 \quad \text{und} \\ f''(x) &= 0{,}1875 \cdot 2 \cdot x - 1{,}5 \\ &= 0{,}375x - 1{,}5. \end{aligned}$$

Nun werden die Nullstellen von f' bestimmt:

$$0{,}1875x^2 - 1{,}5x + 2{,}25 = 0.$$

Die Lösungen dieser Gleichung sind gegeben durch:

$$x_{1,2} = \frac{-(-1{,}5) \pm \sqrt{(1{,}5)^2 - 4 \cdot 0{,}1875 \cdot 2{,}25}}{2 \cdot 0{,}1875} = \frac{1{,}5 \pm \sqrt{0{,}5625}}{0{,}375} = \frac{1{,}5 \pm 0{,}75}{0{,}375}.$$

Damit sind die Lösungen der Gleichung $f'(x) = 0$ gegeben durch:

$$x_1 = 2 \quad \text{und} \quad x_2 = 6$$

Mithilfe der zweiten Ableitung wird überprüft, um welche Art von Extremum es sich handelt:

$$f''(2) = 0{,}375 \cdot 2 - 1{,}5 = -0{,}75 < 0 \quad \Longrightarrow \quad \mathrm{H_f}(2|f(2)) \quad \text{und}$$
$$f''(6) = 0{,}375 \cdot 6 - 1{,}5 = 0{,}75 > 0 \quad \Longrightarrow \quad \mathrm{T_f}(6|f(6))\,.$$

Jetzt wird noch die y-Koordinate des Hochpunktes berechnet:

$$f(2) = 0{,}0625 \cdot 2^3 - 0{,}75 \cdot 2^2 + 2{,}25 \cdot 2 = 2$$
$$\Longrightarrow \quad \mathrm{H_f}(2|2)$$

Da die Graphen der Funktionen f und g spiegelbildlich zur x-Achse sind, kann man den Tiefpunkt der Funktion g direkt angeben: $\mathrm{T_g}(2|-2)$. Die gesuchte Strecke ist dann der Abstand zwischen den beiden Punkten.

$$f(2) - g(2) = 2 - (-2) = 4.$$

Da eine Längeneinheit auf der Karte 100 Meter entspricht, hat die längstmögliche Seedurchquerung in Nord-Süd-Richtung eine Länge von 400 m.

☞ *Alternative:* Die Art des Extremums kann auch mit dem Vorzeichenwechselkriterium überprüft werden. Es gelten:

$$f'(0) = 2{,}25 > 0,$$
$$f'(4) = 0{,}1875 \cdot 16 - 1{,}5 \cdot 4 + 2{,}25 = -0{,}75 < 0 \quad \text{und}$$
$$f'(8) = 0{,}1875 \cdot 64 - 1{,}5 \cdot 8 + 2{,}25 = 2{,}25 > 0.$$

Damit hat die Funktion f' an der Stelle $x = 2$ eine Nullstelle mit Vorzeichenwechsel von + nach - und somit hat der Graph G_f bei $x = 2$ einen Hochpunkt. An der Stelle $x = 4$ hat die Funktion f' eine Nullstelle mit Vorzeichenwechsel von - nach +. Damit hat der Graph G_f an dieser Stelle einen Tiefpunkt. Der Hochpunkt von G_f ist damit gegeben durch $\mathrm{H_f}(2|f(2))$. Wegen $f(2) = 2$ gilt $\mathrm{H_f}(2|2)$.

e) ➤ *Länge der Leine*

Die Leine wird an den Punkten $\mathrm{P}(1|g(1))$ und $\mathrm{H}(2|2)$ befestigt. Zunächst werden die vollständigen Koordinaten von P bestimmt:

$$g(1) = -0{,}0625 \cdot 1^3 + 0{,}75 \cdot 1^2 - 2{,}25 \cdot 1 = -\frac{25}{16} = -1{,}5625, \quad \text{also} \quad \mathrm{P}(1|-1{,}5625)\,.$$

Der Abstand L zwischen zwei Punkten $\mathrm{P_1}(x_1|y_1)$ und $\mathrm{P_2}(x_2|y_2)$ kann mithilfe des Satzes von Pythagoras berechnet werden:

$$L = \sqrt{(x_1 - x_2)^2 + (y_1 - y_2)^2}.$$

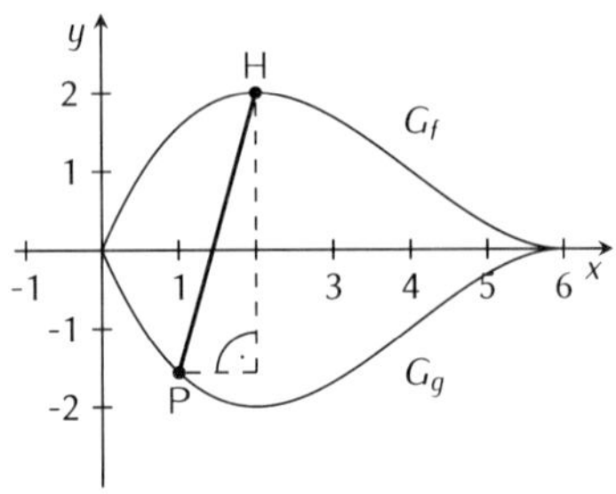

In diesem Fall also:

$$L = \sqrt{(2-1)^2 + (2-(-1{,}5625))^2} = \sqrt{1 + 3{,}5625^2} \approx 3{,}70.$$

Da eine Längeneinheit hundert Metern entspricht, hat die Leine eine Länge von ungefähr 370 m.

☞ *Alternative:* Man könnte auch im Analysisteil Elemente der Analytischen Geometrie verwenden. Der Abstand L der beiden Punkte P und H entspricht dem Betrag des Verbindungsvektors:

$$L = \left|\overrightarrow{PH}\right| = \left|\begin{pmatrix} 2-1 \\ 2-(-1{,}5625) \end{pmatrix}\right| = \sqrt{(2-1)^2 + (2+1{,}5625)^2} \approx 3{,}70.$$

Da eine Längeneinheit hundert Metern entspricht, hat die Leine eine Länge von ungefähr 370 m.

➤ *Koordinaten der Bojen*

Es wird also eine Strecke von drei Objekten/Punkten in 4 gleich große Teile zerlegt. Der Mittelpunkt der Strecke teilt sie dabei zunächst in zwei gleichgroße Hälften. Die Mittelpunkte der beiden Teilstrecken teilen diese dann auch wieder in der Mitte.

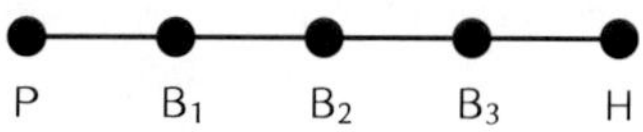

Um die Koordinaten der mittleren Boje B_2 zu berechnen, bestimmt man also den Mittelpunkt M der Strecke zwischen P und H.

Den Mittelpunkt M einer Strecke zwischen zwei Punkten $P_1(x_1|y_1)$ und $P_2(x_2|y_2)$ ist gegeben durch

$$M\left(\frac{1}{2}(x_2 + x_1)\middle|\frac{1}{2}(y_1 + y_2)\right).$$

Die Koordinaten von B_2 lauten somit:

$$B_2\left(\frac{1}{2}(2+1)\middle|\frac{1}{2}(2-1{,}5625)\right), \quad \text{also} \quad B_2(1{,}5|0{,}21875).$$

Die Boje B_1 befindet sich in der Mitte der Strecke zwischen P und B_2, somit:

$$B_1\left(\frac{1}{2}(1+1{,}5)\middle|\frac{1}{2}(-1{,}5625+0{,}21875)\right), \quad \text{also} \quad B_1(1{,}25|-0{,}671875).$$

Die Boje B_3 befindet sich in der Mitte der Strecke zwischen B_2 und H, somit:

$$B_3\left(\frac{1}{2}(1{,}5+2)\middle|\frac{1}{2}(0{,}21875+2)\right), \quad \text{also} \quad B_3(1{,}75|1{,}109375).$$

Aufgabenstellung siehe Seite 56

☞ *Alternative:* Auch diese Aufgabe lässt sich vektorgeometrisch lösen. Den Ortsvektor zur Boje B_2 kann man wie folgt berechnen:

$$\overrightarrow{B_2} = \overrightarrow{P} + \frac{1}{2} \cdot \overrightarrow{PH}$$
$$= \begin{pmatrix} 1 \\ -1{,}5625 \end{pmatrix} + \frac{1}{2} \begin{pmatrix} 2 - 1 \\ 2 - (-1{,}5625) \end{pmatrix}$$
$$= \begin{pmatrix} 1{,}5 \\ 0{,}21875 \end{pmatrix}.$$

Also $B_2(1{,}5|0{,}21875)$. Die anderen Punkte erhält man dann auf die gleiche Art und Weise.

➤ *Winkel zwischen Leine und Ufer*

Der Verlauf der Bojenkette kann durch den Graphen G_h einer Geraden h beschrieben werden. Die Funktion h hat eine Funktionsgleichung der Form $h(x) = mx+b$. Die Bojenlinie wird begrenzt durch die Punkte P und H. Für die Steigung $m = h'(x)$ gilt dann:

$$m = \frac{y_H - y_P}{x_H - x_P} = \frac{2 + 1{,}5625}{2 - 1} = 3{,}5625.$$

Der Schnittwinkel zwischen den Graphen der Funktionen f und h ist der Schnittwinkel der Tangenten in H. Weil die Tangente an G_f in H waagrecht verläuft und somit parallel zur x-Achse, ist der Schnittwinkel α gegeben durch

$$\tan \alpha = m$$

und damit:

$$\alpha \approx 74{,}32°.$$

f) ➤ *Flächeninhalt der Gesamtfläche*

Die Gesamtoberfläche des Sees lässt sich als Fläche zwischen den Graphen G_f und G_g im Intervall $[0; 6]$ berechnen. Die Fläche zwischen zwei Graphen entspricht dem Wert des Integrals der Differenzfunktion. Hierbei werden die x-Werte der Schnittpunkte als Integralgrenzen verwendet.

$$A_{See} = \int_0^6 \left(f(x) - g(x)\right) dx$$
$$= \int_0^6 \left(0{,}0625x^3 - 0{,}75x^2 + 2{,}25x - (-0{,}0625x^3 + 0{,}75x^2 - 2{,}25x)\right) dx$$
$$= \int_0^6 \left(0{,}125x^3 - 1{,}5x^2 + 4{,}5x\right) dx$$
$$= \left[0{,}125 \cdot \frac{1}{4} \cdot x^4 - 1{,}5 \cdot \frac{1}{3} \cdot x^3 + 4{,}5 \cdot \frac{1}{2} \cdot x^2\right]_0^6$$
$$= \left[0{,}03125x^4 - 0{,}5x^3 + 2{,}25x^2\right]_0^6$$
$$= 0.03125 \cdot 6^4 - 0{,}5 \cdot 6^3 + 2{,}25 \cdot 6^2 - (0{,}03125 \cdot 0^4 - 0{,}5 \cdot 0^3 + 2{,}25 \cdot 0^2)$$
$$= 13{,}5.$$

Die Gesamtfläche des Sees beträgt also 13,5 Flächeneinheiten. Eine Längeneinheit entspricht 100 m, damit entspricht eine Flächeneinheit 1 ha. Der See hat also eine Gesamtfläche von 13,5 ha.

➤ *Flächeninhalt der Schwimmfläche*

Zunächst verdeutlicht eine Skizze, welche Fläche dem Schwimmbereich entspricht.

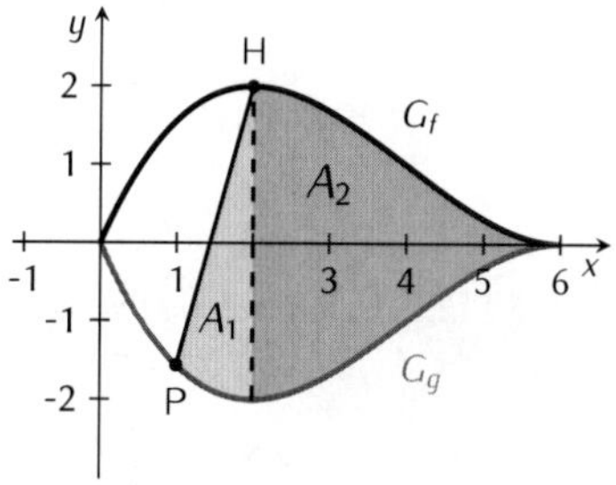

Die Fläche des Schwimmbereichs A_S lässt sich, wie im Schaubild zu erkennen, in zwei Teilflächen unterteilen. Die Fläche A_1 ist dabei die Fläche zwischen den Graphen der Funktionen h, also der Bojenkette, und g im Intervall $[1; 2]$. Die Fläche A_2 ist die Fläche zwischen den Graphen von f und g im Intervall $[2; 6]$. Somit ergibt sich für den Schwimmbereich:

$$\begin{aligned} A_S &= A_1 + A_2 \\ &= \int_1^2 \big(h(x) - g(x)\big)\,dx + \int_2^6 \big(f(x) - g(x)\big)\,dx. \end{aligned}$$

Die Fläche A_2 lässt sich analog zu oben, nur mit veränderter unterer Grenze, direkt berechnen:

$$\begin{aligned} A_2 &= \int_2^6 \big(f(x) - g(x)\big)\,dx \\ &= \int_2^6 \big(0{,}125x^3 - 1{,}5x^2 + 4{,}5x\big)\,dx \\ &= \left[0{,}125 \cdot \frac{1}{4} \cdot x^4 - 1{,}5 \cdot \frac{1}{3} \cdot x^3 + 4{,}5 \cdot \frac{1}{2} \cdot x^2\right]_2^6 \\ &= \left[0{,}03125x^4 - 0{,}5x^3 + 2{,}25x^2\right]_2^6 \\ &= 0.03125 \cdot 6^4 - 0{,}5 \cdot 6^3 + 2{,}25 \cdot 6^2 - (0{,}03125 \cdot 2^4 - 0{,}5 \cdot 2^3 + 2{,}25 \cdot 2^2) \\ &= 8. \end{aligned}$$

Für die Fläche A_1 muss zunächst die Funktionsgleichung der Bojenleinenfunktion h ermittelt werden. Dabei handelt es sich, wie aus der vorangegangenen Teilaufgabe bekannt, um eine lineare Funktion. Es gilt also $h(x) = mx + b$, wobei in der vorigen Aufgabe auch schon ermittelt wurde, dass gilt $m = 3{,}5625$. Um den y-Achsenabschnitt b auszurechnen, wird nun eine Punktprobe mit H durchgeführt:

$$2 = 3{,}5625 \cdot 2 + b \quad \Longleftrightarrow \quad b = -\frac{41}{8} = -5{,}125.$$

Lösungen

Somit hat die Bojenlinie folgende Funktionsgleichung

$h(x) = 3{,}5625x - 5{,}125.$

Damit kann die Fläche A_1 nun berechnet werden:

$$A_1 = \int_1^2 \big(h(x) - g(x)\big)\,\mathrm{d}x$$

$$= \int_1^2 \Big(3{,}5625x - 5{,}125 - (-0{,}0625x^3 + 0{,}75x^2 - 2{,}25x)\Big)\,\mathrm{d}x$$

$$= \int_1^2 \big(0{,}0625x^3 - 0{,}75x^2 + 5{,}8125x - 5{,}125\big)\,\mathrm{d}x$$

$$= \left[0{,}0625 \cdot \frac{1}{4} \cdot x^4 - 0{,}75 \cdot \frac{1}{3} \cdot x^3 + 5{,}8125 \cdot \frac{1}{2} \cdot x^2 - 5{,}125 \cdot x\right]_1^2$$

$$= \left[0{,}015625x^4 - 0{,}25x^3 + 2{,}90625x^2 - 5{,}125x\right]_1^2$$

$$= 0{,}015625 \cdot 2^4 - 0{,}25 \cdot 2^3 + 2{,}90625 \cdot 2^2 - 5{,}125 \cdot 2$$

$$- (0{,}015625 \cdot 1^4 - 0{,}25 \cdot 1^3 + 2{,}90625 \cdot 1^2 - 5{,}125 \cdot 1)$$

$$= 2{,}078125.$$

Für die Schwimmfläche A_S gilt:

$A_S = A_1 + A_2 = 8 + 2{,}078125 = 10{,}078125.$

Damit beträgt der Flächeninhalt der Schwimmfläche ungefähr 10,07 ha.

➤ *Anteil der Schwimmfläche an der Gesamtfläche*

Der Anteil der Schwimmfläche an der Gesamtfläche ist gegeben durch:

$$p = \frac{10{,}078125}{13{,}5} \approx 0{,}7465.$$

Der Anteil der für Schwimmer zugelassenen Fläche des Sees beträgt also etwa 75 %.

g) ➤ *Zeichnung*

Zunächst wird zusätzlich zu den Graphen G_f und G_g der Aufsichtsturm im Punkt A eingezeichnet. Die Station der Badeaufsicht S ist 50 Meter vom Ufer entfernt, dies entspricht 0,5 Längeneinheiten, und auf kürzestem Weg mit dem Aufsichtsturm verbunden. Der Weg zwischen Station und Aufsichtsturm muss folglich senkrecht auf der Tangente an den Graphen G_f am Aufsichtsturm stehen.

Somit ergibt sich folgende Skizze.

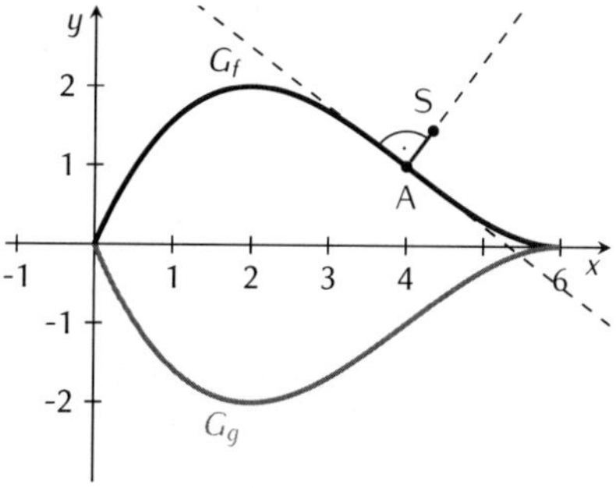

h) ➤ *Bestimmung der Gleichung des Rettungsweges*

In der vorangegangenen Teilaufgabe g) wurde begründet, dass die Station auf der Normalen an den Graphen G_f im Punkt A liegen muss. Um die Steigung der Normalen m_N in A zu bestimmen, benötigt man zunächst die Steigung m_T der Tangente in A. Es gilt:

$$m_T = f'(4) = 0{,}1875 \cdot 4^2 - 1{,}5 \cdot 4 + 2{,}25 = -0{,}75 = -\frac{3}{4}.$$

Die Steigung der Normalen erhält man dann mit der Formel $m_N = -\frac{1}{m_T}$:

$$m_N = -\frac{1}{-0{,}75} = \frac{4}{3}.$$

Den y-Achsenabschnitt der Normalen erhält man, indem man nun in die allgemeine Geradengleichung $y = mx + b$ die errechnete Steigung und die Koordinaten von A einsetzt:

$$1 = \frac{4}{3} \cdot 4 + b \quad \Longleftrightarrow \quad b = -\frac{13}{3}.$$

Die Gleichung der Normalen, die den Rettungsweg beschreibt, lautet somit:

$$n(x) = \frac{4}{3}x - \frac{13}{3}.$$

➤ *Bestimmung der Koordinaten der Station* S

Zur Veranschaulichung nochmal eine kleine Skizze.

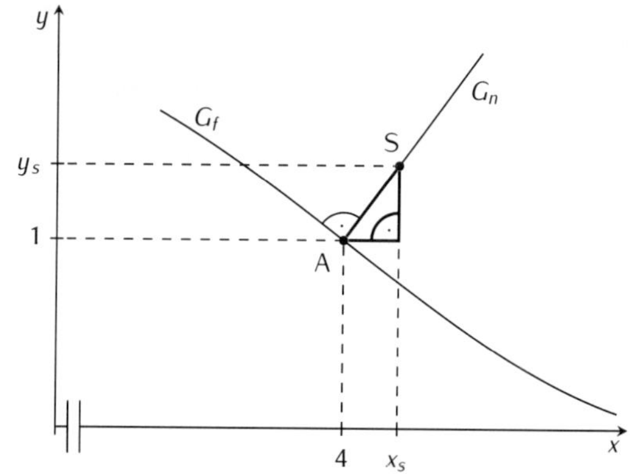

Lösungen

Das Steigungsdreieck zwischen den Punkten $A(4|1)$ und $S(x_S|y_S)$ ist ein rechtwinkliges Dreieck. Eine Kathete hat die Länge $x_S - 4$ und die andere Kathete hat die Länge $y_S - 1$. Der Abstand des Aufsichtsturmes vom Ufer beträgt 50 m, das entspricht 0,5 Längeneinheiten. Mit dem Satz des Pythagoras ergibt sich folgender Ansatz:

$$0{,}5^2 = (x_S - 4)^2 + (y_S - 1)^2.$$

Da der Punkt S auf der Normalen liegt, gilt für die y-Koordinate:

$$y_S = \frac{4}{3}x_S - \frac{13}{3}.$$

Somit muss nun folgende Gleichung nach x_S aufgelöst werden:

$$0{,}5^2 = (x_S - 4)^2 + \left(\frac{4}{3}x_S - \frac{13}{3} - 1\right)^2$$

$$0{,}25 = (x_S - 4)^2 + \left(\frac{4}{3}x_S - \frac{16}{3}\right)^2$$

$$0{,}25 = x_S^2 - 8x_S + 16 + \frac{16}{9}x_S^2 - \frac{128}{9}x_S + \frac{256}{9}$$

$$0{,}25 = \frac{25}{9}x_S^2 - \frac{200}{9}x_S + \frac{400}{9}$$

$$0 = \frac{25}{9}x_S^2 - \frac{200}{9}x_S + \frac{1591}{36}$$

$$0 = 100x_S^2 - 800x_S + 1591$$

Die Lösungen der Gleichung können mit der Mitternachtsformel bestimmt werden:

$$x_{1,2} = -\frac{-(-800) \pm \sqrt{(-800)^2 - 4 \cdot 100 \cdot 1591}}{200} = 4 \pm \frac{3}{10}$$

$$\Longleftrightarrow \quad x_{S_1} = 4{,}3 \quad \text{und} \quad x_{S_2} = 3{,}7.$$

Relevant ist in diesem Kontext nur $x_{S_1} = 4{,}3$. Für $x_{S_2} = 3{,}7$ läge die Wasserrettungsstation mitten im See.

Mit der Gleichung der Normalen berechnet man dann noch die y-Koordinate der Station:

$$y_S = n(4{,}3) = \frac{4}{3} \cdot 4{,}3 - \frac{13}{3} = 1{,}4$$

Somit befindet sich die Station im Punkt $S(4{,}3|1{,}4)$.

Lösung zu Aufgabe 2

a) Januar ist der Beginn des Beobachtungszeitraumes, also der Zeitpunkt $t = 0$. Somit muss die Gleichung die Bedingung $B(0) = 100$ erfüllen. Anfang Mai sind 4 Monate seit Beobachtungsbeginn vergangen, also muss gelten $B(4) = 150$. Somit:

(I) $100 = ae^{b \cdot 0} = ae^0 = a \quad \Longleftrightarrow \quad a = 100$ und

(II) $150 = ae^{b \cdot 4}$.

Da die erste Gleichung (I) direkt den Wert für a liefert, kann man diesen nun in Gleichung (II) einsetzen und b berechnen:

$$
\begin{aligned}
150 &= 100e^{4b} \\
\frac{150}{100} &= e^{4b} \\
\ln 1{,}5 &= \ln\left(e^{4b}\right) \\
\ln 1{,}5 &= 4b \\
\frac{\ln 1{,}5}{4} &= b \\
\Longrightarrow \quad b &\approx 0{,}10.
\end{aligned}
$$

Somit lautet die gesuchte Funktionsgleichung $B(t) = 100e^{0,1t}$.

b) Der Nachbarverein wird die Forellen verkaufen, wenn 600 Forellen in den künstlichen Teichen sind. Denn dann können 300 Forellen verkauft werden und 300 bleiben im eigenen Bestand. Gesucht ist also der Zeitpunkt t, an dem die Forellenzahl $B(t) = 600$ ist:

$$
\begin{aligned}
600 &= 100e^{0,1t} \\
6 &= e^{0,1t} \\
\ln 6 &= \ln\left(e^{0,1t}\right) \\
\ln 6 &= 0{,}1t \\
\frac{\ln 6}{0{,}1} &= t \\
t &\approx 17{,}92.
\end{aligned}
$$

Nach diesem Modell werden ungefähr 18 Monate nach Beobachtungsbeginn die Fische verkauft. Dies entspricht dem Juli diesen Jahres.

c) Die Funktionsgleichung beschreibt ein exponentielles Wachstum. Die Anzahl der Fische würde in diesem Modell also stets zunehmen. Allerdings ist die Anzahl der Fische sowohl durch das begrenzte Nahrungsangebot als auch das begrenzte Platzangebot beschränkt.

Lösungen zu Stochastik, 2017, Teil A, Aufgabengruppe 1

Lösung zu Aufgabe 1

a) Wenn p die Wahrscheinlichkeit beschreibt, dass beim einmaligen Drehen des Glücksrades der blaue Sektor getroffen wird, dann beschreibt $1 - p$ die Wahrscheinlichkeit, dass der blaue Sektor nicht getroffen wird.

Daher beschreibt der Term $(1 - p)^7$ die Wahrscheinlichkeit, dass bei siebenmaligem Drehen keinmal der blaue Sektor getroffen wird.

b) Die Wahrscheinlichkeit für das Erdrehen einer Farbe ist gleichbleibend und das Erdrehen einer Farbe ist unabhängig von den bis dahin erdrehten Farben. Damit handelt sich um eine binomialverteilte Zufallsgröße mit $n = 10$ und unbekannter Wahrscheinlichkeit p. Insofern gilt für die Wahrscheinlichkeit, dass bei zehnmaligem Drehen des Glücksrades genau zweimal der blaue Sektor getroffen wird:

$$P(X = 2) = B(10; p; 2) = \binom{10}{2} \cdot p^2 \cdot (1 - p)^8.$$

c) Da das Glücksrad kein Gedächtnis hat, hat die Vergangenheit keinen Einfluss auf zukünftige Drehungen. Wenn die Wahrscheinlichkeit für ein Treffen des gelben Sektors tatsächlich bei 50 % liegt, so liegt sie auch bei den nächsten 100 Drehungen dort. Felix Aussage ist also falsch.

d) Dies ist eine Aufgabenstellung aus dem Bereich der Kombinatorik. Es handelt sich um nicht sehr viele Möglichkeiten, im Zweifelsfall kann man einfach alle aufschreiben und zählen ((r,r,r,r), (r,r,r,g), ...).

Besser ist es natürlich, eine Möglichkeit der Berechnung zur Verfügung zu haben. Analog zu einem Passwort mit vier Buchstaben, bei dem man aber nur zwei verschiedene Buchstaben benutzen darf (nämlich r für rot und g für gelb) gibt es für jede der vier Stellen genau 2 Möglichkeiten. Die Gesamtzahl an Möglichkeiten ergibt sich also zu:

$$N = 2 \cdot 2 \cdot 2 \cdot 2 = 2^4 = 16$$

Lösung zu Aufgabe 2

Angenommen, es würde sich um eine binomialverteilte Zufallsgröße X handeln. Aus der Aufgabenstellung kann man $n = 4$ ablesen. Für eine binomialverteilte Zufallsgröße gilt:

$$E(X) = n \cdot p$$

In diesem Fall würde also gelten:

$$2 = 4 \cdot p \quad \Longrightarrow \quad p = 0{,}5.$$

Dies hätte man auch schon aus der Symmetrie des Histogramms ableiten können. Bei einer Binomialverteilung müsste außerdem folgende Bedingung erfüllt sein:

$$P(X = 2) = \binom{4}{2} \cdot 0{,}5^2 \cdot 0{,}5^2 = 0{,}375.$$

Man kann allerdings aus dem Diagramm ablesen, dass die Wahrscheinlichkeit $P(X = 2)$ deutlich über diesem Wert liegt. Dies widerspricht der zu Beginn gemachten Annahme, insofern kann es sich hier nicht um eine Binomialverteilung handeln.

☞ *Alternative:* Das Diagramm widerspricht der, für eine Binomialverteilung geltenden, Bedingung

$$P(X = 1) = \binom{4}{1} \cdot 0{,}5^1 \cdot 0{,}5^{=}4 \cdot 0{,}5^4 = 0{,}25.$$

Lösungen

Lösungen zu Stochastik, 2017, Teil A, Aufgabengruppe 2

Lösung zu Aufgabe 1

a) Ohne die Bedingung, dass A und B stochastisch unabhängig sein sollen, kann man die Vierfeldertafel bis zu diesem Stadium ausfüllen:

	A	$\overline{A}$	
B	0,12		
$\overline{B}$	0,18		
	0,3	0,7	1

Die Bedingung der stochastischen Unabhängigkeit bedeutet, dass gelten muss:

$$P(A \cap B) = P(A) \cdot P(B)$$

Der Vierfeldertafel entnimmt man die folgenden Werte:

$$P(A \cap B) = 0{,}12 \quad \text{und} \quad P(A) = 0{,}3.$$

Folglich ist:

$$P(B) = \frac{0{,}12}{0{,}3} = 0{,}4.$$

Dieses Ergebnis kann in die Vierfeldertafel für $P(B)$ eingesetzt und die restlichen Werte ergänzt werden:

	A	$\overline{A}$	
B	0,12	0,28	0,4
$\overline{B}$	0,18	0,42	0,6
	0,3	0,7	1

b) In diesem Zusammenhang würde die stochastische Unabhängigkeit der Ereignisse C und D bedeuten, dass die Prozentzahl derer, die die derzeitige Regierungspartei wählen würden bei den unter 50-jährigen genau so groß ist wie bei den über 50-jährigen. Es gilt:

$$P(D) = P_C(D) = P_{\overline{C}}(D).$$

☞ *Alternative:* Die Wahrscheinlichkeit, dass eine zufällig ausgewählte wahlberechtigte Person die Regierungspartei wählen würde, ist unabhängig von der Zugehörigkeit dieser Person zur Gruppe der über 50-Jährigen.

Lösung zu Aufgabe 2

a) Das folgende Baumdiagramm veranschaulicht die Situation.

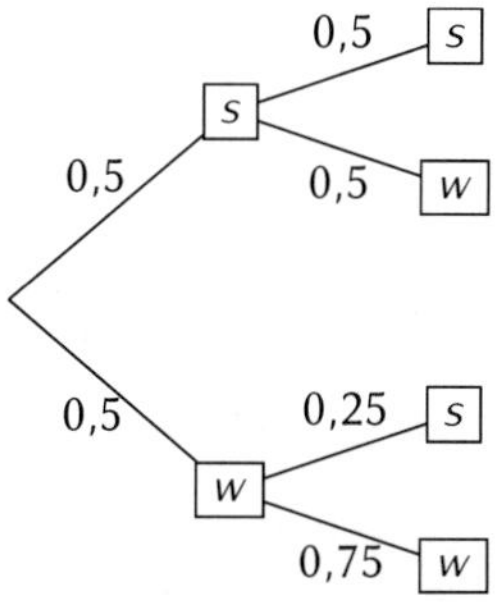

Die erste Stufe steht für die Urne A, die Wahrscheinlichkeit aus dieser eine schwarze beziehungsweise eine weiße Kugel zu ziehen beträgt 0,5. Die zweite Stufe des Baumdiagramms steht für die Urne B, hier sind die Wahrscheinlichkeiten abhängig von der ersten Stufe. Um die Wahrscheinlichkeit zu bestimmen, dass am Ende in Urne C zwei weiße und eine schwarze Kugel liegen, muss man nun alle Wahrscheinlichkeiten derjenigen Äste addieren, die zum Ereignis s führen:

$$P(s) = 0{,}5 \cdot 0{,}5 + 0{,}5 \cdot 0{,}25 = 0{,}375.$$

Die Wahrscheinlichkeit, dass sich am Ende zwei weiße und eine schwarze Kugel in Urne C befinden, beträgt 37,5 %.

b) Diese Aufgabenstellung beschäftigt sich mit dem Erwartungswert. Zunächst muss man jedoch bestimmen, wie groß die Wahrscheinlichkeit in diesem Spiel ist, eine schwarze Kugel zu ziehen. Da die Urne, aus welcher gezogen wird zufällig ausgewählt wird, beträgt die Wahrscheinlchkeit für jede Urne $\frac{1}{3}$. Insgesamt gilt also für $P(s)$:

$$P(s) = \frac{1}{3} \cdot \frac{1}{2} + \frac{1}{3} \cdot \frac{1}{3} + \frac{1}{3} \cdot 0 = \frac{5}{18}.$$

Der Erwartungswert soll laut Aufgabenstellung gleich Null sein und wird über folgende Formel berechnet:

$$E(X) = x_1 \cdot P(X = x_1) + x_2 \cdot P(X = x_2) + \ldots + x_n \cdot P(X = x_n).$$

Die Zufallsgröße X ist hier der Gewinn beziehungsweise Verlust. Bekannt ist, dass man im Falle eines Verlustes seinen Einsatz, also 1 Euro verliert. Der Gewinn im gegenteiligen Fall ist gesucht. Es gilt also:

$$E(X) = x_G \cdot P(s) + (-1) \cdot (1 - P(s)) = 0$$

$$\Longrightarrow \quad x_G \cdot \frac{5}{18} - \frac{13}{18} = 0$$

$$\Longrightarrow \quad x = \frac{13}{5} = 2{,}6$$

Damit das Spiel fair ist, müsste man also 2,60 Euro gewinnen und zusätzlich seinen Einsatz zurück erhalten. Ausgezahlt werden muss in diesem Falle also ein Geldbetrag von 3,60 Euro.

Lösungen

Lösungen zu Stochastik, 2017, Teil B, Aufgabengruppe 1

Lösung zu Aufgabe 1

a) Die Wahrscheinlichkeit, dass ein Auto mit ESP ausgerüstet ist, ist für jedes Auto gleich und unabhängig davon, ob andere Autos mit ESP ausgerüstet sind oder nicht. Aufgrund der kleinen Stichprobenmenge kann vernachlässigt werden, dass ein Auto zwei mal ausgewählt wird. Es handelt sich um eine binomialverteilte Zufallsgröße mit $n = 200$ und $p = 0{,}4$.

Gesucht ist die Wahrscheinlichkeit, dass von den 200 Autos 70 oder mehr mit ESP ausgestattet sind:

$$\begin{aligned} P(X \geq 70) &= 1 - P(X \leq 69) \\ &\approx 1 - 0{,}0639 \\ &= 0{,}9361 \end{aligned}$$

Hierbei wurde die Wahrscheinlichkeit $P(X \leq 69)$ aus der entsprechenden Tabelle abgelesen. Damit beträgt die Wahrscheinlichkeit, dass von den 200 Autos 70 oder mehr mit ESP ausgerüstet sind, ungefähr 93,61 %.

b) 1. Das Ereignis A bedeutet: Die ersten 4 Autos besitzen kein ESP, das fünfte besitzt ESP. Es gilt:

$$P(A) = (1 - 0{,}4)^4 \cdot (0{,}4)^1 = 0{,}6^4 \cdot 0{,}4 = 0{,}05184 \approx 5{,}2\,\%.$$

2. Die Zufallsgröße X beschreibt die Anzahl der ausgewählten Autos mit ESP.

➤ *Berechnung des Erwartungswertes und der Standardabweichung*

Es handelt sich um eine binomialverteilte Zufallsgröße mit $n = 200$ und $p = 0{,}4$. Der Erwartungswert lässt sich berechnen durch die Formel:

$$E(X) = n \cdot p = 200 \cdot 0{,}4 = 80.$$

Die Formel für die Standardabweichung ist:

$$\sigma = \sqrt{\text{Var}(X)} = \sqrt{n \cdot p \cdot (1 - p)} = \sqrt{200 \cdot 0{,}4 \cdot 0{,}6} = \sqrt{48} \approx 6{,}9282.$$

➤ *Berechnung der Wahrscheinlichkeit*

Durch die Formulierung „höchstens" muss man die Standardabweichung auf 6 abrunden und kann damit die Wahrscheinlichkeit dafür, dass der Wert von X höchstens um eine Standardabweichung von ihrem Erwartungswert abweicht wie folgt berechnen:

$$\begin{aligned} P(B) &= P\left(E(X) - \sigma \leq X \leq E(X) + \sigma\right) \\ &= P(80 - 6 \leq X \leq 80 + 6) \\ &= P(74 \leq X \leq 86) \\ &= P(X \leq 86) - P(X \leq 73) \\ &= P(X \leq 86) - P(X \leq 73) \\ &\approx 0{,}82607 - 0{,}17423 \\ &= 0{,}65184 \end{aligned}$$

Die Wahrscheinlichkeit liegt bei ungefähr 65,18 %.

Lösung zu Aufgabe 2

a) Diese Aufgabenstellung stammt aus der Kombinatorik, es geht bei beiden Termen um eine Anzahl von Möglichkeiten.

α) Die Situation kann man sich wie folgt vorstellen:

- Dem ersten Auto stehen 20 Möglichkeiten zur Verfügung, einen Parkplatz auszuwählen
- dem zweiten Auto noch 19,
- dem dritten Auto 18 und
- dem vierten Auto 17 Möglichkeiten.

Somit ist der angegebene Term die Antwort auf die Frage:

Wie viele Möglichkeiten gibt es, die vier Autos auf den 20 freien Parkplätzen zu verteilen, wenn es auf die Reihenfolge der Belegung der Parkplätze ankommt?

β) Der Binomialkoeffizient wird benutzt, um die Möglichkeiten zu berechnen, aus einer großen Gruppe eine kleinere auszuwählen. In diesem Fall also vier Parkplätze aus einer Gruppen von 20 freien. Eine Aufgabenstellung könnte also lauten:

Wie viele Möglichkeiten gibt es vier Parkplätze aus den 20 freien auszuwählen, wenn es auf die Reihenfolge der Belegung der Parkplätze nicht ankommt?

Man könnte hier auch über die Ununterscheidbarkeit argumentieren. Wenn man vier gleich aussehende Autos aus zwanzig freien Parkplätzen aussuchen lässt, beschreibt der Term ebenfalls die Anzahl der Möglichkeiten.

Bei α) spielt es beispielsweise eine Rolle, ob ein bestimmter Parkplatz von einem viertürigen oder einem zweitürigen Auto belegt wird. Das sind zwei unterschiedliche Möglichkeiten. Bei β) spielt diese Unterscheidung keine Rolle.

b) Der Aufgabenstellung kann man folgende Daten entnehmen:

- Es gibt 7 Autos, welche Kleinwagen ohne ESP-Ausstattung sind.
- Es sind 90 der 100 Autos keine Kleinwagen.

Es gibt also 10 Kleinwagen, von denen 3 Stück mit ESP ausgestattet sind. Die gesuchte Wahrscheinlichkeit $P_K(E)$ entspricht folgender Fragestellung:

Wie wahrscheinlich ist es, dass ein im Parkhaus abgestellter Kleinwagen mit ESP ausgerüstet ist?

Insofern betrachtet man als neue Basis nur die Kleinwagen, von denen es 10 Stück gibt. Insofern gilt:

$$P_K(E) = \frac{3}{10} = 0{,}3.$$

Die Wahrscheinlichkeit dafür, dass ein im Parkhaus abgestellter Kleinwagen mit ESP ausgerüstet ist, liegt bei 30 %.

☞ *Alternative:* Es werden folgende Ereignisse betrachtet:

E: Das Auto ist mit ESP ausgerüstet.

K: Das Auto ist ein Kleinwagen.

Folgende Felder einer Vierfeldertafel können mithilfe der Daten aus der Aufgabenstellung ausgefüllt werden:

	E	$\overline{E}$	
K		7	
$\overline{K}$			90
	40		100

Ausgefüllt ergibt sich:

	E	$\overline{E}$	
K	3	7	10
$\overline{K}$	37	53	90
	40	60	100

Die gesuchte Wahrscheinlichkeit $P_K(E)$ ist eine bedingte Wahrscheinlichkeit und entspricht folgender Fragestellung:

Wie wahrscheinlich ist es, dass ein im Parkhaus abgestellter Kleinwagen mit ESP ausgerüstet ist?

Insofern betrachtet man als neue Basis nur die Kleinwagen, von denen es 10 Stück gibt. Wie man der Vierfeldertafel entnehmen kann, sind drei davon mit ESP ausgestattet. Insofern gilt:

$$P_K(E) = \frac{P(E \cap K)}{P(K)} = \frac{3}{10} = 0{,}3.$$

Die Wahrscheinlichkeit dafür, dass ein im Parkhaus abgestellter Kleinwagen mit ESP ausgerüstet ist, liegt bei 30 %.

c) Zunächst wird bestimmt, wieviel 40 % von 30 entspricht:

$$30 \cdot 0{,}4 = 12$$

Dieser Aufgabenteil entspricht der Ziehung von Kugeln aus einer Urne ohne Zurücklegen. Wie wahrscheinlich ist es bei der Ziehung von 30 aus 100 Autos ohne Zurücklegen genau 12 Autos mit ESP zu wählen? Dementsprechend berechnet sich die gesuchte Wahrscheinlichkeit mittels

$$P = \frac{\binom{40}{12} \cdot \binom{60}{18}}{\binom{100}{30}} \approx 0{,}1759.$$

Die Wahrscheinlichkeit, dass sich unter den 30 zufällig ausgewählten Autos genau 12 mit ESP befinden, beträgt ungefähr 17,59 %.

Lösungen zu Stochastik, 2017, Teil B, Aufgabengruppe 2

Lösung zu Aufgabe 1

a) K beschreibt das Ereingis, dass eine Samenkorn keimt.

α) Ein Baumdiagramm zu dieser Situation sieht wie folgt aus:

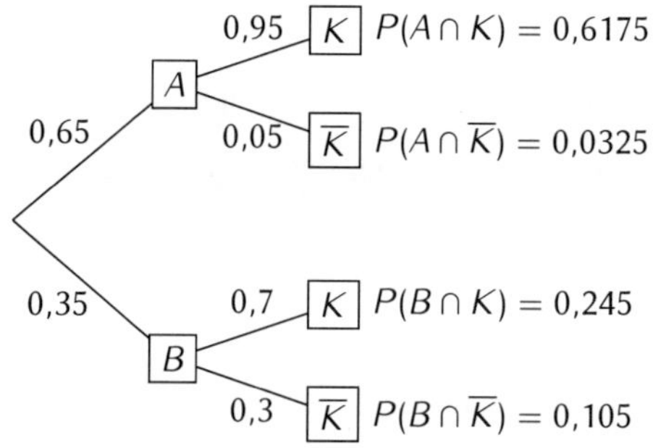

Um die Wahrscheinlichkeit $P(K)$ zu bestimmen, dass ein bestimmtes Samenkorn keimt muss man die Wahrscheinlichkeiten der beiden Äste addieren, die zum Ereignis K führen:

$$\begin{aligned} P(K) &= P(A \cap K) + P(B \cap K) \\ &= 0{,}65 \cdot 0{,}95 + 0{,}35 \cdot 0{,}7 \\ &= 0{,}6175 + 0{,}245 \\ &= 0{,}8625. \end{aligned}$$

Die Wahrscheinlichkeit, dass ein zufällig ausgewähltes Samenkorn keimt, beträgt also 86,25 %.

β) Für die Berechnung der Wahrscheinlichkeit $P_K(B)$ ist ein Blick auf das umgedrehte Baumdiagramm hilfreich. Man kann die Wahrscheinlichkeiten $P(K)$ und $P(K \cap B)$ eintragen und es ergibt sich:

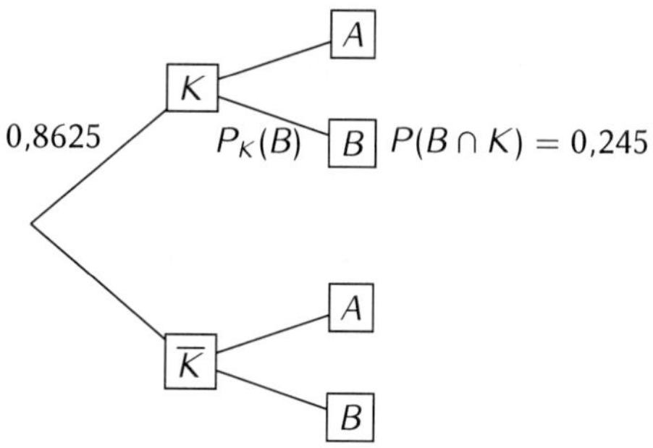

Nun kann man $P_K(B)$ mit Hilfe der Pfadregel ausrechnen. Es gilt:

$$0{,}8625 \cdot P_K(B) = 0{,}245 \quad \Longrightarrow \quad P_K(B) = \frac{0{,}245}{0{,}8625} \approx 0{,}2841.$$

Die Wahrscheinlichkeit, dass ein zufällig ausgewähltes Samenkorn, das nach der Saat keimt, von der Qualität B ist, beträgt 28,41 %.

b) Die Wahrscheinlichkeit für das Keimen ist für jedes Samenkorn gleich und unabhängig davon, ob die anderen Samenkörner keimen oder nicht. Es handelt sich um eine binomialverteilte Zufallsgröße mit $n = 200$ und $p = 0{,}7$. Die Zufallsgröße X beschreibt die keimenden Samenkörner der Sorte B.

➤ *Wahrscheinlichkeit $P(E)$*

Es gilt:

$$P(E) = P(X = 140) = B(200; 0{,}7; 140) \approx 0{,}0615.$$

Die Wahrscheinlichkeit, dass von den 200 eingesäten Samenkörnern der Sorte B genau 140 keimen, liegt bei ungefähr 6,2 %.

➤ *Wahrscheinlichkeit $P(F)$*

Es gilt:

$$\begin{aligned} P(F) &= P(130 < X < 150) \\ &= P(131 \leq X \leq 149) \\ &= P(X \leq 149) - P(X \leq 131) \\ &\approx 0{,}93045 - 0{,}07279 \\ &= 0{,}85766. \end{aligned}$$

Die Daten können aus der Tabelle für die kumulierte Binomialverteilung abgelesen werden. Die Wahrscheinlichkeit, dass von den 200 eingesäten Samenkörnern der Sorte B mehr als 130 und weniger als 150 keimen, liegt bei ungefähr 85,8 %.

c) Es gilt:

$$1 - P(X \geq 275) = P(X < 275) = P(X \leq 274).$$

Der Term beschreibt also die Wahrscheinlichkeit, dass von 300 Samenkörnern der Qualität A höchstens 274 keimen.

d) Die Lösung dieser Teilaufgabe wird am verständlichsten, wenn man sich zunächst einen Betrag überlegt, für den man Samenkörner kauft. Wenn man sich für beispielsweise einen Euro Körner der Sorte A kauft, gilt für die Anzahl an Körnern N_1 die man erhält:

$$0{,}17 \cdot N_1 = 1 \quad \Longrightarrow \quad N_1 = \frac{1}{0{,}17} \approx 5{,}88$$

Pro Euro kann man sich also circa 5,88 Samenkörner kaufen. Von diesen keimen 95 % und von den gekeimten tragen 85 % Gurken. Dementsprechend erhält man pro Euro

$$N_A = \frac{1}{0{,}17} \cdot 0{,}95 \cdot 0{,}85 = 4{,}75$$

gurkentragende Pflanzen, wenn man nur Samen der Sorte A kauft.

Analog gilt für Sorte B:

$$N_B = \frac{1}{0{,}12} \cdot 0{,}7 \cdot 0{,}75 = 4{,}375.$$

Da laut Aufgabenstellung alle gurkentragenden Pflanzen gleich gut sind und man bei den Samen der Sorte A mehr Pflanzen pro investiertem Euro erhält, sind die Samenkörner der Sorte A vorzuziehen.

e) Die Zufallsgröße X beschreibt die Anzahl der keimenden Samenkörner der Qualität B, es gilt $n = 100$. Aus dem Text liest man die Nullhypothese ab:

$$H_0: \quad p \leq 0{,}7$$

Die Gegenhypothese lautet:

$$H_1: \quad p > 0{,}7.$$

Es handelt sich also um einen rechtsseitigen Test. Die Entscheidungsregel lautet:

- Annahmebereich: $\{0, \ldots, g\}$,
- Ablehnungsbereich: $\{g, \ldots, 100\}$.

Der Wert g wird so bestimmt, dass bei einem Signifikanzniveau von 5 % für den Fehler 1. Art gilt:

$$\begin{aligned} P(X \geq g) \leq 0{,}05 \quad &\Longleftrightarrow \quad 1 - P(X < g) \leq 0{,}05 \\ &\Longleftrightarrow \quad 1 - 0{,}05 \leq P(X < g) \\ &\Longleftrightarrow \quad 0{,}95 \leq P(X \leq g - 1). \end{aligned}$$

Nun kann man aus der entsprechenden Tabelle $g - 1 = 77$ ablesen, da gilt:

$$P(X \leq 77) = 0{,}95213$$
$$P(X \leq 76) = 0{,}92447.$$

Der Annahmebereich entspricht also dem Bereich von 0 bis 77, der Ablehnungsbereich dementsprechend von 78 bis 100.

Keimen also höchstens 77 der 100 gesäten Samenkörner, wird an der Nullhypothese: „Die Wahrscheinlichkeit für das Keimen eines Samenkorns der Qualität B ist höchstens 70 %" festgehalten. Ansonsten wird die Hypothese verworfen.

Aufgabenstellung siehe Seite 66

Lösungen zu Stochastik, 2016, Teil A, Aufgabengruppe 1

Lösung zu Aufgabe 1

➤ *Wahrscheinlichkeit $P(B)$*

Laut linkem Baumdiagramm gelten folgende Wahrscheinlichkeiten:

$$P(A) = 0{,}4 = \frac{2}{5}, \quad P(\overline{A}) = 0{,}6 = \frac{3}{5}, \quad \text{sowie}$$

$$P_A(B) = \frac{3}{4}, \quad P_A(\overline{B}) = \frac{1}{4}, \quad P_{\overline{A}}(B) = \frac{1}{3} \quad \text{und} \quad P_{\overline{A}}(\overline{B}) = \frac{2}{3}.$$

Nach der ersten Pfadregel gilt:

$$P(A \cap B) = P(A) \cdot P_A(B) = \frac{2}{5} \cdot \frac{3}{4} = \frac{3}{10} \quad \text{und}$$

$$P(\overline{A} \cap B) = P(\overline{A}) \cdot P_{\overline{A}}(B) = \frac{3}{5} \cdot \frac{1}{3} = \frac{1}{5}.$$

Mithilfe der zweiten Pfadregel gilt:

$$P(B) = P(A \cap B) + P(\overline{A} \cap B) = \frac{3}{10} + \frac{1}{5} = \frac{5}{10} = \frac{1}{2}.$$

➤ *Wahrscheinlichkeiten des rechten Baumdiagramms*

Nun fehlen noch die bedingten Wahrscheinlichkeiten. Um diese berechnen zu können, benötigt man noch zwei Zwischenergebnisse:

$$P(\overline{B}) = 1 - P(B) = 1 - \frac{1}{2} = \frac{1}{2} \quad \text{und}$$

$$P(A \cap \overline{B}) = P(A) \cdot P_A(\overline{B}) = \frac{2}{5} \cdot \frac{1}{4} = \frac{1}{10}.$$

Es werden nun die restlichen bedingten Wahrscheinlichkeiten berechnet:

$$P_B(A) = \frac{P(A \cap B)}{P(B)} = \frac{\frac{3}{10}}{\frac{1}{2}} = \frac{3}{10} \cdot \frac{2}{1} = \frac{3}{5} \quad \Longrightarrow \quad P_B(\overline{A}) = 1 - P_B(A) = 1 - \frac{3}{5} = \frac{2}{5},$$

$$P_{\overline{B}}(A) = \frac{P(A \cap \overline{B})}{P(\overline{B})} = \frac{\frac{1}{10}}{\frac{1}{2}} = \frac{1}{10} \cdot \frac{2}{1} = \frac{1}{5} \quad \Longrightarrow \quad P_{\overline{B}}(\overline{A}) = 1 - P_{\overline{B}}(A) = 1 - \frac{1}{5} = \frac{4}{5}.$$

Somit hat das Baumdiagramm folgende Gestalt.

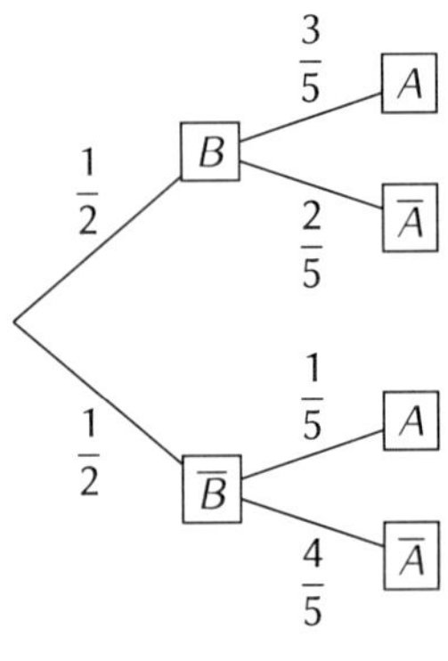

☞ *Alternative:* Mithilfe der ersten Pfadregel können auch zusätzlich die Wahrscheinlichkeiten im linken Baumdiagramm berechnet werden:

$$P(A \cap \overline{B}) = \frac{1}{10} \quad \text{und} P(\overline{A} \cap \overline{B}) = \frac{2}{5}.$$

Diese Wahrscheinlichkeiten können auf das rechte Baumdiagramm übertragen werden. Wegen

$$P(B) = P(\overline{B}) = \frac{1}{2}$$

lassen sich die fehlenden (bedingten) Wahrscheinlichkeiten durch Rückwärtsrechnung mithilfe der ersten Pfadregel ermitteln.

Lösung zu Aufgabe 2

a) Ein Zufallsexperiment wird als Laplace-Experiment bezeichnet, wenn alle Versuchsausgänge gleich wahrscheinlich sind. Die Wahrscheinlichkeit bei einem Münzwurf Zahl (Z) oder Wappen (W) zu werfen, beträgt bei einer idealen Münze:

$$P(Z) = P(W) = \frac{1}{2}.$$

Somit gilt für die Ergebnismenge folgende Wahrscheinlichkeitsverteilung.

Ergebnis	ZZ	WW	ZWZ	ZWW	WZZ	WZW
Wahrscheinlichkeit	$\frac{1}{4}$	$\frac{1}{4}$	$\frac{1}{8}$	$\frac{1}{8}$	$\frac{1}{8}$	$\frac{1}{8}$

Die möglichen Ausgänge sind nicht alle gleich wahrscheinlich, also handelt es sich hierbei um kein Laplace-Experiment.

b) Die Zufallsgröße X ordnet jedem Ergebnis die Anzahl der Münzwürfe zu. Man erhält somit folgende Werte für X.

Ergebnis	ZZ	WW	ZWZ	ZWW	WZZ	WZW
X	2	2	3	3	3	3
Wahrscheinlichkeit	$\frac{1}{4}$	$\frac{1}{4}$	$\frac{1}{8}$	$\frac{1}{8}$	$\frac{1}{8}$	$\frac{1}{8}$

Somit gibt es nur zwei mögliche Ausgänge mit folgende Wahrscheinlichkeiten:

$$P(X = 2) = \frac{1}{4} + \frac{1}{4} = \frac{1}{2} \quad \text{und}$$
$$P(X = 3) = \frac{1}{8} + \frac{1}{8} + \frac{1}{8} + \frac{1}{8} = \frac{1}{2}.$$

Für den Erwartungswert gilt folglich:

$$E(X) = 2 \cdot P(X = 2) + 3 \cdot P(X = 3) = 2 \cdot \frac{1}{2} + 3 \cdot \frac{1}{2} = \frac{5}{2}.$$

Lösungen

Lösungen zu Stochastik, 2016, Teil A, Aufgabengruppe 2

Lösung zu Aufgabe 1

Diese Aufgabe entspricht Aufgabe 2 aus Aufgabengruppe 1. Daher werden hier nur die Ergebnisse angegeben. Die ausführlichen Lösungen sind auf Seite 247 zu finden.

a) Es handelt sich hierbei um kein Laplace-Experiment, da die möglichen Ausgänge sind nicht alle gleich wahrscheinlich sind, z.B.

$$P(ZZ) = \frac{1}{4} \neq \frac{1}{8} = P(ZWZ).$$

b) Für den Erwartungswert der Zufallsgröße X gilt:

$$E(X) = 2 \cdot P(X = 2) + 3 \cdot P(X = 3) = 2 \cdot \frac{1}{2} + 3 \cdot \frac{1}{2} = \frac{5}{2}.$$

Lösung zu Aufgabe 2

a) Es sind insgesamt 14 Teilnehmer. Die Anzahl der Möglichkeiten aus diesen 4 Personen zufällig auszuwählen, beträgt $\binom{14}{4}$.

➤ *Wahrscheinlichkeit von Ereignis A*

Da Anna und Tobias dem Team angehören sollen, sind 2 Plätze bereits durch die Beiden belegt. Die restlichen 2 Personen werden aus den verbleibenden 12 Teilnehmern ausgewählt. Die Anzahl der Möglichkeiten hierfür beträgt:

$$\binom{12}{2}.$$

Weil alle möglichen Auswahlen der Personen gleichwahrscheinlich sind, lautet der Term für die gesuchte Wahrscheinlichkeit:

$$P(A) = \frac{\binom{12}{2}}{\binom{14}{4}}.$$

☞ *Alternative:* Es bezeichne C das Ereignis, dass Anna ins Team gewählt wird und D das Ereignis, dass Tobias ins Team gewählt wird. Dann ist:

$$P(C) = \frac{1}{14} \cdot \binom{4}{1} = \frac{4}{14}.$$

Die Wahrscheinlichkeit, dass zusätzlich zu Anna auch noch Tobias in das Team gewählt wird, ist gegeben durch:

$$P_C(D) = \frac{1}{13} \cdot \binom{3}{1} = \frac{3}{13}.$$

Nun kann die Wahrscheinlichkeit, dass beide ins Team gewählt werden, angegeben werden als:

$$P(A) = P(C \cap D) = P(C) \cdot P_C(D) = \frac{4}{14} \cdot \frac{3}{13} = \frac{6}{91}.$$

➤ *Wahrscheinlichkeit von Ereignis B*

Das Team besteht aus gleich vielen Mädchen und Jungen, somit aus 2 Mädchen und 2 Jungen. Es nehmen 8 Mädchen teil. Die Anzahl der Möglichkeiten aus diesen genau 2 auszuwählen ist gegeben durch:

$$\binom{8}{2}.$$

Analog beträgt die Anzahl der Möglichkeiten genau 2 aus 6 Jungen auszuwählen

$$\binom{6}{2}.$$

Der Term für die gesuchte Wahrscheinlichkeit ist beim Ziehen ohne Zurücklegen gegeben durch:

$$P(B) = \frac{\binom{8}{2} \cdot \binom{6}{2}}{\binom{14}{4}}.$$

b) Der gegebene Term lässt sich wie folgt schreiben:

$$\frac{\binom{14}{4} - \binom{6}{4}}{\binom{14}{4}} = \frac{\binom{14}{4}}{\binom{14}{4}} - \frac{\binom{6}{4}}{\binom{14}{4}} = 1 - \frac{\binom{6}{4}}{\binom{14}{4}} = 1 - \frac{\binom{8}{0} \cdot \binom{6}{4}}{\binom{14}{4}}.$$

Der zweite Term beschreibt gerade die Wahrscheinlichkeit, ein Team auszuwählen, welches aus 0 Mädchen und 4 Jungen besteht. Also ein Team, welches ausschließlich aus Jungen besteht. Der gesamte Term beschreibt die Wahrscheinlichkeit des Gegenereignisses. Der angegebene Term entspricht also der Wahrscheinlichkeit dafür, dass mindestens ein Mädchen ins Team gewählt wird.

☞ *Alternative:* Die Wahrscheinlichkeit beschreibt das Ereignis, dass das Team nicht ausschließlich aus Jungen besteht.

Lösungen

Lösungen zu Stochastik, 2016, Teil B, Aufgabengruppe 1

Lösung zu Aufgabe 1

a) ➤ *Wahrscheinlichkeit* $P(A)$

Es werden 2 Millionen Flaschen produziert, davon enthalten 100 000 eine Marke. Die Wahrscheinlichkeit, dass eine Flasche eine Gewinnmarke enthält, beträgt damit:

$$P(A) = \frac{100\,000}{2\,000\,000} = \frac{1}{20} = 0{,}05 = 5\,\%.$$

➤ *Wahrscheinlichkeit* $P(B)$

Von den 100 000 Gewinnmarken sind 12 000 jeweils 5 Euro wert und 88 000 jeweils 1 Euro wert. Damit ist die Wahrscheinlichkeit dafür, dass der Verschluss eine Gewinnmarke im Wert von 1 Euro enthält, gegeben durch:

$$\begin{aligned} P(B) &= P(A) \cdot P(\text{„Die Gewinnmarke hat den Wert von 1 Euro."}) \\ &= \frac{1}{20} \cdot \frac{88\,000}{100\,000} = \frac{44}{1000} = \frac{11}{250} = 0{,}044 = 4{,}4\,\%. \end{aligned}$$

☞ *Alternative:* Es werden 2 Millionen Flaschen produziert, davon enthalten 88 000 eine Gewinnmarke im Wert von 1 Euro. Die Wahrscheinlichkeit, dass eine Flasche eine solche Gewinnmarke enthält, beträgt:

$$P(A) = \frac{88\,000}{2\,000\,000} = \frac{44}{1000} = \frac{11}{250} = 0{,}044 = 4{,}4\,\%.$$

b) Beim Öffnen einer Flasche ist unter deren Deckel entweder eine Gewinnmarke enthalten oder nicht. Obwohl die Auswahl der Flaschen einem Ziehungsvorgang ohne Zurücklegen entspricht, ist die Anzahl der produzierten Flaschen so groß, dass vernachlässigt werden kann, dass sich die Gesamtzahl der Flaschen jedesmal um eine Flasche reduziert. Deshalb ist die Wahrscheinlichkeit, dass der Verschluss eine Gewinnmarke enthält, für jede Flasche näherungsweise gleich. Zudem ist die Wahrscheinlichkeit für das Vorfinden einer Gewinnmarke in einem Deckel unabhägig davon, ob in der vorherigen Flasche bereits eine Gewinnmarke im Deckel war oder nicht. Die Bedingungen für ein Bernoulli-Experiment sind also erfüllt.

c) In den Deckeln der ersten 4 Flaschen sind keine Gewinnmarken vorhanden. In der 5. Flasche befindet sich eine Gewinnmarke im Deckel. Die restlichen 5 Verschlüsse dürfen beliebigen Inhalt haben und sind somit für die Berechnung der Wahrscheinlichkeit nicht von Bedeutung. Somit beträgt die Wahrscheinlichkeit P_1, dass erstmals in der 5. Flasche eine Gewinnmarke enthalten ist:

$$P_1 = (1 - 0{,}05)^4 \cdot (0{,}05)^1 = 0{,}95^4 \cdot 0{,}05 \approx 0{,}041 = 4{,}1\,\%.$$

d) Im Folgenden bezeichnet die Zufallsgröße X die Anzahl der Gewinnmarken. Gesucht wird die kleinstmögliche Anzahl der geöffneten Flaschen n, sodass mit einer Wahrscheinlichkeit von mindestens 5 % mindestens zwei Gewinnmarken gefunden werden. Es muss gelten:

$$P(X \geq 2) > 0{,}05 \quad \Longleftrightarrow \quad 1 - P(X \leq 1) > 0{,}05 \quad \Longleftrightarrow \quad P(X \leq 1) < 0{,}95.$$

Es muss also gelten:

$$\sum_{i=0}^{n} B(i; 0{,}05; 1) < 0{,}95.$$

Nachschlagen im stochastischen Tafelwerk liefert $n \geq 8$. Es müssen also mindestens 8 Flaschen geöffnet werden, um mit einer Wahrscheinlichkeit von mehr als 5 % mindestens 2 Gewinnmarken zu finden.

e) Sei G_F die Zufallsgröße, die dem Öffnen einer Flasche den Gewinn im Deckel in Euro zuordnet. Dann gelten:

$$P(G_F = 1) = 0{,}044,$$

$$P(G_F = 5) = \frac{12}{100} \cdot \frac{1}{20} = 0{,}006,$$

$$P(G_F = 0) = 1 - P(G_F = 1) - P(G_F = 5) = 1 - 0{,}044 - 0{,}006 = 0{,}95.$$

Damit gilt für den Erwartungswert für den Gewinn beim Öffnen einer einzelnen Flasche:

$$\begin{aligned} E(G_F) &= 1 \cdot P(G_F = 1) + 5 \cdot P(G_F = 5) + 0 \cdot P(G_F = 0) \\ &= 1 \cdot 0{,}044 + 5 \cdot 0{,}006 + 0 \cdot 0{,}95 \\ &= 0{,}074. \end{aligned}$$

Somit ist der Erwartungswert für den Gewinn beim Öffnen einer Flasche 0,074 Euro. Die Wahrscheinlichkeiten für die im Deckel enthaltenen Gewinne sind für alle 20 Flaschen gleich. Der erwartete Gewinn G_K beim Öffnen von 20 Flaschen kann dann berechnet werden als:

$$E(G_K) = 20 \cdot E(G_F) = 20 \cdot 0{,}074 = 1{,}48.$$

Im Mittel liegt der Gewinn beim Kauf eines Kastens mit 20 Flaschen bei 1,48 Euro.

Lösungen

Lösung zu Aufgabe 2

➤ *Ablehnungsbereich*

Zunächst wird der Ablehnungbereich der Nullhypothese ermittelt. Die Nullhypothese, das Signifikanzniveau sowie der Stichprobenumfang lauten:

$$H_0 : p \geq 0{,}05, \quad \alpha = 0{,}01, \quad n = 200.$$

Es handelt sich um einen linksseitigen Test. Gesucht wird das größtmögliche $k \in \mathbb{N}$ mit:

$$P(X \leq k) < 0{,}01 \quad \Longleftrightarrow \quad \sum_{i=0}^{k} B(200; 0{,}05; i) < 0{,}01.$$

Nachschlagen im stochastischen Tafelwerk liefert $k \leq 3$. Für den Ablehnungsbereich der Nullhypothese gilt somit:

$$\overline{A} = \{0, \ldots, 3\}.$$

Falls also unter den 200 zufällig ausgewählten Flaschen höchstens 3 eine Gewinnmarke enthalten, muss die Hypothese abgelehnt werden.

➤ *Wahrscheinlichkeit für den Fehler 2. Art*

Beträgt der Anteil der Flaschen mit einer Gewinnmarke im Mittel nur 3 % und der Markt kommt dennoch nicht in den Genuss einer kostenlosen Sonderwerbeaktion, so spricht man von einem

Fehler 2. Art: Die Hullhypothese wird irrtümlich angenommen. Die Wahrscheinlichkeit β für diesen Fehler beträgt für $n = 200$ und $p_0 = 0{,}03$:

$$\beta = P(X > 3) = 1 - P(X \leq 3) = 1 - \sum_{i=0}^{3} B(200; 0{,}03; i) \approx 1 - 0{,}147 = 0{,}853.$$

Die Wahrscheinlichkeit für den Fehler 2. Art liegt bei ungefähr 85,3 %.

Lösungen zu Stochastik, 2016, Teil B, Aufgabengruppe 2

Lösung zu Aufgabe 1

Jeder vierte bis fünfte Einwohner leidet an einer Allergie. Das bedeutet, dass der Anteil der Allergiker zwischen 20 % und 25 % liegt. Von diesen Allergikern reagieren 41 % allergisch auf Tierhaare. Das heißt, der Anteil der Einwohner, die auf Tierhaare allergisch reagieren, liegt zwischen

$$0{,}2 \cdot 0{,}41 = 0{,}081 \quad \text{und} \quad 0{,}25 \cdot 0{,}41 = 0{,}1025.$$

Somit reagieren zwischen 8,1 % und 10,25 % der Einwohner allergisch auf Tierhaare. Es kann also nicht gefolgert werden, dass der Anteil bei mindestens 10 % liegt.

Lösung zu Aufgabe 2

a) Im Folgenden bezeichnet die Zufallsgröße X die Anzahl der Personen unter den ausgewählten Personen, die an einer Allergie leiden. Es wird die kleinstmögliche Zahl $n \in \mathbb{N}$ gesucht, die folgende Ungleichung erfüllt:

$$\begin{aligned} P(X \geq 1) > 0{,}99 \quad &\Longleftrightarrow \quad 1 - P(X = 0) > 0{,}99 \\ &\Longleftrightarrow \quad P(X = 0) < 0{,}01 \\ &\Longleftrightarrow \quad B(n; 0{,}25; 0) < 0{,}01. \end{aligned}$$

Nachschlagen im stochastischen Tafelwerk liefert $n \geq 17$.

☞ *Alternative:* Die Gleichung lässt sich auch ohne stochastisches Tafelwerk lösen:

$$B(n; 0{,}25; 0) = \binom{n}{0} \cdot 0{,}25^0 \cdot (1 - 0{,}25)^n = 0{,}75^n.$$

Es soll also gelten

$$\begin{aligned} & 0{,}75^n < 0{,}01 \\ \Longleftrightarrow \quad & n \cdot \ln(0{,}75) < \ln(0{,}01) \\ \Longleftrightarrow \quad & n > \frac{\ln(0{,}01)}{\ln(0{,}75)} \\ \Longleftrightarrow \quad & n > 16{,}0078 \end{aligned}$$

Es müssen also mindestens 17 Personen für die Befragung zufällig ausgewählt werden.

b) ➤ *Erwartungswert und Standardabweichung*

Es handelt sich um eine binomialverteilte Zufallsgröße mit $n = 200$ und $p = 0{,}25$. Der Erwartungswert lässt sich berechnen durch die Formel:

$$E(X) = n \cdot p = 200 \cdot 0{,}25 = 50.$$

Die Formel für die Standardabweichung ist:

$$\sigma = \sqrt{\mathrm{Var}(X)} = \sqrt{n \cdot p \cdot (1 - p)} = \sqrt{200 \cdot 0{,}25 \cdot 0{,}75} = \sqrt{37{,}5} \approx 6{,}1237.$$

Lösungen

➤ *Wahrscheinlichkeit* $P(|X - E(X)| < \sigma)$

Die Wahrscheinlichkeit dafür, dass der Wert von X höchstens um eine Standardabweichung von ihrem Erwartungswert abweicht, lässt sich wie folgt formulieren:

$$\begin{aligned} P(|X - E(X)| \leq \sigma) &= P(-\sigma \leq X - E(X) \leq \sigma) \\ &= P(E(X) - \sigma \leq X \leq \sigma + E(X)) \\ &= P(50 - 6{,}1237 \leq X \leq 50 + 6{,}1237) \\ &= P(43{,}8763 \leq X \leq 56{,}1237) \\ &= P(44 \leq X \leq 56) \\ &= P(X \leq 56) - P(X \leq 43) \\ &\approx 0{,}85546 - 0{,}14376 \\ &= 0{,}7117. \end{aligned}$$

Die Wahrscheinlichkeit liegt bei ungefähr 71,17 %.

Lösung zu Aufgabe 3

Im Folgenden werden folgende Bezeichnungen eingeführt:

x : Der Anteil der Personen in der Bevölkerung, die an einer Tierhaarallergie leiden,

$1 - x$: Der Anteil der Personen in der Bevölkerung, die keine Tierhaarallergie haben.

Der Test wird nun in einem Baumdiagramm wie folgt dargestellt.

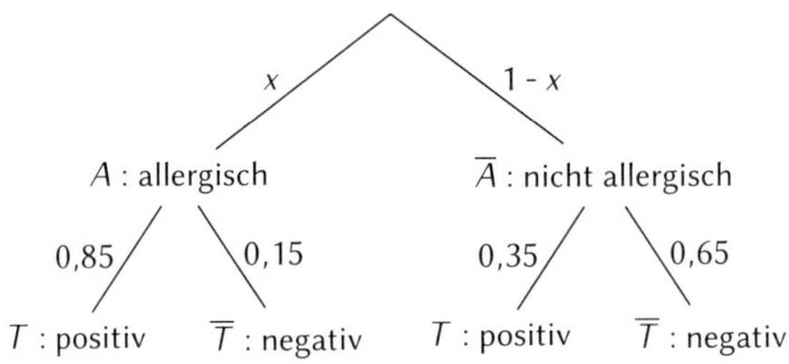

a) Nun wird der Wert x ermittelt. Es gilt nach den Pfadregeln

$$\begin{aligned} P(T) &= P(A \cap T) + P(\overline{A} \cap T) \\ &= x \cdot 0{,}85 + (1 - x) \cdot 0{,}35 \\ &= x \cdot 0{,}85 + 0{,}35 - x \cdot 0{,}35 \\ &= x \cdot 0{,}5 + 0{,}35. \end{aligned}$$

Die Wahrscheinlichkeit, dass der Test ein positives Ergebnis zeigt, ist laut Angabe:

$$P(\text{„Test positiv“}) = P(T) = 0{,}395.$$

Daraus folgt:

$$0{,}395 = x \cdot 0{,}5 + 0{,}35 \iff 0{,}045 = x \cdot 0{,}5 \iff x = \frac{0{,}045}{0{,}5} = 0{,}09 = 9\,\%.$$

Der Anteil der Personen in der Bevölkerung, die an einer Tierhaarallergie leiden, beträgt somit 9 %.

b) Gesucht wird die Wahrscheinlichkeit dafür, dass eine Person bei einem positiven Testergebnis tatsächlich allergisch auf Tierhaare ist. Es handelt sich also um eine bedingte Wahrscheinlichkeit. Es gilt:

$$P_T(A) = \frac{P(A \cap T)}{P(T)} = \frac{0{,}09 \cdot 0{,}85}{0{,}395} = \frac{153}{790} \approx 0{,}1937 = 19{,}37\,\%.$$

Die Wahrscheinlichkeit beträgt ungefähr 19,37 %.

c) Der gegebene Term kann wie folgt aufgefasst werden:

$$\begin{aligned} P &= 0{,}09 \cdot 0{,}15 + 0{,}91 \cdot 0{,}35 \\ &= P(A) \cdot P_A(\overline{T}) + P(\overline{A}) \cdot P_{\overline{T}}(I) \\ &= P(A \cap \overline{T}) + P(\overline{A} \cap T) \\ &= P(\text{„allergisch und Test negativ“}) + P(\text{„nicht allergisch und Test positiv“}). \end{aligned}$$

Somit ist es die Wahrscheinlichkeit, dass das Testergebnis falsch negativ oder falsch positiv ist. Das zugehörige Ereignis lautet: „Der Test zeigt ein falsches Ergebnis an“.

Lösungen

Lösungen zu Stochastik, 2015, Teil A, Aufgabengruppe 1

Lösung zu Aufgabe 1

a) ➤ *Wahrscheinlichkeit von Ereignis A*

Die Wahrscheinlichkeit, in einer Bernoulli-Kette der Länge $n = 5$ mit Trefferwahrscheinlichkeit p genau $k = 4$ Treffer zu erzielen, beträgt:

$$P(A) = B(5; p; 4) = \binom{5}{4} \cdot p^4 \cdot (1 - p)^{5-4} = 5 \cdot p^4 \cdot (1 - p)\,.$$

☞ *Alternative:* Dieses Ergebnis kann auch mit folgender Überlegung erhalten werden. Der Schütze trifft genau 4 mal. Das entspricht dem Term p^4. Einmal muss der Schütze das Ziel verfehlen. Das ergibt den Term $(1 - p)$. Welcher der fünf Schüsse das Ziel verfehlt ist nicht entscheidend. Dieser Sachverhalt multipliziert die Wahrscheinlichkeit mit 5. Entsprechend beträgt die gesuchte Wahrscheinlichkeit:

$$P(A) = p^4 \cdot (1 - p) \cdot 5.$$

➤ *Wahrscheinlichkeit von Ereignis B*

Die Wahrscheinlichkeit, bei den ersten beiden Versuchen jeweils einen Treffer zu erzielen, beträgt p^2.

Die Wahrscheinlichkeit, bei den verbleibenden drei Schüssen kein einziges Mal zu treffen, beträgt $(1 - p)^3$.

Also beträgt die gesuchte Wahrscheinlichkeit

$$P(B) = p^2 \cdot (1 - p)^3\,.$$

b) Damit das Schießen als Bernoullikette modelliert werden kann, müssen folgende Bedingungen erfüllt sein:

(1) Jeder Schuss ist entweder ein Treffer oder ein Fehlschuss.

(2) Bei jedem Schuss ist die Wahrscheinlichkeit zu treffen gleich.

(3) Die Schüsse werden unabhängig voneinander abgegeben.

Wird mindestens eine dieser Bedingungen nicht erfüllt, dann kann die Beschreibung der Schießeinlage nicht durch eine Bernoullikette modelliert werden.

Bedingung (1) ist immer erfüllt, denn jeder Schuss ist immer entweder ein Treffer oder ein Fehlschuss. Bedingung (2) beziehungsweise (3) sind NICHT notwendigerweise immer erfüllt. Folgende Situationen sind Beispiele dafür.

- Trifft der Schütze, dann wird er beim folgenden Schuss vermutlich selbstbewusster sein als nach einen Fehlschuss. Damit erhöht sich bei einem Treffer die Trefferwahrscheinlichkeit im folgenden Schuss.

- Es ist einfacher mit einem hohen Puls zu schießen als mit niedrigem Puls, weil ein niedriger Puls die Hand merklich schwanken lässt. Beim ersten Schuss ist der Puls des Schützen vom Laufen noch recht hoch, beim letzten Schuss hat er sich schon etwas beruhigt. Deshalb trifft der erste Schuss mit höherer Wahrscheinlichkeit als der letzte.
- Der Schütze ermüdet im Laufe des Wettkampfes und seine Konzentration lässt nach, sodass er gegen Ende des Wettkampfes eine geringere Trefferwahrscheinlichkeit als zu Beginn haben könnte.
- Böige Windverhältnisse können den Verlauf der Schießeinlage in beide Richtungen erheblich beeinflussen, sodass die Unabhängigkeit der einzelnen Schüsse nicht zwangsläufig gegeben sein muss.

Lösung zu Aufgabe 2

a) Der Moderator hat in der Mitte des Halbkreises einen festen Sitzplatz und damit keine Auswahlmöglichkeit. Die 6 Gäste können die verbleibenden Plätze frei wählen.

Dem ersten Gast stehen 6 Plätze zur Auswahl, der zweite Gast kann dann aus 5 Plätzen auswählen, dem dritten Gast stehen 4 Plätze zur Auswahl etc.

Damit beträgt die Anzahl der möglichen Sitzordnungen:

$$6! = 6 \cdot 5 \cdot 4 \cdot 3 \cdot 2 \cdot 1 = 720.$$

b) Die Journalistin kann links oder rechts neben dem Moderator Platz nehmen. Sie hat also 2 Plätze zur Auswahl. Da die Journalistin schon einen Platz neben dem Moderator eingenommen hat, gibt es nur noch einen freien Platz neben dem Moderator. Auf diesem soll einer der drei Politiker Platz nehmen. Hierfür gibt es 3 Möglichkeiten, da es ja drei Politiker gibt. Die verbleibenden vier Gäste können sich beliebig auf die vier verbleibenden Plätze setzen. Hierfür gibt es $4 \cdot 3 \cdot 2 \cdot 1$ Möglichkeiten. Damit beträgt die Anzahl der möglichen Sitzordnungen:

$$2 \cdot 3 \cdot 4! = 2 \cdot 3 \cdot 4 \cdot 3 \cdot 2 \cdot 1 = 144.$$

Aufgabenstellung siehe Seite 73

Lösungen zu Stochastik, 2015, Teil A, Aufgabengruppe 2

Lösung zu Aufgabe 1

a) Die Wahrscheinlichkeiten, eine rote bzw. eine blaue Kugel zu ziehen, betragen:

$$P(\text{„Eine rote Kugel wird gezogen"}) = \frac{4}{4+6} = \frac{4}{10} = \frac{2}{5} \quad \text{und}$$

$$P(\text{„Eine blaue Kugel wird gezogen"}) = \frac{6}{4+6} = \frac{6}{10} = \frac{3}{5}.$$

Es werden 8 Kugeln mit Zurücklegen gezogen. Daher ist die Wahrscheinlichkeit dafür gesucht, dass je 4 rote und 4 blaue Kugeln gezogen werden.

Die Wahrscheinlichkeit, dass bei den ersten vier Zügen nur blaue Kugeln und bei den letzten vier Zügen nur rote Kugeln gezogen werden, beträgt:

$$\left(\frac{2}{5}\right)^4 \cdot \left(\frac{3}{5}\right)^4.$$

Da es jedoch nicht auf die Reihenfolge ankommt, muss diese Wahrscheinlichkeit noch mit $\binom{8}{4}$ multipliziert werden. Dieser Faktor entspricht der Anzahl aller Möglichkeiten, 4 rote Kugeln auf 8 Züge zu verteilen.

Damit beträgt die gesuchte Wahrscheinlichkeit:

$$P(\text{„Es werden gleich viele rote und blaue Kugeln gezogen"}) = \binom{8}{4} \cdot \left(\frac{2}{5}\right)^4 \cdot \left(\frac{3}{5}\right)^4.$$

☞ *Alternative:* Man kann das vorliegende Beispiel als eine Bernoulli-Kette der Länge $n = 8$ mit $k = 4$ Treffern interpretieren. Ein Treffer entspricht dabei dem Ziehen einer roten Kugel und hat die Trefferwahrscheinlichkeit $p = \frac{2}{5}$. Damit beträgt die gesuchte Wahrscheinlichkeit:

$$B\left(8; \frac{2}{5}; 4\right) = \binom{8}{4} \cdot \left(\frac{2}{5}\right)^4 \cdot \left(\frac{3}{5}\right)^4.$$

☞ *Alternative:* Man kann das vorliegende Beispiel als eine Bernoulli-Kette der Länge $n = 8$ mit $k = 4$ Treffern interpretieren. Ein Treffer entspricht dabei dem Ziehen einer blauen Kugel und hat die Trefferwahrscheinlichkeit $p = \frac{3}{5}$. Damit beträgt die gesuchte Wahrscheinlichkeit:

$$B\left(8; \frac{3}{5}; 4\right) = \binom{8}{4} \cdot \left(\frac{3}{5}\right)^4 \cdot \left(\frac{2}{5}\right)^4.$$

b) Im Aufgabenteil a) wurden folgende Wahrscheinlichkeiten bestimmt:

$$P(\text{„Eine rote Kugel wird gezogen"}) = \frac{4}{4+6} = \frac{4}{10} = \frac{2}{5},$$

$$P(\text{„Eine blaue Kugel wird gezogen"}) = \frac{6}{4+6} = \frac{6}{10} = \frac{3}{5}$$

Damit können für die angegebenen Wahrscheinlichkeiten folgende Ereignisse identifiziert werden:

α) Die Wahrscheinlichkeit, eine blaue Kugel zu ziehen, beträgt $\frac{3}{5}$. Damit beschreibt $\left(\frac{3}{5}\right)^8$ die Wahrscheinlichkeit, bei achtfachem Ziehen acht blaue Kugel zu erhalten und der Term

$$1 - \left(\frac{3}{5}\right)^8$$

ist die Wahrscheinlichkeit, bei achtfachem Ziehen nicht ausschließlich blaue Kugeln zu ziehen. Mit anderen Worten: Es wird mindestens eine rote Kugel gezogen.

β) Der Term $\left(\frac{3}{5}\right)^8$ beschreibt die Wahrscheinlichkeit, bei achtfachem Ziehen acht blaue Kugel zu erhalten.

Es gilt:

$$8 \cdot \frac{2}{5} \cdot \left(\frac{3}{5}\right)^7 = \binom{8}{1} \cdot \frac{2}{5} \cdot \left(1 - \frac{2}{5}\right)^{8-1}.$$

Damit gibt dieser Term die Wahrscheinlichkeit an, bei achtfachem Ziehen genau eine rote Kugel zu ziehen.

Folglich beschreibt

$$\left(\frac{3}{5}\right)^8 + 8 \cdot \left(\frac{2}{5}\right)^1 \cdot \left(\frac{3}{5}\right)^7$$

die Wahrscheinlichkeit, bei achtfachem Ziehen acht blaue Kugeln oder genau eine rote Kugel zu erhalten. Mit anderen Worten: Es wird höchstens eine rote Kugel gezogen.

Lösung zu Aufgabe 2

a) Aus der angegebenen Abbildung kann man folgende Wahrscheinlichkeiten ablesen:

$P(X = -2) = 0{,}25,$

$P(X = 1) = 0{,}25$ und

$P(X = 2) = 0{,}5.$

Weil die Summe der Wahrscheinlichkeiten 1 ergibt, liegt eine Wahrscheinlichkeitsverteilung der Zufallsgröße X vor. Der Erwartungswert der Zufallsgröße X ist somit:

$$\begin{aligned} E(X) &= -2 \cdot P(X = -2) + 1 \cdot P(X = 1) + 2 \cdot P(X = 2) \\ &= -2 \cdot 0{,}25 + 1 \cdot 0{,}25 + 2 \cdot 0{,}5 \\ &= 0{,}75. \end{aligned}$$

b) Dass die Summe beider Werte negativ ist, tritt in folgenden Fällen ein:

- Erster Wert ist -2, zweiter Wert ist -2 (Summe ist -4).
- Erster Wert ist -2, zweiter Wert ist 1 (Summe ist -1).
- Erster Wert ist 1, zweiter Wert ist -2 (Summe ist -1).

Um die gesuchte Wahrscheinlichkeit zu bestimmen, müssen die Wahrscheinlichkeiten dieser drei Fälle addiert werden. Dies ergibt:

$$\begin{aligned} P(\text{„Summe beider Werte ist negativ“}) &= 0{,}25 \cdot 0{,}25 + 0{,}25 \cdot 0{,}25 + 0{,}25 \cdot 0{,}25 \\ &= 0{,}1875. \end{aligned}$$

Lösungen

Lösungen zu Stochastik, 2015, Teil B, Aufgabengruppe 1

Lösung zu Aufgabe 1

a) Folgendes Baumdiagramm beschreibt das zweimalige Drehen des Glücksrades.

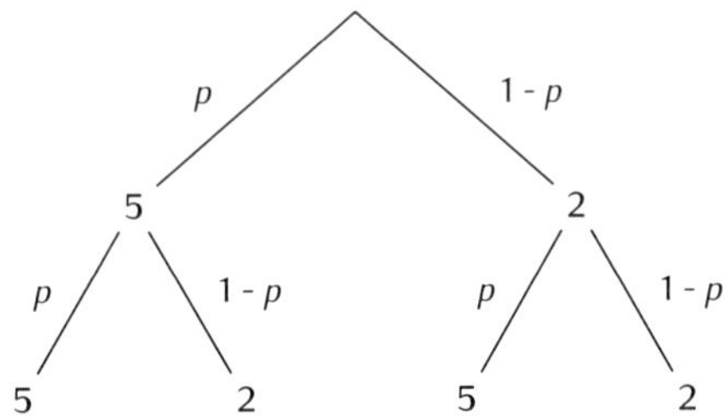

Rabatt in Prozent: $5 \cdot 5 = 25$ $\quad 5 \cdot 2 = 10$ $\quad 2 \cdot 5 = 10$ $\quad 2 \cdot 2 = 4$

Ein Rabatt von 10 % wird also genau dann gewährt, wenn das Glücksrad einmal auf dem Feld mit der 5 und einmal auf dem Feld mit der 2 stehen bleibt. Diese Wahrscheinlichkeit kann aus dem Baumdiagramm abgelesen und wie folgt berechnet werden:

$$P(X = 10) = p(1 - p) + (1 - p)p = 2p(1 - p) = 2p - 2p^2.$$

b) Folgende Wahrscheinlichkeiten können aus dem Baumdiagramm für die Höhe des Rabatts ausgelesen werden:

$$P(X = 4) = (1 - p)^2 = p^2 - 2p + 1,$$
$$P(X = 10) = 2p(1 - p) = 2p - 2p^2,$$
$$P(X = 25) = p^2.$$

Der Erwartungswert für die Höhe des Rabattes in Prozent berechnet sich dann mittels:

$$\begin{aligned} E(X) &= 4 \cdot P(X = 4) + 10 \cdot P(X = 10) + 25 \cdot P(X = 25) \\ &= 4(p^2 - 2p + 1) + 10(2p - 2p^2) + 25p^2 \\ &= 9p^2 + 12p + 4. \end{aligned}$$

c) Der in Aufgabenteil b) berechnete Erwartungswert entspricht dem im Mittel zu erwartenden Rabatt. Es soll also gelten:

$$16 = E(X) = 9p^2 + 12p + 4 \quad \Longleftrightarrow \quad 9p^2 + 12p - 12 = 0$$
$$\Longleftrightarrow \quad p = \frac{2}{3} \quad \text{oder} \quad p = -2.$$

Die Lösung $p = -2$ scheidet aus, weil p positiv sein muss. Es gilt also $p = \frac{2}{3}$.

d) Die Wahrscheinlichkeit, dass ein Kunde einen Rabatt von mehr als 4 % erhält, beträgt $p = \frac{8}{9}$. Gesucht ist also die minimale Anzahl n der Kunden, die an dem Gewinnspiel teilnehmen müssen, so dass folgende Bedingung erfüllt ist:

$$\left(\frac{8}{9}\right)^n \leq 0{,}01.$$

Nun werden beide Seiten der Gleichung logarithmiert:

$$\begin{aligned} \ln\left(\left(\frac{8}{9}\right)^n\right) &\leq \ln(0{,}01) \\ n\ln\left(\frac{8}{9}\right) &\leq \ln(0{,}01) \\ n &\geq \frac{\ln(0{,}01)}{\ln(8) - \ln(9)} \\ n &\geq 39{,}10. \end{aligned}$$

Es müssen also mindestens 40 Kunden am Glücksrad drehen, damit mit einer Wahrscheinlichkeit von mindestens 99 % mindestens ein Kunde den geringsten Rabatt erhält.

☞ *Alternative:* Gesucht sind die Lösungen der Gleichung

$$\left(\frac{8}{9}\right)^n \leq 0{,}01.$$

Nun werden beide Seiten der Gleichung logarithmiert zur Basis $\frac{8}{9}$. Hierbei dreht sich die Richtung der Ungleichung direkt um.

$$\begin{aligned} \log_{\frac{8}{9}}\left(\left(\frac{8}{9}\right)^n\right) &\geq \log_{\frac{8}{9}}(0{,}01) \\ n &\geq \log_{\frac{8}{9}}(0{,}01) \\ n &\geq 39{,}10. \end{aligned}$$

Es müssen also mindestens 40 Kunden am Glücksrad drehen, damit mit einer Wahrscheinlichkeit von mindestens 99 % mindestens ein Kunde den geringsten Rabatt erhält.

Lösung zu Aufgabe 2

a) Gesucht ist das größte $n \in \mathbb{N}$, welches für das Signifikanzniveau $\alpha = 0{,}1$ folgende Gleichung erfüllt:

$$\alpha \geq B(n) = \sum_{k=0}^{n} B(200; 0{,}15; k) = \sum_{k=0}^{n} \binom{200}{k} \cdot 0{,}15^k \cdot 0{,}85^{200-k}.$$

Der Term $B(n)$ beschreibt die Wahrscheinlichkeit, dass bei 200 befragten Personen höchstens n bereit sind, die App zu nutzen, wenn in der Gesamtheit die Wahrscheinlichkeit dafür bei 15 % liegt. Eine Tabelle hilft bei der Suche nach dem geeigneten n.

n	22	23	24	25
$B(n)$	0,065	0,096	0,137	0,188

Falls also $n = 23$ oder weniger befragte Kunden angeben, dass sie die App nicht nutzen würden, lehnt die Geschäftsleitung eine Beteiligung an der App ab. Falls mindestens 24 befragte Kunden die App nutzen würden, beteiligt sich die Geschäftsführung an der App.

b) Das Signifikanzniveau ist die Wahrscheinlichkeit eines Fehlers 1. Art. Dieser beschreibt die Ablehnung der Nullhypothese, obwohl sie in Wirklichkeit wahr ist. Für die Nullhypothese (I) bedeutete dies die irrtümliche Investition in die App, obwohl sich in Wirklichkeit nicht genügend Nutzer fänden. Es entstünde ein finanzieller Schaden. Umgekehrt würde es für die Nullhypothese (II) die irrtümliche Unterlassung einer Beteiligung bedeuten, obwohl es genug Nutzer gäbe. Es entstünde ein Imageschaden.

Lösungen

Mit der Wahl der Nullhypothese (II) minimiert die Geschäftsleitung also das Risiko eines Imageverlustes. Man kann daher davon ausgehen, dass sie diesen als schwerwiegender erachtet.

Lösungen zu Stochastik, 2015, Teil B, Aufgabengruppe 2

Lösung zu Aufgabe 1

a) Das Ereignis E wird durch die folgenden beiden Mengen beschrieben.

II: Die Menge $M \cup S$ besteht genau aus denjenigen Elementen, die in M oder in S enthalten sind.

V: Die Menge $(M \cap S) \cup \left(M \cap \overline{S}\right) \cup \left(\overline{M} \cap S\right)$ kann umgeschrieben werden zu $M \cup \left(\overline{M} \cap S\right) = M \cup S$.

☞ *Alternative:* Ein Ereignis gehört zur Menge E, wenn die Person ein Mobiltelefon besitzt oder 65 Jahre oder älter ist. Die folgenden Mengen beschreiben daher das Ereignis E korrekt.

II: Ein Ereignis gehört zur Menge $M \cup S$, wenn die Person ein Mobiltelefon besitzt oder 65 Jahre oder älter ist.

V: Ein Ereignis gehört zur Menge $(M \cap S) \cup \left(M \cap \overline{S}\right) \cup \left(\overline{M} \cap S\right)$, falls die Person ein Mobilitelefon besitzt und 65 Jahre oder älter ist oder ein Mobiltelefon besitzt und jünger als 65 ist oder kein Mobiltelefon besitzt und 65 Jahre oder älter ist. Also falls die Person ein Mobiltelefon besitzt oder falls die Person kein Mobiltelefon besitzt und 65 Jahre oder älter ist. Ingesamt also: Falls die Person ein Mobiltelefon besitzt oder 65 Jahre oder älter ist.

b) Die Wahrscheinlichkeit, dass eine Person ein Mobiltelefon besitzt und 65 Jahre oder älter ist, ist gegeben durch den Term $p(M \cap S)$. Somit ist die Wahrscheinlichkeit, dass eine Person ein Mobiltelefon besitzt, falls bekannt ist, dass sie 65 Jahre oder älter ist, gegeben durch die bedingte Wahrscheinlichkeit

$$p_1 = p_S(M) = \frac{p(M \cap S)}{p(S)} = \frac{p(M \cap S)}{0{,}24}.$$

Die Wahrscheinlichkeit, dass eine Person 65 Jahre oder älter ist und ein Mobiltelefon besitzt, falls bekannt ist, dass sie ein Mobiltelefon besitzt, ist gegeben durch folgenden Term:

$$p_2 = p_M(S) = \frac{p(S \cap M)}{p(M)} = \frac{p(S \cap M)}{0{,}9}.$$

Nun gilt aber $M \cap S = S \cap M$ und somit:

$$p_2 = p_M(S) = \frac{p(M \cap S)}{0{,}9}.$$

Die beiden Wahrscheinlichkeiten p_1 und p_2 können nicht bestimmt werden, weil die Wahrscheinlichkeit $p(M \cap S)$ nicht angegeben ist. Es gilt jedoch:

$$0{,}24 p_1 = p(M \cap S) = 0{,}9 p_2$$

und folglich:

$$p_1 = \frac{0{,}9}{0{,}24} \cdot p_2 = 3{,}75 \cdot p_2.$$

Somit ist die Wahrscheinlichkeit p_1 größer als die Wahrscheinlichkeit p_2.

Lösungen

Aufgabenstellung siehe Seite 76

c) ➤ *Vierfeldertafel erstellen*

Die Wahrscheinlichkeiten $P(M) = 0{,}9$ und $P(S) = 0{,}24$ können aus den Diagrammen abgelesen werden. Außerdem gilt nach Aufgabenstellung $P(M \cup S) = 0{,}98$, also

$$0{,}98 = P(M \cup S) = 1 - P(\overline{M} \cap \overline{S}) \quad \Longrightarrow \quad P(\overline{M} \cap \overline{S}) = 0{,}02.$$

Mithilfe dieser Daten kann nun die Vierfeldertafel vollständig ausgefüllt werden.

	S	$\overline{S}$	
M	0,16	0,74	0,9
$\overline{M}$	0,08	0,02	0,1
	0,24	0,76	1

➤ *Bedingte Wahrscheinlichkeit berechnen*

Die Wahrscheinlichkeit $P_S(M)$ entspricht der Wahrscheinlichkeit, dass eine Person ein Mobiltelefon besitzt, wenn bekannt ist, dass sie 65 Jahre oder älter ist. Dies entspricht genau der Wahrscheinlichkeit p_1 aus Aufgabenteil b). Die Wahrscheinlichkeit $p(M \cap S)$ kann nun aus der Vierfeldertafel abgelesen werden:

$$p_1 = \frac{p(M \cap S)}{0{,}24} = \frac{0{,}16}{0{,}24} = \frac{2}{3}.$$

Die Wahrscheinlichkeit, dass eine Person ein Mobiltelefon besitzt, wenn bekannt ist, dass sie 65 Jahre oder älter ist, liegt bei ungefähr 66,67 %.

Lösung zu Aufgabe 2

a) Die Kriterien für ein Bernoulli-Experiment sind näherungsweise erfüllt, denn jeder Senior hat entweder ein Mobiltelefon oder nicht. Außerdem ist für jeden Senior in Deutschland die Wahrscheinlichkeit, dass er ein Mobiltelefon besitzt gleich groß. Die Gesamtmenge an Senioren in Deutschland ist so groß, dass bei dieser Stichprobenmenge vernächlässigt werden kann, dass ein Senior mehrfach befragt wird. Die Zufallsvariable X beschreibt die Anzahl der Senioren, die ein Mobiltelefon besitzen. Damit kann die Wahrscheinlichkeit p, dass unter 30 befragten Senioren mindestens 17 und höchstens 23 ein Mobiltelefon besitzen, wie folgt mithilfe des Tafelwerks berechnet werden:

$$\begin{aligned} p &= P(17 \leq X \leq 23) \\ &= P(X \leq 23) - P(X \leq 16) \\ &= \sum_{i=0}^{23} B\left(30; \frac{2}{3}; i\right) - \sum_{i=0}^{16} B\left(30; \frac{2}{3}; i\right) \\ &\approx 0{,}91616 - 0{,}08977 \\ &= 0{,}82639. \end{aligned}$$

Die gesuchte Wahrscheinlichkeit liegt also bei ca. 82,6 %.

b) Im Publikum sitzen 30 Senioren, von denen 24 ein Mobiltelefon besitzen. Drei der Senioren werden zufällig ausgewählt. Diese Auswahl entspricht dem „Ziehen ohne Zurücklegen“.

Die Wahrscheinlichkeit $P(X = 2)$, dass genau zwei dieser drei Senioren ein Mobiltelefon besitzen kann dann folgendermaßen bestimmt werden:

$$P(X = 2) = \frac{\binom{24}{2} \cdot \binom{6}{1}}{\binom{30}{3}} = \frac{414}{1015} \approx 0{,}40788.$$

Die Wahrscheinlichkeit liegt also bei ungefähr 40,8 %.

☞ *Alternative:* Die Wahrscheinlichkeit, dass

- der erste Senior ein Mobiltelefon besitzt, beträgt $\frac{24}{30}$
- der zweite Senior ein Mobiltelefon besitzt, beträgt $\frac{23}{29}$
- der dritte Senior kein Mobiltelefon besitzt, beträgt $\frac{6}{28}$

Für die Auswahl der Reihenfolge dieser zwei von drei Senioren gibt es drei Möglichkeiten. Nach dem Zählprinzip ist die gesuchte Wahrscheinlichkeit

$$P(X = 2) = 3 \cdot \frac{24}{30} \cdot \frac{23}{29} \cdot \frac{6}{28} = \frac{414}{1015} \approx 0{,}40788.$$

Die Wahrscheinlichkeit liegt also bei ungefähr 40,8 %.

Lösung zu Aufgabe 3

Sei k der gesuchte Preis eines Y4 in Euro und X der erzielte Gewinn bei einem zufälligen Smartphone-Verkauf, ebenfalls in Euro. Da nur das Y3 und das Y4 verkauft werden, nimmt X laut Aufgabenstellung nur die Werte $-51 = 199 - 250$ (für das Y3) und $k - 300$ (für das Y4) an. Ersteren mit der Wahrscheinlichkeit 0,26 und letzteren demnach mit der Wahrscheinlichkeit 0,74. Der erwartete Gewinn $E(X)$ pro Verkauf soll 97 Euro betragen, es ergibt sich also die Gleichung:

$$97 = E(X) = -51 \cdot 0{,}26 + (k - 300) \cdot 0{,}74.$$

Löst man diese Gleichung nach k auf erhält man $k = 449$. Das Modell Y4 sollte also für 449 Euro verkauft werden.

☞ *Alternative:* Angenommen, die Handelskette verkauft 100 Smartphones. Dann sind unter diesen Smartphones erwartungsgemäß 26 vom Typ Y3 und 74 vom Typ Y4. Der Einkaufswert K dieser Smartphones kann berechnet werden als:

$$K = 250 \cdot 26 + 300 \cdot 74 = 28700.$$

Angenommen, die Smartphones vom Typ Y4 werden für k Euro verkauft, dann kann der Verkaufserlös V wie folgt berechnet werden:

$$V = 199 \cdot 26 + k \cdot 74 = 5174 + 74k.$$

Im Mittel soll die Handelskette 97 Euro pro Smartphone mehr erhalten als sie beim Einkauf bezahlt hat. Dies entspricht bei 100 verkauften Smartphones einem Betrag von 9700 Euro. Folgende Gleichung muss also erfüllt sein:

$$9700 = V - K \quad \Longleftrightarrow \quad 9700 = 5174 + 74k - 28700 \quad \Longleftrightarrow \quad k = 449.$$

Die Smartphones vom Typ Y4 müssen also für 449 Euro verkauft werden.

Lösungen

Lösungen zu Stochastik, 2014, Teil A, Aufgabengruppe 1

Lösung zu Aufgabe 1

Beim ersten Ziehen befinden sich 5 Kugeln in der Urne A und beim zweiten Ziehen liegen 6 Kugeln in der Urne B. Folgendes Baumdiagramm stellt das Experiment dar.

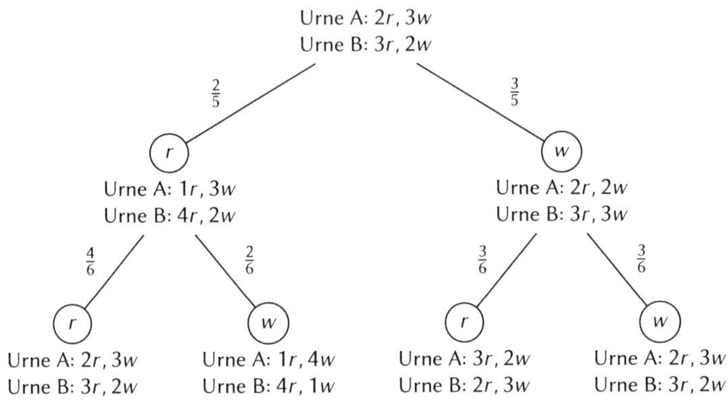

a) Dem Baumdiagramm entnimmt man die möglichen Ausgänge für Urne A:

$$\Omega = \{(2r,3w); (1r,4w); (3r,2w)\}.$$

b) Betrachtet man das Baumdiagramm, dann sind am Ende des Experiments 3 weiße Kugeln in der Urne A, wenn man entweder zwei rote Kugeln oder zwei weiße Kugeln zieht. Nach der 2. Pfadregel ist die Wahrscheinlichkeit für E die Summe der Wahrscheinlichkeiten der einzelnen Pfade:

$$\begin{aligned} P(E) &= P((r,r)) + P((w,w)) \\ &= \frac{2}{5}\cdot\frac{4}{6} + \frac{3}{5}\cdot\frac{3}{6} = \frac{8}{30} + \frac{9}{30} = \frac{17}{30}. \end{aligned}$$

Die Wahrscheinlichkeit für das Gegenereignis ist:

$$P(\overline{E}) = 1 - P(E) = 1 - \frac{17}{30} = \frac{13}{30}.$$

Die Wahrscheinlichkeit für das Ereignis E ist also größer als die Wahrscheinlichkeit für das Gegenereignis.

Lösung zu Aufgabe 2

Die Wahrscheinlichkeit in einer Bernoulli-Kette der Länge $n = 20$ mit Trefferwahrscheinlichkeit $p = 0{,}9$ genau k Treffer zu erzielen beträgt:

$$P(X = k) = \binom{n}{k} \cdot p^k \cdot (1-p)^{n-k} = \binom{20}{k} \cdot 0{,}9^k \cdot 0{,}1^{20-k}.$$

Die angegebene Wahrscheinlichkeit lässt sich schreiben als:

$$\begin{aligned} 0{,}9^{20} + 20 \cdot 0.1 \cdot 0{,}9^{19} &= \binom{20}{20} \cdot 0{,}9^{20} \cdot 0{,}1^0 + \binom{20}{19} \cdot 0{,}9^{19} \cdot 0{,}1^1 \\ &= P(X = 20) + P(X = 19). \end{aligned}$$

Angegeben ist somit hier die Wahrscheinlichkeit, 20 oder 19 Treffer zu erzielen. Dies entspricht der Wahrscheinlichkeit, mindestens 19 Treffer zu erzielen.

☞ *Alternative:* Es wird hier die Wahrscheinlichkeit angegeben, 0 oder 1 Niete zu erzielen. Dies entspricht der Wahrscheinlichkeit, höchstens 1 Niete zu erzielen.

Lösung zu Aufgabe 3

Die Summe aller Wahrscheinlichkeiten einer Wahrscheinlichkeitsverteilung muss 1 ergeben, es muss also gelten:

$$p_1 + \frac{3}{10} + \frac{1}{5} + p_2 = 1, \quad \text{also} \quad p_1 + p_2 = \frac{1}{2}.$$

Der Erwartungswert der Zufallsvariable X ist gegeben durch:

$$\begin{aligned} E(X) &= 0 \cdot p_1 + 1 \cdot \frac{3}{10} + 2 \cdot \frac{1}{5} + 3 \cdot p_2 \\ &= \frac{3}{10} + \frac{2}{5} + 3 \cdot p_2 \\ &= \frac{7}{10} + 3 \cdot p_2. \end{aligned}$$

Aus dieser Gleichung kann abgelesen werden, dass für den Erwartungswert $E(X)$ gilt: Je größer die Wahrscheinlichkeit p_2 ist, desto größer ist der Erwartungswert. Nutzt man nun aus, dass $p_2 \leq \frac{1}{2}$ gelten muss, so erhält man:

$$E(X) = \frac{7}{10} + 3 \cdot p_2 \leq \frac{7}{10} + 3 \cdot \frac{1}{2} = \frac{22}{10} = 2{,}2.$$

Der Erwartungswert kann somit höchstens 2,2 sein.

Lösungen

Lösungen zu Stochastik, 2014, Teil A, Aufgabengruppe 2

Lösung zu Aufgabe 1

Diese Aufgabe entspricht Aufgabe 1 aus Aufgabengruppe 1, daher werden hier nur die Ergebnisse angegeben. Die ausführlichen Lösungen sind auf Seite 266 zu finden.

a) Die möglichen Ausgänge für Urne A sind:

$$\Omega = \{(2r,3w); (1r,4w); (3r,2w)\}.$$

b) Die Wahrscheinlichkeiten für das Ereignis E und das Gegenereignis $\overline{E}$ betragen:

$$P(E) = \frac{17}{30} \quad \text{und} \quad P(\overline{E}) = \frac{13}{30},$$

also ist die Wahrscheinlichkeit für das Ereignis E größer als die Wahrscheinlichkeit für das Gegenereignis.

Lösung zu Aufgabe 2

Folgende Wahrscheinlichkeiten lassen sich aus dem in der Aufgabe angegebenen Baumdiagramm ablesen.

- Die Wahrscheinlichkeit D zu ziehen, unter der Bedingung bereits C gezogen zu haben:

$$P_C(D) = \frac{3}{5}.$$

- Die Wahrscheinlichkeit C und D zu ziehen:

$$P(C \cap D) = \frac{2}{5}.$$

- Die Wahrscheinlichkeit $\overline{C}$ und D zu ziehen:

$$P(\overline{C} \cap D) = \frac{1}{10}.$$

a) Die Wahrscheinlichkeit von $\overline{D}$ lässt sich über die Gegenwahrscheinlichkeit von D berechnen:

$$P(\overline{D}) = 1 - P(D).$$

Nun benötigt man hierfür die Wahrscheinlichkeit $P(D)$. Diese lässt sich wie folgt berechnen:

$$P(D) = P(\overline{C} \cap D) + P(C \cap D).$$

Die Wahrscheinlichkeiten $P(\overline{C} \cap D)$ und $P(C \cap D)$ lassen sich aus dem in der Aufgabe gegebenen Baumdiagramm ablesen:

$$P(C \cap D) = \frac{2}{5} \quad \text{und} \quad P(\overline{C} \cap D) = \frac{1}{10}.$$

Es gelten:

$$P(D) = P(\overline{C} \cap D) + P(C \cap D) = \frac{2}{5} + \frac{1}{10} = \frac{1}{2}$$

und:

$$P(\overline{D}) = 1 - \frac{1}{2} = \frac{1}{2}.$$

b) Die Ereignisse C und D sind genau dann abhängig, wenn gilt:

$$P(C) \cdot P(D) \neq P(C \cap D).$$

Um die Ungleichung zu überprüfen, muss noch die Wahrscheinlichkeit $P(C)$ berechnet werden.

Nach der 1. Pfadregel ist die Wahrscheinlichkeit eines Elementarereignisses im Baumdiagramm gleich dem Produkt der Wahrscheinlichkeiten entlang des zugehörigen Pfades. Es gilt also:

$$P(C \cap D) = P(C) \cdot P_C(D).$$

Die Wahrscheinlichkeit $P_C(D)$ lässt sich auch aus dem Baumdiagramm ablesen und es gilt:

$$P_C(D) = \frac{3}{5}.$$

Damit kann $P(C)$ bestimmt werden:

$$P(C) = \frac{P(C \cap D)}{P_C(D)} = \frac{\frac{2}{5}}{\frac{3}{5}} = \frac{2}{5} \cdot \frac{5}{3} = \frac{2}{3}.$$

Nun können die Ereignisse auf stochastische Abhängigkeit überprüft werden:

$$P(C) \cdot P(D) = \frac{2}{3} \cdot \frac{1}{2} = \frac{1}{3} \neq \frac{2}{5} = P(C \cap D).$$

Die Ereignisse C und D sind stochastisch abhängig.

☞ *Alternative:* Wenn die Ereignisse C und D stochastisch unabhängig sind, dann sind es auch die Ereignisse $\overline{C}$ und D und es gilt $P_C(D) = P(D)$, denn die Eintrittswahrscheinlichkeit von D hängt eben gerade nicht davon ab, ob C eintritt oder nicht. In diesem Falle müsste also gelten:

$$P(\overline{C} \cap D) = P(\overline{C}) \cdot P(D) = P(\overline{C}) \cdot P_C(D) = \frac{1}{3} \cdot \frac{3}{5} = \frac{1}{5}.$$

Aus dem Baumdiagramm kann man ablesen:

$$P(\overline{C} \cap D) = \frac{1}{10}.$$

Folglich sind die Ereignisse C und D stochastisch abhängig.

c) Lediglich der Wert $P(\overline{C} \cap D)$ darf geändert werden. Die Wahrscheinlichkeiten

$$P(C \cap D) = \frac{2}{5}, \quad P_C(D) = \frac{3}{5}$$

sowie der in Teilaufgabe b) ermittelte Wert

$$P(C) = \frac{2}{3}$$

Lösungen

bleiben unverändert. Wegen der Unabhängigkeit von C und D muss gelten:

$$P(C \cap D) = P(C) \cdot P(D)$$

$$P(D) = \frac{P(C \cap D)}{P(C)} = \frac{\frac{2}{5}}{\frac{2}{3}} = \frac{2}{5} \cdot \frac{3}{2} = \frac{3}{5}.$$

Es gilt für die Gegenwahrscheinlichkeit von C:

$$P(\overline{C}) = 1 - P(C) = 1 - \frac{2}{3} = \frac{1}{3}.$$

Sind die Ereignisse C und D unabhängig, so sind es auch die Ereignisse $\overline{C}$ und D. Nun lässt sich das gesuchte Ergebnis berechnen zu:

$$P(\overline{C} \cap D) = P(\overline{C}) \cdot P(D)$$

$$= \frac{1}{3} \cdot \frac{3}{5} = \frac{1}{5}.$$

Der geänderte Wert lautet $P(\overline{C} \cap D) = \frac{1}{5}$.

Lösungen zu Stochastik, 2014, Teil B, Aufgabengruppe 1

Lösung zu Aufgabe 1

Die Auswahl der Studie gibt in der Tabelle die Antworten von 102 Jungen und 98 Mädchen wieder.

a) Laut Tabelle besitzen 54 Mädchen (M) ein Fernsehgerät (F). Folglich besitzen $98 - 54 = 44$ Mädchen kein Fernsehgerät. Die Wahrscheinlichkeit für das Ereignis „Mädchen und kein Fernsehgerät" ist gegeben durch:

$$P(M \cap \overline{F}) = \frac{44}{200} = 0{,}22.$$

Die Wahrscheinlichkeit, dass eine aus den 200 Jugendlichen zufällig ausgewählte Person weiblich ist und kein Fernsehgerät besitzt, beträgt 22 %.

b) Laut Tabelle besitzen 54 Mädchen und 65 Jungen, also insgesamt 119 Jugendliche, ein Fernsehgerät. Die Wahrscheinlichkeit, dass die Person ein Mädchen ist unter der Bedingung, dass sie ein Fernsehgerät besitzt, ist gegeben durch:

$$P_F(M) = \frac{P(M \cap F)}{P(F)} = \frac{\frac{54}{200}}{\frac{119}{200}} = \frac{54}{200} \cdot \frac{200}{119} = \frac{54}{119} \approx 0{,}4538.$$

Die Wahrscheinlichkeit, dass eine Person mit Fernsehgerät weiblich ist, beträgt ungefähr 45,38 %.

☞ *Alternative:* Die Wahrscheinlichkeit, dass eine Person, die ein Fernsehgerät besitzt, weiblich ist, lässt sich auch folgendermaßen berechnen:

$$P_F(M) = \frac{\text{Anzahl der Mädchen mit Fernsehgerät}}{\text{Anzahl aller Jugendlichen mit Fernsehgerät}} = \frac{54}{119} \approx 0{,}4538.$$

Die Wahrscheinlichkeit, dass eine Person mit Fernsehgerät weiblich ist, beträgt ungefähr 45,38 %.

c) Die Ereignisse M und F sind genau dann abhängig, wenn gilt:

$$P(M) \cdot P(F) \neq P(M \cap F).$$

Für diese Wahrscheinlichkeiten gilt:

$$P(M) \cdot P(F) = \frac{98}{200} \cdot \frac{119}{200} = \frac{11662}{40000} \neq \frac{54}{200} = P(M \cap F).$$

Die Ereignisse „Mädchen" und „Fernsehgerät" sind somit stochastisch abhängig.

d) Den Wert der Summe erhält man durch Nachschlagen im stochastischen Tafelwerk:

$$\sum_{i=0}^{12} B(25; 0{,}55; i) \approx 0{,}30632 \approx 30{,}63\,\%.$$

Die 25 Schülerinnen der Jahrgangsstufe 9 haben zum einen alle das gleiche Bildungsniveau und sind zum anderen alle nahezu gleich alt (14-15 Jahre). Diese Gruppe bildet keine repräsentative Auswahl aller Mädchen im Alter von 12 bis 19 Jahren.

Lösungen

Lösung zu Aufgabe 2

a) Der Stadtrat möchte die finanziellen Mittel nur dann bewilligen, wenn weniger als 90 % der Jugendlichen einen Computer besitzen. Damit lautet die Nullhypothese:

$$H_0 : p \geq 0{,}9.$$

Es handelt sich also um einen linksseitigen Hypothesentest.

Die Wahrscheinlichkeit dafür, dass die finanziellen Mittel irrtümlich bewilligt werden, soll höchstens 5 % betragen. Daraus folgt:

Signifikanzniveau: $\alpha = 0{,}05$ und $P(\text{„Fehler 1. Art“}) \leq 0{,}05.$

Ein Fehler 1. Art liegt vor, wenn bei der Umfrage höchstens k Jugendliche angeben, einen Computer zu besitzen, obwohl tatsächlich mindestens 90 % der Jugendlichen einen Computer besitzen. Es gilt also:

$$P(X \leq k) = \sum_{i=0}^{k} B(100; 0{,}9; i) \leq 0{,}05.$$

Nachschlagen im stochastischen Tafelwerk liefert $k \leq 84$.

Die Wahrscheinlichkeit, die Mittel irrtümlich nicht zu bewilligen, das heißt $P(\text{„Fehler 2. Art“})$, soll möglichst klein sein. Man spricht vom Fehler 2. Art, wenn tatsächlich weniger als 90 % der Jugendlichen einen Computer besitzen, bei der Umfrage allerdings überdurchschnittlich viele Jugendliche angeben einen Computer zu besitzen. Die Wahrscheinlichkeit für den Fehler 2. Art ist umso kleiner, je kleiner der Annahmebereich $A = \{k+1, \ldots, 100\}$ der Nullhypothese ist. Dies wird erreicht, indem man k möglichst groß wählt. Das größtmögliche k ist $k = 84$.

Die finanziellen Mittel werden nicht bewilligt, wenn mehr als 84, also mindestens 85, der 100 Jugendlichen angeben, einen Computer zu besitzen. Der Stadtrat stimmt der Einrichtung des Arbeitsraumes zu, wenn höchstens 84 Jugendliche angeben, einen Computer zu besitzen.

b) Laut Tabelle besitzen 77 Mädchen und 87 Jungen, also insgesamt 164 der 200 Jugendlichen, einen Computer (C). Die Wahrscheinlichkeit, dass ein Jugendlicher einen Computer besitzt, beträgt also:

$$P(C) = \frac{164}{200} = 0{,}82.$$

Die gesuchte Wahrscheinlichkeit für $n = 100$, $p = 0{,}82$ und $k = 85$ ist somit

$$\begin{aligned} P(X = 85) &= B(100; 0{,}82; 85) \\ &= \binom{100}{85} \cdot 0{,}82^{85} \cdot (1 - 0{,}82)^{100-85} \\ &= \binom{100}{85} \cdot 0{,}82^{85} \cdot 0{,}18^{15} \\ &\approx 0{,}0807. \end{aligned}$$

Die Wahrscheinlichkeit, dass unter den 100 befragten Jugendlichen genau 85 einen Computer besitzen, beträgt 8,07 %.

Lösung zu Aufgabe 3

Die Anzahl der Jugendlichen, die ein Smartphone (S) besitzen, ist gegeben durch $42 + 52 = 94$. Also besitzen $200 - 94 = 106$ Jugendliche der Studie kein Smartphone ($\overline{S}$). Außerdem besitzen $37 + 62 = 99$ Jugendliche der Studie eine Spielkonsole (K). Die in der Aufgabenstellung aufgestellte Vermutung lautet:

$$\frac{|S \cap K|}{|S|} > \frac{|\overline{S} \cap K|}{|\overline{S}|}.$$

Insgesamt besitzen 99 Jugendliche eine Spielekonsole. Also muss gelten:

$$|K| = |S \cap K| + |\overline{S} \cap K| = 99.$$

Daraus folgt:

$$|\overline{S} \cap K| = 99 - |S \cap K|.$$

Setzt man dies und die Werte für $|S|$ und $|\overline{S}|$ in die Vermutung ein, so ergibt sich:

$$\frac{|S \cap K|}{94} > \frac{99 - |S \cap K|}{106}.$$

Formt man nun die Ungleichung nach $S \cap K$ um, so erhält man:

$$\begin{aligned} 106 \cdot |S \cap K| &> 94 \cdot (99 - |S \cap K|) \\ 106 \cdot |S \cap K| &> 9306 - 94 \cdot |S \cap K| \\ 200 \cdot |S \cap K| &> 9306 \\ |S \cap K| &> \frac{9306}{200} = 46{,}53. \end{aligned}$$

Damit die Vermutung zutrifft, müssen mindestens 47 Jugendliche sowohl ein Smartphone als auch eine Spielekonsole besitzen.

☞ *Alternative:* Damit die Vermutung korrekt ist, muss der Anteil der Jugendlichen mit Spielkonsole unter den Smartphonebesitzern größer sein als der Anteil der Jugendlichen mit Spielkonsole unter allen Jugendlichen. Damit muss gelten:

$$\frac{|S \cap K|}{|S|} > \frac{|K|}{|\Omega|} \iff \frac{|S \cap K|}{94} > \frac{99}{200} \iff |S \cap K| > \frac{99 \cdot 94}{200} = 46{,}53.$$

Die Vermutung trifft nur dann zu, wenn von den 94 Jugendlichen mit Smartphone mindestens 47 auch eine feste Spielkonsole besitzen.

Lösungen

Lösungen zu Stochastik, 2014, Teil B, Aufgabengruppe 2

Lösung zu Aufgabe 1

a) Die Tierbilder werden in großer Stückzahl mit der gleichen Häufigkeit produziert. Somit kann jedes Päckchen völlig beliebig mit 5 der 200 verschiedenen Tierbilder bestückt werden. Für jedes Bild bestehen stets alle 200 Möglichkeiten und jedes Bild hat laut Angabe die gleiche Wahrscheinlichkeit. Damit erfüllt das Bestücken der Päckchen die Voraussetzung eines Laplace-Experiments.

Der gegebene Term setzt sich wie folgt zusammen:

$$\frac{200 \cdot 199 \cdot 198 \cdot 197 \cdot 196}{200^5} = \frac{\text{Anzahl aller Ergebnisse, bei denen das Ereignis eintritt}}{\text{Anzahl aller möglichen Ergebnisse}}.$$

Der Nenner 200^5 gibt die Anzahl der Möglichkeiten an, 5 beliebige Bilder im Päckchen zu haben. Bei jedem der 5 Züge stehen alle 200 Möglichkeiten zur Verfügung.

Der Zähler $200 \cdot 199 \cdot 198 \cdot 197 \cdot 196$ gibt die Anzahl der Möglichkeiten an, 5 verschiedene Bilder auszuwählen. Für das erste Bild stehen 200 Bilder zur Verfügung, beim zweiten sind es nur noch 199, beim dritten 198 etc.

Der Term gibt die Laplace-Wahrscheinlichkeit an, beim fünfmaligen Ziehen jeweils ein anderes Bild zu wählen.

b) Der Junge hat bereits $200-15 = 185$ Bilder gesammelt. Er erhält 2 Päckchen, also insgesamt 10 Bilder. Die Wahrscheinlichkeit, dass er ein Bild erhält, das er bereits besitzt, beträgt $\frac{185}{200}$. Bei 10 Bildern berechnet sich die Wahrscheinlichkeit zu:

$$P = \left(\frac{185}{200}\right)^{10} \approx 0{,}4586.$$

Die Wahrscheinlichkeit dafür, nur Bilder zu erhalten, die er schon besitzt, beträgt 45,86 %.

c) Die Wahrscheinlichkeit für ein 3D-Bild beträgt $\frac{20}{200} = 0{,}1$. Gesucht ist die Anzahl der Bilder, bei der die Wahrscheinlichkeit mindestens ein Bild zu bekommen, mindestens 99 % beträgt. Im Folgenden beschreibt X die Anzahl der 3D-Bilder bei n Bildern. Das Ereignis $X \geq 1$ tritt genau dann ein, wenn das Gegenereignis $X = 0$ nicht eintritt. Es gilt also:

$$P(X \geq 1) \geq 0{,}99 \quad \Longleftrightarrow \quad P(X = 0) \leq 0{,}01.$$

Der Term $P(X = 0)$ beschreibt die Wahrscheinlichkeit unter n Bildern kein 3D-Bild zu erhalten. Diese beträgt $(1 - 0{,}1)^n$. Nun wird n bestimmt:

$$\begin{aligned}
(1 - 0{,}1)^n &\leq 0{,}01 \\
0{,}9^n &\leq 0{,}01 \\
\ln(0{,}9^n) &\leq \ln(0{,}01) \\
n \cdot \ln(0{,}9) &\leq \ln(0{,}01) \\
n &\geq \frac{\ln(0{,}01)}{\ln(0{,}9)} \\
n &\geq 43{,}7.
\end{aligned}$$

Das Ungleichheitszeichen in der vorletzten Umformung wird umgedreht, da $\ln(0{,}9)$ negativ ist.

Ein Kind benötigt mindestens 44 Bilder beziehungsweise 9 Päckchen, um mit einer Wahrscheinlichkeit von mindestens 99 % mindestens ein 3D-Bild zu erhalten.

Lösung zu Aufgabe 2

a) Das Glücksrad sieht beispielsweise wie folgt aus.

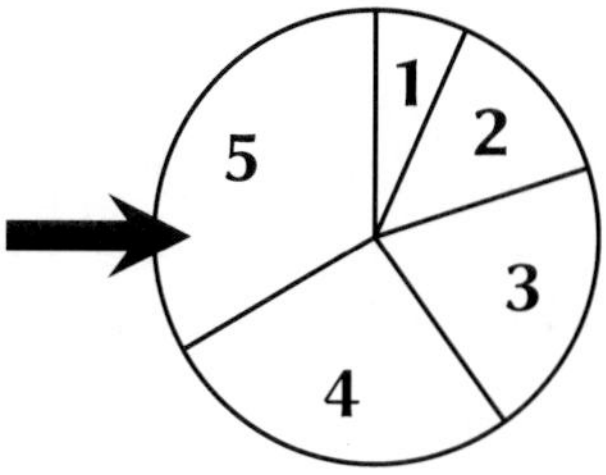

Die Flächeninhalte der einzelnen Sektoren verhalten sich wie 1 : 2 : 3 : 4 : 5. Der Sektor 1 besteht also aus einem Teil, der Sektor 2 aus zwei Teilen etc.. Insgesamt sind es also $1 + 2 + 3 + 4 + 5 = 15$ Teile, in die das Glücksrad geteilt werden muss, um die Größe eines Teils zu erhalten. Das ganze Rad hat 360° und die Fläche eines Kreissektors ist proportional zu seinem Mittelpunktswinkel, somit gilt für den Öffnungswinkel α des Sektors mit der Nummer 1:

$$\alpha = \frac{1}{15} \cdot 360^\circ = 24^\circ.$$

Der Sektor mit der Nummer 5 besteht aus 5 der insgesamt 15 Teile, also beträgt die Wahrscheinlichkeit:

$$P(\text{„Sektor 5“}) = \frac{5}{15} = \frac{1}{3}.$$

b) Die Auszahlung ist eine Zufallsgröße X, für die folgende Wahrscheinlichkeitsverteilung gilt.

Sektor	1	2	3	4	5
Auszahlung X in €	1	2	3	4	15
Wahrscheinlichkeit für X	$\frac{1}{15}$	$\frac{2}{15}$	$\frac{1}{5}$	$\frac{4}{15}$	$\frac{1}{3}$

Der Erwartungswert ist somit:

$$E(X) = 1 \cdot \frac{1}{15} + 2 \cdot \frac{2}{15} + 3 \cdot \frac{1}{5} + 4 \cdot \frac{4}{15} + 15 \cdot \frac{1}{3} = 7.$$

Der Spieler zahlt 6 € für jedes Spiel, der erwartete Gewinn von 7 € ist höher. Folglich macht der Supermarkt bei jedem Spiel einen durchschnittlichen Verlust von 1 €. Für den Spieler heißt das wiederum, dass er bei jedem Spiel einen durchschnittlichen Gewinn von 1 € macht.

Lösungen

c) In der obigen Tabelle wird die Zeile Auszahlung angepasst und spiegelt nun die Ausgaben Y des Supermarktes wider.

Sektor	1	2	3	4	5
Ausgaben Y in €	1	2	3	4	10
Wahrscheinlichkeit für Y	$\frac{1}{15}$	$\frac{2}{15}$	$\frac{1}{5}$	$\frac{4}{15}$	$\frac{1}{3}$

Für den Erwartungswert gilt:

$$E(Y) = 1 \cdot \frac{1}{15} + 2 \cdot \frac{2}{15} + 3 \cdot \frac{1}{5} + 4 \cdot \frac{4}{15} + 10 \cdot \frac{1}{3} = \frac{16}{3}.$$

Der Supermarkt hat bei jedem Spiel durchschnittliche Ausgaben in Höhe von ungefähr 5,33 €. Die Einnahmen sind bei jedem Spiel nach wie vor 6 €, der Überschuss beträgt also ungefähr 0,67 €.

Der erwartete Überschuss bei 6000 Spielen beträgt also:

$$6000 \cdot E(Y) = 6000 \cdot \frac{16}{3} = 4000.$$

Der Überschuss bei 6000 Spielen liegt also im Schnitt bei 4000 €.

Lösungen zu Stochastik, Probe-Abi, Teil A, Aufgabengruppe 1

Lösung zu Aufgabe 1

a) Die erste Person hat 5 freie Plätze zur Auswahl. Die zweite Person kann aus 4 Plätzen auswählen, die dritte aus 3 Plätzen etc. Die Anzahl der Möglichkeiten, wie sich die 5 Personen nebeneinander stellen können, beträgt also:

$$5! = 5 \cdot 4 \cdot 3 \cdot 2 \cdot 1 = 120.$$

b) Lisa und Paul möchten auf dem Foto nebeneinander stehen. Im Modell betrachtet man nun die beiden zunächst als eine Person. Die Anzahl der Möglichkeiten, 4 Personen auf 4 Plätze zu verteilen, ist gegeben durch:

$$4! = 4 \cdot 3 \cdot 2 \cdot 1 = 24.$$

Im Modell wurden Lisa und Paul als eine Person aufgefasst. Nun gibt es allerdings 2 Möglichkeiten, wie sich Lisa und Paul aufstellen können. Die Gesamtzahl der Möglichkeiten, wie sich die 5 Personen aufstellen können unter der Bedingung, dass Lisa und Paul nebeneinander stehen, beträgt somit:

$$2 \cdot 24 = 48.$$

Lösung zu Aufgabe 2

a) Im Folgenden bezeichnet x die Anzahl der Antwortmöglichkeiten bei den Multiple-Choice-Fragen. Die Wahrscheinlichkeit eine Frage richtig zu beantworten ist gegeben durch:

$$p = \frac{1}{x}.$$

Für die Wahrscheinlichkeit des Gegenereignisses gilt:

$$1 - p = 1 - \frac{1}{x}.$$

Bei dem Experiment handelt es sich um eine Bernoulli-Kette mit $n = 5$. Betrachtet wird folgendes Ereignis:

E : Mindestens eine Frage wird korrekt beantwortet.

Dann gilt

$$P(E) = 1 - P\left(\overline{E}\right) = 1 - \binom{5}{0}\left(\frac{1}{x}\right)^0\left(1 - \frac{1}{x}\right)^5 = 1 - \left(1 - \frac{1}{x}\right)^5.$$

Die Wahrscheinlichkeit, dass mindestens eine Frage korrekt beantwortet wird, soll 99,999 % betragen. Es soll also gelten:

$$P(E) = 1 - \left(1 - \frac{1}{x}\right)^5 = 0{,}99999.$$

Lösungen

Aufgabenstellung siehe Seite 86

Im nächsten Schritt wird diese Gleichung nach x aufgelöst.

$$\begin{aligned} 0{,}00001 &= \left(1 - \frac{1}{x}\right)^5 \\ \left(\frac{1}{10}\right)^5 &= \left(1 - \frac{1}{x}\right)^5 \\ \frac{1}{10} &= 1 - \frac{1}{x} \\ -\frac{9}{10} &= -\frac{1}{x} \\ x &= \frac{10}{9} \\ x &\approx 1{,}1 \end{aligned}$$

Die Fragen dürfen also höchstens eine Antwortmöglichkeit haben, damit Markus zu 99,999 % mindestens eine Frage richtig beantwortet. Dies ist bei einem Multiple-Choice-Test ausgeschlossen und somit unrealistisch.

b) Das Lösen des Multiple-Choice-Tests entspricht einer Bernoulli-Kette, denn jede Frage wurde entweder richtig (Treffer) oder falsch (Niete) beantwortet. Außerdem ist die Wahrscheinlichkeit, die korrekte Antwort zu raten immer gleich. Die Wahrscheinlichkeit durch Raten genau 3 korrekte Antworten bei 5 Fragen zu geben, beträgt

$$P(\text{„3 der 5 Fragen richtig"}) = \binom{5}{3} \cdot \left(\frac{1}{4}\right)^3 \cdot \left(\frac{3}{4}\right)^2.$$

Lösung zu Aufgabe 3

Die Anzahl der befragten Personen ist $n = 20$. Der Anteil der Vegetarier beträgt 10 %, somit ist die Wahrscheinlichkeit, dass sich eine Person vegetarisch ernährt, gegeben durch $p = 0{,}1$.

α) Der erste Term

$$1 - \binom{20}{2} \cdot \left(\frac{9}{10}\right)^2 \cdot \left(\frac{1}{10}\right)^{18}$$

beschreibt die Gegenwahrscheinlichkeit des Ereignisses E: „Genau zwei Personen sind keine Vegetarier". Das gesuchte Ereignis lautet somit „Keine Person, eine Person oder mehr als zwei Personen sind keine Vegetarier".

β) Der zweite Term lässt sich wie folgt schreiben.

$$\begin{aligned} 20 \cdot \left(\frac{1}{10}\right)^{19} \cdot \left(\frac{9}{10}\right)^1 + \left(\frac{1}{10}\right)^{20} &= \binom{20}{19} \cdot \left(\frac{1}{10}\right)^{19} \cdot \left(\frac{9}{10}\right)^1 + \binom{20}{20} \cdot \left(\frac{1}{10}\right)^{20} \cdot \left(\frac{9}{10}\right)^0 \\ &= \binom{20}{1} \cdot \left(\frac{1}{10}\right)^{19} \cdot \left(\frac{9}{10}\right)^1 + \binom{20}{0} \cdot \left(\frac{1}{10}\right)^{20} \cdot \left(\frac{9}{10}\right)^0 \end{aligned}$$

Das Ereignis lautet somit „19 oder 20 von 20 Personen sind Vegetarier" bzw. „Mindestens 19 von 20 Personen sind Vegetarier" oder „Keine oder eine von 20 Personen ist kein Vegetarier" oder „Höchstens eine von 20 Personen ernährt sich nicht vegetarisch".

Lösungen zu Stochastik, Probe-Abi, Teil A, Aufgabengruppe 2

Lösung zu Aufgabe 1

Es werden für jedes Spielende folgende Ergebnisse definiert:

G : „Spiel gewonnen“, V : „Spiel verloren“.

Das Baumdiagramm sieht dabei bei einem dreistufigen Experiment wie folgt aus:

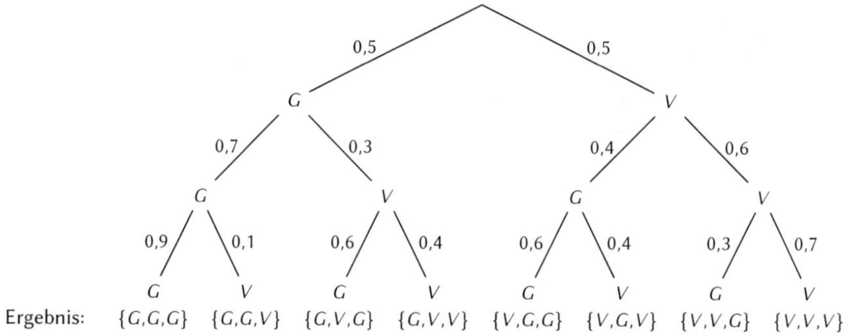

Die Wahrscheinlichkeit für das Ereignis E : „Zwei der drei Spiele zu gewinnen“ entspricht der Summe aller Ergebnisse, die zweimal G und einmal V enthalten. Nach den Pfadregeln gilt also:

$$\begin{aligned}
P(E) &= P(\{G,G,V\}) + P(\{G,V,G\}) + P(\{V,G,G\}) \\
&= 0{,}5 \cdot 0{,}7 \cdot 0{,}1 + 0{,}5 \cdot 0{,}3 \cdot 0{,}6 + 0{,}5 \cdot 0{,}4 \cdot 0{,}6 \\
&= \frac{1}{2} \cdot \frac{7}{10} \cdot \frac{1}{10} + \frac{1}{2} \cdot \frac{3}{10} \cdot \frac{6}{10} + \frac{1}{2} \cdot \frac{4}{10} \cdot \frac{6}{10} \\
&= \frac{7}{200} + \frac{18}{200} + \frac{24}{200} \\
&= \frac{49}{200} \\
&\approx \frac{1}{4}.
\end{aligned}$$

Die Wahrscheinlichkeit, dass Janas Team genau zwei der drei Spiele gewinnt, liegt bei ungefähr 0,25 oder 25 %.

Lösung zu Aufgabe 2

a) Die Augenzahl Z des Würfels wird in g : „gerade“ und u : „ungerade“ unterteilt. Dabei sind beide Ausgänge gleich wahrscheinlich mit $p = \frac{1}{2}$.

Die Anzahl, wie oft „Wappen" erscheint, ist eine Zufallsgröße X. Die Wahrscheinlichkeit $X = k$ Wappen mit $k \in \{0,1,2\}$ zu werfen, ist gegeben durch:

$$\begin{aligned} P(X = k) &= P(X = k \cap Z = g) + P(X = k \cap Z = u) \\ &= P(Z = g) \cdot P_{Z=g}(X = k) + P(Z = u) \cdot P_{Z=u}(X = k) \\ &= \frac{1}{2} \cdot P_{Z=g}(X = k) + \frac{1}{2} \cdot P_{Z=u}(X = k) \\ &= \frac{1}{2} \cdot \left(P_{Z=g}(X = k) + P_{Z=u}(X = k)\right). \end{aligned}$$

Die zugehörige Wahrscheinlichkeitsverteilung ist in folgender Tabelle abgebildet.

	$k = 0$	$k = 1$	$k = 2$
$P_{Z=g}(X = k)$	$\frac{1}{2}$	$\frac{1}{2}$	-
$P_{Z=u}(X = k)$	$\frac{1}{4}$	$\frac{1}{2}$	$\frac{1}{4}$
$P(X = k)$	$\frac{3}{8}$	$\frac{1}{2}$	$\frac{1}{8}$

Der Erwartungswert ist somit gegeben durch:

$$E(X) = \frac{3}{8} \cdot 0 + \frac{1}{2} \cdot 1 + \frac{1}{8} \cdot 2 = \frac{1}{2} + \frac{1}{4} = \frac{3}{4} = 0{,}75.$$

b) Damit das Spiel fair bleibt, muss der Einsatz gleich dem Erwartungswert des Gewinns sein. Somit muss gelten:

$$\text{Einsatz} = E(X) = 0{,}75 \text{ Euro}.$$

c) Nein, es handelt sich nicht um ein Bernoulli-Experiment. Ein solches besteht in der Wiederholung des gleichen Zufallsexperiments mit zwei alternativen Ausgängen. Dies ist hier nicht der Fall.

Lösung zu Aufgabe 3

Die Gegenereignisse lauten

$\overline{E}$: „In einer Gruppe von 7 Personen läuft mindestens eine Schülerin 3 km."

$\overline{F}$: „In einer Gruppe von 10 Personen ist höchstens eine Person mit einer persönlichen Bestleistung ins Ziel gekommen, das heißt keine oder eine Person."

Lösungen zu Stochastik, Probe-Abi, Teil B, Aufgabengruppe 1

Lösung zu Aufgabe 1

a) Von 40 Personen möchten 30 ihren Sommerurlaub im Ausland verbringen. Von den 40 Personen werden 5 zufällig ausgewählt. Diese Auswahl entspricht dem „Ziehen ohne Zurücklegen“, denn eine bereits ausgewählte Person kann nicht noch einmal ausgewählt werden. Die Wahrscheinlichkeit $P(X=5)$, dass alle 5 Personen ins Ausland wollen, kann folgendermaßen bestimmt werden.

$$P(X=5)=\frac{30}{40}\cdot\frac{29}{39}\cdot\frac{28}{38}\cdot\frac{27}{37}\cdot\frac{26}{36}=\frac{609}{2812}\approx 0{,}2166$$

Die Wahrscheinlichkeit liegt also bei ungefähr 21,66 %.

b) Die Wahrscheinlichkeit, dass genau 2 Personen, die ihren Urlaub in Deutschland verbringen möchten, in die Stichprobe gelangen, lässt sich über die hypergeometrische Verteilung (siehe Merkhilfe) berechnen. Folgende Bezeichnungen werden eingeführt:

N : Anzahl aller Personen, hier: 40,

$M \leq N$: Anzahl der Personen, die in Deutschland bleiben wollen: 10,

$n \leq N$: Größe der Stichprobe: 5,

$k \leq n$: Personen in der Stichprobe, die in Deutschland bleiben wollen: 2.

Sei die Zufallsgröße X die Anzahl der Personen, die in Deutschland bleiben möchten, dann gilt:

$$P(X=2)=\frac{\binom{10}{2}\cdot\binom{30}{3}}{\binom{40}{5}}=\frac{45\cdot 4060}{658008}=\frac{5075}{18278}\approx 0{,}2777.$$

Damit liegt die Wahrscheinlichkeit, dass von fünf befragten Personen genau zwei angeben, dass sie in Deutschland Urlaub machen möchten, bei ungefähr 27,77 %.

Die Formel setzt sich wie folgt zusammen: die Anzahl der Möglichkeiten, fünf Personen zufällig aus 40 Personen auszuwählen, beträgt $\binom{40}{5}$ und steht dabei im Nenner. Die Anzahl der Möglichkeiten drei Personen auszuwählen, die ins Ausland wollen, ist gegeben durch $\binom{30}{3}$. Diese wird mit der Anzahl der Möglichkeiten zwei Personen auszuwählen, die in Deutschland bleiben wollen, also $\binom{10}{2}$, nach dem Zählprinzip multipliziert. Das Ergebnis steht im Zähler.

Lösungen

Lösung zu Aufgabe 2

a) Die Kriterien für ein Bernoulli-Experiment sind erfüllt, denn jede befragte Person möchte entweder in Deutschland Urlaub machen oder nicht. Außerdem war für jede Person die Wahrscheinlichkeit, dass sie ins Ausland verreisen möchte, gleich groß und zwar $p=0{,}6$.

Damit kann die Wahrscheinlichkeit $P(59 < X < 78)$, dass im vergangenen Jahr unter 100 befragten Personen mehr als 59 und weniger als 78 für ihren nächsten Urlaub ins Ausland reisten, wie folgt berechnet werden:

$$\begin{aligned} P(59 < X < 78) &= P(X < 78) - P(X \leq 59) \\ &= P(X \leq 77) - P(X \leq 59) \\ &= \sum_{i=0}^{77} B(100; 0{,}6; i) - \sum_{i=0}^{59} B(100; 0{,}6; i) \\ &\approx 0{,}99989 - 0{,}45671 \\ &\approx 0{,}5432. \end{aligned}$$

Die Werte der Summen können im stochastischen Tafelwerk nachgeschlagen werden. Die gesuchte Wahrscheinlichkeit betrug ungefähr 54,32 %.

b) Sei Y die Anzahl der befragten Personen, die in Deutschland Urlaub machen möchten. Dann gilt:

$$P(Y \geq 1) = 1 - P(Y = 0).$$

Außerdem gilt bei n befragten Personen:

$$P(Y = 0) = \binom{n}{0} \cdot 0{,}4^0 \cdot (1 - 0{,}4)^n = (1 - 0{,}4)^n = 0{,}6^n.$$

Es soll also gelten:

$$\begin{aligned} P(Y \geq 1) \geq 0{,}95 \quad &\Longleftrightarrow \quad 1 - P(Y = 0) \geq 0{,}95 \\ &\Longleftrightarrow \quad P(Y = 0) \leq 0{,}05 \\ &\Longleftrightarrow \quad 0{,}6^n \leq 0{,}05 \\ &\Longleftrightarrow \quad \ln(0{,}6^n) \leq \ln 0{,}05 \\ &\Longleftrightarrow \quad n \cdot \ln 0{,}6 \leq \ln 0{,}05 \\ &\Longleftrightarrow \quad n \geq \frac{\ln 0{,}05}{\ln 0{,}6} \\ &\Longleftrightarrow \quad n \geq 5{,}86. \end{aligned}$$

Im vergangenen Jahr mussten also mindestens 6 Personen befragt werden, damit mit einer Wahrscheinlichkeit von mindestens 95 % mindestens eine Person in Deutschland Urlaub machen wollte.

c) Die Befürchtung lautet: „Der Anteil der Bevölkerung, der Auslandsreisen bevorzugt, ist gestiegen“. In der Nullhypothese steht das Gegenteil der Befürchtung. Die Aussage der Nullhypothese ist damit: „Höchstens 60 % der Personen bevorzugen Urlaub im Ausland“. Es gilt also:

$$H_0 : p \leq 0{,}6.$$

Da es sich um einen rechtsseitigen Hypothesentest zum Signifikanzniveau $\alpha = 0{,}1$ handelt, muss für die Bestimmung der Entscheidungsregel das kleinste $k \in \mathbb{N}$ gefunden werden, sodass die folgende Beziehung erfüllt wird:

$$P(X \geq k) \leq \alpha \iff P(X \leq k-1) \geq 1-\alpha \implies P(X \leq k-1) \geq 0{,}9$$

$$\implies \sum_{i=0}^{k-1} B(100; 0{,}6; i) \geq 0{,}9.$$

Nachschlagen im stochastischen Tafelwerk liefert $k-1 \geq 66$. Gesucht wird die kleinste natürliche Zahl k, die diese Ungleichung erfüllt, also wählt man $k = 67$. Die Nullhypothese wird abgelehnt, wenn mindestens 67 Personen angeben, dass sie ihren nächsten Urlaub im Ausland verbringen möchten. Somit gilt für den Ablehnungsbereich $\overline{A}$ sowie für den Annahmebereich A der Nullhypothese:

$$\overline{A} = \{67, \ldots, 100\} \quad \text{und}$$
$$A = \{0, \ldots, 66\}.$$

d) Ein „Fehler 1. Art" liegt vor, wenn bei der Umfrage mindestens 67 Personen angeben, dass sie ihren Urlaub im Ausland verbringen möchten, obwohl tatsächlich der Anteil bei höchstens 60 % liegt.

Ein „Fehler 2. Art" liegt vor, wenn tatsächlich mehr als 60 % ins Ausland reisen möchten, bei der Befragung allerdings höchstens 66 Personen angeben, dass sie ins Ausland reisen möchten.

Die Wahrscheinlichkeit β für den Fehler 2. Art berechnet man für $p = \frac{2}{3}$ und $n = 100$ wie folgt:

$$\beta = P(X \leq 66) = \sum_{i=0}^{66} B\left(100; \frac{2}{3}; i\right) = 0{,}4812.$$

Die Wahrscheinlichkeit, einen Fehler 2. Art zu begehen, wenn der tatsächliche Anteil $\frac{2}{3}$ beträgt, liegt bei 48,12 %.

Lösungen zu Stochastik, Probe-Abi, Teil B, Aufgabengruppe 2

Lösung zu Aufgabe 1

Die Größe des Winkels im Segment 5 ist laut Abbildung 120°. Die Wahrscheinlichkeiten für das Drehen der Zahlen $X = 3$ und $X = 5$ sind somit:

$$P(X = 5) = \frac{120^\circ}{360^\circ} = \frac{1}{3} \quad \text{und} \quad P(X = 3) = 1 - P(X = 5) = \frac{2}{3}.$$

a) ➤ *Wahrscheinlichkeit für das Ereignis A*

Für die Wahrscheinlichkeit des Ereignisses A : „Bei der ersten Drehung erhält man eine 5" ist nur das Resultat der ersten Drehung entscheidend. Die restlichen 7 Drehungen sind irrelevant. Somit ist die Wahrscheinlichkeit gegeben durch:

$$P(A) = \frac{1}{3}.$$

➤ *Wahrscheinlichkeit für das Ereignis B*

Das Experiment kann als ein Bernoulli-Experiment aufgefasst werden. Es gibt zwei mögliche Ausgänge, welche in jedem Versuch unveränderte Wahrscheinlichkeiten haben. Damit gilt für das Ereignis B : „Man erhält genau dreimal eine 3":

$$P(B) = \binom{8}{3} \cdot \left(\frac{2}{3}\right)^3 \cdot \left(\frac{1}{3}\right)^5 \approx 0{,}068 = 6{,}8\,\%.$$

➤ *Wahrscheinlichkeit für das Ereignis C*

Das Ereignis C : „Man erhält mindestens dreimal eine 3" hat folgendes Gegenereignis $\overline{C}$: „Man erhält höchstens zweimal eine 3". Die Wahrscheinlichkeit kann damit berechnet werden als:

$$P(C) = 1 - P(\overline{C}) = 1 - \sum_{i=0}^{2} B\left(8; \frac{2}{3}; i\right) \approx 98{,}0\,\%.$$

b) Die beiden möglichen Ausgänge 3 und 5 werden mit entsprechenden Wahrscheinlichkeiten multipliziert und addiert. Dies entspricht der Berechnung des Erwartungswertes. Eine mögliche Fragestellung wäre:

„Berechnen Sie den Erwartungswert für die erdrehte Zahl".

Lösung zu Aufgabe 2

a) Die Wahrscheinlichkeiten für die möglichen Ergebnisse Z des Laplace-Würfels sind

$$P(Z = 2) = \frac{1}{2}, \quad P(Z = 4) = \frac{1}{6} \quad \text{und} \quad P(Z = 6) = \frac{1}{3}.$$

Der Erwartungswert für die gewürfelte Zahl Z ist damit gegeben durch:

$$E(Z) = 2 \cdot P(Z = 2) + 4 \cdot P(Z = 4) + 6 \cdot P(Z = 6) = 2 \cdot \frac{1}{2} + 4 \cdot \frac{1}{6} + 6 \cdot \frac{1}{3} = \frac{11}{3}.$$

Der Erwartungswert für die erdrehte Zahl des Glücksrades wurde im vorigen Aufgabenteil bestimmt und es gilt:

$$E(X) = \frac{11}{3}.$$

Die Erwartungswerte stimmen somit überein.

Ein Spiel ist dann fair, wenn die Wahrscheinlichkeit zu gewinnen gleich groß ist wie die Wahrscheinlichkeit zu verlieren. Das wird in der nachfolgenden Tabelle überprüft, dabei steht M für Marie und K für Knut. Das Ergebnis $\{X,Z\}$ enthält an erster Stelle die von Marie erdrehte Zahl X und an zweiter Stelle die von Knut gewürfelte Zahl Z.

Ergebnis $\{X,Z\}$	$\{3,2\}$	$\{3,4\}$	$\{3,6\}$	$\{5,2\}$	$\{5,4\}$	$\{5,6\}$
Gewinner	M	K	K	M	M	K
$P(\{X,Z\})$	$\frac{2}{3}\cdot\frac{1}{2}$	$\frac{2}{3}\cdot\frac{1}{6}$	$\frac{2}{3}\cdot\frac{1}{3}$	$\frac{1}{3}\cdot\frac{1}{2}$	$\frac{1}{3}\cdot\frac{1}{6}$	$\frac{1}{3}\cdot\frac{1}{3}$

Die Gewinnwahrscheinlichkeit für Marie ist gleichzeitig die Verlustwahrscheinlichkeit für Knut und beträgt

$$P(G_M) = P(V_K) = \frac{2}{3}\cdot\frac{1}{2} + \frac{1}{3}\cdot\frac{1}{2} + \frac{1}{3}\cdot\frac{1}{6} = \frac{5}{9}.$$

Folglich gilt für Maries Verlustwahrscheinlichkeit und Knuts Gewinnwahrscheinlichkeit

$$P(V_M) = P(G_K) = \frac{4}{9}.$$

Da $\frac{4}{9} \neq \frac{5}{9}$ gilt, ist das Spiel unfair.

b) Die Standardabweichung berechnet sich als Wurzel der Varianz:

$$\sigma(X) = \sqrt{\mathrm{Var}(X)}.$$

Es wird also jeweils erst die Varianz berechnet und dann die Wurzel gezogen.

Für das Drehen des Glücksrades gilt:

$$\begin{aligned}\mathrm{Var}(X) &= P(X=3)\cdot(3 - E(X))^2 + P(X=5)\cdot(5 - E(X))^2 \\ &= \frac{2}{3}\cdot\left(3 - \frac{11}{3}\right)^2 + \frac{1}{3}\cdot\left(5 - \frac{11}{3}\right)^2 = \frac{8}{9} \quad \text{und somit}\end{aligned}$$

$$\sigma(X) = \sqrt{\frac{8}{9}} \approx 0{,}9428.$$

Für den Würfelwurf gilt:

$$\begin{aligned}\mathrm{Var}(Z) &= P(Z=2)\cdot(2 - E(Z))^2 + P(Z=4)\cdot(4 - E(Z))^2 + P(Z=6)\cdot(6 - E(Z))^2 \\ &= \frac{1}{2}\cdot\left(2 - \frac{11}{3}\right)^2 + \frac{1}{6}\cdot\left(4 - \frac{11}{3}\right)^2 + \frac{1}{3}\cdot\left(6 - \frac{11}{3}\right)^2 \\ &= \frac{29}{9}.\end{aligned}$$

Somit gilt für die Standardabweichung:

$$\sigma(Z) = \sqrt{\frac{29}{9}} \approx 1{,}7951.$$

Lösungen

c) Damit das Spiel fair wird, ersetzt man die 4 durch eine 6 und erhält einen Würfel mit den Augenzahlen

$$2, 2, 2, 6, 6, 6.$$

Die Wahrscheinlichkeit eine 2 zu würfeln beträgt $p = \frac{1}{2}$, genauso wie die Wahrscheinlichkeit, eine 6 zu würfeln. Würfelt Knut eine 2, so verliert er sicher, unabhängig davon, welche Zahl Marie erdreht. Würfelt er eine 6, so gewinnt er sicher. Die Wahrscheinlichkeit, dass Knut gewinnt ist also genauso groß wie die Wahrscheinlichkeit, dass er verliert. Somit ist das Spiel mit dieser Würfelbeschriftung fair.

Lösungen zu Geometrie, 2017, Teil A, Aufgabengruppe 1

Lösung zu Aufgabe 1

a) Zunächst stellt man die Gerade durch A und B auf:

$$g: \vec{x} = \vec{A} + r \cdot \overrightarrow{AB} = \begin{pmatrix} 2 \\ 1 \\ -4 \end{pmatrix} + r \cdot \begin{pmatrix} 6-2 \\ 1-1 \\ -12-(-4) \end{pmatrix} = \begin{pmatrix} 2 \\ 1 \\ -4 \end{pmatrix} + r \cdot \begin{pmatrix} 4 \\ 0 \\ -8 \end{pmatrix}, \quad r \in \mathbb{R}.$$

Dann gilt

$$\vec{C} = \begin{pmatrix} 2 \\ 1 \\ -4 \end{pmatrix} + (-0{,}5) \cdot \begin{pmatrix} 4 \\ 0 \\ -8 \end{pmatrix} = \begin{pmatrix} 0 \\ 1 \\ 0 \end{pmatrix}.$$

Somit ist gezeigt, dass der Punkt C auf der Geraden durch A und B liegt.

Punkte, die auf der Strecke [AB] liegen, erhält man, wenn der Parameter r zwischen 0 und 1 liegt. Dies ist hier nicht der Fall:

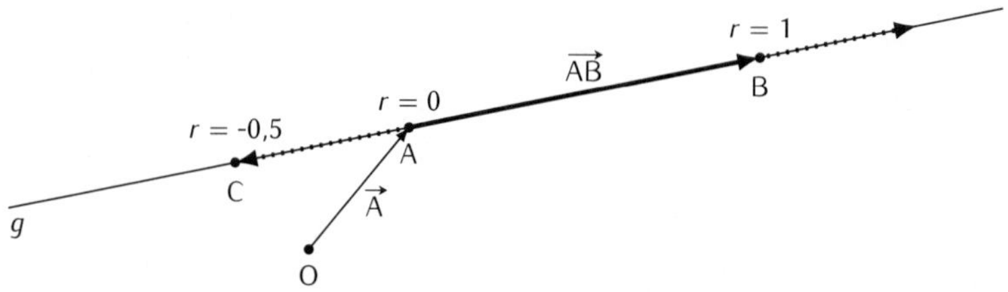

b) Damit der Punkt D wie gefordert dreimal so weit von B entfernt ist wie von A, muss man die Strecke in vier gleich große Stücke unterteilen. Um die Koordinaten des Punktes D zu erhalten berechnet man:

$$\vec{D} = \begin{pmatrix} 2 \\ 1 \\ -4 \end{pmatrix} + \frac{1}{4} \cdot \begin{pmatrix} 4 \\ 0 \\ -8 \end{pmatrix} = \begin{pmatrix} 3 \\ 1 \\ -6 \end{pmatrix}$$

Es gilt also D(3|1|-6).

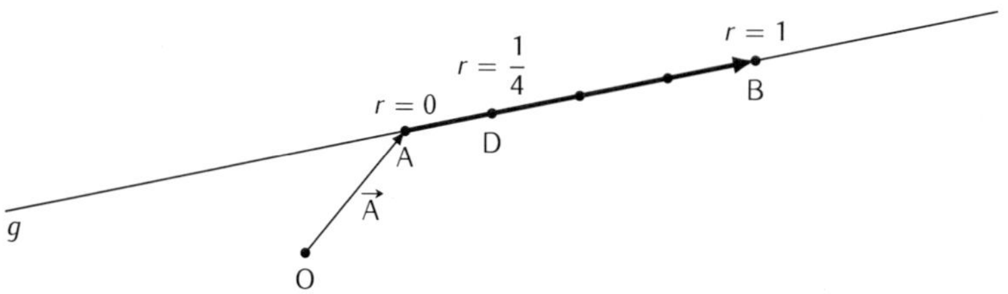

Lösungen

Aufgabenstellung siehe Seite 92

Lösung zu Aufgabe 2

a) Zur Bestimmung der Schnittpunkte von E mit den jeweiligen Koordinatenachsen müssen die übrigen Komponenten Null sein. Es folgt:

$$S_{x_1}(-9|0|0) \quad \text{und} \quad S_{x_2}(0|-18|0).$$

Der dritte Eckpunkt des Dreiecks ist der Ursprung. Die Punkte liegen alle in der x_1x_2-Ebene. Im Ursprung befindet sich zwischen der x_1- und der x_2-Achse ein rechter Winkel. Daher kann der Flächeninhalt des Dreiecks direkt bestimmt werden:

$$A = 0{,}5 \cdot 9 \cdot 18 = 81.$$

Der Flächeninhalt des Dreiecks beträgt 81 FE.

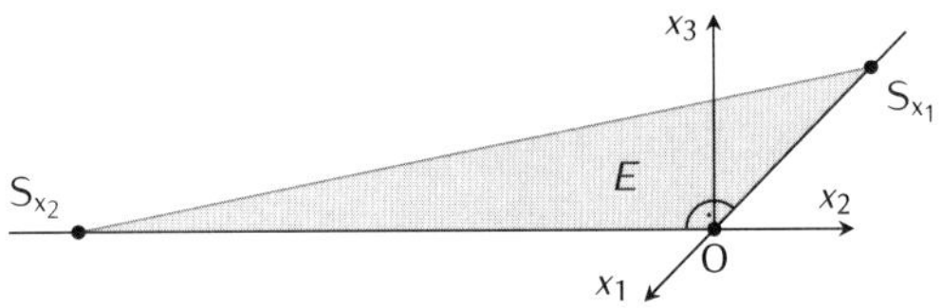

b) Ein Normalenvektor der Ebene E kann aus der Ebenengleichung abgelesen werden:

$$\vec{n}_E = \begin{pmatrix} 2 \\ 1 \\ -2 \end{pmatrix}.$$

Jeder andere Normalenvektor muss ein Vielfaches dieses Vektors sein, also $\vec{n} = r \cdot \vec{n}_E$ mit $r \in \mathbb{R} \setminus \{0\}$:

$$\vec{n} = r \cdot \begin{pmatrix} 2 \\ 1 \\ -2 \end{pmatrix} = \begin{pmatrix} 2r \\ r \\ -2r \end{pmatrix}.$$

Um den gesuchten Vektor zu erhalten, wird der Vektor $\vec{n}$ in die Ebenengleichung eingesetzt.

$$\begin{aligned} & 2 \cdot 2r + r - 2 \cdot (-2r) = -18 \\ \iff \quad & 4r + r + 4r = -18 \\ \iff \quad & 9r = -18 \\ \iff \quad & r = -2 \end{aligned}$$

Damit ergibt sich für den gesuchten Vektor:

$$\vec{n} = (-2) \cdot \begin{pmatrix} 2 \\ 1 \\ -2 \end{pmatrix} = \begin{pmatrix} -4 \\ -2 \\ 4 \end{pmatrix}.$$

Lösungen zu Geometrie, 2017, Teil A, Aufgabengruppe 2

Lösung zu Aufgabe 1

a) Zunächst werden die Verbindungsvektoren der drei Eckpunkte des Dreiecks bestimmt:

$$\vec{a} = \overrightarrow{BC} = \begin{pmatrix} -2 \\ 5 \\ -1 \end{pmatrix}, \quad \vec{b} = \overrightarrow{CA} = \begin{pmatrix} 2 \\ 1 \\ 1 \end{pmatrix}, \quad \vec{c} = \overrightarrow{AB} = \begin{pmatrix} 0 \\ -6 \\ 0 \end{pmatrix}.$$

Nun kann auf Orthogonalität geprüft werden:

$$\vec{a} \circ \vec{b} = -2 \cdot 2 + 5 \cdot 1 + (-1) \cdot 1 = 0$$

Das Dreieck ist somit rechtwinklig im Punkt C.

b) Die Punkte A und B sind Spiegelpunkte bezüglich der x_1x_3-Ebene, insofern muss D aus Symmetriegründen der Spiegelpunkt von C bezüglich dieser Ebene sein. Damit folgt D(0|-2|0).

Die rechnerische Überprüfung der Rechtwinkligkeit bestätigt dies:

$$\vec{a} = \overrightarrow{BD} = \begin{pmatrix} -2 \\ 1 \\ -1 \end{pmatrix}, \quad \vec{b} = \overrightarrow{DA} = \begin{pmatrix} 2 \\ 5 \\ 1 \end{pmatrix},$$

$$\vec{a} \circ \vec{b} = -2 \cdot 2 + 1 \cdot 5 + (-1) \cdot 1 = 0$$

Lösung zu Aufgabe 2

Diese Aufgabe entspricht Aufgabe 2 aus Aufgabengruppe 1, daher werden hier nur die Ergebnisse angegeben. Die ausführlichen Lösungen sind auf Seite 288 zu finden.

a) Der Flächeninhalt des Dreiecks beträgt 81 FE.

b) Der gesuchte Vektor, der sowohl ein Normalenvektor, als auch ein Ortsvektor eines Punktes der Ebene ist, lautet:

$$\vec{n} = (-2) \cdot \begin{pmatrix} 2 \\ 1 \\ -2 \end{pmatrix} = \begin{pmatrix} -4 \\ -2 \\ 4 \end{pmatrix}.$$

Lösungen

Aufgabenstellung siehe Seite 94

Lösungen zu Geometrie, 2017, Teil B, Aufgabengruppe 1

Lösung zu Aufgabe 1

a) Eine Gleichung der Geraden g durch die Punkte A und B ist gegeben durch:

$$g : \vec{x} = \vec{A} + r \cdot \overrightarrow{AB}, \quad r \in \mathbb{R},$$

beziehungsweise:

$$g : \vec{x} = \begin{pmatrix} 0 \\ 0 \\ 1 \end{pmatrix} + r \cdot \begin{pmatrix} 2 - 0 \\ 6 - 0 \\ 1 - 1 \end{pmatrix} = \begin{pmatrix} 0 \\ 0 \\ 1 \end{pmatrix} + r \cdot \begin{pmatrix} 2 \\ 6 \\ 0 \end{pmatrix}, \quad r \in \mathbb{R},$$

Eine Koordinatengleichung der x_1x_2-Ebene ist gegeben durch:

$$x_3 = 0.$$

Ein Normalenvektor $\vec{n}$ der x_1x_2-Ebene und ein Richtungsvektor $\vec{v}$ der Geraden g sind also

$$\vec{n} = \begin{pmatrix} 0 \\ 0 \\ 1 \end{pmatrix}, \quad \vec{v} = \begin{pmatrix} 2 \\ 6 \\ 0 \end{pmatrix}.$$

Es gilt:

$$\vec{v} \circ \vec{n} = \begin{pmatrix} 2 \\ 6 \\ 0 \end{pmatrix} \circ \begin{pmatrix} 0 \\ 0 \\ 1 \end{pmatrix} = 2 \cdot 0 + 6 \cdot 0 + 0 \cdot 1 = 0.$$

Der Richtungsvektor der Geraden steht also senkrecht zum Normalenvektor der x_1x_2-Ebene. Der Punkt A liegt auf der Geraden g, aber nicht in der x_1x_2-Ebene. Damit verläuft die Gerade g durch die Punkte A und B echt parallel zur x_1x_2-Ebene.

b) ➤ *Nachweis, dass* ABCD *ein Rechteck ist*

Das Viereck ABCD ist ein Rechteck, falls zwei gegenüberliegende Seiten parallel und gleich lang sind und zwei aneinandergrenzende Seiten rechtwinklig aufeinander stehen. Folgende Bedingungen müssen also erfüllt sein:

- $\overrightarrow{AB} = \overrightarrow{DC}$
- $\overrightarrow{AB} \circ \overrightarrow{BC} = 0$

Es gilt:

$$\overrightarrow{AB} = \begin{pmatrix} 2 - 0 \\ 6 - 0 \\ 1 - 1 \end{pmatrix} = \begin{pmatrix} 2 \\ 6 \\ 0 \end{pmatrix} \quad \text{und} \quad \overrightarrow{DC} = \begin{pmatrix} -4 - (-6) \\ 8 - 2 \\ 5 - 5 \end{pmatrix} = \begin{pmatrix} 2 \\ 6 \\ 0 \end{pmatrix}$$

und außerdem

$$\overrightarrow{AB} \circ \overrightarrow{BC} = \begin{pmatrix} 2 \\ 6 \\ 0 \end{pmatrix} \circ \begin{pmatrix} -4 - 2 \\ 8 - 6 \\ 5 - 1 \end{pmatrix} = \begin{pmatrix} 2 \\ 6 \\ 0 \end{pmatrix} \circ \begin{pmatrix} -6 \\ 2 \\ 4 \end{pmatrix} = 2 \cdot (-6) + 6 \cdot 2 + 0 \cdot 4 = 0.$$

Damit ist das Viereck ABCD ein Rechteck.

➤ *Koordinaten von* M

Der Punkt M ist der Schnittpunkt der Diagonalen des Rechtecks ABCD. In einem Rechteck schneiden sich die Diagonalen in deren Mittelpunkt. Es gilt also:

$$\vec{M} = \vec{A} + \frac{1}{2} \cdot \vec{AC} = \begin{pmatrix} 0 \\ 0 \\ 1 \end{pmatrix} + \frac{1}{2} \cdot \begin{pmatrix} -4-0 \\ 8-0 \\ 5-1 \end{pmatrix} = \begin{pmatrix} 0 \\ 0 \\ 1 \end{pmatrix} + \frac{1}{2} \cdot \begin{pmatrix} -4 \\ 8 \\ 4 \end{pmatrix} = \begin{pmatrix} -2 \\ 4 \\ 3 \end{pmatrix}$$

Der Punkt M hat die Koordinaten M(-2|4|3).

c) Das Rechteck ABCD liegt in der Ebene E. Eine Parameterform der Ebene E ist gegeben durch:

$$E : \vec{x} = \vec{A} + r \cdot \vec{AB} + s \cdot \vec{AC}, \quad r,s \in \mathbb{R}.$$

Also:

$$E : \vec{x} = \begin{pmatrix} 0 \\ 0 \\ 1 \end{pmatrix} + r \cdot \begin{pmatrix} 2-0 \\ 6-0 \\ 1-1 \end{pmatrix} + s \cdot \begin{pmatrix} -4-0 \\ 8-0 \\ 5-1 \end{pmatrix}$$

$$= \begin{pmatrix} 0 \\ 0 \\ 1 \end{pmatrix} + r \cdot \begin{pmatrix} 2 \\ 6 \\ 0 \end{pmatrix} + s \cdot \begin{pmatrix} -4 \\ 8 \\ 4 \end{pmatrix}, \quad r,s \in \mathbb{R}.$$

Ein Normalenvektor $\vec{n}_E$ der Ebene E kann zum Beispiel mithilfe des Kreuzproduktes der beiden Spannvektoren von E bestimmt werden:

$$\begin{pmatrix} 2 \\ 6 \\ 0 \end{pmatrix} \times \begin{pmatrix} -4 \\ 8 \\ 4 \end{pmatrix} = \begin{pmatrix} 24 \\ -8 \\ 40 \end{pmatrix} = 8 \cdot \begin{pmatrix} 3 \\ -1 \\ 5 \end{pmatrix}, \quad \text{das heißt} \quad \vec{n}_E = \begin{pmatrix} 3 \\ -1 \\ 5 \end{pmatrix}.$$

Also hat die Koordinatengleichung von E die Form:

$$E : 3x_1 - x_2 + 5x_3 - c = 0.$$

Um den Wert des Parameters c zu bestimmen, wird eine Punktprobe mit dem Punkt A durchgeführt:

$$3 \cdot 0 - 0 + 5 \cdot 1 - c = 0 \quad \Longleftrightarrow \quad c = 5.$$

Eine Koordinatengleichung der Ebene E ist gegeben durch:

$$E : 3x_1 - x_2 + 5x_3 - 5 = 0.$$

Dieses Ergebnis stimmt mit dem Kontrollergebnis überein.

d) Gesucht ist der Neigungswinkel der Ebene E gegenüber der x_1x_2-Ebene. Der Normalenvektor $\vec{n}$ der x_1x_2-Ebene ist gegeben durch:

$$\vec{n} = \begin{pmatrix} 0 \\ 0 \\ 1 \end{pmatrix}.$$

Lösungen

Für den zwischen den beiden Ebenen eingeschlossenen Winkel φ gilt

$$\cos(\varphi) = \frac{\begin{pmatrix} 3 \\ -1 \\ 5 \end{pmatrix} \circ \begin{pmatrix} 0 \\ 0 \\ 1 \end{pmatrix}}{\left|\begin{pmatrix} 3 \\ -1 \\ 5 \end{pmatrix}\right| \cdot \left|\begin{pmatrix} 0 \\ 0 \\ 1 \end{pmatrix}\right|}$$

$$= \frac{5}{\sqrt{3^2 + (-1)^2 + 5^2} \cdot \sqrt{0^2 + 0^2 + 1^2}}$$

$$= \frac{5}{\sqrt{35}}$$

und damit:

$$\varphi = \cos^{-1}\left(\frac{5}{\sqrt{35}}\right) \approx 32{,}31.$$

Der Winkel zwischen dem Solarmodul und der horizontalen Fläche beträgt ungefähr 32,31°, und damit ist die erforderliche Bedingung erfüllt.

e) Im folgenden Schaubild wird der Sachverhalt dargestellt.

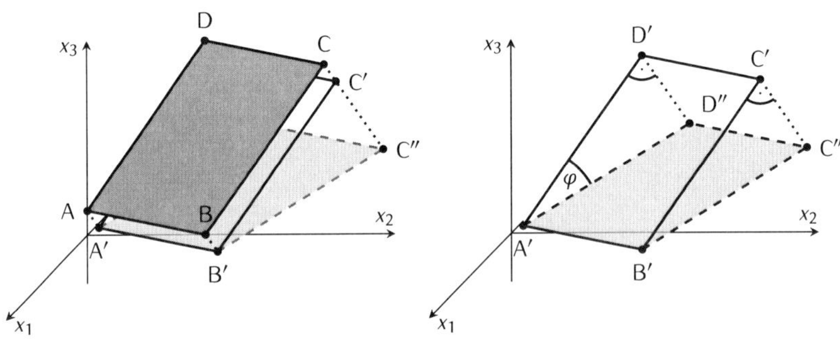

Zunächst wird die Ebene E so verschoben, dass die Punkte A und B in die Punkte A′ und B′ verschoben werden. Diese sind die Schnittpunkte der senkrecht zur Ebene E und durch die Punkte A beziehungsweise B verlaufenden Geraden, welche die Sonnenstrahlen beschreiben, mit der x_1x_2-Ebene. Die Punkte C und D werden entsprechend der Skizze mitverschoben.

Die Punkte A′ und B′ sind bereits die Schattenpunkte von A beziehungsweise B. Die Schattenpunkte von C′ und D′ sind in der Skizze durch die Punkte C″ beziehungsweise D″ dargestellt.

Der Flächeninhalt A des Schattens ist gegeben durch:

$$A = \left|\overrightarrow{A'B'}\right| \cdot \left|\overrightarrow{A'D''}\right|.$$

Aus der Skizze kann abgelesen werden:

$$\left|\overrightarrow{AB}\right| = \left|\overrightarrow{A'B'}\right|, \quad \left|\overrightarrow{AD}\right| = \left|\overrightarrow{A'D'}\right| \quad \text{und} \quad \left|\overrightarrow{A'D'}\right| = \cos\varphi \cdot \left|\overrightarrow{A'D''}\right|$$

und damit

$$A = \left|\overrightarrow{A'B'}\right| \cdot \left|\overrightarrow{A'D''}\right|$$

$$= \left|\overrightarrow{AB}\right| \cdot \left|\overrightarrow{A'D''}\right|$$

$$= \left|\overrightarrow{AB}\right| \cdot \frac{\left|\overrightarrow{A'D'}\right|}{\cos\varphi}$$

$$= \left|\overrightarrow{AB}\right| \cdot \frac{\left|\overrightarrow{AD}\right|}{\cos\varphi}$$

Eine Längeneinheit entspricht 0,8 m und damit kann der Flächeninhalt des Schattens mithilfe des Terms

$$\left|\overrightarrow{AB}\right| \cdot \frac{\left|\overrightarrow{AD}\right|}{\cos\varphi} \cdot (0{,}8\,\text{m})^2$$

berechnet werden.

f) Das Metallrohr lässt sich mit dem Solarmodul um die Längsachse des Rohrs drehen wie im nachfolgenden Schaubild skizziert.

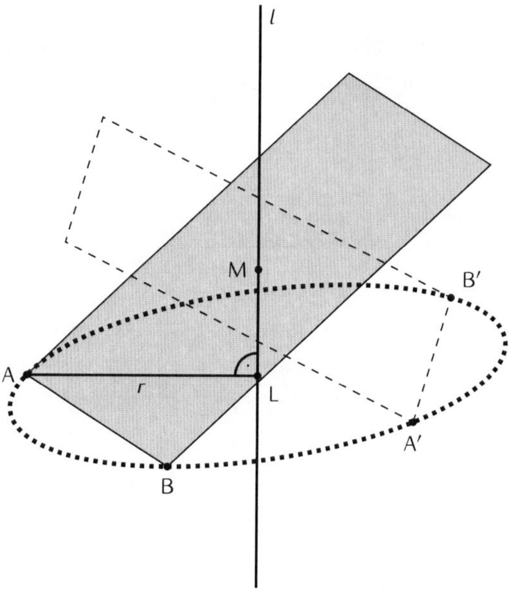

Der Radius des Kreises, den der Punkt A bei Drehung des Moduls beschreibt, entspricht folglich dem Abstand des Punktes A von der Längsachse des Rohres.

➤ *Bestimmung einer Hilfsebene H*

Gesucht ist die Gleichung einer Ebene *H*, welche den Punkt A enthält und senkrecht zur Längsachse des Rohres steht. Die Längsachse des Metallrohrs verläuft innerhalb der

Aufgabenstellung siehe Seite 94

Geraden l mit der Gleichung

$$l : \vec{x} = \begin{pmatrix} -2 \\ 4 \\ 3 \end{pmatrix} + k \cdot \begin{pmatrix} 0 \\ 0 \\ 1 \end{pmatrix}, \quad k \in \mathbb{R}.$$

Der Richtungsvektor von l ist ein Normalenvektor der Hilfsebene H, und eine Koordinatengleichung von H ist gegeben durch:

$$H : x_3 = c.$$

Weil der Punkt A in der Ebene H liegt, kann durch eine Punktprobe der Wert des Parameters c bestimmt werden:

$$x_3 = 1 \quad \Longleftrightarrow \quad c = 1.$$

Eine Koordinatengleichung der Hilfsebene H ist gegeben durch:

$$H : x_3 = 1.$$

➤ *Koordinaten des Lotfußpunktes* L

Der Lotfußpunkt L ist der Schnittpunkt der Hilfsebene H mit der Längsachse des Rohres l:

$$3 + k = 1 \quad \Longleftrightarrow \quad k = -2.$$

Die Koordinaten des Lotfußpunktes L ergeben sich aus:

$$\vec{L} = \begin{pmatrix} -2 \\ 4 \\ 3 \end{pmatrix} - 2 \cdot \begin{pmatrix} 0 \\ 0 \\ 1 \end{pmatrix} = \begin{pmatrix} -2 \\ 4 \\ 1 \end{pmatrix}.$$

Der Punkt L besitzt die Koordinaten L(-2|4|1).

➤ *Abstand zwischen* A *und* L

Der Abstand zwischen A und L entspricht der Länge des Vektors $\overrightarrow{AL}$. Es gilt:

$$\left|\overrightarrow{AL}\right| = \left|\begin{pmatrix} -2-0 \\ 4-0 \\ 1-1 \end{pmatrix}\right| = \left|\begin{pmatrix} -2 \\ 4 \\ 0 \end{pmatrix}\right| = \sqrt{(-2)^2 + 4^2 + 0^2} = \sqrt{20}.$$

➤ *Kreisradius*

Der Radius r des Kreises, den der Punkt A bei Drehung des Solarmoduls um die Längsachse des Rohres beschreibt, entspricht dem Abstand zwischen den Punkten A und L, also

$$r = \sqrt{20}\,\text{LE}$$

Eine Längeneinheit entspricht 0,8 m in der Realität und damit ist der Radius des Kreises

$$r = \sqrt{20} \cdot 0{,}8\,\text{m}.$$

Der Punkt A beschreibt einen Kreis mit Radius $r = 3{,}58$ m um die Längsachse des Rohres.

Lösungen zu Geometrie, 2017, Teil B, Aufgabengruppe 2

a) Die Koordinaten der Punkte B und D sind gegeben durch:

$B(5|0|0)$ und $D(0|5|0)$.

Im nachfolgenden Schaubild ist die Pyramide ABCDS skizziert.

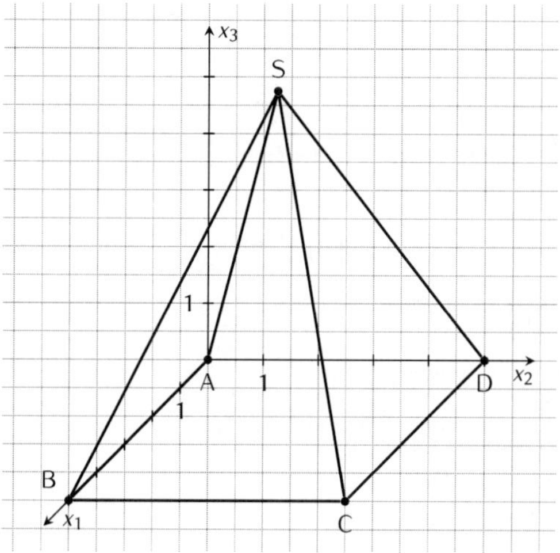

b) Gesucht ist eine Gleichung der Ebene F in Normalenform, in welcher das Dreieck DAS liegt. Eine Gleichung der Ebene F in Paramterform ist gegeben durch:

$$F: \vec{x} = \vec{D} + r \cdot \overrightarrow{DA} + s \cdot \overrightarrow{DS}, \quad r,s \in \mathbb{R}.$$

Also:

$$F: \vec{x} = \begin{pmatrix} 0 \\ 5 \\ 0 \end{pmatrix} + r \cdot \begin{pmatrix} 0 - 0 \\ 0 - 5 \\ 0 - 0 \end{pmatrix} + s \cdot \begin{pmatrix} 2{,}5 - 0 \\ 2{,}5 - 5 \\ 6 - 0 \end{pmatrix}$$

$$= \begin{pmatrix} 0 \\ 5 \\ 0 \end{pmatrix} + r \cdot \begin{pmatrix} 0 \\ -5 \\ 0 \end{pmatrix} + s \cdot \begin{pmatrix} 2{,}5 \\ -2{,}5 \\ 6 \end{pmatrix}, \quad r,s \in \mathbb{R}.$$

Ein Normalenvektor $\vec{n}_F$ der Ebene F kann bestimmt werden als Kreuzprodukt der beiden Spannvektoren von F:

$$\begin{pmatrix} 0 \\ -5 \\ 0 \end{pmatrix} \times \begin{pmatrix} 2{,}5 \\ -2{,}5 \\ 6 \end{pmatrix} = \begin{pmatrix} -30 \\ 0 \\ 12{,}5 \end{pmatrix} = -2{,}5 \cdot \begin{pmatrix} 12 \\ 0 \\ -5 \end{pmatrix}, \quad \text{das heißt} \quad \vec{n}_F = \begin{pmatrix} 12 \\ 0 \\ -5 \end{pmatrix}.$$

Der Punkt A liegt auf der Ebene, und somit lautet eine Normalenform von F:

$$F: \begin{pmatrix} 12 \\ 0 \\ -5 \end{pmatrix} \circ \left[\vec{x} - \begin{pmatrix} 0 \\ 0 \\ 0 \end{pmatrix} \right] = 0.$$

Diese ist äquivalent zum Kontrollergebnis, denn es gilt:

$$\begin{pmatrix}12\\0\\-5\end{pmatrix} \circ \left[\vec{x} - \begin{pmatrix}0\\0\\0\end{pmatrix}\right] = 0 \quad \Longleftrightarrow \quad 12x_1 - 5x_3 = 0.$$

c) Gesucht ist der Winkel β, welchen die beiden Ebenen E und F einschließen. Es gilt:

$$\cos\beta = \frac{\begin{pmatrix}0\\12\\5\end{pmatrix} \circ \begin{pmatrix}12\\0\\-5\end{pmatrix}}{\left|\begin{pmatrix}0\\12\\5\end{pmatrix}\right| \cdot \left|\begin{pmatrix}12\\0\\-5\end{pmatrix}\right|} = \frac{0 \cdot 12 + 12 \cdot 0 + 5 \cdot (-5)}{\sqrt{12^2 + 0^2 + 5^2} \cdot \sqrt{0^2 + 12^2 + (-5)^2}} = \frac{-25}{169}$$

und weil der Winkel β laut Aufgabenstellung ein stumpfer Winkel ist:

$$\beta = \cos^{-1}\left(\frac{-25}{169}\right) \approx 98{,}51.$$

Die beiden Zeltwände schließen also einen Winkel von ungefähr 98,51° ein.

d) Aufgrund der Symmetrie des Zeltes muss die Lichtquelle auf der Geraden h liegen mit

$$h : \vec{x} = \begin{pmatrix}2{,}5\\2{,}5\\0\end{pmatrix} + r \cdot \begin{pmatrix}0\\0\\1\end{pmatrix}, \quad r \in \mathbb{R}.$$

Alle Punkte auf der Geraden h haben also die Koordinaten $P_r(2{,}5|2{,}5|r)$. Gesucht ist nun dasjenige r, sodass der Abstand von P_r zur Ebene E gerade 0,5 LE beträgt. Der Abstand von P_r zu E ist gegeben durch:

$$d(P_r, E) = \frac{|12 \cdot 2{,}5 + 5 \cdot r - 60|}{\sqrt{12^2 + 0^2 + 5^2}} = \frac{|-30 + 5r|}{13}.$$

Es soll also gelten:

$$\frac{|-30 + 5r|}{13} = 0{,}5 \quad \Longleftrightarrow \quad |-30 + 5r| = 6{,}5.$$

Damit gibt es folgende Lösungen für r:

$$-30 + 5r = 6{,}5 \quad \Longleftrightarrow \quad r = 7{,}3$$

$$-30 + 5r = -6{,}5 \quad \Longleftrightarrow \quad r = 4{,}7.$$

Die erste Lösung $r = 7{,}3$ scheidet aus, weil die Lichtquelle nicht im Zelt hängen würde. Die Lichtquelle muss also im Punkt $L(2{,}5|2{,}5|4{,}7)$ angebracht werden.

e) Die Symmetrieachse des Dreiecks CDS verläuft durch den Punkt S und den Mittelpunkt M der Strecke CD. Zunächst werden die Koordinaten des Punktes M bestimmt:

$$\begin{aligned}\vec{M} &= \frac{1}{2}\cdot\left(\vec{C}+\vec{D}\right)\\ &= \frac{1}{2}\cdot\left(\begin{pmatrix}5\\5\\0\end{pmatrix}+\begin{pmatrix}0\\5\\0\end{pmatrix}\right)\\ &= \frac{1}{2}\cdot\begin{pmatrix}5\\10\\0\end{pmatrix}\\ &= \begin{pmatrix}2{,}5\\5\\0\end{pmatrix}.\end{aligned}$$

Die Koordinaten des Mittelpunktes M der Strecke CD sind M(2,5|5|0). Die Symmetrieachse g des Dreiecks CDS verläuft durch die Punkten M und S:

$$g:\vec{x} = \vec{M} + r\cdot\overrightarrow{MS}$$

$$\vec{x} = \begin{pmatrix}2{,}5\\5\\0\end{pmatrix} + r\cdot\begin{pmatrix}2{,}5-2{,}5\\2{,}5-5\\6-0\end{pmatrix}$$

$$\vec{x} = \begin{pmatrix}2{,}5\\5\\0\end{pmatrix} + r\cdot\begin{pmatrix}0\\-2{,}5\\6\end{pmatrix},\quad r\in\mathbb{R}.$$

f) In der nachfolgenden Skizze wird der Sachverhalt veranschaulicht.

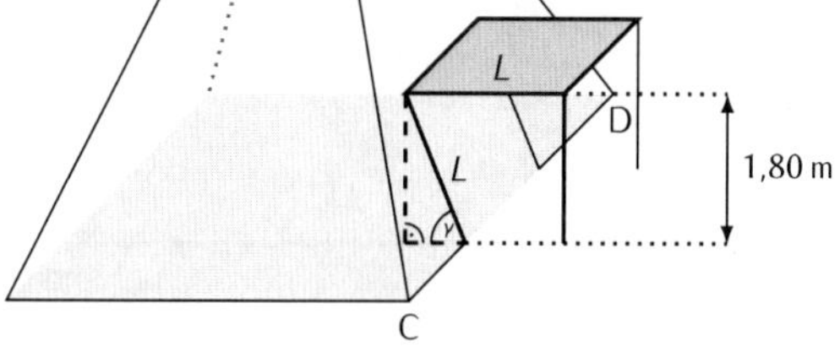

➤ *Bestimmung des Winkels γ*

Das Dreieck CDS liegt in der Ebene E. Für den Winkel γ, welchen die Zeltwand, die im Modell durch das Dreieck CDS dargestellt wird, und der x_1x_2-Ebene gilt:

$$\cos\gamma = \frac{\begin{pmatrix}0\\12\\5\end{pmatrix} \circ \begin{pmatrix}0\\0\\1\end{pmatrix}}{\left|\begin{pmatrix}0\\12\\5\end{pmatrix}\right| \cdot \left|\begin{pmatrix}0\\0\\1\end{pmatrix}\right|} = \frac{0\cdot 0 + 12\cdot 0 + 5\cdot 1}{\sqrt{0^2+12^2+5^2}\cdot\sqrt{0^2+0^2+1^2}} = \frac{5}{\sqrt{169}\cdot 1} = \frac{5}{13}$$

und damit:

$$\gamma = \cos^{-1}\left(\frac{5}{13}\right) \approx 67{,}38°.$$

➤ *Bestimmung der Länge L*

Eine Längeneinheit entspricht einem Meter in der Realität. Für die Länge L gilt also:

$$\sin\gamma \cdot L = 1{,}8.$$

Also:

$$L = 1{,}8 \cdot \frac{1}{\sin\gamma} = 1{,}8 \cdot \frac{1}{\frac{12}{13}} = 1{,}8 \cdot \frac{13}{12} = 1{,}95.$$

➤ *Flächeninhalt des Vordaches*

Das Vordach ist rechtwinklig. Der Flächeninhalt A kann bestimmt werden als Produkt der beiden Seitenlängen:

$$A = 1{,}4 \cdot 1{,}95 = 2{,}73.$$

Das Vordach hat damit einen Flächeninhalt von $2{,}73\,\text{m}^2$

Lösungen zu Geometrie, 2016, Teil A, Aufgabengruppe 1

Lösung zu Aufgabe 1

a) ➤ *Koordinaten des Punktes* A

Aus der Angabe im Text, dass es sich um einen Würfel handelt, und den schon angegebenen Punkten kann man auf die Koordinaten des Punktes A schließen. Der Punkt A besitzt die gleichen x_1- und x_2-Koordinaten wie E und die gleiche x_3- Koordinate wie D. Also:

A(2|0|-2) .

➤ *Zeichnung der Koordinatenachsen*

Die Koordinatenachsen lassen sich in die Abbildung wie folgt einzeichnen.

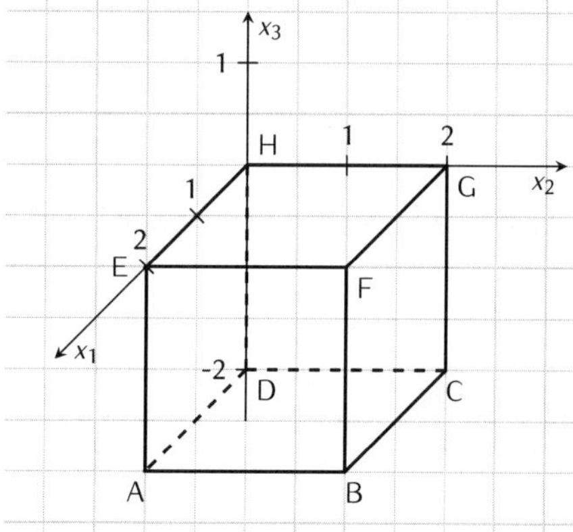

b) Der Punkt P liegt auf der Kante [FB] und somit zwischen den beiden Punkten F und B. Die x_1- und x_3-Koordinaten des Punktes B sind gleich wie bei A und die x_2-Koordinate ist die gleiche wie bei F, somit gilt:

B(2|2|-2) .

Der Ortsvektor des Punktes P kann in Abhängigkeit eines Skalars $t \in]0;1[$ wie folgt angegeben werden:

$$\vec{P} = \vec{B} + t \cdot \overrightarrow{BF} = \begin{pmatrix} 2 \\ 2 \\ -2 \end{pmatrix} + t \begin{pmatrix} 2-2 \\ 2-2 \\ 0-(-2) \end{pmatrix} = \begin{pmatrix} 2 \\ 2 \\ -2 \end{pmatrix} + \begin{pmatrix} 0 \\ 0 \\ 2t \end{pmatrix} = \begin{pmatrix} 2 \\ 2 \\ 2t-2 \end{pmatrix}.$$

Nun muss t so bestimmt werden, dass die Punkte P und H den Abstand 3 haben. Der Punkt H ist der Ursprung des Koordinatensystems, somit gilt:

$\overrightarrow{HP} = \vec{P}$.

Also muss die Länge des Vektors $\overrightarrow{P}$ gleich 3 sein:

$$\left|\overrightarrow{P}\right| = \left|\begin{pmatrix} 2 \\ 2 \\ 2t - 2 \end{pmatrix}\right| = \sqrt{2^2 + 2^2 + (2t - 2)^2} = \sqrt{8 + (2t - 2)^2} = 3.$$

Quadrieren liefert:

$$\begin{aligned} & 8 + (2t - 2)^2 = 9 \\ \Longleftrightarrow \quad & (2t - 2)^2 = 1 \\ \Longleftrightarrow \quad & 2t - 2 = \pm 1 \\ \Longleftrightarrow \quad & t - 1 = \pm\frac{1}{2} \\ \Longleftrightarrow \quad & t = \pm\frac{1}{2} + 1. \end{aligned}$$

Für $t = \frac{3}{2}$ liegt der Punkt nicht mehr auf der Kante [FB], da $t > 1$ ist. Es kommt also nur die Lösung $t = \frac{1}{2}$ infrage. Der Punkt P hat somit die Koordinaten:

$$P(2|2|-1)\,.$$

Lösung zu Aufgabe 2

a) Für die Koordinaten des Punktes $C(x_1|x_2|x_3)$ muss gelten $\overrightarrow{CA} = 2 \cdot \overrightarrow{AB}$, also:

$$\begin{pmatrix} -2 - x_1 \\ 1 - x_2 \\ 4 - x_3 \end{pmatrix} = 2 \cdot \begin{pmatrix} -4 - (-2) \\ 0 - 1 \\ 6 - 4 \end{pmatrix} = 2 \cdot \begin{pmatrix} -2 \\ -1 \\ 2 \end{pmatrix} = \begin{pmatrix} -4 \\ -2 \\ 4 \end{pmatrix}$$

$$\Longrightarrow \quad x_1 = 2, \; x_2 = 3, \; x_3 = 0.$$

Somit ist:

$$C(2|3|0)\,.$$

b) Zunächst wird die Gleichung der Geraden g angegeben und anschließend eine neue Gerade bestimmt, die die Bedingungen erfüllt.

➤ *Geradengleichung von g*

Eine Geradengleichung von g ist gegeben durch:

$$g : \vec{x} = \vec{A} + t \cdot \overrightarrow{AB} = \begin{pmatrix} -2 \\ 1 \\ 4 \end{pmatrix} + t \begin{pmatrix} -2 \\ -1 \\ 2 \end{pmatrix}, \quad t \in \mathbb{R}.$$

➤ *Berücksichtigung der Orthogonalität*

Der Richtungsvektor $\vec{v}$ der neuen Geraden muss senkrecht zum Richtungsvektor von g stehen. Es muss also gelten:

$$\begin{pmatrix} v_1 \\ v_2 \\ v_3 \end{pmatrix} \circ \begin{pmatrix} -2 \\ -1 \\ 2 \end{pmatrix} = 0 \quad \Longleftrightarrow \quad -2v_1 - v_2 + 2v_3 = 0.$$

Bei einer Gleichung mit 3 Unbekannten werden 2 der 3 Koordinaten frei gewählt und die dritte Koordinate entsprechend bestimmt. Zum Beispiel:

$$v_1 = 1 \text{ und } v_2 = 2 \quad \Longrightarrow \quad v_3 = \frac{2 \cdot 1 + 2}{2} = 2.$$

Somit lautet ein möglicher Richtungsvektor der Geraden, die zur Geraden g orthogonal ist:

$$\vec{v} = \begin{pmatrix} 1 \\ 2 \\ 2 \end{pmatrix}.$$

➤ *Berücksichtigung des Abstandes zu* A

Damit die neue Gerade den Abstand 3 zu dem Punkt A hat, wird der Stützvektor $\vec{S}$ entsprechend gewählt. Der Punkt S muss auf der Geraden g liegen und 3 Längeneinheiten von A entfernt sein. Der Stützvektor kann berechnet werden, indem der Richtungsvektor der Geraden g auf die Länge 1 normiert wird. Wegen:

$$\left|\overrightarrow{AB}\right| = \left|\begin{pmatrix} -2 \\ -1 \\ 2 \end{pmatrix}\right| = \sqrt{(-2)^2 + (-1)^2 + 2^2} = \sqrt{9} = 3$$

gilt:

$$\vec{S} = \vec{A} + 3 \cdot \frac{1}{|\overrightarrow{AB}|}\overrightarrow{AB} = \begin{pmatrix} -2 \\ 1 \\ 4 \end{pmatrix} + 3 \cdot \frac{1}{3}\begin{pmatrix} -2 \\ -1 \\ 2 \end{pmatrix} = \begin{pmatrix} -2 \\ 1 \\ 4 \end{pmatrix} + \begin{pmatrix} -2 \\ -1 \\ 2 \end{pmatrix} = \begin{pmatrix} -4 \\ 0 \\ 6 \end{pmatrix}.$$

Somit lautet eine Geradengleichung mit den geforderten Eigenschaften:

$$h : \vec{x} = \begin{pmatrix} -4 \\ 0 \\ 6 \end{pmatrix} + t \begin{pmatrix} 1 \\ 2 \\ 2 \end{pmatrix}, \quad t \in \mathbb{R}.$$

☞ *Alternative:* Es gibt beliebig viele Möglichkeiten, den Richtungsvektor zu wählen. Eine weitere Möglichkeit ist:

$$\vec{v} = \begin{pmatrix} 1 \\ 0 \\ 1 \end{pmatrix}.$$

Mögliche Stützvektoren gibt es genau zwei. Die zweite mögliche Wahl für den Stützvektor ist gegeben durch:

$$\vec{S} = \vec{A} - 3 \cdot \frac{1}{|\overrightarrow{AB}|}\overrightarrow{AB} = \begin{pmatrix} -2 \\ 1 \\ 4 \end{pmatrix} - 3 \cdot \frac{1}{3}\begin{pmatrix} -2 \\ -1 \\ 2 \end{pmatrix} = \begin{pmatrix} -2 \\ 1 \\ 4 \end{pmatrix} - \begin{pmatrix} -2 \\ -1 \\ 2 \end{pmatrix} = \begin{pmatrix} 0 \\ 2 \\ 2 \end{pmatrix}.$$

Lösungen

Eine zweite mögliche Geradengleichung lautet also:

$$k : \vec{x} = \begin{pmatrix} 0 \\ 2 \\ 2 \end{pmatrix} + t \begin{pmatrix} 1 \\ 0 \\ 1 \end{pmatrix}, \quad t \in \mathbb{R}.$$

Lösungen zu Geometrie, 2016, Teil A, Aufgabengruppe 2

Lösung zu Aufgabe 1

a) Eine Parametergleichung der Gerade durch die Punkte P und Q ist gegeben durch:

$$g : \vec{x} = \vec{P} + t \cdot \overrightarrow{PQ} = \begin{pmatrix} 1 \\ 0 \\ 2 \end{pmatrix} + t \begin{pmatrix} 5 - 1 \\ 2 - 0 \\ 6 - 2 \end{pmatrix} = \begin{pmatrix} 1 \\ 0 \\ 2 \end{pmatrix} + t \begin{pmatrix} 4 \\ 2 \\ 4 \end{pmatrix}, \quad t \in \mathbb{R}.$$

Ein Normalenvektor der Ebene E ist gegeben durch:

$$\vec{n}_E = \begin{pmatrix} 2 \\ 1 \\ 2 \end{pmatrix}.$$

Der Richtungsvektor der Geraden g ist ein Vielfaches des Normalenvektors der Ebene E, denn:

$$\begin{pmatrix} 4 \\ 2 \\ 4 \end{pmatrix} = 2 \cdot \begin{pmatrix} 2 \\ 1 \\ 2 \end{pmatrix}.$$

Damit verläuft die Gerade g senkrecht zur Ebene E.

b) Aufgrund der Symmetrie von P und Q zu der gesuchten Ebene F muss diese ebenfalls senkrecht zu der Geraden verlaufen und somit parallel zur Ebene E sein. Außerdem ist der Mittelpunkt M der Strecke [PQ] darin enthalten.

Der Ortsvektor des Mittelpunktes M kann berechnet werden, indem man $t = \frac{1}{2}$ in die Geradengleichung von g einsetzt:

$$\vec{M} = \begin{pmatrix} 1 \\ 0 \\ 2 \end{pmatrix} + \frac{1}{2} \begin{pmatrix} 4 \\ 2 \\ 4 \end{pmatrix} = \begin{pmatrix} 3 \\ 1 \\ 4 \end{pmatrix}.$$

Da die Ebene F parallel zur Ebene E verläuft, ist der Normalenvektor von F ein Vielfaches des Normalenvektors von E. Die Koordinatengleichung lautet also zum Beispiel:

$$F : 2x_1 + x_2 + 2x_3 - a = 0.$$

Um a zu ermitteln, setzt man den Mittelpunkt M in die Koordinatengleichung ein:

$$2 \cdot 3 + 1 + 2 \cdot 4 - a = 0 \quad \Longleftrightarrow \quad a = -15.$$

Eine Gleichung von F ist gegeben durch:

$$F : 2x_1 + x_2 + 2x_3 - 15 = 0.$$

Lösung zu Aufgabe 2

Diese Aufgabe entspricht Aufgabe 2 aus Aufgabengruppe 1, daher werden hier nur die Ergebnisse angegeben. Die ausführlichen Lösungen sind auf Seite 300 zu finden.

a) Der Punkt hat die Koordinaten C(2|3|0).

Lösungen

b) Zwei mögliche Geradengleichungen, welche die Bedingungen (I) und (II) erfüllen, lauten

$$h : \vec{x} = \begin{pmatrix} -4 \\ 0 \\ 6 \end{pmatrix} + t \begin{pmatrix} 1 \\ 2 \\ 2 \end{pmatrix}, \quad t \in \mathbb{R},$$

$$k : \vec{x} = \begin{pmatrix} 0 \\ 2 \\ 2 \end{pmatrix} + t \begin{pmatrix} 1 \\ 0 \\ 1 \end{pmatrix}, \quad t \in \mathbb{R}.$$

In der Lösung muss nur eine der Geraden angegeben werden.

Lösungen zu Geometrie, 2016, Teil B, Aufgabengruppe 1

a) Die Punkte A, B und C liegen in der Ebene E. Zunächst wird eine Parameterform der Ebene E bestimmt. Der Punkt A kann als Stützpunkt und die Verbindungsvektoren $\overrightarrow{AB}$ und $\overrightarrow{AC}$ als Spannvektoren verwendet werden. Es gilt also:

$$E: \vec{x} = \begin{pmatrix} 6 \\ 3 \\ 3 \end{pmatrix} + \lambda \begin{pmatrix} 3-6 \\ 6-3 \\ 3-3 \end{pmatrix} + \mu \begin{pmatrix} 3-6 \\ 3-3 \\ 6-3 \end{pmatrix}$$

$$= \begin{pmatrix} 6 \\ 3 \\ 3 \end{pmatrix} + \lambda \begin{pmatrix} -3 \\ 3 \\ 0 \end{pmatrix} + \mu \begin{pmatrix} -3 \\ 0 \\ 3 \end{pmatrix}, \quad \lambda, \mu \in \mathbb{R}.$$

Ein Normalenvektor der Ebene E kann zum Beispiel mithilfe des Kreuzproduktes der Spannvektoren bestimmt werden:

$$\vec{n}_E = \begin{pmatrix} -3 \\ 3 \\ 0 \end{pmatrix} \times \begin{pmatrix} -3 \\ 0 \\ 3 \end{pmatrix} = \begin{pmatrix} 9 \\ 9 \\ 9 \end{pmatrix}.$$

Ein Ansatz für die Ebenengleichung in Normalenform lautet dann:

$$E: \left[\vec{x} - \begin{pmatrix} 6 \\ 3 \\ 3 \end{pmatrix}\right] \circ \begin{pmatrix} 9 \\ 9 \\ 9 \end{pmatrix} = 0.$$

Alle Punkte der Ebene E erfüllen also folgende Gleichung:

$$(x_1 - 6) \cdot 9 + (x_2 - 3) \cdot 9 + (x_3 - 3) \cdot 9 = 0$$
$$9x_1 - 54 + 9x_2 - 27 + 9x_3 - 27 = 0$$
$$9x_1 + 9x_2 + 9x_3 - 108 = 0$$
$$x_1 + x_2 + x_3 - 12 = 0.$$

Eine Koordinatenform der Ebene E ist also gegeben durch:

$$E: x_1 + x_2 + x_3 - 12 = 0.$$

Dies entspricht dem Kontrollergebnis.

b) ➤ *Lage der Ebene F*

Die Punkte A, B und Z liegen in der Ebene F. Zunächst wird eine Parameterform der Ebene F bestimmt. Es gilt:

$$F: \vec{x} = \begin{pmatrix} 6 \\ 3 \\ 3 \end{pmatrix} + \lambda \begin{pmatrix} 3-6 \\ 6-3 \\ 3-3 \end{pmatrix} + \mu \begin{pmatrix} 3-6 \\ 3-3 \\ 3-3 \end{pmatrix} = \begin{pmatrix} 6 \\ 3 \\ 3 \end{pmatrix} + \lambda \begin{pmatrix} -3 \\ 3 \\ 0 \end{pmatrix} + \mu \begin{pmatrix} -3 \\ 0 \\ 0 \end{pmatrix}, \quad \lambda, \mu \in \mathbb{R}.$$

Lösungen

Ein Normalenvektor der Ebene F kann zum Beispiel mithilfe des Kreuzproduktes der Spannvektoren bestimmt werden. Es gilt:

$$\vec{n}_F = \begin{pmatrix} -3 \\ 3 \\ 0 \end{pmatrix} \times \begin{pmatrix} -3 \\ 0 \\ 0 \end{pmatrix} = \begin{pmatrix} 0 \\ 0 \\ 9 \end{pmatrix} = 9 \cdot \begin{pmatrix} 0 \\ 0 \\ 1 \end{pmatrix}.$$

Eine Koordinatengleichung der Ebene E ist dann gegeben durch:

$$F: x_3 - a = 0.$$

Eine Punktprobe mit A liefert:

$$3 - a = 0 \quad \Longleftrightarrow \quad a = 3.$$

Eine Koordinatengleichung der Ebene F lautet:

$$F: x_3 - 3 = 0.$$

Alle Punkte der Ebene F erfüllen also die Gleichung $x_3 = 3$. Die Ebene ist damit parallel zur x_1x_2-Ebene.

➤ *Koordinaten von* C′

Der Punkt C′ ist der Spiegelpunkt von C bezüglich Z. Dieser Sachverhalt wird an der folgenden Skizze verdeutlicht.

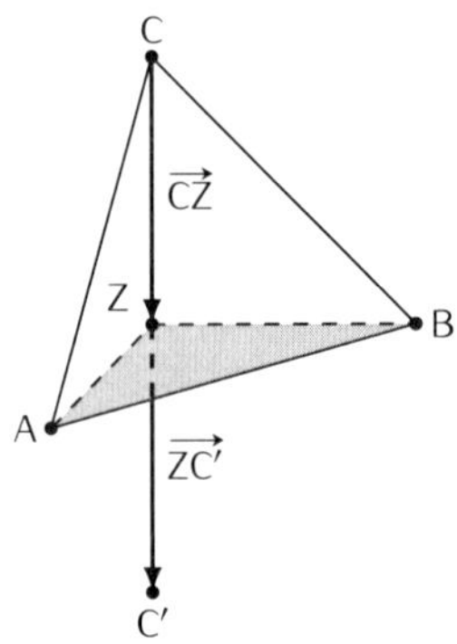

Es gilt also:

$$\vec{C'} = \vec{C} + 2 \cdot \overrightarrow{CZ}$$

und hier:

$$\vec{C'} = \begin{pmatrix} 3 \\ 3 \\ 6 \end{pmatrix} + 2 \cdot \begin{pmatrix} 3-3 \\ 3-3 \\ 3-6 \end{pmatrix} = \begin{pmatrix} 3 \\ 3 \\ 6 \end{pmatrix} + 2 \cdot \begin{pmatrix} 0 \\ 0 \\ -3 \end{pmatrix} = \begin{pmatrix} 3 \\ 3 \\ 0 \end{pmatrix}.$$

Der Punkt C′ hat also die Koordinaten C′(3|3|0).

☞ *Alternative:* Es gilt auch:

$$\vec{C'} = \vec{Z} + \overrightarrow{CZ}$$

und hier:

$$\vec{C'} = \begin{pmatrix} 3 \\ 3 \\ 3 \end{pmatrix} + \begin{pmatrix} 3-3 \\ 3-3 \\ 3-6 \end{pmatrix} = \begin{pmatrix} 3 \\ 3 \\ 3 \end{pmatrix} + \begin{pmatrix} 0 \\ 0 \\ -3 \end{pmatrix} = \begin{pmatrix} 3 \\ 3 \\ 0 \end{pmatrix}.$$

Der Punkt C′ hat also die Koordinaten $C'(3|3|0)$.

➤ *Orthogonalität von Strecke* [CC′] *und Ebene F*

Für den Verbindungsvektor $\overrightarrow{CC'}$ gilt:

$$\overrightarrow{CC'} = \begin{pmatrix} 3-3 \\ 3-3 \\ 0-6 \end{pmatrix} = \begin{pmatrix} 0 \\ 0 \\ -6 \end{pmatrix}.$$

Der Normalenvektor $\vec{n}_F$ der Ebene F ist gegeben durch:

$$\vec{n}_F = \begin{pmatrix} 0 \\ 0 \\ 1 \end{pmatrix}.$$

Damit gilt:

$$\overrightarrow{CC'} = \begin{pmatrix} 0 \\ 0 \\ -6 \end{pmatrix} = -6 \cdot \begin{pmatrix} 0 \\ 0 \\ 1 \end{pmatrix} = -6 \cdot \vec{n}_F.$$

Der Vektor $\overrightarrow{CC'}$ ist also ein Vielfaches des Normalenvektors der Ebene F. Damit sind die beiden Vektoren parallel zueinander und die Strecke [CC′] verläuft senkrecht zur Ebene F.

c) ➤ *Koordinaten der Spiegelpunkte und Kanten des Vierecks*

Zunächst werden die Spiegelpunkte A′ und B′ bestimmt. Diese können, wie in Aufgabenteil b) beschrieben, wie folgt berechnet werden:

$$\vec{A'} = \begin{pmatrix} 6 \\ 3 \\ 3 \end{pmatrix} + 2 \cdot \begin{pmatrix} 3-6 \\ 3-3 \\ 3-3 \end{pmatrix} = \begin{pmatrix} 6 \\ 3 \\ 3 \end{pmatrix} + 2 \cdot \begin{pmatrix} -3 \\ 0 \\ 0 \end{pmatrix} = \begin{pmatrix} 0 \\ 3 \\ 3 \end{pmatrix} \quad \text{und}$$

$$\vec{B'} = \begin{pmatrix} 3 \\ 6 \\ 3 \end{pmatrix} + 2 \cdot \begin{pmatrix} 3-3 \\ 3-6 \\ 3-3 \end{pmatrix} = \begin{pmatrix} 3 \\ 6 \\ 3 \end{pmatrix} + 2 \cdot \begin{pmatrix} 0 \\ -3 \\ 0 \end{pmatrix} = \begin{pmatrix} 3 \\ 0 \\ 3 \end{pmatrix}.$$

Lösungen

Aufgabenstellung siehe Seite 100

Nun werden die Vektoren bestimmt, mit deren Hilfe sich die Kanten des Vierecks beschreiben lassen. Es gelten:

$$\overrightarrow{AB} = \begin{pmatrix} 3-6 \\ 6-3 \\ 3-3 \end{pmatrix} = \begin{pmatrix} -3 \\ 3 \\ 0 \end{pmatrix}, \qquad \overrightarrow{BA'} = \begin{pmatrix} 0-3 \\ 3-6 \\ 3-3 \end{pmatrix} = \begin{pmatrix} -3 \\ -3 \\ 0 \end{pmatrix},$$

$$\overrightarrow{A'B'} = \begin{pmatrix} 3-0 \\ 0-3 \\ 3-3 \end{pmatrix} = \begin{pmatrix} 3 \\ -3 \\ 0 \end{pmatrix}, \qquad \overrightarrow{B'A} = \begin{pmatrix} 6-3 \\ 3-0 \\ 3-3 \end{pmatrix} = \begin{pmatrix} 3 \\ 3 \\ 0 \end{pmatrix}.$$

➤ *Nachweis der Orthogonalität der Kanten*

Nun werden die Vektoren auf Orthogonalität untersucht. Es gelten:

$$\overrightarrow{AB} \circ \overrightarrow{BA'} = \begin{pmatrix} -3 \\ 3 \\ 0 \end{pmatrix} \circ \begin{pmatrix} -3 \\ -3 \\ 0 \end{pmatrix} = (-3) \cdot (-3) + 3 \cdot (-3) + 0 \cdot 0 = 0,$$

$$\overrightarrow{BA'} \circ \overrightarrow{A'B'} = \begin{pmatrix} -3 \\ -3 \\ 0 \end{pmatrix} \circ \begin{pmatrix} 3 \\ -3 \\ 0 \end{pmatrix} = (-3) \cdot 3 + (-3) \cdot (-3) + 0 \cdot 0 = 0,$$

$$\overrightarrow{A'B'} \circ \overrightarrow{B'A} = \begin{pmatrix} 3 \\ -3 \\ 0 \end{pmatrix} \circ \begin{pmatrix} 3 \\ 3 \\ 0 \end{pmatrix} = 3 \cdot 3 + (-3) \cdot 3 + 0 \cdot 0 = 0 \quad \text{und}$$

$$\overrightarrow{B'A} \circ \overrightarrow{AB} = \begin{pmatrix} 3 \\ 3 \\ 0 \end{pmatrix} \circ \begin{pmatrix} -3 \\ 3 \\ 0 \end{pmatrix} = 3 \cdot (-3) + 3 \cdot 3 + 0 \cdot 0 = 0.$$

Für jeden Eckpunkt gilt also, dass die anliegenden Kanten senkrecht zueinander sind. Das Viereck ABA'B' ist somit ein Rechteck.

➤ *Nachweis, dass* ABA'B' *ein Quadrat ist*

Ein Rechteck ist genau dann ein Quadrat, wenn alle vier Kanten dieselbe Länge haben.

Daher werden nun die Kantenlängen bestimmt. Es gelten:

$$\left|\overrightarrow{AB}\right| = \left|\begin{pmatrix} -3 \\ 3 \\ 0 \end{pmatrix}\right| = \sqrt{(-3)^2 + 3^2 + 0^2} = \sqrt{18} = 3\sqrt{2},$$

$$\left|\overrightarrow{BA'}\right| = \left|\begin{pmatrix} -3 \\ -3 \\ 0 \end{pmatrix}\right| = \sqrt{(-3)^2 + (-3)^2 + 0^2} = \sqrt{18} = 3\sqrt{2},$$

$$\left|\overrightarrow{A'B'}\right| = \left|\begin{pmatrix} 3 \\ -3 \\ 0 \end{pmatrix}\right| = \sqrt{3^2 + (-3)^2 + 0^2} = \sqrt{18} = 3\sqrt{2} \quad \text{und}$$

$$\left|\overrightarrow{B'A}\right| = \left|\begin{pmatrix} 3 \\ 3 \\ 0 \end{pmatrix}\right| = \sqrt{3^2 + 3^2 + 0^2} = \sqrt{18} = 3\sqrt{2}.$$

Das Viereck ABA′B′ ist ein Quadrat mit Seitenlänge $3\sqrt{2}$.

d) Für die Berechnung des Oktaedervolumens wird zunächst das Volumen der Pyramide ABA′B′C bestimmt. Das Volumen V_P einer Pyramide ist gegeben durch:

$$V_P = \frac{1}{3} \cdot A \cdot h.$$

Hierbei ist A der Flächeninhalt der Grundfläche und h die Höhe der Pyramide. In Aufgabenteil c) wurde gezeigt, dass die Grundfläche ABA′B′ der Pyramide ein Quadrat mit der Seitenlänge $3\sqrt{2}$ ist. Der Flächeninhalt A der Grundfläche kann also berechnet werden:

$$A = 3\sqrt{2} \cdot 3\sqrt{2} = 18.$$

In Aufgabenteil b) wurde gezeigt, dass die Strecke [CC′] senkrecht auf der Ebene F steht. In dieser Ebene liegt die Pyramidengrundfläche ABA′B′ und das Symmetriezentrum Z. Die Länge der Strecke [CC′] entspricht also der doppelten Höhe der Pyramide ABA′B′C. Damit gilt:

$$h = \frac{1}{2}\left|\overrightarrow{CC'}\right| = \frac{1}{2}\left|\begin{pmatrix} 0 \\ 0 \\ -6 \end{pmatrix}\right| = \frac{1}{2}\sqrt{0^2 + 0^2 + (-6)^2} = \frac{1}{2} \cdot 6 = 3.$$

Das Volumen der Pyramide ABA′B′C kann nun bestimmt werden:

$$V_{ABA'B'C} = \frac{1}{3} \cdot A \cdot h = \frac{1}{3} \cdot 18 \cdot 3 = 18.$$

Das Oktaeder besteht aus zwei Pyramiden dieser Art. Daher gilt für sein Volumen V:

$$V = 2 \cdot V_{ABA'B'C} = 2 \cdot 18 = 36.$$

e) Die Seitenfläche ABC liegt in der Ebene E. Eine Normalengleichung der Ebene E wurde in Aufgabenteil a) bestimmt. Es gilt:

$$E: \left[\vec{x} - \begin{pmatrix} 6 \\ 3 \\ 3 \end{pmatrix}\right] \circ \begin{pmatrix} 9 \\ 9 \\ 9 \end{pmatrix} = 0$$

Eine Koordinatengleichung der Ebene F, in welcher das Quadrat ABA′B′ liegt wurde in Aufgabenteil b) bestimmt und es gilt:

$$F : x_3 - 3 = 0.$$

Zunächst wird der Winkel α zwischen der Seitenfläche ABC und der Grundfläche ABA′B′ bestimmt. Dieser Winkel entspricht dem Winkel, den die beiden Ebenen E und F miteinander einschließen.

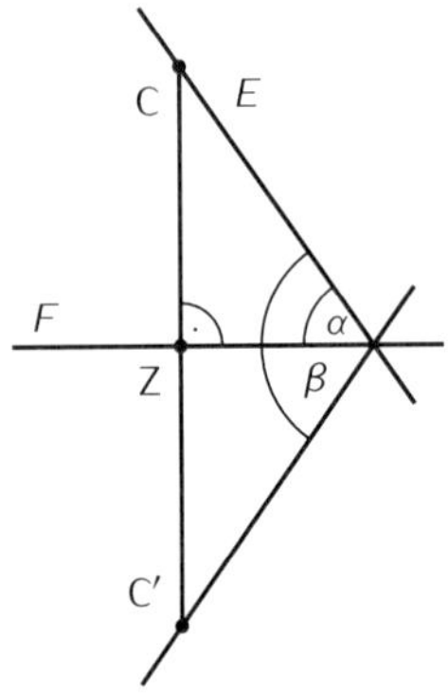

Es gilt:

$$\cos\alpha = \frac{\begin{pmatrix}9\\9\\9\end{pmatrix} \circ \begin{pmatrix}0\\0\\1\end{pmatrix}}{\left|\begin{pmatrix}9\\9\\9\end{pmatrix}\right| \cdot \left|\begin{pmatrix}0\\0\\1\end{pmatrix}\right|} = \frac{9\cdot 0 + 9 \cdot 0 + 9 \cdot 1}{\sqrt{9^2+9^2+9^2}\cdot\sqrt{0^2+0^2+1^2}} = \frac{9}{9\sqrt{3}} = \frac{1}{\sqrt{3}}.$$

Da der Winkel α ein spitzer Winkel ist, gilt:

$$\alpha \approx 54{,}736^\circ.$$

Für den gesuchten Winkel β zwischen den beiden Seitenflächen gilt:

$$\beta = 2 \cdot \alpha \approx 109{,}47^\circ.$$

f) ➤ *Gleichung der Kugel*

Die Eckpunkte des Oktaeders haben alle denselben Abstand vom Symmetriezentrum Z. Der Abstand entspricht der Höhe der Pyramide ABA′B′C. Diese wurde in Aufgabenteil d) berechnet und es gilt $d = 3$. Die Kugel K, auf welcher alle Eckpunkte des Oktaeders liegen, besitzt also den Mittelpunkt Z und den Radius $r = 3$. Eine Gleichung dieser Kugel lautet damit:

$$K : (x_1 - 3)^2 + (x_2 - 3)^2 + (x_3 - 3)^2 = 9.$$

➤ *Anteil des Oktaedervolummens am Kugelvolumen*

Für das Volumen V_K der Kugel K gilt:

$$V_K = \frac{4}{3} \cdot \pi \cdot r^3 = \frac{4}{3} \cdot \pi \cdot 3^3 = 36\pi.$$

In Aufgabenteil d) wurde gezeigt, dass das Oktaeder das Volumen 36 hat. Damit ist der Anteil p des Oktaedervolumens am Kugelvolumen gegeben durch:

$$p = \frac{36}{36\pi} = \frac{1}{\pi} \approx 0{,}3183.$$

Der Anteil des Oktaedervolumens am Kugelvolumen beträgt ungefähr 31,8 %.

Lösungen

Lösungen zu Geometrie, 2016, Teil B, Aufgabengruppe 2

Lösung zu Aufgabe 1

a) Zunächst werden die Koordinaten der Punkte K_0 und K_1 bestimmt. Die Kamera befindet sich zunächst 25 m vertikal über dem Anstoßpunkt. Es gilt also:

$$K_0(45|60|25)\,.$$

Anschließend wir die Kamera 19 m vertikal abgesenkt. Sie befindet sich dann nur noch 6 m oberhalb des Anstoßpunktes. Es gilt also:

$$K_1(45|60|6)\,.$$

Aufgrund der Symmetrie wird nun die an der Winde W_1 zusätzlich benötigte Seillänge bei Absenken der Kamera berechnet. Hierfür werden zunächst die benötigten Seillängen für Kameraposition K_0 bestimmt. Die benötigte Seillänge S_0 entspricht der Länge des Verbindungsvektors:

$$\begin{aligned} S_0 &= \left|\overrightarrow{W_1K_0}\right| \\ &= \left|\begin{pmatrix} 45 - 0 \\ 60 - 0 \\ 25 - 30 \end{pmatrix}\right| \\ &= \sqrt{45^2 + 60^2 + (-5)^2} \\ &= \sqrt{5650}. \end{aligned}$$

Die benötigte Seillänge für Kameraposition K_1 beträgt:

$$\begin{aligned} S_1 &= \left|\overrightarrow{W_1K_1}\right| \\ &= \left|\begin{pmatrix} 45 - 0 \\ 60 - 0 \\ 6 - 30 \end{pmatrix}\right| \\ &= \sqrt{45^2 + 60^2 + (-24)^2} \\ &= \sqrt{6201}. \end{aligned}$$

Die zusätzlich benötigte Seillänge l kann dann als Differenz der beiden berechneten Längen bestimmt werden:

$$l = \sqrt{6201} - \sqrt{5650} \approx 3{,}58.$$

Von jeder Seilwinde müssen ungefähr 3,58 m Seil zusätzlich abgerollt werden um das Absenken der Kamera vertikal über dem Anstoßpunkt um 19 m zu ermöglichen.

b) Der Punkt K_2 befindet sich in einer Höhe von 10 m über dem Spielfeld. Für die x_3-Koordinate des Punktes K_2 gilt also: $x_3 = 10$. Außerdem liegt der Punkt K_2 auf der Geraden g.

Eine Geradengleichung für g ist gegeben durch:

$$g : \vec{x} = \begin{pmatrix} 45 \\ 60 \\ 6 \end{pmatrix} + \lambda \begin{pmatrix} 3 \\ 20 \\ 2 \end{pmatrix}, \lambda \in \mathbb{R}$$

Es muss also gelten:

$$6 + \lambda \cdot 2 = 10 \quad \Longleftrightarrow \quad \lambda = 2.$$

Damit gilt also für den Ortsvektor zum Punkt K_2:

$$\overrightarrow{K_2} = \begin{pmatrix} 45 \\ 60 \\ 6 \end{pmatrix} + 2 \cdot \begin{pmatrix} 3 \\ 20 \\ 2 \end{pmatrix} = \begin{pmatrix} 51 \\ 100 \\ 10 \end{pmatrix}.$$

Der Zielpunkt der Kamera ist $K_2(51|100|10)$.

c) Die Kamera befindet sich in Punkt K_2 und visiert den Punkt B an. Die Kamera ist also so positioniert, dass sie in Richtung $\vec{v_1}$ weist mit

$$\vec{v_1} = \overrightarrow{K_2B} = \begin{pmatrix} 40 - 51 \\ 105 - 100 \\ 0 - 10 \end{pmatrix} = \begin{pmatrix} -11 \\ 5 \\ -10 \end{pmatrix}.$$

Die Kamera zeigte zunächst in Richtung

$$\vec{v_0} = \begin{pmatrix} 0 \\ 0 \\ -1 \end{pmatrix}.$$

Der erforderliche Drehwinkel α entspricht dann dem Winkel zwischen den beiden Vektoren $\vec{v_0}$ und $\vec{v_1}$.

$$\begin{aligned} \cos\alpha &= \frac{|\vec{v_0} \circ \vec{v_1}|}{|\vec{v_0}| \cdot |\vec{v_1}|} \\ &= \frac{\left| \begin{pmatrix} 0 \\ 0 \\ -1 \end{pmatrix} \circ \begin{pmatrix} -11 \\ 5 \\ -10 \end{pmatrix} \right|}{\left| \begin{pmatrix} 0 \\ 0 \\ -1 \end{pmatrix} \right| \cdot \left| \begin{pmatrix} -11 \\ 5 \\ -10 \end{pmatrix} \right|} \\ &= \frac{|0 \cdot (-11) + 0 \cdot 5 + (-1) \cdot (-10)|}{\sqrt{0^2 + 0^2 + (-1)^2} \cdot \sqrt{(-11)^2 + 5^2 + (-10)^2}} \\ &= \frac{10}{\sqrt{246}} \end{aligned}$$

Der gesuchte Winkel α ist ein spitzer Winkel und damit gegeben durch:

$$\alpha = \cos^{-1} \frac{10}{\sqrt{246}} \approx 50{,}4^\circ.$$

Die Kamera muss sich also um ungefähr 50,4° drehen.

Aufgabenstellung siehe Seite 101

d) ➤ *Koordinatengleichung von E*

Die Punkte W_1, W_2 und K_2 liegen in der Ebene E. Der Punkt W_1 kann dann als Stützpunkt gewählt werden und die Vektoren $\overrightarrow{W_1W_2}$ und $\overrightarrow{W_1K_2}$ als Spannvektoren. Eine mögliche Parameterdarstellung der Ebene E ist dann gegeben durch:

$$E : \vec{x} = \begin{pmatrix} 0 \\ 0 \\ 30 \end{pmatrix} + \lambda \begin{pmatrix} 90 \\ 0 \\ 0 \end{pmatrix} + \mu \begin{pmatrix} 51 \\ 100 \\ -20 \end{pmatrix}, \lambda, \mu \in \mathbb{R}.$$

Ein Normalenvektor $\vec{n}_E$ der Ebene E kann zum Beispiel mithilfe des Kreuzproduktes der beiden Spannvektoren bestimmt werden:

$$\vec{n}_E = \begin{pmatrix} 90 \\ 0 \\ 0 \end{pmatrix} \times \begin{pmatrix} 51 \\ 100 \\ -20 \end{pmatrix} = \begin{pmatrix} 0 \\ 1800 \\ 9000 \end{pmatrix}.$$

Eine Koordinatengleichung der Ebene E lautet also

$$E : 1800x_2 + 9000x_3 - a = 0.$$

Eine Punktprobe mit W_1 liefert den Wert des Parameters a:

$$\begin{aligned} 1800 \cdot 0 + 9000 \cdot 30 - a &= 0 \\ 270000 - a &= 0 \\ a &= 270000. \end{aligned}$$

Eine Koordinatengleichung der Ebene E ist gegeben durch:

$$E : 1800x_2 + 9000x_3 - 270000 = 0.$$

Multipliziert man die gesamte Ebenengleichung mit dem Faktor $\frac{1}{1800}$, so erhält man:

$$E : x_2 + 5x_3 - 150 = 0.$$

Dies entspricht dem Kontrollergebnis.

➤ *Lage von* H *unterhalb der Ebene E*

Sei P ein Punkt, der dieselben x_1 und x_2-Koordinaten wie H besitzt und auf der Ebene E liegt. Es gilt also $P(50|70|x_3)$. Die x_3-Koordinate von P kann durch eine Punktprobe bestimmt werden:

$$E : 70 + 5x_3 - 150 = 0 \quad \Longleftrightarrow \quad 5x_3 = 80 \quad \Longleftrightarrow \quad x_3 = 16.$$

Derjenige Punkt, welcher in vertikaler Richtung über oder unter dem Punkt H liegt und in der Ebene enthalten ist, hat die Höhe 16 m. Der Punkt H hingegen hat eine Höhe von 15 m. Damit liegt der Punkt H unterhalb der Ebene E.

e) Die Schlussfolgerung ist falsch, weil die Flugbahn des Fußballs im Allgemeinen nicht geradlinig verläuft, sondern vielmehr parabelförmig. Deshalb kann die Flugbahn die Ebene berühren oder schneiden, selbst wenn ihr Startpunkt und ihr höchster Punkt unterhalb von E liegen. Dieser Sachverhalt ist in der nachfolgenden Skizze veranschaulicht.

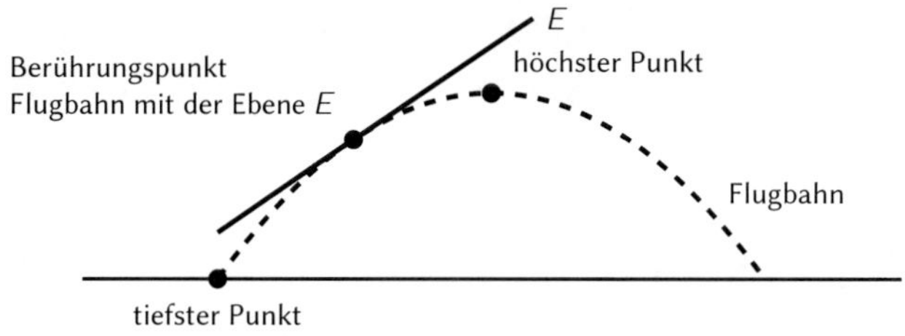
E
Berührungspunkt
Flugbahn mit der Ebene E
höchster Punkt
Flugbahn
tiefster Punkt

Aufgabenstellung siehe Seite 104

Lösungen zu Geometrie, 2015, Teil A, Aufgabengruppe 1

Lösung zu Aufgabe 1

Gegeben ist die Gerade g, die durch die Punkte A(0|1|2) und B(2|5|6) verläuft.

a) ➤ *Abstand zwischen den Punkten* A *und* B

Um nachzuweisen, dass die beiden Punkte den Abstand 6 haben, wird der Betrag des Verbindungsvektors von A nach B ermittelt. Den Vektor $\overrightarrow{AB}$ erhält man, indem man den Ortsvektor des Punktes A vom Ortsvektor des Punktes B abzieht:

$$\overrightarrow{AB} = \begin{pmatrix} 2 \\ 5 \\ 6 \end{pmatrix} - \begin{pmatrix} 0 \\ 1 \\ 2 \end{pmatrix} = \begin{pmatrix} 2 \\ 4 \\ 4 \end{pmatrix}.$$

Anschließend wird der Betrag dieses Vektors berechnet:

$$\left|\overrightarrow{AB}\right| = \left|\begin{pmatrix} 2 \\ 4 \\ 4 \end{pmatrix}\right| = \sqrt{2^2 + 4^2 + 4^2} = \sqrt{4 + 16 + 16} = \sqrt{36} = 6.$$

Damit ist gezeigt, dass die Punkte A und B den Abstand 6 haben.

➤ *Koordinaten der Punkte* C *und* D

Eine Skizze verdeutlicht die Aufgabenstellung.

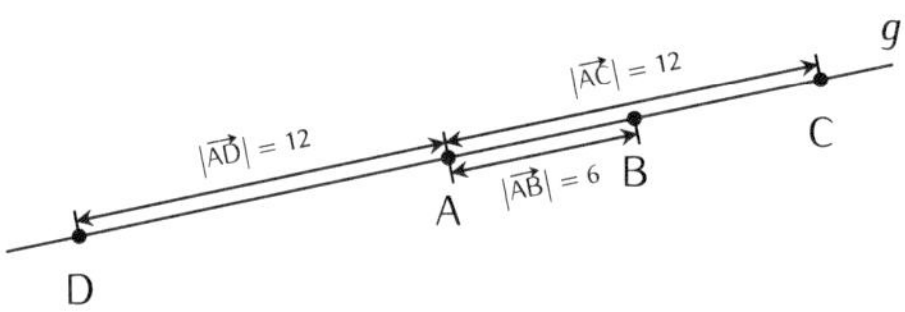

Da der Abstand von Punkt A zu den Punkten C und D jeweils doppelt so groß ist wie der Abstand von A zum Punkt B, muss der Verbindungsvektor $\overrightarrow{AB}$ zweimal zum Ortsvektor von A dazu addiert beziehungsweise zweimal von diesem abgezogen werden:

$$\vec{C} = \vec{A} + 2 \cdot \overrightarrow{AB} = \begin{pmatrix} 0 \\ 1 \\ 2 \end{pmatrix} + 2 \cdot \begin{pmatrix} 2 \\ 4 \\ 4 \end{pmatrix} = \begin{pmatrix} 4 \\ 9 \\ 10 \end{pmatrix},$$

$$\vec{D} = \vec{A} - 2 \cdot \overrightarrow{AB} = \begin{pmatrix} 0 \\ 1 \\ 2 \end{pmatrix} - 2 \cdot \begin{pmatrix} 2 \\ 4 \\ 4 \end{pmatrix} = \begin{pmatrix} -4 \\ -7 \\ -6 \end{pmatrix}.$$

Die Punkte C und D haben die Koordinaten C(4|9|10) und D(-4|-7|-6).

☞ *Alternative:* Die Bezeichnung der Punkte C und D kann auch vertauscht werden. In diesem Fall erhält man C(-4|-7|-6) und D(4|9|10).

☞ *Alternative:* Prinzipiell ist auch die Wahl C = D mit C(-4|-7|-6) oder C(4|9|10) korrekt, weil in der Aufgabenstellung nicht ausdrücklich verlangt wurde, dass C und D verschieden sein müssen.

☞ *Alternative:* Eine Geradengleichung einer Geraden g durch die Punkte A und B mit einem normierten Richtungsvektor ist

$$g: \vec{x} = \vec{A} + \lambda \cdot \left(\frac{1}{6} \cdot \overrightarrow{AB} \right), \quad \lambda \in \mathbb{R}.$$

Dabei gibt $|\lambda|$ den Abstand des resultierenden Punktes P von A an. Für $\lambda = 12$ beziehungsweise $\lambda = -12$ ergeben sich C und D.

b) Die drei Punkte A, B und E(1|2|5) bilden ein Dreieck.

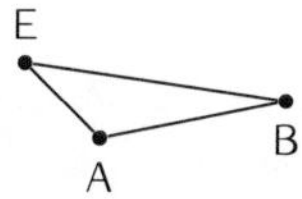

In einem Parallelogramm sind gegenüberliegende Seiten parallel und gleich lang. Da jede der Dreiecksseiten die Diagonale des Parallelogramms sein kann, gibt es insgesamt drei Möglichkeiten für die Wahl des vierten Punktes. Zur Verdeutlichung wird das zunächst skizziert.

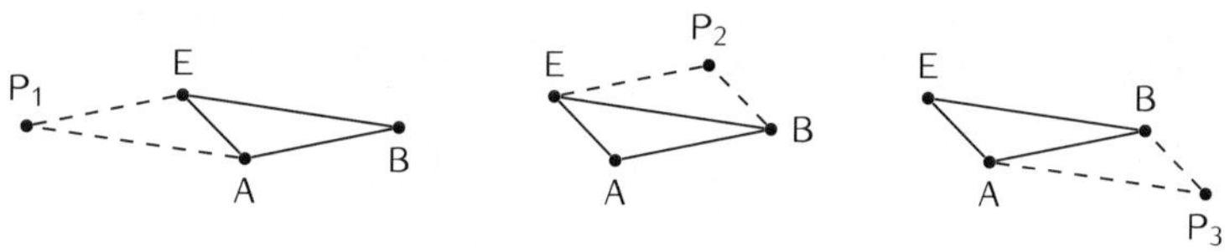

Nun müssen noch die Koordinaten von zwei der drei Punkte P_1, P_2 und P_3 berechnet werden. Der Vollständigkeit halber wird dies hier für alle drei gezeigt.

➤ *Koordinaten von* P_1

Die Koordinaten des Punktes P_1 lassen sich berechnen, indem zum Ortsvektor $\vec{A}$ der Vektor $\overrightarrow{BE}$ addiert wird:

$$\overrightarrow{P_1} = \vec{A} + \overrightarrow{BE} = \vec{A} + \left(\vec{E} - \vec{B}\right) = \begin{pmatrix} 0 \\ 1 \\ 2 \end{pmatrix} + \left[\begin{pmatrix} 1 \\ 2 \\ 5 \end{pmatrix} - \begin{pmatrix} 2 \\ 5 \\ 6 \end{pmatrix} \right] = \begin{pmatrix} -1 \\ -2 \\ 1 \end{pmatrix}.$$

☞ *Alternative:* Es gilt:

$$\overrightarrow{P_1} = \vec{A} + \overrightarrow{BE} = \vec{A} - \overrightarrow{EB} = \vec{E} + \overrightarrow{BA} = \vec{E} - \overrightarrow{AB}.$$

Man kann die Koordinaten des Punktes P_1 also zum Beispiel auch berechnen, indem man von dem Ortsvektor $\vec{E}$ den Richtungsvektor $\overrightarrow{AB}$ abzieht.

➤ *Koordinaten von* P_2

Die Koordinaten dieses Punktes erhält man beispielsweise, indem man zum Ortsvektor $\vec{E}$ den Vektor $\overrightarrow{AB}$ addiert:

$$\overrightarrow{P_2} = \vec{E} + \overrightarrow{AB} = \vec{E} + \left(\vec{B} - \vec{A}\right) = \begin{pmatrix} 1 \\ 2 \\ 5 \end{pmatrix} + \left[\begin{pmatrix} 2 \\ 5 \\ 6 \end{pmatrix} - \begin{pmatrix} 0 \\ 1 \\ 2 \end{pmatrix} \right] = \begin{pmatrix} 3 \\ 6 \\ 9 \end{pmatrix}.$$

➤ *Koordinaten von* P_3

Die Koordinaten des dritten möglichen Punktes lassen sich unter anderem durch Addition des Vektors $\overrightarrow{EB}$ zum Ortsvektor $\vec{A}$ berechnen:

$$\overrightarrow{P_3} = \vec{A} + \overrightarrow{EB} = \vec{A} + \left(\vec{B} - \vec{E}\right) = \begin{pmatrix} 0 \\ 1 \\ 2 \end{pmatrix} + \left[\begin{pmatrix} 2 \\ 5 \\ 6 \end{pmatrix} - \begin{pmatrix} 1 \\ 2 \\ 5 \end{pmatrix}\right] = \begin{pmatrix} 1 \\ 4 \\ 3 \end{pmatrix}.$$

Gesucht waren also zwei der drei Punkte

$$P_1(-1|-2|1), \quad P_2(3|6|9) \quad \text{und} \quad P_3(1|4|3).$$

Lösung zu Aufgabe 2

a) Es soll nachgewiesen werden, dass das Parallelogramm mit den Eckpunkten $A(0|0|0)$, $B(4|4|2)$, $C(8|0|2)$ und $D(4|-4|0)$ ein Rechteck ist. Ein Parallelogramm ist genau dann ein Rechteck, wenn seine Innenwinkel rechte Winkel sind. Da sich jeder Innenwinkel eines Parallelogramms sowohl mit seinem Neben- als auch mit seinem Gegenwinkel zu 180° ergänzt, genügt der Nachweis, dass einer der Innenwinkel ein rechter Winkel ist. Dieser Nachweis wird beispielhaft für die beiden Vektoren $\overrightarrow{AB}$ und $\overrightarrow{AD}$ durchgeführt. Sie stehen genau dann senkrecht aufeinander, wenn ihr Skalarprodukt null ist. Es gilt:

$$\overrightarrow{AB} \circ \overrightarrow{AD} = \begin{pmatrix} 4-0 \\ 4-0 \\ 2-0 \end{pmatrix} \circ \begin{pmatrix} 4-0 \\ -4-0 \\ 0-0 \end{pmatrix} = \begin{pmatrix} 4 \\ 4 \\ 2 \end{pmatrix} \circ \begin{pmatrix} 4 \\ -4 \\ 0 \end{pmatrix} = 16 - 16 + 0 = 0.$$

Damit ist gezeigt, dass die Vektoren $\overrightarrow{AB}$ und $\overrightarrow{AD}$ senkrecht aufeinander stehen und das Parallelogramm ABCD somit ein Rechteck ist.

☞ *Alternative:* Nach dem gleichen Prinzip könnte man auch nachweisen, dass die Vektoren der Paare $\overrightarrow{BA}$ und $\overrightarrow{BC}$, $\overrightarrow{CB}$ und $\overrightarrow{CD}$ sowie $\overrightarrow{DC}$ und $\overrightarrow{DA}$ jeweils senkrecht aufeinander stehen.

b) ➤ *Pyramidenhöhe*

Da die Kante [AS] senkrecht auf der Grundfläche ABCD der Pyramide steht, ist deren Länge gleichzeitig die Pyramidenhöhe. Es muss also der Betrag des Vektors $\overrightarrow{AS}$ berechnet werden:

$$\left|\overrightarrow{AS}\right| = \left|\begin{pmatrix} 1 \\ 1 \\ -4 \end{pmatrix} - \begin{pmatrix} 0 \\ 0 \\ 0 \end{pmatrix}\right| = \left|\begin{pmatrix} 1 \\ 1 \\ -4 \end{pmatrix}\right| = \sqrt{1^2 + 1^2 + (-4)^2} = \sqrt{18} = \sqrt{9 \cdot 2} = 3\sqrt{2}.$$

Die Höhe der Pyramide beträgt also $3\sqrt{2}$.

➤ *Pyramidenvolumen*

Die Formel für das Volumen V einer Pyramide ist gegeben durch:

$$V = \frac{1}{3} \cdot A \cdot h.$$

Dabei ist A die Grundfläche der Pyramide, die in der Aufgabe mit $24\sqrt{2}$ gegeben ist, und h steht für die bereits berechnete Pyramidenhöhe.

Setzt man beide Werte in die Formel ein, ergibt sich:

$$V = \frac{1}{3} \cdot A \cdot h = \frac{1}{3} \cdot 24\sqrt{2} \cdot 3\sqrt{2} = \frac{1}{3} \cdot 3 \cdot 24 \cdot \left(\sqrt{2}\right)^2 = 24 \cdot 2 = 48.$$

Das Volumen der Pyramide beträgt 48 VE.

Lösungen

Lösungen zu Geometrie, 2015, Teil A, Aufgabengruppe 2

Lösung zu Aufgabe 1

Diese Aufgabe entspricht Aufgabe 1 aus Aufgabengruppe 1, daher werden hier nur die Ergebnisse angegeben. Die ausführlichen Lösungen sind auf Seite 316 zu finden.

a) Die Berechnung des Betrags des Vektors $\overrightarrow{AB}$ liefert $\left|\overrightarrow{AB}\right| = 6$.

Die Punkte C und D haben die Koordinaten $C(4|9|10)$ und $D(-4|-7|-6)$, dabei kann die Bezeichnung der Punkte vertauscht werden.

b) Als Lösung müssen zwei der drei folgenden Möglichkeiten für den vierten Eckpunkt des Parallelogramms angegeben werden:

$P_1(-1|-2|1)$, $P_2(3|6|9)$, und $P_3(1|4|3)$.

Lösung zu Aufgabe 2

Betrachtet wird die in der Abbildung dargestellte Pyramide ABCDS mit einbeschriebener Stufenpyramide.

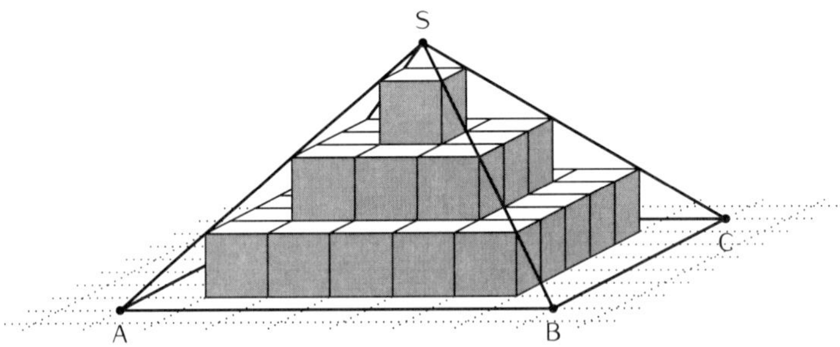

a) ➤ *Volumen der Stufenpyramide*

Das Volumen V der Stufenpyramide berechnet sich aus dem Produkt der Würfelanzahl und dem Volumen eines einzelnen Würfels.

Die Stufenpyramide besteht aus drei übereinander liegenden Würfelschichten. Die untere enthält $5^2 = 25$ Würfel und die mittlere $3^2 = 9$ Würfel. In der oberen Schicht befindet sich nur ein Würfel. Insgesamt sind es $25 + 9 + 1 = 35$ Würfel. Jeder einzelne Würfel hat die Kantenlänge 1 und damit das Volumen $1^3 = 1$.

Damit ist das Volumen der Stufenpyramide $V = 35 \cdot 1 = 35$.

➤ *Höhe der Pyramide* ABCDS

Die Höhe der einbeschriebenen Stufenpyramide ist 3, da sie aus drei übereinander liegenden Schichten von Würfeln mit der Kantenlänge 1 besteht. Damit muss noch der Abstand x der Pyramidenspitze S von dem obersten Würfel der Stufenpyramide bestimmt werden.

In der folgenden Zeichnung ist der Querschnitt der Pyramide ABCDS dargestellt, der die Punkte A, C und S enthält. Der Fußpunkt der Pyramidenspitze auf der Grundfläche wird mit M bezeichnet.

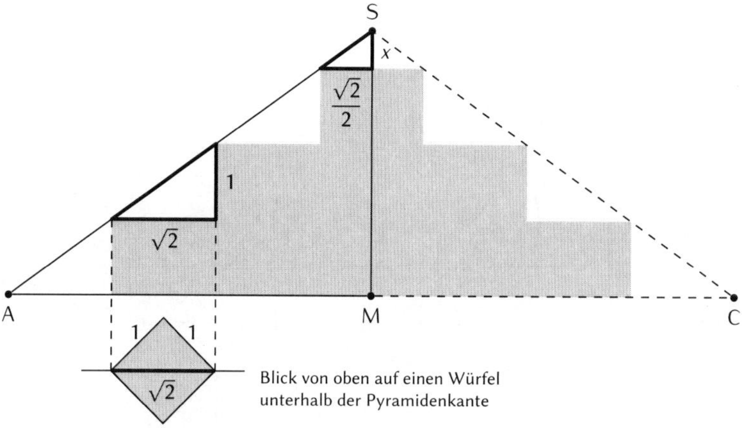

Vom Dreieck AMS und dem Rand der Stufenpyramide werden in dieser Ebene vier rechtwinklige Dreiecke gebildet. Diese sind in der Zeichnung weiß. Die drei größeren haben dabei jeweils Katheten mit den Längen 1 und $\sqrt{2}$, da die Würfel 1 hoch sind und die Diagonale der quadratischen Außenfläche eines solchen Würfels $\sqrt{2}$ lang ist.

In dem kleinen Dreieck ganz oben bei der Pyramidenspitze S ist die waagrechte Kathete nur halb so lang wie bei den größeren Dreiecken. Da die Dreiecke zueinander ähnlich sind, muss die vertikale Kathete auch halb so lang sein, wie die bei den größeren Dreiecken. Damit gilt für den Abstand x der Pyramidenspitze S von dem obersten Würfel der Stufenpyramide $x = 0{,}5$.

Folglich beträgt die Höhe der Pyramide ABCDS also $3 + 0{,}5 = 3{,}5$.

b) Gesucht ist eine Gleichung für die Gerade durch die Punkte B und S. Dazu wird der Punkt A als Koordinatenursprung festgelegt und das Koordinatensystem in die Abbildung mit der Pyramide eingezeichnet.

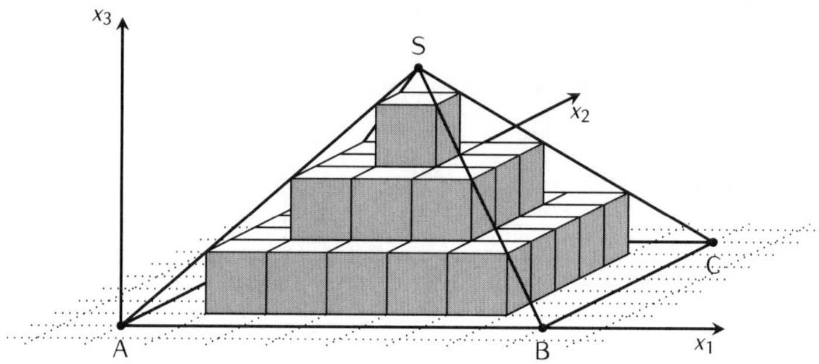

In diesem kartesischen Koordinatensystem geht die gesuchte Gerade g durch die Punkte B(7|0|0) und S(3,5|3,5|3,5). Die Gerade g hat dann die Gleichung

$$\begin{aligned} g: \vec{X} &= \vec{B} + \lambda \cdot \overrightarrow{BS} \qquad \text{mit } \lambda \in \mathbb{R} \\ &= \vec{B} + \lambda \cdot \left[\vec{S} - \vec{B}\right] \\ &= \begin{pmatrix} 7 \\ 0 \\ 0 \end{pmatrix} + \lambda \cdot \left[\begin{pmatrix} 3{,}5 \\ 3{,}5 \\ 3{,}5 \end{pmatrix} - \begin{pmatrix} 7 \\ 0 \\ 0 \end{pmatrix}\right] \\ &= \begin{pmatrix} 7 \\ 0 \\ 0 \end{pmatrix} + \lambda \cdot \begin{pmatrix} -3{,}5 \\ 3{,}5 \\ 3{,}5 \end{pmatrix}, \quad \lambda \in \mathbb{R}. \end{aligned}$$

☞ *Alternative:* Man kann den Koordinatenursprung auch in den Punkt B legen.

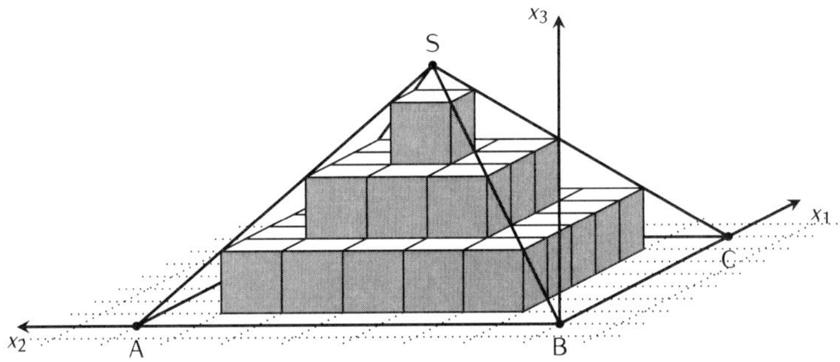

Dann ist die Gerade g gesucht, die durch die Punkte B(0|0|0) und S(3,5|3,5|3,5) geht, und es gilt:

$$\begin{aligned} g: \vec{X} &= \vec{B} + \lambda \cdot \overrightarrow{BS} \quad \text{mit} \quad \lambda \in \mathbb{R} \\ &= \begin{pmatrix} 0 \\ 0 \\ 0 \end{pmatrix} + \lambda \cdot \begin{pmatrix} 3{,}5 \\ 3{,}5 \\ 3{,}5 \end{pmatrix} \\ &= \lambda \cdot \begin{pmatrix} 3{,}5 \\ 3{,}5 \\ 3{,}5 \end{pmatrix}, \quad \lambda \in \mathbb{R}. \end{aligned}$$

Lösungen zu Geometrie, 2015, Teil B, Aufgabengruppe 1

Gegeben sind die Ebene

$E : x_1 + x_3 = 2$

und die Gerade

$$g : \overrightarrow{X} = \overrightarrow{A} + \lambda \cdot \begin{pmatrix} -1 \\ \sqrt{2} \\ 1 \end{pmatrix} = \begin{pmatrix} 0 \\ \sqrt{2} \\ 2 \end{pmatrix} + \lambda \cdot \begin{pmatrix} -1 \\ \sqrt{2} \\ 1 \end{pmatrix} \text{ mit } \lambda \in \mathbb{R}.$$

a) ➤ *Besondere Lage der Ebene E im Raum*

Die Ebene E hat keinen Schnittpunkt mit der x_2-Achse, da für alle Punkte der x_2-Achse $x_1 = 0$ und $x_3 = 0$ gilt und damit $x_1 + x_3 = 0 + 0 = 0 \neq 2$ ist. Somit erfüllt keiner der Punkte auf der x_2-Achse die Koordinatengleichung der Ebene E.

Außerdem lässt sich aus der Ebenengleichung direkt ein Normalenvektor $\vec{n}_E$ der Ebene ablesen als:

$$\vec{n}_E = \begin{pmatrix} 1 \\ 0 \\ 1 \end{pmatrix}.$$

Weil das Skalarprodukt des Ebenennormalenvektors $\vec{n}_E$ mit dem Richtungsvektor der x_2-Achse Null ist, sind die x_2-Achse und die Ebene E echt parallel zueinander. Die Ebene E ist also parallel zur x_1x_3-Ebene

☞ *Alternative:* Der Punkt $P(1|0|1)$ gehört zur Ebene E, denn die Punktprobe liefert ein korrektes Ergebnis: $1 + 1 = 2$. Damit liegt auch die Gerade

$$h : \overrightarrow{X} = \begin{pmatrix} 1 \\ 0 \\ 1 \end{pmatrix} + \mu \cdot \begin{pmatrix} 0 \\ 1 \\ 0 \end{pmatrix} \quad \text{mit } \mu \in \mathbb{R}$$

in der Ebene E. Der Richtungsvektor dieser Gerade h ist parallel zum Richtungsvektor der x_2-Achse. Damit sind sowohl die beiden Geraden als auch Ebene E und x_2-Achse echt parallel zueinander.

➤ *Nachweis, dass die Ebene E die Gerade g enthält*

Zunächst wird überprüft, ob die Koordinaten des gegebenen Aufpunkts $A\left(0\middle|\sqrt{2}\middle|2\right)$ die Gleichung der Ebene E erfüllen:

$0 + 2 = 2.$

Damit ist nachgewiesen, dass der Stützpunkt A der Geraden g zur Ebene E gehört. Nun muss noch gezeigt werden, dass der Richtungsvektor $\vec{v}$ von g senkrecht zum Normalenvektor $\vec{n}_E$ der Ebene ist. Dazu wird das Skalarprodukt dieser beiden Vektoren berechnet:

$$\vec{v} \circ \vec{n}_E = \begin{pmatrix} -1 \\ \sqrt{2} \\ 1 \end{pmatrix} \circ \begin{pmatrix} 1 \\ 0 \\ 1 \end{pmatrix} = -1 + 0 + 1 = 0.$$

Der Richtungsvektor der Gerade g steht also senkrecht auf dem Normalenvektor der Ebene E, die Gerade g verläuft folglich parallel zur Ebene E. Weil der Aufpunkt A der Geraden g auch in der Ebene E liegt, ist nachgewiesen, dass die Gerade g in der Ebene E liegt.

➤ *Schittpunkt der Ebene E mit der x_1-Achse*

Für alle Punkte auf der x_1-Achse gilt $x_2 = 0$ und $x_3 = 0$. Damit muss der Schnittpunkt S_1 von Ebene E und x_1-Achse die folgende Bedingung erfüllen:

$$2 = x_1 + 0 = x_1.$$

Die Ebene E schneidet die x_1-Achse im Punkt $S_1(2|0|0)$.

➤ *Schnittpunkt der Ebene E mit der x_3-Achse*

Für alle Punkte auf der x_3-Achse gilt $x_1 = 0$ und $x_2 = 0$. Damit muss der Schnittpunkt S_3 von Ebene E und x_3-Achse die folgende Bedingung erfüllen:

$$0 + x_3 = 2 \quad \Longleftrightarrow \quad x_3 = 2.$$

Die Ebene E schneidet die x_3-Achse im Punkt $S_3(0|0|2)$.

➤ *Darstellung von E und g in einem Koordinatensystem*

Zum Zeichnen der Ebene E können die Schnittpunkte S_1 und S_3 mit der x_1- beziehungsweise x_3-Achse und die Parallelität der Ebene zur x_2-Achse verwendet werden.

Für die graphische Darstellung der Geraden wird neben dem bekannten Stützpunkt A mindestens ein weiterer Punkt S_g benötigt. Dabei ist es hier geschickt, den Parameter λ in der Geradengleichung von g so zu wählen, dass $x_2 = 0$ gilt und S_g damit der Schnittpunkt der Geraden g mit der x_1x_3-Ebene ist:

$$\sqrt{2} + \lambda \cdot \sqrt{2} = 0 \quad \Longleftrightarrow \quad \lambda = -1.$$

Das Einsetzen des so ermittelten Parameters λ in die Geradengleichung liefert:

$$\vec{S}_g = \begin{pmatrix} 0 \\ \sqrt{2} \\ 2 \end{pmatrix} - 1 \cdot \begin{pmatrix} -1 \\ \sqrt{2} \\ 1 \end{pmatrix} = \begin{pmatrix} 1 \\ 0 \\ 1 \end{pmatrix}.$$

Neben $A\left(0\middle|\sqrt{2}\middle|2\right)$ kann nun $S_g(1|0|1)$ zum Zeichnen der Geraden genutzt werden.

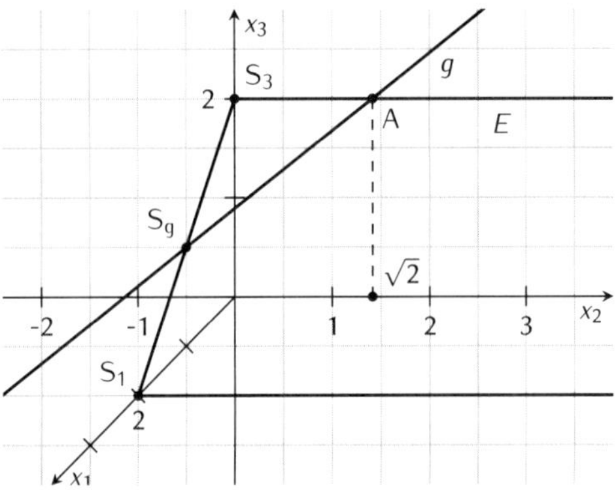

b) Gesucht ist der Schnittwinkel α des Vektor $\vec{v}$ mit der Horizontalen H. Die Fragestellung lässt sich in einer Skizze veranschaulichen.

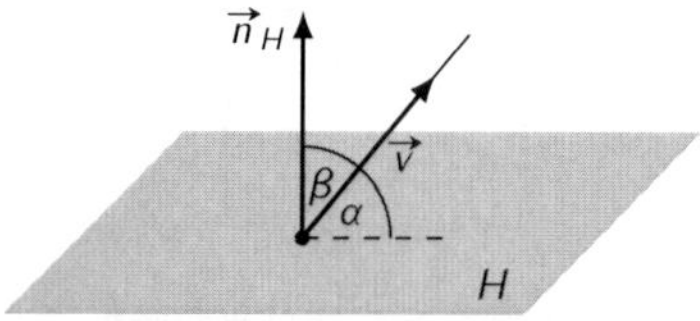

Der gesuchte Winkel α ist also der Komplementärwinkel des spitzen Winkels β zwischen dem Vektor $\vec{v}$ und dem Normalenvektor $\vec{n}_H$ der Horizontalen H. Da es sich bei der Horizontalen um eine zur x_1x_2-Ebene parallelen Ebene handelt, ist

$$\vec{n}_H = \begin{pmatrix} 0 \\ 0 \\ 1 \end{pmatrix}$$

ein Normalenvektor der Ebene H. Damit lässt sich der Winkel β wie folgt berechnen:

$$\cos\beta = \frac{|\vec{v} \circ \vec{n}_H|}{|\vec{v}| \cdot |\vec{n}_H|} = \frac{\left|\begin{pmatrix} -1 \\ \sqrt{2} \\ 1 \end{pmatrix} \circ \begin{pmatrix} 0 \\ 0 \\ 1 \end{pmatrix}\right|}{\sqrt{(-1)^2 + (\sqrt{2})^2 + 1^2} \cdot \sqrt{0^2 + 0^2 + 1^2}} = \frac{|1|}{\sqrt{4} \cdot \sqrt{1}} = \frac{1}{2}.$$

Da β ein spitzer Winkel ist, folgt $\beta = 60°$ und damit $\alpha = 90° - \beta = 90° - 60° = 30°$.

Die Achterbahn steigt somit im Bereich der Ebene E unter einem Winkel von 30° gegenüber der Horizontalen an.

☞ *Alternative:* Wegen $\cos\beta = \cos(90° - \alpha) = \sin\alpha$ lässt sich α auch wie folgt direkt berechnen:

$$\sin\alpha = \frac{|\vec{v} \circ \vec{n}_H|}{|\vec{v}| \cdot |\vec{n}_H|} = \frac{1}{2}.$$

Da α ein spitzer Winkel ist, gilt also $\alpha = 30°$.

c) Der Punkt $M\left(0 \middle| 3\sqrt{2} \middle| 2\right)$ ist der Mittelpunkt eines Viertelkreises, der ebenfalls in der Ebene E verläuft und im Fußpunkt B des Lotes von M auf der Geraden g beginnt. In der folgenden Zeichnung ist die Ebene E mit allen relevanten Kurven und Punkten skizziert.

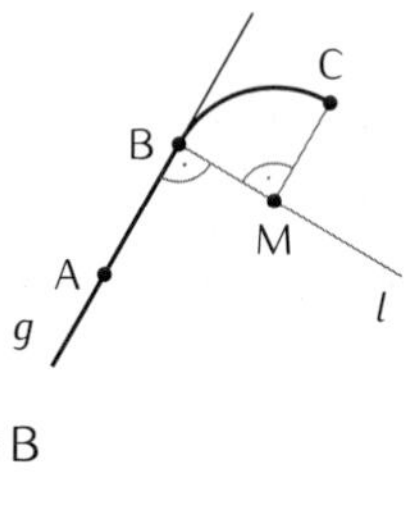

➤ *Koordinaten des Lotfußpunktes* B

Das Lot eines Punktes auf eine Gerade steht stets senkrecht auf dieser. Damit steht der Richtungsvektor $\vec{v}_l$ des Lotes senkrecht auf dem Richtungsvektor $\vec{v}$ der Geraden g. Da der Viertelkreis in der Ebene E liegt, schließt deren Normalenvektor $\vec{n}_E$ mit $\vec{v}_l$ ebenfalls einen rechten Winkel ein. Der Richtungsvektor $\vec{v}_l$ steht somit senkrecht auf der durch

 Aufgabenstellung siehe Seite 106

den Richtungsvektor der Geraden g und den Normalenvektor von E aufgespannten Ebene. Also lässt sich der Richtungsvektor $\vec{v}_l$ des Lotes l zum Beispiel mithilfe des Kreuzproduktes von $\vec{v}$ und $\vec{n}_E$ ermitteln:

$$\vec{v}_l = \vec{v} \times \vec{n}_E = \begin{pmatrix} -1 \\ \sqrt{2} \\ 1 \end{pmatrix} \times \begin{pmatrix} 1 \\ 0 \\ 1 \end{pmatrix} = \begin{pmatrix} \sqrt{2} \\ 2 \\ -\sqrt{2} \end{pmatrix}.$$

Damit lässt sich die Parameterform von l angeben als:

$$l: \vec{X} = \vec{M} + \mu \cdot \vec{v}_l = \begin{pmatrix} 0 \\ 3\sqrt{2} \\ 2 \end{pmatrix} + \mu \cdot \begin{pmatrix} \sqrt{2} \\ 2 \\ -\sqrt{2} \end{pmatrix} \quad \text{mit } \mu \in \mathbb{R}.$$

Da der Punkt B der Schnittpunkt der Geraden l und g ist, werden die Terme der Geradengleichungen gleichgesetzt:

$$\begin{pmatrix} 0 \\ \sqrt{2} \\ 2 \end{pmatrix} + \lambda \cdot \begin{pmatrix} -1 \\ \sqrt{2} \\ 1 \end{pmatrix} = \begin{pmatrix} 0 \\ 3\sqrt{2} \\ 2 \end{pmatrix} + \mu \cdot \begin{pmatrix} \sqrt{2} \\ 2 \\ -\sqrt{2} \end{pmatrix}.$$

Der Koordinatenvergleich liefert ein lineares Gleichungssystem:

$$\begin{aligned} -\lambda &= \sqrt{2}\mu \\ \sqrt{2} + \sqrt{2}\lambda &= 3\sqrt{2} + 2\mu \\ 2 + \lambda &= 2 - \sqrt{2}\mu. \end{aligned}$$

Die erste und die dritte Gleichung sind identisch. Das kann man durch einfache Äquivalenzumformungen zeigen. Deshalb wird die erste Gleichung in die zweite eingesetzt und anschließend nach μ aufgelöst:

$$\begin{aligned} \sqrt{2} + \sqrt{2} \cdot \left(-\sqrt{2}\mu\right) &= 3\sqrt{2} + 2\mu \\ \sqrt{2} - 2\mu &= 3\sqrt{2} + 2\mu \\ -4\mu &= 2\sqrt{2} \\ \mu &= -\frac{1}{2}\sqrt{2}. \end{aligned}$$

Damit lassen sich die Koordinaten des Punktes B über die Geradengleichung von l berechnen:

$$\vec{B} = \begin{pmatrix} 0 \\ 3\sqrt{2} \\ 2 \end{pmatrix} - \frac{1}{2}\sqrt{2} \cdot \begin{pmatrix} \sqrt{2} \\ 2 \\ -\sqrt{2} \end{pmatrix} = \begin{pmatrix} -1 \\ 2\sqrt{2} \\ 3 \end{pmatrix}.$$

Der Lotfußpunkt von M auf die Gerade g hat somit die Koordinaten $B\left(-1 \middle| 2\sqrt{2} \middle| 3\right)$.

☞ *Alternative:* Wird $\mu = -\frac{1}{2}\sqrt{2}$ in die erste Gleichung des Gleichungssystems eingesetzt, ergibt sich:

$$-\lambda = \sqrt{2} \cdot \left(-\frac{1}{2}\sqrt{2}\right) = -1 \quad \Longleftrightarrow \quad \lambda = 1.$$

Eingesetzt in die Gleichung von g erhält man die Koordinaten des Punktes $B\left(-1 \middle| 2\sqrt{2} \middle| 3\right)$.

➤ *Kreisradius des Viertelkreises*

Der Radius r entspricht der Länge der Strecke [MB].

Dazu wird der Betrag des Vektors $\overrightarrow{MB}$ berechnet:

$$r = \left|\overrightarrow{MB}\right| = \left|\vec{B} - \vec{M}\right| = \left|\begin{pmatrix} -1 \\ 2\sqrt{2} \\ 3 \end{pmatrix} - \begin{pmatrix} 0 \\ 3\sqrt{2} \\ 2 \end{pmatrix}\right| = \left|\begin{pmatrix} -1 \\ -\sqrt{2} \\ 1 \end{pmatrix}\right| = \sqrt{1+2+1} = 2.$$

Der Viertelkreis hat den Radius 2.

d) ➤ *Nachweis von* $\vec{C} = \vec{M} + \vec{v}$

Der Verlauf der Kurve wird nochmals in einer Skizze veranschaulicht.

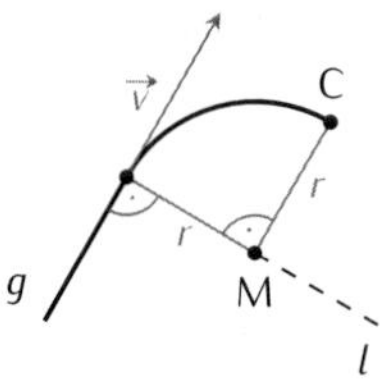

Da es sich um einen Viertelkreis handelt, schließen l und $\overrightarrow{MC}$ einen rechten Winkel ein. Außerdem steht l senkrecht auf g. Damit sind $\overrightarrow{MC}$ und g parallel zueinander und der Ortsvektor $\vec{C}$ lässt sich als Summe aus dem Ortsvektor $\vec{M}$ und einem Vielfachen des Richtungsvektors von g beschreiben. Es gilt also:

$$\vec{C} = \vec{M} + k \cdot \vec{v} = \begin{pmatrix} 0 \\ 3\sqrt{2} \\ 2 \end{pmatrix} + k \cdot \begin{pmatrix} -1 \\ \sqrt{2} \\ 1 \end{pmatrix}.$$

Da der Punkt C auf dem Viertelkreis mit Radius $r = 2$ um den Punkt M liegt, muss der Betrag des Vektors $\overrightarrow{MC}$ ebenfalls 2 sein.

Zunächst wird deshalb der Betrag des Vektors $\overrightarrow{MC}$ berechnet:

$$\begin{aligned} \left|\overrightarrow{MC}\right| &= \left|\vec{C} - \vec{M}\right| \\ &= \left|\vec{M} + k \cdot \vec{v} - \vec{M}\right| \\ &= |k \cdot \vec{v}| \\ &= \left|k \cdot \begin{pmatrix} -1 \\ \sqrt{2} \\ 1 \end{pmatrix}\right| \\ &= \left|k \cdot \sqrt{(-1)^2 + \sqrt{2}^2 + 1^2}\right| \\ &= |2k|. \end{aligned}$$

Setzt man den Betrag des Vektors $\overrightarrow{MC}$ nun gleich dem Radius des Viertelkreises, ergibt sich:

$$|2k| = \left|\overrightarrow{MC}\right| = r = 2 \quad \Longrightarrow \quad |2k| = 2 \quad \Longrightarrow \quad k = \pm 1.$$

Lösungen

Aufgabenstellung siehe Seite 106

Da der Vektor $\vec{v}$ die Fahrtrichtung auf der geraden Strecke beschreibt, kann der Wert von k nicht negativ sein. Damit ist $k = 1$ und es gilt:

$$\vec{C} = \vec{M} + \vec{v}.$$

e) Die durchschnittliche Geschwindigkeit v des Achterbahnwagens auf dem Weg von Punkt A nach C beträgt 15 m/s, wobei 1 LE im Koordinatensystem des Modells 10 m in der Realität entspricht.

➤ *Fahrstreckenlänge von A nach C*

Die Länge s der Gesamtstrecke von A nach C ergibt sich als Summe des Betrags von $\overrightarrow{AB}$ und dem Viertel des Umfanges eines Kreises mit Radius $r = 2$. Es gilt:

$$\begin{aligned} s &= \left|\overrightarrow{AB}\right| + \frac{1}{4} \cdot 2\pi r \\ &= \left|\vec{B} - \vec{A}\right| + \frac{1}{2} \cdot \pi r \\ &= \left|\begin{pmatrix} -1 \\ 2\sqrt{2} \\ 3 \end{pmatrix} - \begin{pmatrix} 0 \\ \sqrt{2} \\ 2 \end{pmatrix}\right| + \frac{1}{2} \cdot 2\pi \\ &= \left|\begin{pmatrix} -1 \\ \sqrt{2} \\ 1 \end{pmatrix}\right| + \pi \\ &= \sqrt{(-1)^2 + \sqrt{2}^2 + 1^2} + \pi \\ &= \sqrt{4} + \pi \\ &= 2 + \pi. \end{aligned}$$

Die Fahrstrecke von A bis C ist im Koordinatensystem des Modells $(2 + \pi)$ LE und in der Realität $(2 + \pi) \cdot 10$ m lang.

➤ *Fahrzeit von A nach C*

Die Formel für die Geschwindigkeit wird nach der Zeit aufgelöst und anschließend die gegebene Geschwindigkeit v sowie die berechnete Fahrstrecke s eingesetzt. Es gilt:

$$v = \frac{s}{t} \quad \Longleftrightarrow \quad t = \frac{s}{v} = \frac{(2 + \pi) \cdot 10\,\text{m}}{15\,\text{m/s}} = \frac{2}{3} \cdot (2 + \pi)\,\text{s} \approx 3{,}4\,\text{s}.$$

Ein Wagen der Achterbahn benötigt für die Fahrt von A nach C etwa 3,4 Sekunden.

Lösungen zu Geometrie, 2015, Teil B, Aufgabengruppe 2

a) ➤ *Bestimmung der Koordinaten von* C

Für den Ortsvektor des Punktes C gilt:

$$\vec{C} = \vec{A} + 2 \cdot \overrightarrow{AM}.$$

Mit

$$\overrightarrow{AM} = \begin{pmatrix} 2{,}5 - 5 \\ 0 - (-4) \\ 2 - 0 \end{pmatrix} = \begin{pmatrix} -2{,}5 \\ 4) \\ 2 \end{pmatrix}$$

erhält man:

$$\vec{C} = \vec{A} + 2 \cdot \overrightarrow{AM} = \begin{pmatrix} 5 \\ -4 \\ 0 \end{pmatrix} + 2 \cdot \begin{pmatrix} -2{,}5 \\ 4 \\ 2 \end{pmatrix} = \begin{pmatrix} 0 \\ 4 \\ 4 \end{pmatrix}.$$

Der Punkt C die Koordinaten C(0|4|4).

➤ *Bestimmung der Ebenengleichung*

Eine Parametergleichung der Ebene E, in welcher das Viereck ABCD liegt, ist gegeben durch:

$$E : \vec{x} = \vec{A} + \lambda \overrightarrow{AM} + \mu \overrightarrow{AB}$$

$$= \begin{pmatrix} 5 \\ -4 \\ 0 \end{pmatrix} + \lambda \begin{pmatrix} -2{,}5 \\ 4 \\ 2 \end{pmatrix} + \mu \begin{pmatrix} 0 \\ 8 \\ 0 \end{pmatrix} \text{ mit } \lambda, \mu \in \mathbb{R}.$$

Außerdem lässt sich mithilfe des Kreuzproduktes der Richtungsvektoren ein Normalenvektor $\vec{n}_E$ bestimmen:

$$\begin{pmatrix} -2{,}5 \\ 4 \\ 2 \end{pmatrix} \times \begin{pmatrix} 0 \\ 8 \\ 0 \end{pmatrix} = \begin{pmatrix} -16 \\ 0 \\ -20 \end{pmatrix} = -4 \cdot \begin{pmatrix} 4 \\ 0 \\ 5 \end{pmatrix}, \quad \text{das heißt} \quad \vec{n}_E = \begin{pmatrix} 4 \\ 0 \\ 5 \end{pmatrix}.$$

Eine Normalenform der Ebene E ist dann gegeben durch:

$$E : \begin{pmatrix} 4 \\ 0 \\ 5 \end{pmatrix} \circ \left[\vec{x} - \begin{pmatrix} 5 \\ -4 \\ 0 \end{pmatrix} \right] = 0.$$

Lösungen

Alle Punkte der Ebene E erfüllen also die Gleichung:

$$\begin{pmatrix}4\\0\\5\end{pmatrix} \circ \begin{pmatrix}x_1 - 5\\x_2 - (-4)\\x_3 - 0\end{pmatrix} = 0$$

$$\begin{aligned} \iff\quad 4 \cdot (x_1 - 5) + 0 \cdot (x_2 + 4) + 5 \cdot (x_3 - 0) &= 0 \\ \iff\quad 4x_1 - 20 + 5x_3 &= 0 \\ \iff\quad 4x_1 + 5x_3 - 20 &= 0. \end{aligned}$$

Eine Koordinatengleichung der Ebene E lautet:

$E : 4x_1 + 5x_3 - 20 = 0.$

Dies entspricht dem Kontrollergebnis.

b) ➤ *Winkel der Ebene gegenüber der Horizontalen*

Der Neigungswinkel α der Grundplatte gegenüber der Horizontalen ist der Schnittwinkel zwischen der Ebene E und der Horizontalen. Damit ist α der spitze Winkel zwischen dem Normalenvektor $\vec{n}_E$ der Ebene E und einem Normalenvektor $\vec{n}_H$ der Horizontalen H.

Da die Horizontale parallel zur x_1x_2-Ebene ist, ist

$$\vec{n}_H = \begin{pmatrix}0\\0\\1\end{pmatrix}$$

ein Normalenvektor der Ebene H. Der Neigungswinkel α lässt sich damit wie folgt berechnen:

$$\cos\alpha = \frac{|\vec{n}_E \circ \vec{n}_H|}{|\vec{n}_E| \cdot |\vec{n}_H|} = \frac{\left|\begin{pmatrix}4\\0\\5\end{pmatrix} \circ \begin{pmatrix}0\\0\\1\end{pmatrix}\right|}{\sqrt{(4^2 + 0^2 + 5^2} \cdot \sqrt{0^2 + 0^2 + 1^2}} = \frac{|5|}{\sqrt{41} \cdot \sqrt{1}} = \frac{5}{\sqrt{41}}.$$

Für den Schnittwinkel gilt also

$$\alpha = \cos^{-1}\left(\frac{5}{\sqrt{41}}\right) \approx 38{,}7^\circ.$$

Die Sonnenuhr ist um ungefähr 38,7° gegenüber der Horizontalen geneigt.

➤ *Breitengrad*

Für den Breitengrad φ des Aufstellungsortes muss laut Aufgabenstellung $\alpha + \varphi = 90^\circ$ gelten, also

$$\varphi = 90^\circ - \alpha \approx 51{,}3^\circ.$$

Die Sonnenuhr wurde für den Breitengrad 51,3° gebaut.

☞ *Alternative:* Wegen $\cos\alpha = \cos(90^\circ - \varphi) = \sin\varphi$ lässt sich der Breitengrad φ auch direkt berechnen:

$$\sin\varphi = \frac{|\vec{n}_E \circ \vec{n}_H|}{|\vec{n}_E| \cdot |\vec{n}_H|} = \frac{5}{\sqrt{41}}.$$

Die Sonnenuhr wurde für den Breitengrad 51,3° gebaut.

c) ➤ *Nachweis der Orthogonalität von Polstab und Grundplatte*

Der Polstab liegt in der Geraden g mit der Parameterform

$$g : \vec{x} = \vec{M} + \lambda \cdot \overrightarrow{MS} = \begin{pmatrix} 2,5 \\ 0 \\ 2 \end{pmatrix} + \lambda \cdot \begin{pmatrix} 2 \\ 0 \\ 2,5 \end{pmatrix} \text{ mit } \lambda \in \mathbb{R}.$$

Für den Richtungsvektor $\overrightarrow{MS}$ der Geraden g und den Normalenvektor $\vec{n}_E$ der Ebene gilt:

$$2 \cdot \overrightarrow{MS} = 2 \cdot \begin{pmatrix} 2 \\ 0 \\ 2,5 \end{pmatrix} = \begin{pmatrix} 4 \\ 0 \\ 5 \end{pmatrix} = \vec{n}_E.$$

Folglich sind der Richtungsvektor der Geraden und der Normalenvektor der Ebene Vielfache voneinander. Der Polstab steht also senkrecht auf der Ebene E.

➤ *Länge des Polstabs berechnen*

Zunächst wird die Länge der Strecke [MS] mithilfe des Betrags des Vektors $\overrightarrow{MS}$ berechnet:

$$\left|\overrightarrow{MS}\right| = \left|\begin{pmatrix} 2 \\ 0 \\ 2,5 \end{pmatrix}\right| = \sqrt{2^2 + 0^2 + (2,5)^2} = \sqrt{10,25} \approx 3,20.$$

Der Polstab ist also 3,20 LE lang. Eine Längeneinheit entspricht 10 cm und die Länge des Polstabes beträgt 32 cm.

d) ➤ *Berechnung des Schattenpunktes auf der Ebene E*

Die rechteckige Grundplatte liegt in der Ebene E. Zunächst wird eine Gerade h aufgestellt mit dem Vektor $\vec{S}$ als Stützvektor, wobei S die Spitze des Polstabs ist, und dem Richtungsvektor $\vec{u}$ der Sonnenstrahlen. Es gilt also:

$$h : \vec{X} = \begin{pmatrix} 4,5 \\ 0 \\ 4,5 \end{pmatrix} + \lambda \begin{pmatrix} 6 \\ 6 \\ -13 \end{pmatrix} \text{ mit } \lambda \in \mathbb{R}.$$

Der Schattenpunkt von S auf der Ebene E wird berechnet, indem der Schnittpunkt von h mit E berechnet wird:

$$4\,(4,5 + 6\lambda) + 5\,(4,5 - 13\lambda) - 20 = 0 \iff 20,5 - 41\lambda = 0 \iff \lambda = 0,5.$$

Der Punkt S′(7,5|3|-2) ist der Schattenpunkt der Spitze S auf der Ebene E.

➤ *Nachweis, dass der Schattenpunkt außerhalb der Grundplatte liegt*

Die Grundplatte besteht aus einem Rechteck, in dem gegenüberliegende Seiten stets parallel sind. Die beiden Seiten [AB] und [CD] der Grundplatte sind parallel zur x_2-Achse. Deshalb ist die x_3-Koordinate aller Punkte der Grundplatte mindestens so groß wie die von B und höchstens so groß wie die von C. Für alle Punkte innerhalb der Grundplatte gilt also:

$$0 \leq x_3 \leq 4.$$

Lösungen

 Aufgabenstellung siehe Seite 107

Für den Schattenpunkt S′ der Spitze S auf der Ebene E ist dagegen:

$x_3 = -2.$

Somit liegt der Schattenpunkt außerhalb der Grundplatte.

e) Für den Mittelpunkt M_{BC} der Kante [BC], durch den der Schatten des Polstabes um 6 Uhr verläuft, gilt

$$\overrightarrow{M_{BC}} = \frac{1}{2}\left(\vec{B} + \vec{C}\right) = \frac{1}{2}\left(\begin{pmatrix}5\\4\\0\end{pmatrix} + \begin{pmatrix}0\\4\\4\end{pmatrix}\right) = \begin{pmatrix}2{,}5\\4\\2\end{pmatrix}.$$

und damit $M_{BC}(2{,}5|4|2)$.

Für den Mittelpunkt M_{AB} der Kante [AB], durch den der Schatten des Polstabes um 12 Uhr verläuft, gilt analog $M_{AB}(5|0|0)$.

Für den Mittelpunkt M_{AD} der Kante [AD], durch den der Schatten des Polstabes um 18 Uhr verläuft, gilt analog $M_{AD}(2{,}5|-4|2)$.

Diese drei Uhrzeiten werden zur Veranschaulichung in die symbolische Darstellung der Sonnenuhr eingefügt.

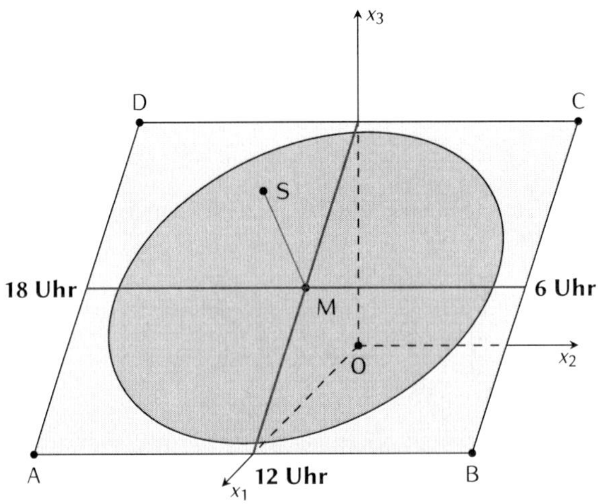

Aus der Skizze kann abgelesen werden, dass für alle Zeiten zwischen 6 und 12 Uhr die x_2-Komponente des Schattenpunktes S′ positiv ist, während sie für Zeiten zwischen 12 und 18 Uhr negativ ist. Für den Schattenpunkt S′ auf der Ebene E gilt:

$x_2 = 3 > 0.$

Somit liegt der betrachtete Zeitpunkt t_0 vor 12 Uhr.

Lösungen zu Geometrie, 2014, Teil A, Aufgabengruppe 1

Lösung zu Aufgabe 1

a) Aus den bereits angegebenen Punkten sowie durch die Angabe, dass es sich um ein gerades Prisma handelt, lassen die Koordinaten des Punktes F schließen. Der Punkt F besitzt die gleichen x- und y-Koordinaten wie C und die gleiche z-Koordinate wie D. Also:

$$F(0|8|4).$$

Der Abstand der Punkte B und F entspricht dann der Länge des Verbindungsvektors:

$$\left|\overrightarrow{BF}\right| = \left|\begin{pmatrix}0\\8\\4\end{pmatrix} - \begin{pmatrix}8\\0\\0\end{pmatrix}\right| = \left|\begin{pmatrix}-8\\8\\4\end{pmatrix}\right| = \sqrt{(-8)^2 + 8^2 + 4^2} = 12.$$

Der Abstand zwischen B und F beträgt also 12.

b) ➤ *Koordinaten der Mittelpunkte* M *und* P *der Kanten* [AD] *und* [BC]

Der Ortsvektor des Mittelpunktes M der Strecke [AD] kann berechnet werden durch:

$$\vec{M} = \frac{1}{2}\left(\vec{A} + \vec{D}\right) = \frac{1}{2}\left(\begin{pmatrix}0\\0\\0\end{pmatrix} + \begin{pmatrix}0\\0\\4\end{pmatrix}\right) = \begin{pmatrix}0\\0\\2\end{pmatrix}, \quad \text{also} \quad M(0|0|2).$$

☞ *Alternative 1:* Der Ortsvektor des Mittelpunktes M der Strecke [AB] kann auch berechnet werden, indem man zum Ortsvektor $\vec{A}$ die Hälfte des Verbindungsvektor $\overrightarrow{AB}$ addiert. Hierbei ist es wichtig, dass dieser die richtige Orientierung aufweist. Es gilt also:

$$\vec{M} = \vec{A} + \frac{1}{2}\cdot\overrightarrow{AD} = \begin{pmatrix}0\\0\\0\end{pmatrix} + \frac{1}{2}\cdot\begin{pmatrix}0\\0\\4\end{pmatrix} = \begin{pmatrix}0\\0\\2\end{pmatrix}, \quad \text{also} \quad M(0|0|2).$$

Der Ortsvektor des Mittelpunktes P der Strecke [BC] kann berechnet werden durch:

$$\vec{P} = \frac{1}{2}\left(\vec{B} + \vec{C}\right) = \frac{1}{2}\left(\begin{pmatrix}8\\0\\0\end{pmatrix} + \begin{pmatrix}0\\8\\0\end{pmatrix}\right) = \begin{pmatrix}4\\4\\0\end{pmatrix}, \quad \text{also} \quad P(4|4|0).$$

☞ *Alternative 2:* Der Ortsvektor des Mittelpunktes P der Strecke [BC] lautet:

$$\vec{P} = \vec{B} + \frac{1}{2}\cdot\overrightarrow{BC} = \begin{pmatrix}8\\0\\0\end{pmatrix} + \frac{1}{2}\cdot\begin{pmatrix}0-8\\8-0\\0-0\end{pmatrix} = \begin{pmatrix}4\\4\\0\end{pmatrix}, \quad \text{also} \quad P(4|4|0).$$

➤ *Bestimmung von* y_K

Gesucht ist der Wert von y_K, sodass die Vektoren $\overrightarrow{MP}$ und $\overrightarrow{MK}$ senkrecht zueinander stehen. Dies ist genau denn der Fall, wenn ihr Skalarprodukt Null ergibt.

Aufgabenstellung siehe Seite 110

Also wird zunächst das Skalarprodukt berechnet:

$$\overrightarrow{MP} \circ \overrightarrow{MK} = \begin{pmatrix} 4 \\ 4 \\ -2 \end{pmatrix} \circ \begin{pmatrix} 0 \\ y_K \\ 2 \end{pmatrix} = 4 \cdot 0 + 4 \cdot y_K + (-2) \cdot 2 = 4y_K - 4.$$

Damit das Dreieck im Punkt M rechtwinklig ist, muss gelten:

$$\overrightarrow{MP} \circ \overrightarrow{MK} = 4y_K - 4 = 0 \quad \Longleftrightarrow \quad 4y_K = 4 \quad \Longleftrightarrow \quad y_K = 1.$$

Für $y_K = 1$ ist das Dreieck MPK im Punkt M rechtwinklig.

Lösung zu Aufgabe 2

a) Die Ebene E ist echt parallel zur x_1-Achse. Eine Begründung ist zwar nicht erforderlich, soll aber an dieser Stelle trotzdem nicht fehlen.

Ein Normalenvektor der Ebene E ist gegeben durch:

$$\vec{n}_E = \begin{pmatrix} 0 \\ 3 \\ 4 \end{pmatrix}.$$

Die x_1-Achse hat die Gleichung:

$$x_1 : \vec{x} = \lambda \begin{pmatrix} 1 \\ 0 \\ 0 \end{pmatrix}, \quad \lambda \in \mathbb{R}.$$

Der Richtungsvektor der x_1-Achse steht senkrecht zum Normalenvektor der Ebene E, denn:

$$\begin{pmatrix} 0 \\ 3 \\ 4 \end{pmatrix} \circ \begin{pmatrix} 1 \\ 0 \\ 0 \end{pmatrix} = 0.$$

Somit verlaufen die x_1-Achse und die Ebene E parallel. Alle Punkte der x_1-Achse haben die Form $P(x|0|0)$. Eine Punktprobe eines beliebigen Punktes P der x_1-Achse und der Ebene E fällt negativ aus, denn:

$$3 \cdot 0 + 4 \cdot 0 = 0 \neq 5.$$

Somit ist die Ebene E parallel zur x_1-Achse, aber enthält diese nicht.

b) Um die gegenseitige Lage von Ebene E und Kugel zu überprüfen, muss der Abstand des Kugelmittelpunktes Z zur Ebene E berechnet werden.

➤ *Abstand von Z zur Ebene E*

Zunächst wird eine Hilfsgerade aufgestellt. Diese hat als Richtungsvektor den Normalenvektor der Ebene E und als Stützvektor den Ortsvektor zum Mittelpunkt Z:

$$g : \vec{x} = \begin{pmatrix} 1 \\ 6 \\ 3 \end{pmatrix} + r \cdot \begin{pmatrix} 0 \\ 3 \\ 4 \end{pmatrix}, \quad r \in \mathbb{R}.$$

Nun wird der Schnittpunkt der Gerade g und der Ebene E bestimmt. Hierzu werden die Zeilen der Geradengleichung von g in die Koordinatengleichung von E eingesetzt:

$$3 \cdot (6 + r \cdot 3) + 4 \cdot (3 + r \cdot 4) = 5 \quad \Longleftrightarrow \quad 25r = -25 \quad \Longleftrightarrow \quad r = -1.$$

Den berechneten Parameter r in g eingesetzt, liefert den Ortsvektor zum Lotfußpunkt L:

$$\vec{L} = \begin{pmatrix} 1 \\ 6 \\ 3 \end{pmatrix} - 1 \cdot \begin{pmatrix} 0 \\ 3 \\ 4 \end{pmatrix} = \begin{pmatrix} 1 \\ 3 \\ -1 \end{pmatrix} \quad \Longrightarrow \quad L(1|3|-1).$$

Der Abstand des Kugelmittelpunktes Z zur Ebene E ist dann die Länge des Verbindungsvektors:

$$d(Z,E) = \left|\overrightarrow{LZ}\right| = \left|\begin{pmatrix} 1-1 \\ 6-3 \\ 3-(-1) \end{pmatrix}\right| = \left|\begin{pmatrix} 0 \\ 3 \\ 4 \end{pmatrix}\right| = \sqrt{0^2 + 3^2 + 4^2} = 5.$$

☞ *Alternative:* Um $d(Z,E)$ zu bestimmen, setzt man die Koordinaten von Z in die Hessesche Normalenform der Ebenengleichung E ein. Mit

$$|\vec{n}_E| = \left|\begin{pmatrix} 0 \\ 3 \\ 4 \end{pmatrix}\right| = \sqrt{0^2 + 3^2 + 4^2} = \sqrt{25} = 5$$

lautet die Hessesche Normalenform der Ebene E:

$$E : \frac{3x_2 + 4x_3 - 5}{5} = 0$$

Daraus ergibt sich:

$$d(Z,E) = \left|\frac{3 \cdot 6 + 4 \cdot 3 - 5}{5}\right| = \left|\frac{18 + 12 - 5}{5}\right| = \left|\frac{25}{5}\right| = 5.$$

➤ *Vergleich von Radius und Abstand*

Der Abstand des Mittelpunktes Z zur Ebene E beträgt 5, während der Radius der Kugel 7 beträgt. Der Radius der Kugel ist also größer als der Abstand des Kugelmittelpunktes Z zur Ebene E. Somit schneiden sich Kugel und Ebene.

Lösungen

Lösungen zu Geometrie, 2014, Teil A, Aufgabengruppe 2

Lösung zu Aufgabe 1

a) Ein Quader ist ein Spat, der nur rechteckige Seitenflächen hat. Das heißt, alle Kanten sind zueinander senkrecht. Es ist also zu zeigen, dass für alle Zweierkombinationen der drei Vektoren $\vec{a}$, $\vec{b}$ und $\vec{c}$ gilt, dass diese zueinander senkrecht stehen. Die jeweils anderen Kanten sind zu diesen parallel und bilden dann auch rechte Winkel. Hierzu werden paarweise die Skalarprodukte berechnet.

$$\vec{a} \circ \vec{b} = \begin{pmatrix} 2 \\ 1 \\ 2 \end{pmatrix} \circ \begin{pmatrix} -1 \\ 2 \\ 0 \end{pmatrix} = 2 \cdot (-1) + 1 \cdot 2 + 2 \cdot 0 = 0$$

$$\vec{a} \circ \vec{c} = \begin{pmatrix} 2 \\ 1 \\ 2 \end{pmatrix} \circ \begin{pmatrix} 4t \\ 2t \\ -5t \end{pmatrix} = 2 \cdot 4t + 1 \cdot 2t + 2 \cdot (-5t) = 0$$

$$\vec{b} \circ \vec{c} = \begin{pmatrix} -1 \\ 2 \\ 0 \end{pmatrix} \circ \begin{pmatrix} 4t \\ 2t \\ -5t \end{pmatrix} = (-1) \cdot 4t + 2 \cdot 2t + 0 \cdot (-5t) = 0$$

Die Vektoren stehen also paarweise unabhängig vom Wert des Parameters $t \in \mathbb{R}$ senkrecht aufeinander. Es handelt sich also folglich für jeden Wert von $t \in \mathbb{R}$ um einen Quader.

b) Der Volumeninhalt eines allgemeinen Spats, und somit auch der eines Quaders, lässt sich mit dem sogenannten Spatprodukt berechnen:

$$V = \left| \vec{a} \circ (\vec{b} \times \vec{c}) \right| .$$

Dabei sind $\vec{a}$, $\vec{b}$ und $\vec{c}$ drei Kanten des Spates, die nicht parallel stehen dürfen. Es gilt also:

$$\begin{aligned} V &= \left| \begin{pmatrix} 2 \\ 1 \\ 2 \end{pmatrix} \circ \left(\begin{pmatrix} -1 \\ 2 \\ 0 \end{pmatrix} \times \begin{pmatrix} 4t \\ 2t \\ -5t \end{pmatrix} \right) \right| \\ &= \left| \begin{pmatrix} 2 \\ 1 \\ 2 \end{pmatrix} \circ \begin{pmatrix} -10t \\ -5t \\ -10t \end{pmatrix} \right| \\ &= |2 \cdot (-10t) + 1 \cdot (-5t) + 2 \cdot (-10t)| \\ &= |-45t| . \end{aligned}$$

Der Quader soll das Volumen 15 besitzen. Es muss also gelten:

$$V = 45\,|t| = 15 \quad \Longleftrightarrow \quad |t| = \frac{1}{3} \quad \Longleftrightarrow \quad t = \pm\frac{1}{3}.$$

Für $t = -\frac{1}{3}$ oder $t = \frac{1}{3}$ hat der zugehörige Quader das Volumen 15.

☞ *Alternative:* Das Volumen V eines Quaders kann als Produkt der Kantenlängen berechnet werden. Es gilt also:

$$\begin{aligned} V &= \left|\vec{a}\right| \cdot \left|\vec{b}\right| \cdot \left|\vec{c}\right| \\ &= \left|\begin{pmatrix} 2 \\ 1 \\ 2 \end{pmatrix}\right| \cdot \left|\begin{pmatrix} -1 \\ 2 \\ 0 \end{pmatrix}\right| \cdot \left|\begin{pmatrix} 4t \\ 2t \\ -5t \end{pmatrix}\right| \\ &= \sqrt{2^2 + 1^2 + 2^2} \cdot \sqrt{(-1)^2 + 2^2 + 0^2} \cdot \sqrt{(4t)^2 + (2t)^2 + (-5t)^2} \\ &= \sqrt{9} \cdot \sqrt{5} \cdot \sqrt{45t^2} \\ &= \sqrt{45} \cdot \sqrt{45 \cdot t^2} \\ &= 45|t|. \end{aligned}$$

Der Quader soll das Volumen 15 besitzen. Es muss also gelten:

$$V = 15 \quad \Longleftrightarrow \quad 45|t| = 15 \quad \Longleftrightarrow \quad |t| = \frac{1}{3} \quad \Longleftrightarrow \quad t = \pm\frac{1}{3}.$$

Für $t = -\frac{1}{3}$ oder $t = \frac{1}{3}$ hat der zugehörige Quader das Volumen 15.

Lösung zu Aufgabe 2

a) Die Punkte P und Q liegen auf der Kugeloberfläche und die Strecke [PQ] verläuft durch den Mittelpunkt M der Kugel. Die beiden Punkte P und Q liegen sich auf der Kugeloberfläche genau gegenüber. Es gilt also:

$$\vec{Q} = \vec{M} + \overrightarrow{PM} = \begin{pmatrix} -3 \\ 2 \\ 7 \end{pmatrix} + \begin{pmatrix} -3 - 3 \\ 2 - 4 \\ 7 - 4 \end{pmatrix} = \begin{pmatrix} -9 \\ 0 \\ 10 \end{pmatrix}.$$

Der Punkt Q hat also die Koordinaten Q(-9|0|10).

☞ *Alternative:* Man kann auch zum Ortsvektor zu P zweimal den Vektor $\overrightarrow{PM}$ addieren:

$$\vec{Q} = \vec{P} + 2 \cdot \overrightarrow{PM} = \begin{pmatrix} 3 \\ 4 \\ 4 \end{pmatrix} + 2 \cdot \begin{pmatrix} -3 - 3 \\ 2 - 4 \\ 7 - 4 \end{pmatrix} = \begin{pmatrix} 3 \\ 4 \\ 4 \end{pmatrix} + \begin{pmatrix} -12 \\ -4 \\ 6 \end{pmatrix} = \begin{pmatrix} -9 \\ 0 \\ 10 \end{pmatrix}.$$

Der Punkt Q hat also die Koordinaten Q(-9|0|10).

b) Zunächst wird der Radius der Kugel bestimmt und dieser anschließend mit dem Abstand des Kugelmittelpunktes zur x_1x_2-Ebene verglichen.

➤ *Radius der Kugel bestimmen*

Der Radius einer Kugel ist die Länge eines Verbindungsvektors vom Mittelpunkt zu einem beliebigen Punkt der Kugeloberfläche, zum Beispiel zum Punkt P:

$$r = \left|\overrightarrow{MP}\right| = \left|\begin{pmatrix} 3 - (-3) \\ 4 - 2 \\ 4 - 7 \end{pmatrix}\right| = \left|\begin{pmatrix} 6 \\ 2 \\ -3 \end{pmatrix}\right| = \sqrt{6^2 + 2^2 + (-3)^2} = \sqrt{49} = 7.$$

Der Radius der Kugel ist also 7.

Lösungen

➤ *Abstand von M zur x_1x_2-Ebene*

Eine Koordinatengleichung der x_1x_2-Ebene E ist gegeben durch

$$E : x_3 = 0.$$

Die x_3-Koordinate von M ist $x_3 = 7$, und damit sieht man direkt, dass sie von der x_1x_2-Ebene den Abstand 7 hat.

☞ *Alternative:* Eine Koordinatengleichung der x_1x_2-Ebene E ist gegeben durch

$$E : x_3 = 0.$$

Eine Gleichung der Hilfsgeraden h mit Stützpunkt M und parallel zum Normalenvektor der x_1x_2-Ebene lautet:

$$h : \vec{x} = \begin{pmatrix} -3 \\ 2 \\ 7 \end{pmatrix} + \lambda \begin{pmatrix} 0 \\ 0 \\ 1 \end{pmatrix}, \quad \lambda \in \mathbb{R}.$$

Der Lotfußpunkt kann dann berechnet werden als Schnittpunkt der Geraden h mit der x_1x_2-Ebene:

$$7 + \lambda = 0 \quad \Longleftrightarrow \quad \lambda = -7.$$

Der berechnete Parameter $\lambda = -7$ wird nun in die Gleichung der Hilfsgeraden eingesetzt. Es gilt:

$$\vec{L} = \begin{pmatrix} -3 \\ 2 \\ 7 \end{pmatrix} - 7 \cdot \begin{pmatrix} 0 \\ 0 \\ 1 \end{pmatrix} = \begin{pmatrix} -3 \\ 2 \\ 0 \end{pmatrix}.$$

Der Lotfußpunkt ist damit gegeben durch L(-3|2|0). Der Abstand des Kugelmittelpunktes zur x_1x_2-Ebene ist dann die Länge des Verbindungsvektors $\overrightarrow{ML}$, also:

$$\left|\overrightarrow{ML}\right| = \left|\begin{pmatrix} -3 \\ 2 \\ 7 \end{pmatrix} - \begin{pmatrix} -3 \\ 2 \\ 0 \end{pmatrix}\right| = \left|\begin{pmatrix} 0 \\ 0 \\ 7 \end{pmatrix}\right| = \sqrt{0^2 + 0^2 + 7^2} = 7.$$

Der Abstand des Kugelmittelpunktes M von der x_1x_2-Ebene beträgt 7 LE.

➤ *Vergleich von Radius und Abstand*

Radius und Abstand des Mittelpunktes von der Ebene stimmen überein, daher berührt die Ebene die Kugel.

Lösungen zu Geometrie, 2014, Teil B, Aufgabengruppe 1

a) Der Flächeninhalt eines Dreiecks lässt sich mit dem Kreuzprodukt bestimmen. Man sieht das Dreieck dabei als eine von zwei gleich großen Hälften eines Parallelogramms an.

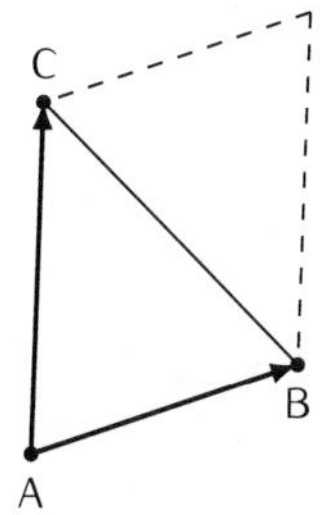

Zunächst wird das Kreuzprodukt von zwei Vektoren bestimmt, die ausgehend von einem Eckpunkt, hier A, zwei Kanten des Dreiecks bilden:

$$\overrightarrow{AB} \times \overrightarrow{AC} = \left(\vec{B} - \vec{A}\right) \times \left(\vec{C} - \vec{A}\right) = \begin{pmatrix} -4 \\ 4 \\ 0 \end{pmatrix} \times \begin{pmatrix} -4 \\ 0 \\ 4 \end{pmatrix} = \begin{pmatrix} 4 \cdot 4 - 0 \cdot 0 \\ 0 \cdot (-4) - 4 \cdot (-4) \\ (-4) \cdot 0 - (-4) \cdot 4 \end{pmatrix} = \begin{pmatrix} 16 \\ 16 \\ 16 \end{pmatrix}.$$

Der Flächeninhalt kann dann entsprechend der obigen Skizze bestimmt werden:

$$A = \frac{1}{2}\left|\overrightarrow{AB} \times \overrightarrow{AC}\right| = \frac{1}{2}\left|\begin{pmatrix} 16 \\ 16 \\ 16 \end{pmatrix}\right| = \frac{1}{2}\sqrt{16^2 + 16^2 + 16^2} = \frac{1}{2}\sqrt{3 \cdot 16^2} = 8\sqrt{3} \approx 13{,}86.$$

Das Dreieck hat also einen Flächeninhalt von $8\sqrt{3} \approx 13{,}86$ Flächeneinheiten.

☞ *Alternative:* Alternativ lässt sich der Flächeninhalt eines Dreiecks auch als Produkt der Länge g einer der Dreiecksseiten und der dazugehörigen Höhe h_g multipliziert mit dem Faktor $\frac{1}{2}$ berechnen. Allerdings ist die Bestimmung der Höhe etwas aufwändiger. Die Formel für den Flächeninhalt eines Dreiecks lautet also:

$$A = \frac{1}{2} \cdot g \cdot h_g.$$

Wird nun die Strecke [AB] als Grundseite gewählt, so entspricht ihre Länge g der Länge des Verbindungsvektors $\overrightarrow{AB}$, also:

$$g = \left|\overrightarrow{AB}\right| = \sqrt{(-4)^2 + 4^2 + 0^2} = \sqrt{32} = 4\sqrt{2}.$$

Die dazugehörige Höhe ist die Strecke, die durch C geht und [AB] senkrecht schneidet. Gesucht ist also der Abstand von C zur Geraden durch A und B. Dieser lässt sich zum Beispiel mit dem Loftfußpunktverfahren berechnen.

Lösungen

➤ *Erstellen der Geradengleichung von g_{AB}*

Der Vektor $\vec{A}$ wird hierzu als Stützvektor und $\overrightarrow{AB}$ als Richtungsvektor verwendet:

$$g_{AB}: \vec{x} = \vec{A} + r \cdot \overrightarrow{AB} = \begin{pmatrix} 4 \\ 0 \\ 0 \end{pmatrix} + r \cdot \begin{pmatrix} -4 \\ 4 \\ 0 \end{pmatrix}, \quad r \in \mathbb{R}.$$

➤ *Hilfsebene H, welche C enthält*

Als Normalenvektor der Ebene H wird der Richtungsvektor der Geraden verwendet. Ein Ansatz für die Koordinatengleichung lautet also:

$$H: -4 \cdot x_1 + 4 \cdot x_2 + 0 \cdot x_3 - a = 0.$$

Die Hilfsebene soll den Punkt C enthalten. Eine Punktprobe mit C liefert dann a:

$$-4 \cdot 0 + 4 \cdot 0 + 0 \cdot 0 - a = 0 \quad \Longleftrightarrow \quad a = 0.$$

Eine Koordinatengleichung der Ebene H lautet:

$$H: -4x_1 + 4x_2 = 0.$$

➤ *Schnittpunkt von g_{AB} und H (Lotfußpunkt)*

Die Zeilen der Geradengleichung werden in die Ebenengleichung eingesetzt und damit der Parameter r ermittelt:

$$-4(4 + r \cdot (-4)) + 4(0 + r \cdot 4) + 0(0 + r \cdot 0) = 0 \quad \Longleftrightarrow \quad 32r = 16 \quad \Longleftrightarrow \quad r = \frac{1}{2}.$$

Durch Einsetzen von $r = \frac{1}{2}$ in g_{AB} kann der Lotfußpunkt L bestimmt werden:

$$\vec{L} = \begin{pmatrix} 4 \\ 0 \\ 0 \end{pmatrix} + \frac{1}{2} \begin{pmatrix} -4 \\ 4 \\ 0 \end{pmatrix} = \begin{pmatrix} 2 \\ 2 \\ 0 \end{pmatrix}.$$

Die gesuchte Höhe ist dann die Länge des Vektors $\overrightarrow{CL}$:

$$\left|\overrightarrow{CL}\right| = \left| \begin{pmatrix} 2 \\ 2 \\ 0 \end{pmatrix} - \begin{pmatrix} 0 \\ 0 \\ 4 \end{pmatrix} \right| = \left| \begin{pmatrix} 2 \\ 2 \\ -4 \end{pmatrix} \right| = \sqrt{2^2 + 2^2 + (-4)^2} = \sqrt{24} = 2\sqrt{6}.$$

In die Formel für den Flächeninhalt eingesetzt, ergibt das:

$$A = \frac{1}{2} \cdot \sqrt{32} \cdot \sqrt{24} = 8\sqrt{3} \approx 13{,}86.$$

Das Dreieck hat einen Flächeninhalt von $8\sqrt{3} \approx 13{,}86$.

b) ➤ *Gleichung der Geraden g des Lichtstrahls*

Die Gerade g enthält den Punkt P und verläuft entlang $\vec{v}$. Damit ist $\vec{P}$ ein geeigneter Stützvektor und $\vec{v}$ der Richtungsvektor. Eine Geradengleichung der Gerade g lautet also:

$$g: \vec{x} = \begin{pmatrix} 2 \\ 2 \\ 3 \end{pmatrix} + r \begin{pmatrix} -1 \\ -1 \\ -4 \end{pmatrix}, \quad r \in \mathbb{R}.$$

➤ *Schnittpunkt von g und E*

Eine Koordinatengleichung der Ebene E, in welcher das Dreieck liegt, ist in der Aufgabenstellung gegeben:

$$E : x_1 + x_2 + x_3 = 4.$$

Die Zeilen der Geradengleichung werden nun in die Ebenengleichung eingesetzt und somit der Wert des Parameters r ermittelt:

$$(2 + r \cdot (-1)) + (2 + r \cdot (-1)) + (3 + r \cdot (-4)) = 4 \quad \Longleftrightarrow \quad -6r = -3 \quad \Longleftrightarrow \quad r = \frac{1}{2}.$$

Der berechnete Parameter $r = \frac{1}{2}$ wird in die Geradengleichung eingesetzt, um den Schnittpunkt R zu erhalten:

$$\vec{R} = \begin{pmatrix} 2 \\ 2 \\ 3 \end{pmatrix} + \frac{1}{2} \begin{pmatrix} -1 \\ -1 \\ -4 \end{pmatrix} = \begin{pmatrix} 1{,}5 \\ 1{,}5 \\ 1 \end{pmatrix}, \quad \text{also} \quad R(1{,}5|1{,}5|1).$$

➤ *Nachweis, dass R innerhalb der Dreiecksfläche liegt*

Der Punkt R liegt auf jeden Fall in der Ebene E, denn R ist der Schnittpunkt von E mit g. Diese Eigenschaft muss an dieser Stelle nicht durch eine Punktprobe gezeigt werden.

Der Punkt R liegt innerhalb des Dreiecks ABC, wenn für die Parameter r, s der Linearkombination

$$\vec{R} = \vec{A} + r \cdot \overrightarrow{AB} + s \cdot \overrightarrow{AC}$$

gilt:

$$0 < r < 1, \quad 0 < s < 1, \quad \text{und} \quad 0 < r + s < 1.$$

Falls die ersten beiden Bedingungen erfüllt sind, ergibt sich ein Parallelogramm. Die letzte Bedingung definiert dann das gesuchte Dreieck. Dies ist nachfolgend dargestellt.

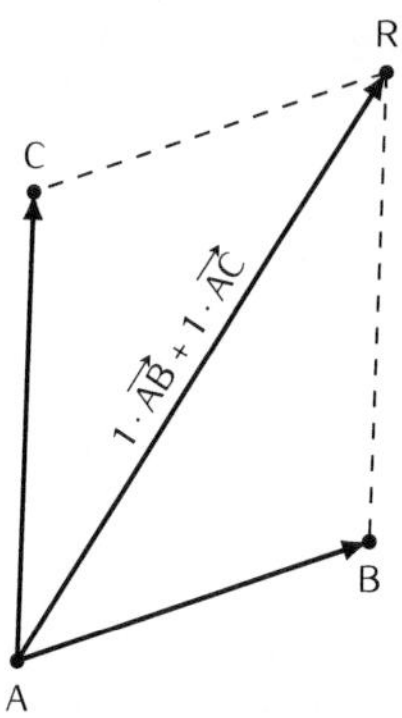

$r = 1$
$s = 1$

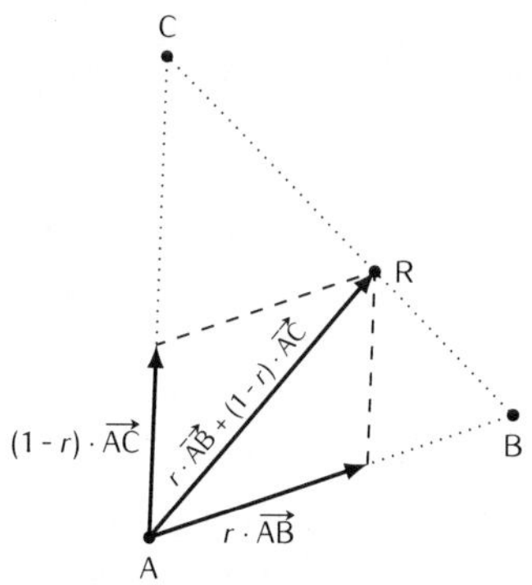

$0 \leq r \leq 1$
$s = 1 - r$

 Aufgabenstellung siehe Seite 112

Gesucht sind also die Parameter r und s, welche die folgende Gleichung erfüllen:

$$\vec{R} = \vec{A} + r \cdot \overrightarrow{AB} + s \cdot \overrightarrow{AC}$$

$$\begin{pmatrix} 1{,}5 \\ 1{,}5 \\ 1 \end{pmatrix} = \begin{pmatrix} 4 \\ 0 \\ 0 \end{pmatrix} + r \cdot \begin{pmatrix} -4 \\ 4 \\ 0 \end{pmatrix} + s \cdot \begin{pmatrix} -4 \\ 0 \\ 4 \end{pmatrix}.$$

Daraus ergibt sich folgendes Lineare Gleichungssystem:

$$\begin{aligned} -2{,}5 &= -4r - 4s \\ 1{,}5 &= 4r \\ 1 &= 4s, \end{aligned}$$

Das Gleichungssystem liefert für r und s eindeutige Lösungen:

$$r = \frac{3}{8} \quad \text{und} \quad s = \frac{1}{4}.$$

Es gelten:

$$0 < r = \frac{3}{8} < 1, \quad 0 < s = \frac{1}{4} < 1 \quad \text{und} \quad 0 < r + s = \frac{5}{8} < 1.$$

Damit liegt der Punkt R im Dreieck ABC.

☞ *Alternative:* Eine Begründung mit Worten würde hier auch funktionieren: Die Eckpunkte des Dreiecks sind die Spurpunkte der Ebene E. Alle Spurpunkte haben ausschließlich positive Koordinaten auf der jeweiligen Koordinatenachse. Damit liegen alle Punkte, die nur positive Koordinaten haben, innerhalb der Dreiecksfläche des Spurpunktedreiecks. Der Punkt R(1,5|1,5|1) liegt also innerhalb des Dreiecks.

c) Der Punkt Q ist bezüglich der Ebene E symmetrisch zu P, wenn er der Spiegelpunkt ist. Es muss also einen Punkt L der Ebene E geben, sodass gilt: $\overrightarrow{PL} = \overrightarrow{LQ}$, wobei diese Vektoren senkrecht auf der Ebene stehen. Eine einfache zweidimensionale Skizze verdeutlicht den Sachverhalt.

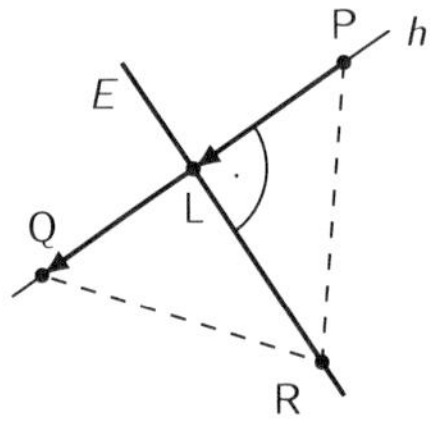

➤ *Lotfußpunkt* L *als Schnittpunkt von Lotgerade h und Ebene E*

Hierzu wird zunächst eine Gleichung der Hilfsgeraden h aufgestellt. Hierzu wird $\vec{P}$ als Stützvektor und der Normalenvektor von E als Richtungsvektor gewählt:

$$h: \vec{x} = \begin{pmatrix} 2 \\ 2 \\ 3 \end{pmatrix} + t \cdot \begin{pmatrix} 1 \\ 1 \\ 1 \end{pmatrix}, \quad t \in \mathbb{R}.$$

Nun wird der Schnittpunkt der Geraden h mit der Ebene E bestimmt. Dazu werden die Zeilen von h in die Koordinatenform von E eingesetzt:

$$(2 + t \cdot 1) + (2 + t \cdot 1) + (3 + t \cdot 1) = 4 \quad \Longleftrightarrow \quad 3t = -3 \quad \Longleftrightarrow \quad t = -1.$$

Einsetzen des berechneten Parameters t in die Geradengleichung liefert den Lotfußpunkt L:

$$\vec{L} = \begin{pmatrix} 2 \\ 2 \\ 3 \end{pmatrix} + (-1) \cdot \begin{pmatrix} 1 \\ 1 \\ 1 \end{pmatrix} = \begin{pmatrix} 1 \\ 1 \\ 2 \end{pmatrix}.$$

Der Lotfußpunkt ist also gegeben durch L(1|1|2). Der Vektor $\overrightarrow{PL}$ ist automatisch senkrecht zur Ebene E, weil sowohl der Punkt P als auch der Punkt L auf der Geraden h liegen. Somit ist der Verbindungsvektor der beiden Punkte ein Vielfaches des Richtungsvektors der Geraden h. Dieser ist aber parallel zum Normalenvektor der Ebene E.

➤ *Nachweis, dass* Q *Spiegelpunkt von* P *ist*

Wenn Q der Spiegelpunkt von P bezüglich Ebene E ist, dann muss gelten:

$$\vec{P} + 2\overrightarrow{PL} = \vec{Q}.$$

Es gilt:

$$\vec{P} + 2\overrightarrow{PL} = \begin{pmatrix} 2 \\ 2 \\ 3 \end{pmatrix} + 2\left(\begin{pmatrix} 1 \\ 1 \\ 2 \end{pmatrix} - \begin{pmatrix} 2 \\ 2 \\ 3 \end{pmatrix}\right) = \begin{pmatrix} 2 \\ 2 \\ 3 \end{pmatrix} + 2\begin{pmatrix} -1 \\ -1 \\ -1 \end{pmatrix} = \begin{pmatrix} 0 \\ 0 \\ 1 \end{pmatrix} = \vec{Q}.$$

Also ist Q der Spiegelpunkt von P, und damit liegen die beiden Punkte symmetrisch zur Ebene E.

➤ *Gerade durch* P *und* Q

Die Gerade l verläuft durch die Punkte P und Q, eine mögliche Darstellung von l ist also gegeben durch:

$$l: \vec{x} = \begin{pmatrix} 2 \\ 2 \\ 3 \end{pmatrix} + t \begin{pmatrix} -2 \\ -2 \\ -2 \end{pmatrix}, \quad t \in \mathbb{R}$$

☞ *Alternative:* Der Nachweis, dass die Punkte P und Q symmetrisch zur Ebene E liegen, kann auch folgendermaßen erbracht werden. Zunächst wird der Schnittpunkt der Hilfsgeraden h und der Ebene E bestimmt und anschließend wird überprüft, ob dieser der Mittelpunkt der Strecke [PQ] ist.

➤ *Bestimmung des Schnittpunktes* M *und gegenseitige Lage von l und E*

Zur Bestimmung des Schnittpunktes der Hilfsgeraden l und der Ebene E werden die Koordinaten der Geradengleichung in die Ebenengleichung eingesetzt.

$$2 - 2r + 2 - 2r + 3 - 2r = 4 \quad \Longleftrightarrow \quad -6r = -3 \quad \Longleftrightarrow \quad r = \frac{1}{2}.$$

Der Schnittpunkt der Gerade l mit der Ebene E ist M(1|1|2). Der Richtungsvektor der Geraden l ist ein Vielfaches des Normalenvektors der Ebene E. Somit schneiden sich die beiden Objekte senkrecht.

Aufgabenstellung siehe Seite 112

➤ M *Mittelpunkt der Strecke von* P *nach* Q

Es gilt:

$$\frac{1}{2}\left(\vec{P}+\vec{Q}\right)=\frac{1}{2}\left(\begin{pmatrix}2\\2\\3\end{pmatrix}+\begin{pmatrix}0\\0\\1\end{pmatrix}\right)=\frac{1}{2}\cdot\begin{pmatrix}2\\2\\4\end{pmatrix}=\begin{pmatrix}1\\1\\2\end{pmatrix}=\vec{M}.$$

Damit ist M der Mittelpunkt der Strecke $\overline{PQ}$.

➤ *Schlussfolgerung*

Der Verbindungsvektor $\overrightarrow{PQ}$ steht senkrecht zur Ebene E und der Mittelpunkt M der Strecke entpricht genau dem Schnittpunkt der Geraden durch P und Q mit der Ebene E. Damit ist Q der Spiegelpunkt von P bezüglich der Ebene E und die beiden Punkte liegen symmetrisch zu dieser Ebene.

d) ➤ *Koordinatengleichung der Ebene F*

Liegen zwei Geraden, die sich schneiden, in derselben Ebene, so können ihre Richtungsvektoren als Spannvektoren der Ebene genommen werden, und ihr Kreuzprodukt ist ein Normalenvektor der Ebene. Somit:

$$\overrightarrow{PR}\times\overrightarrow{QR}=\begin{pmatrix}-0,5\\-0,5\\-2\end{pmatrix}\times\begin{pmatrix}1,5\\1,5\\0\end{pmatrix}=\begin{pmatrix}3\\-3\\0\end{pmatrix}=3\cdot\begin{pmatrix}1\\-1\\0\end{pmatrix}$$

$$\text{also}\quad \vec{n}_F=\begin{pmatrix}1\\-1\\0\end{pmatrix}.$$

Eine Koordinatengleichung der Ebene F lautet also:

$$F: x_1 - x_2 - a = 0.$$

Der Punkt P liegt auf der Ebene, eine Punktprobe ergibt dann:

$$2-2-a=0 \quad\Longleftrightarrow\quad 0=a.$$

Damit ist eine Koordinatengleichung der Ebene F gegeben durch:

$$F: x_1 - x_2 = 0.$$

Dies entspricht dem angegebenen Zwischenergebnis.

➤ *Einfallslot*

Das Einfallslot ist die Gerade k, die die Ebene E im Punkt R senkrecht schneidet. Der Punkt R ist also ein möglicher Stützpunkt und der Normalenvektor von E ein möglicher Richtungsvektor. Also:

$$k:\vec{x}=\begin{pmatrix}1,5\\1,5\\1\end{pmatrix}+m\cdot\begin{pmatrix}1\\1\\1\end{pmatrix},\ m\in\mathbb{R}.$$

Der Punkt R liegt nach Aufgabenstellung sowohl in der Ebene E als auch in der Ebene F. Damit bleibt zu zeigen, dass der Richtungsvektor der Geraden k senkrecht zum

Normalenvektor von F ist. Hierzu wird das Skalarprodukt der beiden Vektoren ermittelt. Es gilt:

$$\begin{pmatrix} 1 \\ -1 \\ 0 \end{pmatrix} \circ \begin{pmatrix} 1 \\ 1 \\ 1 \end{pmatrix} = 1 \cdot 1 + (-1) \cdot 1 + 0 \cdot 1 = 0.$$

Damit sind die beiden Vektoren senkrecht zueinander und das Einfallslot, also die Gerade k, liegt in der Ebene F.

☞ *Alternative 1:* Falls zwei Punkte einer Geraden in einer Ebene liegen, verläuft die gesamte Gerade innerhalb der Ebene. Zu zeigen ist also, dass zum Beispiel der Stützpunkt und ein weiterer Punkt in der Ebene liegen. Der Punkt R liegt in F, denn wenn man ihn in die Ebenengleichung einsetzt, erhält man eine wahre Aussage:

$$1{,}5 - 1{,}5 = 0.$$

Für einen zweiten Punkt T wählt man in der Geradengleichung des Einfallslotes eine beliebige Zahl als Parameter, zum Beispiel $m = 1$:

$$\vec{T} = \begin{pmatrix} 1{,}5 \\ 1{,}5 \\ 1 \end{pmatrix} + 1 \cdot \begin{pmatrix} 1 \\ 1 \\ 1 \end{pmatrix} = \begin{pmatrix} 2{,}5 \\ 2{,}5 \\ 2 \end{pmatrix}.$$

Auch dieser Punkt liegt in der Ebene F, denn die Punktprobe liefert eine wahre Aussage:

$$2{,}5 - 2{,}5 = 0.$$

Damit liegt das Einfallslot in der Ebene.

☞ *Alternative 2:* Um zu zeigen, dass eine Gerade in einer Ebene liegt, lässt sich alternativ auch zeigen, dass der Stützpunkt, oder ein anderer beliebiger Punkt der Geraden, in der Ebene liegt und der Richtungsvektor durch eine Linearkombination der beiden Spannvektoren der Ebene darstellbar ist. Der Punkt R liegt in F, denn wenn man ihn in die Ebenengleichung einsetzt, erhält man eine wahre Aussage:

$$1{,}5 - 1{,}5 = 0.$$

Betrachte außerdem:

$$\begin{pmatrix} 1 \\ 1 \\ 1 \end{pmatrix} = a \cdot \overrightarrow{PR} + b \cdot \overrightarrow{QR} = a \cdot \begin{pmatrix} -0{,}5 \\ -0{,}5 \\ -2 \end{pmatrix} + b \cdot \begin{pmatrix} 1{,}5 \\ 1{,}5 \\ 0 \end{pmatrix}.$$

Diese Gleichung hat die eindeutige Lösung

$$a = -\frac{1}{2} \quad \text{und} \quad b = \frac{5}{6}.$$

Damit ist der Vektor durch eine Linearkombination der Spannvektoren darstellbar und das Einfallslot liegt in der Ebene F.

Lösungen

Aufgabenstellung siehe Seite 112

e) ➤ *Winkel zwischen Einfallslot (Gerade k) und Gerade g*

Der Winkel zwischen den beiden Geraden entspricht dem Winkel zwischen den beiden Richtungsvektoren. Es gilt:

$$\cos\alpha = \frac{\left|\begin{pmatrix}1\\1\\1\end{pmatrix}\circ\begin{pmatrix}-0,5\\-0,5\\-2\end{pmatrix}\right|}{\left|\begin{pmatrix}1\\1\\1\end{pmatrix}\right|\cdot\left|\begin{pmatrix}-0,5\\-0,5\\2\end{pmatrix}\right|}$$

$$= \frac{|1\cdot(-0,5)+1\cdot(-0,5)+1\cdot(-2)|}{\sqrt{1^2+1^2+1^2}\cdot\sqrt{(-0,5)^2+(-0,5)^2+(-2)^2}}$$

$$= \frac{3}{\sqrt{3}\cdot\sqrt{4,5}}$$

$$= \frac{\sqrt{2}}{3}$$

.

Für den Winkel α gilt dann

$$\alpha = \cos\left(\frac{\sqrt{2}}{3}\right) \approx 35,26^\circ.$$

➤ *Winkel zwischen Einfallslot und ausfallendem Lichtstrahl*

Genauso wie oben:

$$\cos\beta = \frac{\left|\begin{pmatrix}1\\1\\1\end{pmatrix}\circ\begin{pmatrix}1,5\\1,5\\0\end{pmatrix}\right|}{\left|\begin{pmatrix}1\\1\\1\end{pmatrix}\right|\cdot\left|\begin{pmatrix}1,5\\1,5\\0\end{pmatrix}\right|}$$

$$= \frac{|1\cdot 1,5+1\cdot 1,5+1\cdot 0|}{\sqrt{1^2+1^2+1^2}\cdot\sqrt{1,5^2+1,5^2+0^2}}$$

$$= \frac{3}{\sqrt{3}\cdot\sqrt{4,5}}$$

$$= \frac{\sqrt{2}}{3}.$$

Für den Winkel β gilt ebenfalls $\beta \approx 35,26^\circ$. Die beiden Winkel sind also gleich groß.

Lösungen zu Geometrie, 2014, Teil B, Aufgabengruppe 2

a) Die Eckpunkte des Parallelogramms sind gegeben durch

$B(8|0|5), \quad C(8|10|5), \quad H(4|10|8) \quad \text{und} \quad G(4|0|8)$

Für die Kanten des Parallelogramms gilt:

$$\overrightarrow{BC} = \begin{pmatrix} 8 \\ 10 \\ 5 \end{pmatrix} - \begin{pmatrix} 8 \\ 0 \\ 5 \end{pmatrix} = \begin{pmatrix} 0 \\ 10 \\ 0 \end{pmatrix} = \overrightarrow{GH}$$

$$\overrightarrow{CH} = \begin{pmatrix} 4 \\ 10 \\ 8 \end{pmatrix} - \begin{pmatrix} 8 \\ 10 \\ 5 \end{pmatrix} = \begin{pmatrix} -4 \\ 0 \\ 3 \end{pmatrix} = \overrightarrow{BG}$$

Die Fläche eines Parallelogramms, und somit auch die eines speziellen Parallelogramms wie dem Rechteck, lässt sich mithilfe des Kreuzproduktes bestimmen. Hierbei werden zwei Seiten gewählt, die sich nicht gegenüber liegen und anschließend der Betrag des Kreuzproduktes bestimmt. Es gelten:

$$A = \left|\overrightarrow{BC} \times \overrightarrow{CH}\right| = \left|\begin{pmatrix} 0 \\ 10 \\ 0 \end{pmatrix} \times \begin{pmatrix} -4 \\ 0 \\ 3 \end{pmatrix}\right| = \left|\begin{pmatrix} 30 \\ 0 \\ 40 \end{pmatrix}\right| = \sqrt{30^2 + 0^2 + 40^2} = 50.$$

☞ *Alternative:* Das Parallelogramm ist laut Aufgabenstellung ein Rechteck. Dessen Flächeninhalt kann bestimmt werden, indem das Produkt der Längen zweier nicht gegenüberliegender Seiten berechnet wird:

$$A = \left|\overrightarrow{BC}\right| \cdot \left|\overrightarrow{CH}\right| = \left|\begin{pmatrix} 0 \\ 10 \\ 0 \end{pmatrix}\right| \cdot \left|\begin{pmatrix} -4 \\ 0 \\ 3 \end{pmatrix}\right| = \sqrt{0^2 + 10^2 + 0^2} \cdot \sqrt{(-4)^2 + 0^2 + 3^2} = 50.$$

b) Für die Formel, mit der man den Winkel zwischen zwei Ebenen berechnen kann, benötigt man die Normalenvektoren der Ebene. Den Normalenvektor der Dachschrägenebene erhält man zum Beispiel durch das Kreuzprodukt zweier Spannvektoren, zum Beispiel $\overrightarrow{CH}$ und $\overrightarrow{BC}$, die auch schon im vorigen Aufgabenteil verwendet wurden:

$$\begin{aligned} \vec{n}_{\text{Dach}} &= \overrightarrow{CH} \times \overrightarrow{BC} \\ &= \begin{pmatrix} 0 \\ 10 \\ 0 \end{pmatrix} \times \begin{pmatrix} -4 \\ 0 \\ 3 \end{pmatrix} \\ &= \begin{pmatrix} 30 \\ 0 \\ 40 \end{pmatrix}. \end{aligned}$$

Lösungen

Mit der horizontalen Fläche ist in dieser Aufgabe die x_1x_2-Ebene gemeint, diese hat den Normalenvektor $\vec{n}_{x_1x_2} = \begin{pmatrix} 0 \\ 0 \\ 1 \end{pmatrix}$. Damit gilt für den Winkel:

$$\cos\alpha = \frac{\left| \begin{pmatrix} 30 \\ 0 \\ 40 \end{pmatrix} \circ \begin{pmatrix} 0 \\ 0 \\ 1 \end{pmatrix} \right|}{\left| \begin{pmatrix} 30 \\ 0 \\ 40 \end{pmatrix} \right| \cdot \left| \begin{pmatrix} 0 \\ 0 \\ 1 \end{pmatrix} \right|} = \frac{|40|}{\sqrt{30^2 + 0^2 + 40^2} \cdot \sqrt{0^2 + 0^2 + 1^2}} = \frac{4}{5}$$

und damit $\quad \alpha = \cos^{-1}\left(\frac{4}{5}\right) \approx 36{,}87°.$

Der Neigungswinkel ist größer als 35°, somit ist die Dachgaube zulässig.

c) Zu zeigen ist, dass die Gerade t in der Ebene E verläuft. Hierzu wird gezeigt, dass der Stützpunkt und ein beliebiger anderer Punkt der Gerade in der Ebene E liegt. Der Stützpunkt $T(4|8|8)$ liegt in der Ebene E, denn:

$$3 \cdot 4 + 4 \cdot 8 - 44 = 0 \quad \Longrightarrow \quad T(4|8|8) \in E.$$

Ein weiterer Punkt der Gerade ist zum Beispiel $R(8|8|5)$. Um R zu erhalten, wurde in der Geradengleichung $\lambda = 1$ gewählt. Der Punkt R liegt auch in der Ebene E, denn:

$$3 \cdot 8 + 4 \cdot 5 - 44 = 0 \quad \Longrightarrow \quad R(8|8|5) \in E.$$

Damit liegt die Gerade t in der Ebene E.

☞ *Alternative:* Der Stützpunkt T liegt in der Ebene E, denn die Punktprobe liefert eine wahre Aussage:

$$3 \cdot 4 + 4 \cdot 8 - 44 = 0 \quad \Longrightarrow \quad T(4|8|8) \in E.$$

Der Richtungsvektor der Geraden t ist senkrecht zum Normalenvektor der Ebene E, denn es gilt:

$$\begin{pmatrix} 4 \\ 0 \\ -3 \end{pmatrix} \circ \vec{n}_E = \begin{pmatrix} 4 \\ 0 \\ -3 \end{pmatrix} \circ \begin{pmatrix} 3 \\ 0 \\ 4 \end{pmatrix} = 4 \cdot 3 + (-3) \cdot 4 = 0.$$

Damit stehen die beiden Vektoren senkrecht. Da der Stützpunkt der Gerade t in der Ebene liegt und der Richtungsvektor der Gerade t senkrecht zum Normalenvektor der Ebene E steht, liegt die Gerade t in der Ebene E.

➤ *Nachweis, dass die Gerade t zur Geraden durch* H *und* C *den Abstand* 2 *hat.*

Zunächst wird die Gleichung der Geraden u durch H und C bestimmt. Dazu wird H als Stützpunkt und $\overrightarrow{HC}$ als Richtungsvektor gewählt:

$$u: \vec{x} = \begin{pmatrix} 4 \\ 10 \\ 8 \end{pmatrix} + s \cdot \begin{pmatrix} 4 \\ 0 \\ -3 \end{pmatrix}, \quad s \in \mathbb{R}.$$

Offensichtlich ist diese Gerade parallel zur Geraden t, denn die Richtungsvektoren sind Vielfache voneinander. In diesem Fall sind sie sogar identisch. Gesucht ist also der Abstand zweier paralleler Geraden. Dieser lässt sich berechnen als Abstand eines beliebigen Punktes der einen Geraden zur anderen Gerade. Hier wird der Abstand des Punktes T zur Geraden u bestimmt.

Aus der Aufgabenstellung ist bekannt, dass es sich bei dem Viereck BCHG um ein Rechteck handelt. Die Gerade v durch G und H hat die Gleichung:

$$v : \vec{x} = \begin{pmatrix} 4 \\ 10 \\ 8 \end{pmatrix} + k \cdot \begin{pmatrix} 0 \\ 10 \\ 0 \end{pmatrix}, \quad k \in \mathbb{R}.$$

Der Punkt T liegt auf der Geraden v, denn:

$$\begin{pmatrix} 4 \\ 8 \\ 8 \end{pmatrix} = \begin{pmatrix} 4 \\ 10 \\ 8 \end{pmatrix} + k \cdot \begin{pmatrix} 0 \\ 10 \\ 0 \end{pmatrix} \quad \Longleftrightarrow \quad k = -\frac{1}{5}$$

Damit liegt T auf einer Kante des Rechtecks, d.h. die Gerade durch G, T und H ist rechtwinklig zur Geraden durch H und C. Damit ist der Abstand von T zur Geraden durch H und C der Abstand der Punkte T und H:

$$d(\mathrm{T};\mathrm{H}) = \left|\overrightarrow{\mathrm{TH}}\right| = \left|\begin{pmatrix} 4-4 \\ 10-8 \\ 8-8 \end{pmatrix}\right| = \left|\begin{pmatrix} 0 \\ 2 \\ 0 \end{pmatrix}\right| = \sqrt{2^2} = 2.$$

Damit hat die Gerade durch H und C zur Ebene E den Abstand 2.

☞ *Alternative:* Die Gerade t ist parallel zur Geraden u durch H und C. Der Abstand der beiden Geraden entspricht dann dem Abstand des Punktes T zur Geraden u.

➤ *Hilfsebene G*

Der Richtungsvektor der Geraden u ist ein Normalenvektor $\vec{n}_G$ der Hilfsebene G. Ein Ansatz der Koordinatengleichung von G lautet dann:

$$G : 4x_1 + 0x_2 + (-3) \cdot x_3 - a = 0.$$

Die Ebene G soll den Punkt T(4|8|8) enthalten. Durch eine Punktprobe mit T kann also der Wert des Parameters a bestimmt werden:

$$4 \cdot 4 + 0 \cdot 8 + (-3) \cdot 8 + 8 = 0.$$

Somit ist eine Koordinatengleichung der Hilfsebene G gegeben durch:

$$G : 4x_1 - 3x_3 + 8 = 0.$$

➤ *Schnittpunkt der Geraden u mit der Ebene G ermitteln*

Für die Bestimmung des Schnittpunktes der Geraden u durch H und C und der Hilfsebene G werden die Zeilen der Geradengleichung in die Ebenengleichung eingesetzt:

$$4 \cdot (4 + 4s) - 3 \cdot (8 - 3s) = -8 \quad \Longleftrightarrow \quad 25s = 0 \quad \Longleftrightarrow \quad s = 0.$$

Lösungen

Den Lotfußpunkt P erhält man, indem der berechnete Parameter $s = 0$ in die Geradengleichung eingesetzt wird:

$$\vec{P} = \begin{pmatrix} 4 \\ 10 \\ 8 \end{pmatrix} + 0 \cdot \begin{pmatrix} 4 \\ 0 \\ -3 \end{pmatrix} = \begin{pmatrix} 4 \\ 10 \\ 8 \end{pmatrix} \quad \Longrightarrow \quad L(4|10|8)\,.$$

Der Lotfußpunkt ist also P(4|10|8).

➤ *Abstand von* T *zum Lotfußpunkt*

Der Abstand der Ebene E zur Geraden t ist dann die Länge des Verbindungsvektors zwischen dem Lotfußpunkt P und dem Punkt T.

$$d(P;T) = \left| \begin{pmatrix} 4-4 \\ 10-8 \\ 8-8 \end{pmatrix} \right| = \left| \begin{pmatrix} 0 \\ 2 \\ 0 \end{pmatrix} \right| = \sqrt{2^2} = 2.$$

Damit hat die Gerade durch die Punkte H und C zur Ebene E den Abstand 2.

d) Falls noch nicht in der vorigen Aufgabe geschehen, muss man hier jetzt nochmal kurz begründen, dass der Stützpunkt T der Geraden auf dem Dachfirst liegt, d.h. eine Gerade v bestimmen, die durch die Punkte H und G verläuft:

$$v : \vec{x} = \vec{H} + s \cdot \overrightarrow{GH} = \begin{pmatrix} 4 \\ 10 \\ 8 \end{pmatrix} + s \cdot \begin{pmatrix} 0 \\ 10 \\ 0 \end{pmatrix}, \quad s \in \mathbb{R}.$$

Und dann mit der Punktprobe zeigen, dass der Punkt T auf der Gerade liegt:

$$\begin{pmatrix} 4 \\ 8 \\ 8 \end{pmatrix} = \begin{pmatrix} 4 \\ 10 \\ 8 \end{pmatrix} + k \cdot \begin{pmatrix} 0 \\ 10 \\ 0 \end{pmatrix} \quad \Longleftrightarrow \quad k = -\frac{1}{5}.$$

Der Punkt M soll von T den Abstand 1 haben, auf der Gerade t liegen und innerhalb der Rechtecksfläche des Daches. Der Vektor $\overrightarrow{TM}$ soll also parallel sein zum Richtungsvektor von t und die Länge 1 haben.

➤ *Normierung des Richtungsvektors von t*

Ein Vektor $\vec{v}$ wird normiert, also auf Länge 1 gebracht, in dem man ihn mit dem Faktor $\frac{1}{|\vec{v}|}$ multipliziert. Der normierte Richtungsvektor wird im Folgenden mit $\vec{v}_0$ bezeichnet:

$$\vec{v}_0 = \frac{1}{\left| \begin{pmatrix} 4 \\ 0 \\ -3 \end{pmatrix} \right|} \cdot \begin{pmatrix} 4 \\ 0 \\ -3 \end{pmatrix} = \frac{1}{\sqrt{4^2 + 0^2 + (-3)^2}} \cdot \begin{pmatrix} 4 \\ 0 \\ -3 \end{pmatrix} = \frac{1}{5} \cdot \begin{pmatrix} 4 \\ 0 \\ -3 \end{pmatrix}.$$

➤ *Koordinaten von* M

Den Ortsvektor zu M erhält man dann, indem man zum Ortsvektor zu T den normierten Richtungsvektor $\vec{v}_0$ addiert oder subtrahiert:

$$\overrightarrow{M_1} = \vec{T} + \vec{v}_0 = \begin{pmatrix} 4 \\ 8 \\ 8 \end{pmatrix} + \frac{1}{5}\begin{pmatrix} 4 \\ 0 \\ -3 \end{pmatrix} = \begin{pmatrix} \frac{24}{5} \\ 8 \\ \frac{37}{5} \end{pmatrix}.$$

Der Punkt M_1 hat somit die Koordinaten $M_1(4{,}8|8|7{,}4)$. Entsprechend gilt für M_2:

$$\overrightarrow{M_2} = \vec{T} - \vec{v}_0 = \begin{pmatrix} 4 \\ 8 \\ 8 \end{pmatrix} - \frac{1}{5}\begin{pmatrix} 4 \\ 0 \\ -3 \end{pmatrix} = \begin{pmatrix} \frac{16}{5} \\ 8 \\ \frac{43}{5} \end{pmatrix}.$$

Der Punkt M_2 hat somit die Koordinaten $M_2(3{,}2|8|8{,}6)$.

Nun muss noch untersucht werden, welcher der Punkte M_1 und M_2 auf der Dachfläche liegt. Beide Punkte M_1 und M_2 liegen in der Ebene E. Alle Punkte der Dachflächenebene haben zusätzlich die Eigenschaften:

$$4 \leq x_1 \leq 8, \quad 0 \leq x_2 \leq 10 \quad \text{und} \quad 5 \leq x_3 \leq 8.$$

Für den Punkt $M_1(4{,}8|8|7{,}4)$ sind alle drei Bedingungen erfüllt, für den Punkt M_2 nicht. Damit liegt ledglich der Punkt M_1 innerhalb der Dachfläche. Der gesuchte Punkt M ist also $M(4{,}8|8|7{,}4)$

☞ *Alternative:* Da die Gerade durch H und C senkrecht zum Dachfirst steht, muss auch die dazu parallele Gerade t senkrecht zum Dachfirst sein. Der Punkt T liegt auf dem Dachfirst. Die Punkte M und T liegen auf der Gerade t. Also ist der Abstand von M zum Dachfirst der Abstand von Punkt M zum Punkt T:

$$\left|\overrightarrow{TM}\right| = \left|\begin{pmatrix} 4 + \lambda \cdot 4 - 4 \\ 8 + \lambda \cdot 0 - 8 \\ 8 + \lambda \cdot (-3) - 8 \end{pmatrix}\right| = \left|\begin{pmatrix} 4\lambda \\ 0 \\ -3\lambda \end{pmatrix}\right| = \sqrt{(4\lambda)^2 + 0^2 + (-3\lambda)^2} = \sqrt{25\lambda^2} = 5\,|\lambda|\,.$$

Es soll gelten:

$$\left|\overrightarrow{TM}\right| = 1.$$

Also:

$$5\,|\lambda| = 1 \quad \Longrightarrow \quad \lambda = \pm\frac{1}{5}.$$

Folgende Punkte liegen also auf der Geraden und haben den Abstand 1 von T

$$M_1(4{,}8|8|7{,}4) \quad \text{und} \quad M_2(3{,}2|8|8{,}6)\,.$$

Nun muss noch untersucht werden, welcher der Punkte M_1 und M_2 auf der Dachfläche liegt. Beide Punkte M_1 und M_2 liegen in der Ebene E. Alle Punkte der Dachflächenebene haben zusätzlich die Eigenschaften:

$$4 \leq x_1 \leq 8, \quad 0 \leq x_2 \leq 10 \quad \text{und} \quad 5 \leq x_3 \leq 8.$$

Für den Punkt $M_1(4{,}8|8|7{,}4)$ sind alle drei Bedingungen erfüllt, für den Punkt M_2 nicht. Damit liegt ledglich der Punkt M_1 innerhalb der Dachfläche. Der gesuchte Punkt M ist also $M(4{,}8|8|7{,}4)$.

e) Zwei Ebenen sind parallel, wenn ihre Normalenvektoren Vielfache voneinander sind. Bei zwei parallelen Ebenen sind die Normalenvektoren gleich oder Vielfache voneinander. Das heißt, ein Ansatz für die Koordinatengleichung der verschobenen Ebene F lautet also:

$$F: 3x_1 + 4x_3 - a = 0.$$

Um den Parameter a zu bestimmen, muss nun noch eine Punktprobe mit einem Punkt P der Ebene F durchgeführt werden. Diesen erhält man, indem man einen beliebigen Punkt von E wählt und dessen x_3-Koordinate um 1,4 erhöht. Eine mögliche Wahl ist hierbei der Punkt H:

$$\vec{P} = \vec{H} + \begin{pmatrix} 0 \\ 0 \\ 1{,}4 \end{pmatrix} = \begin{pmatrix} 4 \\ 10 \\ 8 \end{pmatrix} + \begin{pmatrix} 0 \\ 0 \\ 1{,}4 \end{pmatrix} = \begin{pmatrix} 4 \\ 10 \\ 9{,}4 \end{pmatrix}.$$

Nun wird P(4|10|9,4) in die Koordinatengleichung von F eingesetzt, um a zu berechnen:

$$3 \cdot 4 + 4 \cdot 9{,}4 - a = 0 \quad \Longleftrightarrow \quad a = -49{,}6.$$

Somit lautet eine Koordinatengleichung der Ebene:

$$F: 3x_1 + 4x_3 - 49{,}6 = 0.$$

f) ➤ *Schnittpunkt von m und F*

Die Gerade durch L und N ist parallel zur x_3-Achse. Die Punkte dieser Gerade unterscheiden sich also lediglich in der x_3-Koordinate. Da der Gaubenstiel 1,4 m lang sein soll, wobei eine Längeneinheit 1 m entspricht, ist die x_3-Koordinate von N genau um 1,4 größer als die x_3-Koordinate von L. Der Punkt N liegt damit in der Ebene F aus dem vorigen Aufgabenteil und der angegebenen Gerade m. Damit ist der Schnittpunkt der Gerade m mit der Ebene F genau der Punkt N:

$$3 \cdot (4{,}8 + \mu \cdot 6) + 4 \cdot (7{,}4 + \mu \cdot (-1)) - 49{,}6 = 0 \quad \Longleftrightarrow \quad 14\mu = 5{,}6 \quad \Longleftrightarrow \quad \mu = 0{,}4.$$

Den berechneten Parameter μ in m eingesetzt, liefert den Schnittpunkt N:

$$\vec{N} = \begin{pmatrix} 4{,}8 \\ 8 \\ 7{,}4 \end{pmatrix} + 0{,}4 \cdot \begin{pmatrix} 6 \\ 0 \\ -1 \end{pmatrix} = \begin{pmatrix} 7{,}2 \\ 8 \\ 7 \end{pmatrix}.$$

Die Koordinaten des Punktes N lauten N(7,2|8|7).

➤ *Koordinaten von* L

Aus der Skizze kann abgelesen werden, dass die x_3-Koordinate von L genau 1,4 kleiner ist als die x_3-Koordinate von N:

$$\vec{L} = \begin{pmatrix} 7{,}2 \\ 8 \\ 7 \end{pmatrix} + \begin{pmatrix} 0 \\ 0 \\ -1{,}4 \end{pmatrix} = \begin{pmatrix} 7{,}2 \\ 8 \\ 5{,}6 \end{pmatrix}.$$

Die Koordinaten des Punktes L lauten somit L(7,2|8|5,6).

Lösungen zu Geometrie, Probe-Abi, Teil A, Aufgabengruppe 1

Lösung zu Aufgabe 1

a) ➤ *Gleichschenkligkeit des Dreiecks*

Ein Dreieck ist gleichschenklig, wenn genau zwei Seiten gleich lang sind. Die Länge einer Seite ist die Länge des Verbindungsvektors zwischen den Eckpunkten.

$$\left|\overrightarrow{AB}\right| = \left|\begin{pmatrix}1-2\\5-3\\3-1\end{pmatrix}\right| = \left|\begin{pmatrix}-1\\2\\2\end{pmatrix}\right| = \sqrt{(-1)^2+2^2+2^2} = \sqrt{9} = 3,$$

$$\left|\overrightarrow{AC}\right| = \left|\begin{pmatrix}3-2\\6-3\\5-1\end{pmatrix}\right| = \left|\begin{pmatrix}1\\3\\4\end{pmatrix}\right| = \sqrt{1^2+3^2+4^2} = \sqrt{26},$$

$$\left|\overrightarrow{BC}\right| = \left|\begin{pmatrix}3-1\\6-5\\5-3\end{pmatrix}\right| = \left|\begin{pmatrix}2\\1\\2\end{pmatrix}\right| = \sqrt{2^2+1^2+2^2} = \sqrt{9} = 3.$$

Da $\left|\overrightarrow{AB}\right| = \left|\overrightarrow{BC}\right|$ ist das Dreieck gleichschenklig mit der Basis AC.

➤ *Orthogonalität überprüfen*

Zwei Vektoren sind rechtwinklig zueinander, wenn ihr Skalarprodukt Null ist. Dies wird nun paarweise für alle drei Seiten überprüft.

$$\overrightarrow{AB} \circ \overrightarrow{AC} = \begin{pmatrix}-1\\2\\2\end{pmatrix} \circ \begin{pmatrix}1\\3\\4\end{pmatrix} = (-1)\cdot 1 + 2\cdot 3 + 2\cdot 4 = 13,$$

$$\overrightarrow{AB} \circ \overrightarrow{BC} = \begin{pmatrix}-1\\2\\2\end{pmatrix} \circ \begin{pmatrix}2\\1\\2\end{pmatrix} = (-1)\cdot 2 + 2\cdot 1 + 2\cdot 2 = 4,$$

$$\overrightarrow{AC} \circ \overrightarrow{BC} = \begin{pmatrix}1\\3\\4\end{pmatrix} \circ \begin{pmatrix}2\\1\\2\end{pmatrix} = 1\cdot 2 + 3\cdot 1 + 4\cdot 2 = 13.$$

Das Dreieck ABC hat folglich keinen rechten Winkel.

b) Den Flächeninhalt A eines Dreiecks berechnet man zum Beispiel mit folgender Formel:

$$A = \frac{1}{2}\cdot g\cdot h.$$

Dabei ist h die zur Grundseite g gehörige Höhe. Um diese zu bestimmen gibt es mehrere Möglichkeiten.

Aufgabenstellung siehe Seite 116

Bei einem gleichschenkligen Dreieck teilt die Höhe auf die Basis diese genau in der Mitte.

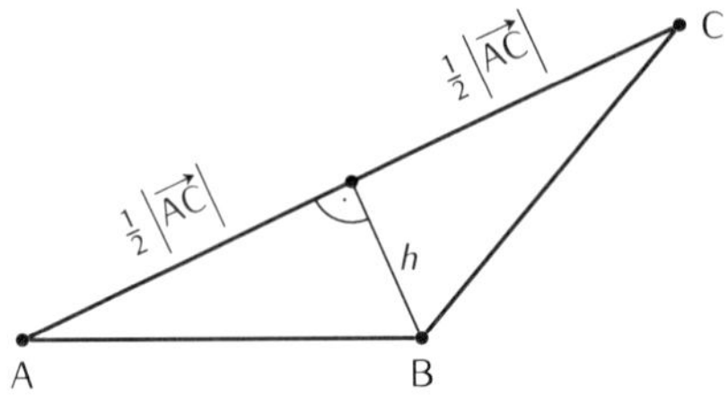

Die Höhe lässt sich mit dem Satz des Pythagoras berechnen:

$$\left(\left|\overrightarrow{AB}\right|\right)^2 = \left(\frac{1}{2}\cdot\left|\overrightarrow{AC}\right|\right)^2 + h^2 \quad\Longleftrightarrow\quad h = \sqrt{\left(\left|\overrightarrow{AB}\right|\right)^2 - \left(\frac{1}{2}\cdot\left|\overrightarrow{AC}\right|\right)^2}.$$

Für die Längen der Seiten gilt nach Aufgabenteil a):

$$\left|\overrightarrow{AB}\right| = 3 \quad \text{und} \quad \left|\overrightarrow{AC}\right| = \sqrt{26}.$$

Damit kann die Länge der Höhe h bestimmt werden:

$$h = \sqrt{\left(\left|\overrightarrow{AB}\right|\right)^2 - \left(\frac{1}{2}\cdot\left|\overrightarrow{AC}\right|\right)^2} = \sqrt{9 - \frac{1}{4}\cdot 26} = \sqrt{\frac{5}{2}}.$$

Das bedeutet für den Flächeninhalt:

$$A = \frac{1}{2}\cdot\left|\overrightarrow{AC}\right|\cdot h = \frac{1}{2}\sqrt{26}\cdot\sqrt{\frac{5}{2}} = \sqrt{\frac{130}{8}} \approx 4{,}03.$$

☞ *Alternative:* Die Höhe h teilt die Basis genau in der Mitte. Sei M der Mittelpunkt der Strecke AC. Dann lassen sich die Koordinaten von M wie folgt berechnen:

$$\vec{M} = \frac{1}{2}\left(\vec{A} + \vec{C}\right) = \frac{1}{2}\cdot\left(\begin{pmatrix}2\\3\\1\end{pmatrix} + \begin{pmatrix}3\\6\\5\end{pmatrix}\right) = \frac{1}{2}\cdot\begin{pmatrix}5\\9\\6\end{pmatrix} = \begin{pmatrix}2{,}5\\4{,}5\\3\end{pmatrix}.$$

Die Länge der Höhe h ist dann gegeben als:

$$h = \left|\overrightarrow{BM}\right| = \left|\begin{pmatrix}2{,}5\\4{,}5\\3\end{pmatrix} - \begin{pmatrix}1\\5\\3\end{pmatrix}\right| = \left|\begin{pmatrix}1{,}5\\-0{,}5\\0\end{pmatrix}\right| = \sqrt{1{,}5^2 + (-0{,}5)^2 + 0^2} = \sqrt{2{,}5} = \sqrt{\frac{5}{2}}.$$

Das bedeutet für den Flächeninhalt:

$$A = \frac{1}{2}\cdot\left|\overrightarrow{AC}\right|\cdot h = \frac{1}{2}\sqrt{26}\cdot\sqrt{\frac{5}{2}} = \sqrt{\frac{130}{8}} \approx 4{,}03.$$

c) Zunächst bestimmt man eine Parametergleichung der Ebene E, indem man einen der Eckpunkte, zum Beispiel A, als Stützpunkt und die angrenzenden Dreieckskanten, also $\overrightarrow{AB}$ und $\overrightarrow{AC}$, als Spannvektoren wählt:

$$E: \vec{x} = \begin{pmatrix}2\\3\\1\end{pmatrix} + r\cdot\begin{pmatrix}-1\\2\\2\end{pmatrix} + s\cdot\begin{pmatrix}1\\3\\4\end{pmatrix}, \quad r,s \in \mathbb{R}.$$

Um eine Koordinatengleichung der Ebene zu bestimmen, berechnet man zunächst den Normalenvektor als Kreuzprodukt der Spannvektoren:

$$\vec{n} = \begin{pmatrix} -1 \\ 2 \\ 2 \end{pmatrix} \times \begin{pmatrix} 1 \\ 3 \\ 4 \end{pmatrix} = \begin{pmatrix} 2 \\ 6 \\ -5 \end{pmatrix}.$$

Damit erhält man einen Ansatz für die Koordinatengleichung:

$$E : 2x_1 + 6x_2 - 5x_3 - a = 0.$$

Um a zu berechnen, setzt man nun zum Beispiel die Koordinaten des Stützpunktes A ein:

$$2 \cdot 2 + 6 \cdot 3 - 5 \cdot 1 = 17 = a.$$

Damit lautet eine Koordinatengleichung der Ebene E

$$E : 2x_1 + 6x_2 - 5x_3 - 17 = 0.$$

Lösung zu Aufgabe 2

Um den Schnittpunkt der Ebene F und der Geraden g zu bestimmen, werden die Zeilen der Geradengleichung in die Ebene eingesetzt und die Gleichung nach λ aufgelöst:

$$\begin{aligned} (7 + \lambda 12) - 4(1 + \lambda 4) + 2(4 + \lambda 3) - 5 &= 0. \\ 2\lambda &= -6 \\ \lambda &= -3. \end{aligned}$$

Um den Ortsvektor zum Schnittpunkt S zu erhalten, setzt man nun den errechneten Parameter λ in die Geradengleichung ein:

$$\vec{S} = \begin{pmatrix} 7 \\ 1 \\ 4 \end{pmatrix} + (-3) \cdot \begin{pmatrix} 12 \\ 4 \\ 3 \end{pmatrix} = \begin{pmatrix} -29 \\ -11 \\ -5 \end{pmatrix}.$$

Der Schnittpunkt der Geraden g mit der Ebene F ist S(-29|-11|-5).

Lösungen zu Geometrie, Probe-Abi, Teil A, Aufgabengruppe 2

Lösung zu Aufgabe 1

a) Die Spurpunkte der Ebene erhält man, indem man für jeweils zwei Koordinaten 0 einsetzt und die dritte berechnet. Somit erhält man für den Schnittpunkt mit der x_1-Achse:

$$x_2 = x_3 = 0: \quad 3x_1 - 6 \cdot 0 + 2 \cdot 0 = 12 \implies x_1 = 4$$
$$\implies S_1(4|0|0).$$

Für den Schnittpunkt mit der x_2-Achse erhält man:

$$x_1 = x_3 = 0: \quad 3 \cdot 0 - 6x_2 + 2 \cdot 0 = 12 \implies x_2 = -2$$
$$\implies S_2(0|-2|0).$$

Der Schnittpunkt mit der x_3-Achse kann berechnet werden als:

$$x_1 = x_2 = 0: \quad 3 \cdot 0 - 6 \cdot 0 + 2x_3 = 12 \implies x_3 = 6$$
$$\implies S_3(0|0|6).$$

Damit kann nun die Ebene mittels Verbindung der Spurpunkte in einem Koordinatensystem veranschaulicht werden.

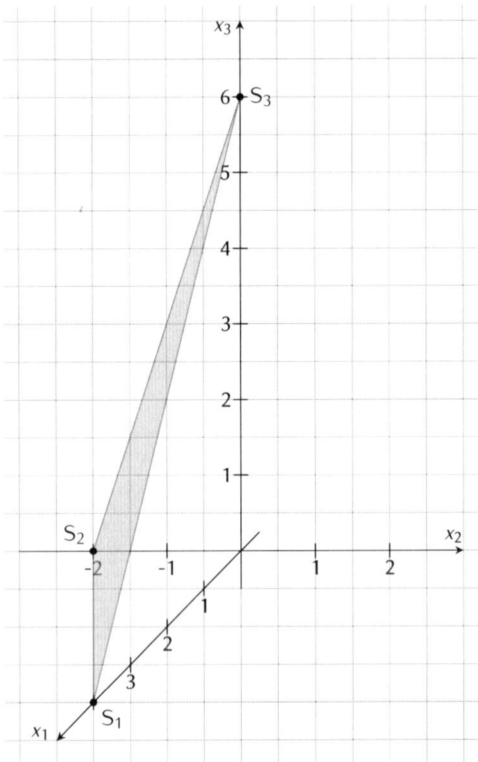

b) Zwei Ebenen sind parallel, wenn die Normalenvektoren Vielfache voneinander oder gleich sind. Für den Ansatz einer Koordinatenform der Ebene E_2 kann also der Normalenvektor von E_1 verwendet werden:

$$E_2 : 3x_1 - 6x_2 + 2x_3 - a = 0.$$

Um a zu berechnen, wird eine Punktprobe mit A durchgeführt:

$$a = 3 \cdot (-2) - 6 \cdot 1 + 2 \cdot (-9) = -30.$$

Eine Koordinatenform der Ebene lautet somit: $E_2 : 3x_1 - 6x_2 + 2x_3 + 30 = 0$. Multipliziert man die gesamte Gleichung mit 2, so erhält man das Vergleichsergebnis.

Lösung zu Aufgabe 2

a) Der Abstand von zwei parallelen Ebenen kann berechnet werden, indem man den Abstand eines beliebigen Punktes der einen Ebene zur anderen Ebene bestimmt. Gesucht ist zum Beispiel der Abstand von S_1 zur Ebene E_2. Dieser wird mit dem Lotfußpunktverfahren bestimmt.

➤ *Lotgerade*

Zunächst wird eine Hilfsgerade aufgestellt, welche die Ebene E_2 senkrecht durchstößt und den Punkt S_1 enthält. Ein geeigneter Richtungsvektor der Geraden ist also der Normalenvektor der Ebene und der Ortsvektor zum Punkt S_1 kann als Stützvektor gewählt werden. Die Hilfsgerade g hat dann folgende Gleichung:

$$\begin{aligned} g : \vec{x} &= \overrightarrow{S_1} + t \cdot \vec{n}_{E_1} \\ &= \begin{pmatrix} 4 \\ 0 \\ 0 \end{pmatrix} + t \cdot \begin{pmatrix} 3 \\ -6 \\ 2 \end{pmatrix}, \quad t \in \mathbb{R}. \end{aligned}$$

➤ *Lotfußpunkt*

Der Lotfußpunkt L ist der Schnittpunkt der Hilfsgeraden g mit der Ebene E_2. Zur Bestimmung von L setzt man die Zeilen der Geradengleichung von g in E_2 ein:

$$\begin{aligned} 3(4 + 3t) - 6(0 - 6t) + 2(0 + 2t) + 30 &= 0 \\ 12 + 9t + 36t + 4t + 30 &= 0 \\ 49t &= -42 \\ t &= -\frac{6}{7}. \end{aligned}$$

Einsetzen von t in g liefert den Ortsvektor zum Lotfußpunkt L:

$$\vec{L} = \begin{pmatrix} 4 \\ 0 \\ 0 \end{pmatrix} + \left(-\frac{6}{7}\right) \cdot \begin{pmatrix} 3 \\ -6 \\ 2 \end{pmatrix} = \begin{pmatrix} \frac{10}{7} \\ \frac{36}{7} \\ -\frac{12}{7} \end{pmatrix}.$$

Der Lotfußpunkt ist somit $L\left(\frac{10}{7} \middle| \frac{36}{7} \middle| -\frac{12}{7}\right)$.

Lösungen

➤ *Abstand der Ebenen*

Der Abstand von S_1 zu E_2, und somit der Abstand von E_1 und E_2 ist die Länge des Verbindungsvektors zwischen S_1 und dem Lotfußpunkt L:

$$d(E_1, E_2) = d(S_1, E_2) = \left|\overrightarrow{S_1L}\right| = \left|\begin{pmatrix} -\frac{18}{7} \\ \frac{36}{7} \\ -\frac{12}{7} \end{pmatrix}\right| = \sqrt{\left(-\frac{18}{7}\right)^2 + \left(\frac{36}{7}\right)^2 + \left(-\frac{12}{7}\right)^2} = 6.$$

Der Abstand der Ebenen E_1 und E_2 zueinander beträgt somit $d = 6$.

☞ *Alternative:* Folgende Formel bestimmt den Abstand eines Punktes $P(p_1|p_2|p_3)$ zu einer Ebene $E : n_1x_1 + n_2x_2 + n_3x_3 - a = 0$:

$$d(P, E) = \frac{|n_1p_1 + n_2p_2 + n_3p_3 - a|}{\sqrt{n_1^2 + n_2^2 + n_3^2}}.$$

Der Abstand der Ebene E_2 zum Spurpunkt S_1 von E_1 beträgt damit:

$$d(S_1, E_2) = \frac{|3 \cdot 4 - 6 \cdot 0 + 2 \cdot 0 - (-30)|}{\sqrt{3^2 + (-6)^2 + 2^2}} = \frac{42}{\sqrt{49}} = 6.$$

b) ➤ *Radius der Kugel*

Eine Kugel K berührt eine Ebene E genau dann, wenn der Abstand des Mittelpunktes der Kugel K zur Ebene E dem Radius der Kugel entspricht. Laut Aufgabenstellung soll die Kugel zwei zueinander parallele Ebenen berühren. Der Mittelpunkt der Kugel muss damit zu beiden Ebenen denselben Abstand haben. Damit entspricht der Abstand d der beiden Ebenen dem Kugeldurchmesser. Die beiden Ebenen haben einen Abstand von 6 Längeneinheiten und damit gilt für den Radius der Kugel:

$$r = \frac{d}{2} = \frac{6}{2} = 3.$$

➤ *Mittelpunkt einer Kugel*

In Teilaufgabe a) wurde der Abstand der beiden Ebenen E_1 und E_2 mittels Lotfußpunktverfahren berechnet. Hierbei wurde zum Spurpunkt S_1 der Ebene E_1 der Lotfußpunkt L bestimmt. Dieser Punkt hat die Eigenschaft, dass er in der Ebene E_2 liegt und von allen Punkten dieser Ebene den kürzesten Verbindungsvektor zum Punkt S_1 besitzt. Der Mittelpunkt M der Strecke $[S_1L]$ hat dann zur Ebene E_2 den Abstand $r = 3$. Weil die Ebenen E_1 und E_2 parallel sind mit Abstand $d = 6$ und M zwischen beiden Ebenen liegt, hat dieser Punkt M dann auch zur Ebene E_1 den Abstand $r = 3$. Es gilt:

$$M\left(\frac{1}{2}\left(4 + \frac{10}{7}\right)\middle|\frac{1}{2}\left(0 + \frac{36}{7}\right)\middle|\frac{1}{2}\left(0 + \left(-\frac{12}{7}\right)\right)\right), \quad \text{also}$$

$$M\left(\frac{19}{7}\middle|\frac{18}{7}\middle|-\frac{6}{7}\right).$$

c) Es gibt eine Ebene E_3, welche parallel zu den Ebenen E_1 und E_2 ist und von beiden Ebenen den Abstand $r = 3$ hat. Jeder Punkt dieser Ebene ist eine geeignete Wahl für den Mittelpunkt einer Kugel, welche die beiden Ebenen E_1 und E_2 berührt.

Lösungen zu Geometrie, Probe-Abi, Teil B, Aufgabengruppe 1

Lösung zu Aufgabe 1

a) Der Haken ist im Punkt H(3|3|5) an der Decke befestigt. Denn der Abstand zu jeder Wand beträgt laut Aufgabenstellung 3 m und die Decke ist 5 m hoch. Die Gerade g_A, in welcher die Aluminiumstange verläuft, muss den Punkt H enthalten, denn dort ist die Stange befestigt. Dieser Punkt kann damit als Stützvektor der Gerade verwendet werden. Die Gerade g_A verläuft senkrecht zum Fußboden. Dieser entspricht der x_1x_2-Ebene. Der Normalenvektor dieser Ebene ist damit parallel zum Richtungsvektor der Geraden g_A. Eine Geradengleichung der Gerade g_A ist damit gegeben durch:

$$g_A : \vec{x} = \begin{pmatrix} 3 \\ 3 \\ 5 \end{pmatrix} + a \cdot \begin{pmatrix} 0 \\ 0 \\ 1 \end{pmatrix} \quad , a \in \mathbb{R}.$$

b) ➤ *Eckpunkt mit rechtem Winkel*

Zunächst werden die Vektoren bestimmt, entlang derer die Dreieckskanten verlaufen.

$$\overrightarrow{AB} = \begin{pmatrix} 4 \\ 2{,}5 \\ 2 \end{pmatrix} - \begin{pmatrix} 2 \\ 2 \\ 3 \end{pmatrix} = \begin{pmatrix} 2 \\ 0{,}5 \\ -1 \end{pmatrix},$$

$$\overrightarrow{BS} = \begin{pmatrix} 2{,}5 \\ 2{,}5 \\ 3{,}5 \end{pmatrix} - \begin{pmatrix} 4 \\ 2{,}5 \\ 2 \end{pmatrix} = \begin{pmatrix} -1{,}5 \\ 0 \\ 1{,}5 \end{pmatrix},$$

$$\overrightarrow{AS} = \begin{pmatrix} 2{,}5 \\ 2{,}5 \\ 3{,}5 \end{pmatrix} - \begin{pmatrix} 2 \\ 2 \\ 3 \end{pmatrix} = \begin{pmatrix} 0{,}5 \\ 0{,}5 \\ 0{,}5 \end{pmatrix}.$$

Zwei Vektoren sind genau dann rechtwinklig, wenn ihr Skalarprodukt 0 ist. Daher werden nun paarweise die Skalarprodukte der Vektoren gebildet:

$$\overrightarrow{AB} \circ \overrightarrow{BS} = 2 \cdot (-1{,}5) + 0{,}5 \cdot 0 + (-1) \cdot 1{,}5 = -4{,}5 \neq 0,$$

$$\overrightarrow{AB} \circ \overrightarrow{AS} = 2 \cdot 0{,}5 + 0{,}5 \cdot 0{,}5 + (-1) \cdot 0{,}5 = 0{,}75 \neq 0,$$

$$\overrightarrow{BS} \circ \overrightarrow{AS} = (-1{,}5) \cdot 0{,}5 + 0 \cdot 0{,}5 + 1{,}5 \cdot 0{,}5 = 0.$$

Damit hat das Dreieck einen rechten Winkel am Eckpunkt S.

➤ *Flächeninhalt des Spiegels*

Die Fläche eines Dreiecks berechnet man allgemein mit der Formel:

$$A = \frac{1}{2} \cdot g \cdot h_g.$$

Lösungen

Aufgabenstellung siehe Seite 118

Bei einem rechtwinkligen Dreieck kann eine der Katheten als Grundseite und die andere als Höhe verwendet werden. Damit ist der Flächeninhalt A gegeben durch

$$\begin{aligned} A &= \frac{1}{2} \cdot \left|\overrightarrow{\mathrm{AS}}\right| \cdot \left|\overrightarrow{\mathrm{BS}}\right| \\ &= \frac{1}{2} \cdot \left|\begin{pmatrix} 0{,}5 \\ 0{,}5 \\ 0{,}5 \end{pmatrix}\right| \cdot \left|\begin{pmatrix} -1{,}5 \\ 0 \\ 1{,}5 \end{pmatrix}\right| \\ &= \frac{1}{2} \cdot \sqrt{0{,}5^2 + 0{,}5^2 + 0{,}5^2} \cdot \sqrt{(-1{,}5)^2 + 0^2 + (1{,}5)^2} \\ &= \frac{1}{2} \cdot \sqrt{0{,}75} \cdot \sqrt{4{,}5} \\ &= \frac{3\sqrt{6}}{8} \\ &\approx 0{,}92. \end{aligned}$$

Da eine Längeneinheit einem Meter entspricht, ist die Spiegelfläche etwa $0{,}92\,\mathrm{m}^2$ groß.

c) ➤ *Geradengleichung des Laserstrahls*

Der Laserstrahl verläuft innerhalb der Gerade g_L mit dem Stützpunkt L und dem angegebenen Richtungsvektor $\vec{v}$:

$$g_L : \vec{x} = \begin{pmatrix} 5 \\ 0{,}5 \\ 1 \end{pmatrix} + r \cdot \begin{pmatrix} -4 \\ 3{,}8 \\ 3{,}6 \end{pmatrix}.$$

Den Auftrittspunkt P auf dem Spiegel erhält man, indem man den Schnittpunkt der Geraden des Laserstrahls und der Ebene der Seitenwand ABS bestimmt und dann zeigt, dass er innerhalb des Dreiecks der Seitenwand liegt.

➤ *Ebenengleichung der Seitenwand* ABS

Zunächst benötigt man also eine Ebenengleichung der Ebene E der Seitenwand ABS. Eine Parameterform der Ebene E erhält man mit dem Ortsvektor zu A als Stützvektor und den Vektoren $\overrightarrow{\mathrm{AB}}$ und $\overrightarrow{\mathrm{AS}}$ als Spannvektoren:

$$E : \vec{x} = \begin{pmatrix} 2 \\ 2 \\ 3 \end{pmatrix} + s \cdot \begin{pmatrix} 2 \\ 0{,}5 \\ -1 \end{pmatrix} + t \cdot \begin{pmatrix} 0{,}5 \\ 0{,}5 \\ 0{,}5 \end{pmatrix}.$$

Für die Koordinatenform der Ebene bestimmt man zunächst den Normalenvektor zum Beispiel durch das Kreuzprodukt der Richtungsvektoren:

$$\vec{n} = \begin{pmatrix} 2 \\ 0{,}5 \\ -1 \end{pmatrix} \times \begin{pmatrix} 0{,}5 \\ 0{,}5 \\ 0{,}5 \end{pmatrix} = \begin{pmatrix} 0{,}75 \\ -1{,}5 \\ 0{,}75 \end{pmatrix} = 0{,}75 \cdot \begin{pmatrix} 1 \\ -2 \\ 1 \end{pmatrix}.$$

Ein möglicher Normalenvektor der Ebene E ist $\vec{n} = \begin{pmatrix} 1 \\ -2 \\ 1 \end{pmatrix}$ und ein Ansatz für die Koordinatengleichung deshalb:

$$E : x_1 - 2x_2 + x_3 - a = 0$$

Eine Punktprobe mit einem beliebigen Punktes der Ebene, zum Beispiel A, liefert a:

$$a = 2 - 2 \cdot 2 + 3 = 1.$$

Eine Koordinatenform der Ebene lautet somit:

$$E : x_1 - 2x_2 + x_3 - 1 = 0.$$

➤ *Schnittpunkt von Gerade und Ebene*

Nun werden die Zeilen der Geradengleichung g_L in die Ebenengleichung E eingesetzt:

$$\begin{aligned} (5 - 4r) - 2 \cdot (0{,}5 + 3{,}8r) + (1 + 3{,}6r) - 1 &= 0 \\ 5 - 4r - 1 - 7{,}2r + 1 + 3{,}6r - 1 &= 0 \\ 4 - 8r &= 0 \\ r &= 0{,}5. \end{aligned}$$

Der berechnete Parameter r wird nun in die Geradengleichung g_L eingesetzt. Dies liefert den Schnittpunkt P:

$$\vec{P} = \begin{pmatrix} 5 \\ 0{,}5 \\ 1 \end{pmatrix} + 0{,}5 \cdot \begin{pmatrix} -4 \\ 3{,}8 \\ 3{,}6 \end{pmatrix} = \begin{pmatrix} 3 \\ 2{,}4 \\ 2{,}8 \end{pmatrix}.$$

Der Laserstrahl trifft also im Punkt P(3|2,4|2,8) auf die Ebene E.

➤ *Lage des Schnittpunktes in der Seitenfläche*

Um zu zeigen, dass P auf der Spiegelfläche liegt, benötigt man die Parameterform der Ebene. Allerdings ist dabei darauf zu achten, dass die Richtungsvektoren jeweils den gewählten Stützpunkt als Fußpunkt haben, zum Beispiel mit dem Stützpunkt A:

$$\begin{aligned} E : \vec{x} &= \vec{A} + s \cdot \overrightarrow{AB} + t \cdot \overrightarrow{AS} \\ &= \begin{pmatrix} 2 \\ 2 \\ 3 \end{pmatrix} + s \cdot \begin{pmatrix} 2 \\ 0{,}5 \\ -1 \end{pmatrix} + t \cdot \begin{pmatrix} 0{,}5 \\ 0{,}5 \\ 0{,}5 \end{pmatrix}. \end{aligned}$$

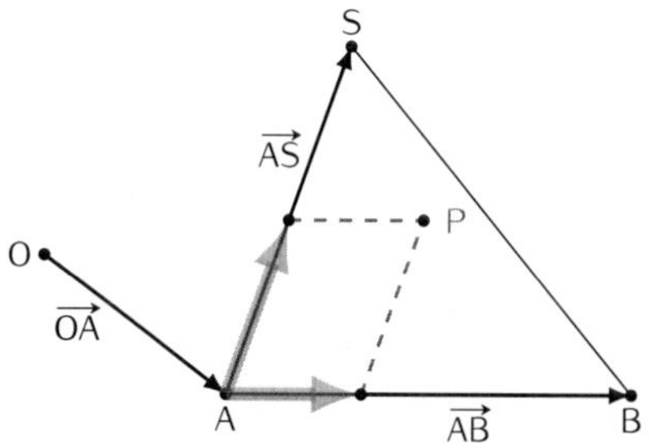

Aufgabenstellung siehe Seite 118

Der Punkt liegt dann innerhalb des Dreiecks, wenn folgende drei Bedingungen erfüllt sind:

$$0 \le r \le 1, \quad 0 \le s \le 1 \quad \text{und} \quad 0 \le r + s \le 1.$$

Zunächst wird der Punkt in die oben angegebene Ebenengleichung eingesetzt:

$$\begin{pmatrix} 3 \\ 2{,}4 \\ 2{,}8 \end{pmatrix} = \begin{pmatrix} 2 \\ 2 \\ 3 \end{pmatrix} + s \cdot \begin{pmatrix} 2 \\ 0{,}5 \\ -1 \end{pmatrix} + t \cdot \begin{pmatrix} 0{,}5 \\ 0{,}5 \\ 0{,}5 \end{pmatrix}, \quad \text{also}$$

$$\begin{pmatrix} 1 \\ 0{,}4 \\ -0{,}2 \end{pmatrix} = s \cdot \begin{pmatrix} 2 \\ 0{,}5 \\ -1 \end{pmatrix} + t \cdot \begin{pmatrix} 0{,}5 \\ 0{,}5 \\ 0{,}5 \end{pmatrix}.$$

Anschließend wird das entstehende Gleichungssystem gelöst:

$$\begin{aligned} \text{(I)} \quad 1 &= 2s + 0{,}5t \\ \text{(II)} \quad 0{,}4 &= 0{,}5s + 0{,}5t \\ \text{(III)} \quad -0{,}2 &= -s + 0{,}5t. \end{aligned}$$

Zur Lösung des Gleichungssystems kann das Additionsverfahren genutzt werden:

$$\text{(II)} - \text{(III)}: \quad 0{,}4 - (-0{,}2) = 0{,}5s - (-s) \iff 0{,}6 = 1{,}5s \iff s = 0{,}4.$$

Den Wert $s = 0{,}4$ eingesetzt in (III) liefert $t = 0{,}4$.

An dieser Stelle muss nicht überprüft werden, ob die Werte auch für die nicht verwendete Gleichung (I) stimmen. Es wurde bereits nachgewiesen, dass der Punkt auf der Ebene liegt. Da die drei Bedingungen erfüllt sind, liegt der Punkt auch in der Dreiecksfläche und der Laser trifft somit auf den Spiegel.

☞ *Alternative:* Es lässt sich auch direkt ohne Umweg über die Koordinatenform der Schnittpunkt der Geraden g_L mit der Ebene E bestimmen. Vorausgesetzt, man hat dann zusätzlich noch Spannvektoren und Stützpunkt geeignet gewählt, erhält man auf diese Art und Weise direkt die Werte für r und s und kann überprüfen, ob sie die Bedingungen erfüllen:

$$g_{\text{L}} = E_{\text{ABS}}$$

$$\begin{pmatrix} 5 \\ 0{,}5 \\ 1 \end{pmatrix} + r \cdot \begin{pmatrix} -4 \\ 3{,}8 \\ 3{,}6 \end{pmatrix} = \vec{A} + s \cdot \overrightarrow{AB} + t \cdot \overrightarrow{AS}$$

$$\begin{pmatrix} 5 \\ 0{,}5 \\ 1 \end{pmatrix} + r \cdot \begin{pmatrix} -4 \\ 3{,}8 \\ 3{,}6 \end{pmatrix} = \begin{pmatrix} 2 \\ 2 \\ 3 \end{pmatrix} + s \cdot \begin{pmatrix} 2 \\ 0{,}5 \\ -1 \end{pmatrix} + t \cdot \begin{pmatrix} 0{,}5 \\ 0{,}5 \\ 0{,}5 \end{pmatrix}$$

$$\begin{pmatrix} 3 \\ -1{,}5 \\ -2 \end{pmatrix} = r \cdot \begin{pmatrix} 4 \\ -3{,}8 \\ -3{,}6 \end{pmatrix} + s \cdot \begin{pmatrix} 2 \\ 0{,}5 \\ -1 \end{pmatrix} + t \cdot \begin{pmatrix} 0{,}5 \\ 0{,}5 \\ 0{,}5 \end{pmatrix}.$$

Es ergibt sich folgendes Gleichungssystem:

$$
\begin{aligned}
&\text{(I)} & 3 &= 4r + 2s + 0{,}5t\\
&\text{(II)} & -1{,}5 &= -3{,}8r + 0{,}5s + 0{,}5t\\
&\text{(III)} & -2 &= -3{,}6r - s + 0{,}5t.
\end{aligned}
$$

Dieses Gleichungssystem muss mit dem Gaußverfahren auf Stufenform gebracht werden. Diese lautet dann zum Beispiel:

$$
\begin{aligned}
3 &= 4r + 2s + 0{,}5\\
0{,}5 &= -0{,}2r + 1{,}5s\\
-4 &= -8r.
\end{aligned}
$$

Aus der unteren Gleichung erhält man direkt $r = 0{,}5$. Durch Einsetzen in die mittlere Gleichung ergibt sich $s = 0{,}4$ und durch Einsetzen beider Ergebnisse in die obere Gleichung $t = 0{,}4$. Da die Bedingungen $0 \leq r \leq 1$, $0 \leq s \leq 1$ und $0 \leq r + s \leq 1$ für die berechneten Werte s und t erfüllt sind, liegt der Punkt in der Dreiecksfläche. Seine Koordinaten erhält man, indem man r in g_L oder s und t in die Ebenengleichung von E einsetzt.

➤ *Gerade des reflektierten Laserstrahls*

Eine Skizze soll zur Veranschaulichung des Problems dienen:

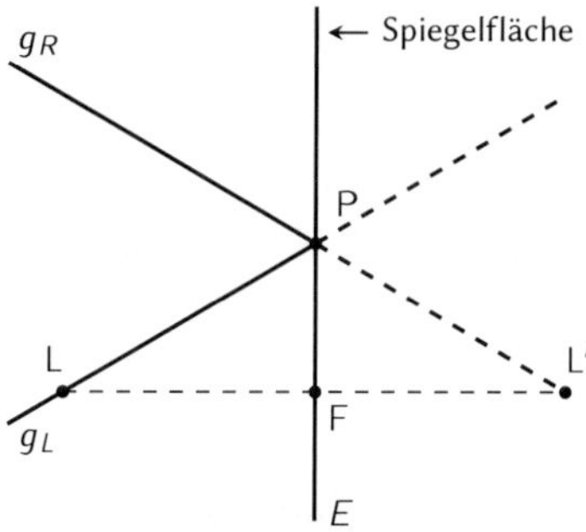

Die Gerade des reflektieren Laserstrahl enthält sowohl den Auftrittspunkt P des Laserstrahls auf der Spiegelfläche als auch den Spiegelpunkt L′ von L. Diese beiden Punkte definieren eine Gerade. Daher wird nun der Spiegelpunkt L′ bestimmt. Diesen erhält man, indem man den Lotfußpunkt F von L auf der Ebene sucht und dann zum Ortsvektor $\overrightarrow{L}$ aus zwei mal den Vektor $\overrightarrow{LF}$ hinzuaddiert. Der Ortsvektor zum Punkt L ist damit ein geeigneter Stützvektor und der Normalenvektor der Ebene E ein geeigneter Richtungsvektor für die Gerade h:

$$h : \vec{x} = \begin{pmatrix} 5 \\ 0{,}5 \\ 1 \end{pmatrix} + k \cdot \begin{pmatrix} 1 \\ -2 \\ 1 \end{pmatrix}.$$

Der Schnittpunkt dieser Gerade mit der Ebene ist dann der Lotfußpunkt F.

Dafür werden die Zeilen der Gerade in die Koordinatenform der Ebene E eingesetzt:

$$\begin{aligned}(5+k)-2(0{,}5-2k)+(1+k)-1&=0\\ 6k+4&=0\\ k&=-\frac{2}{3}.\end{aligned}$$

Einsetzen von k in h liefert den Ortsvektor von F:

$$\overrightarrow{F}=\begin{pmatrix}5\\0{,}5\\1\end{pmatrix}-\frac{2}{3}\begin{pmatrix}1\\-2\\1\end{pmatrix}=\begin{pmatrix}\frac{13}{3}\\\frac{11}{6}\\\frac{1}{3}\end{pmatrix}.$$

Der Ortsvektor zum Spiegelpunkt L′ lautet dann:

$$\begin{aligned}\overrightarrow{L'}&=\overrightarrow{L}+2\cdot\overrightarrow{LF}\\ &=\begin{pmatrix}5\\\frac{1}{2}\\1\end{pmatrix}+2\cdot\begin{pmatrix}\frac{13}{3}-5\\\frac{11}{6}-\frac{1}{2}\\\frac{1}{3}-1\end{pmatrix}\\ &=\begin{pmatrix}5\\\frac{1}{2}\\1\end{pmatrix}+2\cdot\begin{pmatrix}-\frac{2}{3}\\\frac{4}{3}\\-\frac{2}{3}\end{pmatrix}\\ &=\begin{pmatrix}\frac{11}{3}\\\frac{19}{6}\\-\frac{1}{3}\end{pmatrix}.\end{aligned}$$

Für die Gerade des reflektierten Lichtstrahls kann man nun den Auftrittspunkt P auf dem Spiegel als Stützpunkt und den Verbindungsvektor zwischen L′ und P als Richtungsvektor nehmen:

$$\begin{aligned}g_R&=\overrightarrow{P}+l\cdot\overrightarrow{L'P}\\ &=\begin{pmatrix}3\\\frac{12}{5}\\\frac{14}{5}\end{pmatrix}+l\cdot\begin{pmatrix}3-\frac{11}{3}\\\frac{12}{5}-\frac{19}{6}\\\frac{14}{5}-\left(-\frac{1}{3}\right)\end{pmatrix}\\ &=\begin{pmatrix}3\\\frac{12}{5}\\\frac{14}{5}\end{pmatrix}+l\cdot\begin{pmatrix}-\frac{2}{3}\\-\frac{23}{30}\\\frac{47}{15}\end{pmatrix},\quad l\in\mathbb{R}.\end{aligned}$$

Lösung zu Aufgabe 2

Da die Kugel im Punkt K(1|2|0) aufliegt und der Radius $r=0{,}5$ beträgt, ist ihr Mittelpunkt M(1|2|0,5). Berührt die Ebene, welche die Lage der Plane bestimmt, die Kugel, dann ist der Abstand des Mittelpunktes M der Kugel zu dieser Ebene gleich dem Radius. Den Abstand eines Punktes $P(p_1|p_2|p_3)$ zu einer Ebene $E: n_1x_1+n_2x_2+n_3x_3-a=0$ kann man mit folgender Formel berechnen:

$$d(P,E)=\frac{|n_1p_1+n_2p_2+n_3p_3-a|}{|\overrightarrow{n}|}=\frac{|n_1p_1+n_2p_2+n_3p_3-a|}{\sqrt{n_1^2+n_2^2+n_3^2}}.$$

In diesem Fall ergibt sich damit eine Gleichung, die nach λ aufzulösen ist:

$$0{,}5 = \frac{|2 \cdot 1 + 4 \cdot 2 + \lambda \cdot 0{,}5 - 15|}{\sqrt{2^2 + 4^2 + \lambda^2}}$$

$$0{,}5 = \frac{|0{,}5\lambda - 5|}{\sqrt{20 + \lambda^2}}.$$

Quadrieren auf beiden Seiten liefert:

$$0{,}25 = \frac{0{,}25\lambda^2 - 5\lambda + 25}{20 + \lambda^2}.$$

Die gesamte Gleichung wird nun mit $20 + \lambda^2$ multipliziert. Dies verändert die Lösungen nicht, da $20 + \lambda^2 \neq 0$ ist. Es muss also gelten:

$$\begin{aligned} 0{,}25\left(20 + \lambda^2\right) &= 0{,}25\lambda^2 - 5\lambda + 25 \\ 5 + 0{,}25\lambda^2 &= 0{,}25\lambda^2 - 5\lambda + 25 \\ 5\lambda &= 20 \\ \lambda &= 4. \end{aligned}$$

Für $\lambda = 4$ berührt die Kugel die Plane.

Lösungen

Lösungen zu Geometrie, Probe-Abi, Teil B, Aufgabengruppe 2

Lösung zu Aufgabe 1

a) ➤ *Schnittpunkt der Geraden*

Um den Schnittpunkt der beiden Geraden zu bestimmen, werden die Terme der beiden Geradengleichungen gleichgesetzt:

$$\begin{pmatrix} -40 \\ -50 \\ 4 \end{pmatrix} + t_1 \cdot \begin{pmatrix} 200 \\ 300 \\ 2 \end{pmatrix} = \begin{pmatrix} 160 \\ 0 \\ 1 \end{pmatrix} + t_2 \cdot \begin{pmatrix} 0 \\ 400 \\ 8 \end{pmatrix}, \quad \text{also}$$

$$t_1 \cdot \begin{pmatrix} 200 \\ 300 \\ 2 \end{pmatrix} - t_2 \cdot \begin{pmatrix} 0 \\ 400 \\ 8 \end{pmatrix} = \begin{pmatrix} 200 \\ 50 \\ -3 \end{pmatrix}.$$

Das zu lösende Gleichungssystem lautet somit:

$$\begin{array}{lrcl} \text{(I)} & 200t_1 & = & 200 \\ \text{(II)} & 300t_1 - 400t_2 & = & 50 \\ \text{(III)} & 2t_1 - 8t_2 & = & -3. \end{array}$$

Aus der ersten Gleichung folgt direkt $t_1 = 1$. Einsetzen von t_1 in (II) und (III) liefert jeweils $t_2 = \frac{5}{8}$. Das Gleichungssystem hat also eine eindeutige Lösung für t_1 und t_2. Für den Schnittpunkt P gilt:

$$\vec{P} = \begin{pmatrix} -40 \\ -50 \\ 4 \end{pmatrix} + 1 \cdot \begin{pmatrix} 200 \\ 300 \\ 2 \end{pmatrix} = \begin{pmatrix} 160 \\ 250 \\ 6 \end{pmatrix}.$$

Somit schneiden sich die Flugbahnen im Punkt P(160|250|6). Da aber $t_1 \neq t_2$ und die Parameter jeweils die Stunden nach dem Start bei $t_1 = t_2 = 0$ angeben, kommt es nicht zum Zusammenstoß.

b) Zunächst werden die Ortsvektoren zu den Punkten P_1 bzw. P_2 bestimmt, an denen sich die Flugzeuge F_1 bzw. F_2 zum angegebenen Zeitpunkt befinden. Diese Punkte erhält man, indem $t_1 = 3$ bzw. $t_2 = 3$ in die entsprechende Gleichung eingesetzt wird:

$$\vec{P_1} = \begin{pmatrix} -40 \\ -50 \\ 4 \end{pmatrix} + 3 \cdot \begin{pmatrix} 200 \\ 300 \\ 2 \end{pmatrix} = \begin{pmatrix} 560 \\ 850 \\ 10 \end{pmatrix},$$

$$\vec{P_2} = \begin{pmatrix} 160 \\ 0 \\ 1 \end{pmatrix} + 3 \cdot \begin{pmatrix} 0 \\ 400 \\ 8 \end{pmatrix} = \begin{pmatrix} 160 \\ 1200 \\ 25 \end{pmatrix}.$$

Der Abstand d der beiden Flugzeuge zueinander ist die Länge des Verbindungsvektors der beiden Punkte:

$$d = \left|\overrightarrow{P_1P_2}\right| = \left|\begin{pmatrix} 160 - 560 \\ 1200 - 850 \\ 25 - 10 \end{pmatrix}\right| = \left|\begin{pmatrix} -400 \\ 350 \\ 15 \end{pmatrix}\right| = \sqrt{(-400)^2 + 350^2 + 15^2} \approx 531{,}72.$$

Der gesuchte Abstand ist somit etwa 531,72 km.

c) Die Höhe, auf der sich die Flugzeuge befinden, wird durch die x_3-Koordinate angegeben. Diese muss also gleichgesetzt werden. Da der Zeitpunkt gesucht ist, an dem beide Flugzeuge die gleiche Höhe haben, wird für beide Parameter t_H gesetzt.

$$\begin{aligned} 4 + t_H \cdot 2 &= 1 + t_H \cdot 8 \\ 3 &= 6t_H \\ t_H &= \frac{1}{2}. \end{aligned}$$

Die Flugzeuge befinden sich somit eine halbe Stunde nach Beobachtungsbeginn auf gleicher Höhe.

Lösung zu Aufgabe 2

a)
- Alle drei Ebenen können echt parallel zueinander sein.
- Zwei der Ebenen sind identisch, die dritte dazu parallel.
- Zwei der Ebenen sind echt parallel und die dritte hat mit jeder der beiden parallelen Ebenen eine Schnittgerade.
- Die Ebenen schneiden sich paarweise in Geraden.

b) Den Schnittpunkt von drei Ebenen erhält man, indem man die Schnittgerade von zwei Ebenen bestimmt und anschließend den Schnittpunkt von dieser mit der dritten Ebene.

➤ *Schnittgerade g von E_2 und E_3*

Zunächst schreibt man zwei Ebenengleichungen als Gleichungssystem:

$$\begin{aligned} &\text{(I)} \quad 2x_1 - x_2 - 3x_3 = -9 \\ &\text{(II)} \quad -x_1 + 3x_2 + 2x_3 = 11. \end{aligned}$$

Dieses wird auf Stufenform gebracht:

$$\begin{aligned} \text{(I)} \quad & 2x_1 - x_2 - 3x_3 = -9 \\ \text{(I)} + 2 \cdot \text{(II)} \quad & 5x_2 + x_3 = 13. \end{aligned}$$

Es wird $x_3 = t$ gewählt und die letzte Gleichung eingesetzt:

$$5x_2 = 13 - t \quad \Longleftrightarrow \quad x_2 = \frac{13}{5} - \frac{1}{5}t.$$

Nun werden die Werte für x_3 und x_2 in die erste Gleichung einsetzt:

$$2x_1 - \left(\frac{13}{5} - \frac{1}{5}t\right) - 3t = -9 \quad \Longleftrightarrow \quad x_1 = -\frac{16}{5} + \frac{7}{5}t.$$

Lösungen

Eine Gleichung der Schnittgerade ist damit gegeben durch:

$$g : \vec{x} = \begin{pmatrix} -\frac{16}{5} + \frac{7}{5}t \\ \frac{13}{5} - \frac{1}{5}t \\ t \end{pmatrix} = \begin{pmatrix} -\frac{16}{5} \\ \frac{13}{5} \\ 0 \end{pmatrix} + t \cdot \begin{pmatrix} \frac{7}{5} \\ -\frac{1}{5} \\ 1 \end{pmatrix}, \quad t \in \mathbb{R}.$$

➤ *Schnittpunkt von g und E_1*

Dazu werden die Zeilen der eben aufgestellten Gerade in die Ebene E_1 eingesetzt und nach t umgestellt:

$$3\left(-\frac{16}{5} + \frac{7}{5}t\right) - 2\left(\frac{13}{5} - \frac{1}{5}t\right) + 4t - 11 = 0$$

$$\frac{43}{5}t = \frac{129}{5}$$

$$t = 3.$$

Den Ortsvektor zum Schnittpunkt S erhält man, indem man t in die Geradengleichung von g einsetzt:

$$\vec{S} = \begin{pmatrix} -\frac{16}{5} \\ \frac{13}{5} \\ 0 \end{pmatrix} + 3 \cdot \begin{pmatrix} \frac{7}{5} \\ -\frac{1}{5} \\ 1 \end{pmatrix} = \begin{pmatrix} 1 \\ 2 \\ 3 \end{pmatrix}.$$

Der gemeinsame Schnittpunkt der Ebenen lautet $S(1|2|3)$.

☞ *Alternative:* Es können auch alle drei Ebenengleichungen als Gleichungssystem geschrieben werden:

$$\begin{aligned} &(I) & 3x_1 - 2x_2 + 4x_3 &= 11 \\ &(II) & 2x_1 - x_2 - 3x_3 &= -9 \\ &(III) & -x_1 + 3x_2 + 2x_3 &= 11. \end{aligned}$$

Dieses wird nun auf Stufenform gebracht:

$$\begin{aligned} (I) \quad & 3x_1 - 2x_2 + 4x_3 = 11 \\ (IV) = 2 \cdot (I) - 3 \cdot (II) \quad & -x_2 + 17x_3 = 49 \\ (V) = 15 \cdot (I) - 21 \cdot (II) + 3 \cdot (III) \quad & 129x_3 = 387. \end{aligned}$$

Nun kann der Schnittpunkt direkt berechnet werden:

$$\begin{aligned} &(V) & 129x_3 = 387 &\iff x_3 = 3 \\ &(IV) & -x_2 + 17 \cdot 3 = 49 &\iff x_2 = 2 \\ &(I) & 3x_1 - 2 \cdot 2 + 4 \cdot 3 = 11 &\iff x_1 = 1. \end{aligned}$$

Der Schnittpunkt der Ebenen ist $S(1|2|3)$.

c) Ein Punkt ist in jeder Ebene der Ebenenschar E_t enthalten, wenn in keiner seiner Koordinaten der Parameter t auftaucht. Betrachtet man die Ebenengleichungen, so sieht man, dass t genau dann wegfällt, wenn $tx_1 = 3t$ gilt. Das heißt, alle Punkte mit $x_1 = 3$, welche die Gleichung $2x_2 + 2x_3 = 0$ erfüllen, liegen in allen Ebenen des Ebenenbüschels.

Man wählt für x_2 zwei unterschiedliche Werte, und berechnet x_3, um zwei Punkte zu erhalten:

$$\begin{aligned}
x_2 = 0: \quad & 2 \cdot 0 + 2x_3 = 0 && \Longrightarrow \quad x_3 = 0 \\
& && \Longrightarrow \quad S_1(3|0|0) \quad \text{und} \\
x_2 = 1: \quad & 2 \cdot 1 + 2x_3 = 0 && \Longrightarrow \quad x_3 = -1 \\
& && \Longrightarrow \quad S_2(3|1|-1)\,.
\end{aligned}$$

Die gesuchte Gerade erhält man, indem man einen der Punkte als Stützpunkt und den Verbindungsvektor von beiden als Richtungsvektor wählt. Eine Geradengleichung der gesuchten Gerade ist damit gegeben durch:

$$\begin{aligned}
g: \vec{x} &= \overrightarrow{S_1} + t \cdot \overrightarrow{S_1S_2} \\
&= \begin{pmatrix} 3 \\ 0 \\ 0 \end{pmatrix} + t \cdot \begin{pmatrix} 0 \\ 1 \\ -1 \end{pmatrix}, \quad t \in \mathbb{R}.
\end{aligned}$$